中世ヨーロッパの城塞

－攻防戦の舞台となった中世の城塞、
　　要塞、および城壁都市－

J・E・カウフマン／H・W・カウフマン 共著
ロバート・M・ジャーガ 作図
中島 智章 訳

マール社

両親、および、レア・ヴォイチェフ、レオ・ヴォイチェフに捧げる

Contents —目次—

献辞——— 7
はじめに——— 9

第1章 中世築城の諸要素——— 17

グラード、モット・アンド・ベイリー、ベルクフリート、および、キープ——— 19
城塔——— 21
城門と跳ね橋——— 27
アンサント——— 30
胸壁、アンブラジュール、および、屋根——— 33
堀——— 42
城壁の内側——— 45
バスティードとその他の築城——— 51
攻囲戦の技術——— 53

第2章 中世前期の築城——— 65

暗黒時代の築城——— 65
イスラム帝国、ビザンツ帝国およびフランク帝国の築城——— 75
ブリテン諸島の築城——— 80
ヴァイキングの築城とヴァイキングに対する築城——— 81
スラヴ諸国の築城——— 85
マジャール人たちの築城——— 90

第3章 城塞の時代——— 99

中世盛期初頭の築城——— 100
西ヨーロッパに登場した城塞群——— 101
西ヨーロッパの城塞——— 105
中世の城壁都市——— 110
東ヨーロッパのグラード——— 115
中央ヨーロッパおよび南ヨーロッパの築城——— 119
グラードからザムキへ——— 122
イベリア半島の築城——— 125
十字軍の築城——— 127
転機——— 129
モンゴル軍に対する築城——— 135
社会構成と軍の規模——— 138

第4章 高くそびえる城壁の退場——147

百年戦争における大砲の運用——147
コンスタンティヌポリスの陥落——159
レコンキスタ時代の築城に対する攻囲戦——163
ロードス攻囲戦とその陥落——167
一つの時代の終焉、城壁は消え去るのみ——171

第5章 中世の城塞と築城——183

グレート・ブリテン——187
アイルランド——203
フランス——208
低地地方（ベルギー、オランダなど）——225
スイス——231
神聖ローマ帝国——233
スカンディナビア諸国とフィンランド——241
中央ヨーロッパ——245
ポーランド——251
リトアニア——259
ウクライナ——260
ルーシ（ロシアの古名）——261
地中海東部沿岸地方——263
イタリア半島——269
イベリア半島——277
北アフリカ——289

付録

1　中世城郭の建設師と建築師——291
2　攻囲戦年表——293
3　中世の投射兵器の歴史——300

用語一覧——302
索引——306
参考文献——312

※固有名詞のカタカナ表記はできるだけその国の発音に合わせたが、一般的と思われる表記がある場合は、そちらに合わせている。

Illustrations and Plans
―図版・地図一覧―

◆はじめに
城塞の諸要素……12-13
城壁都市の諸要素……14-15

◆第1章
様々な城塔……22-23
様々な城塔とキープ……24-25
城門棟の諸要素……26
様々な城門棟と跳ね橋　28
様々な狭間（ループホール）……32
様々なクレノーとアリュール（歩廊）……35
様々な櫓……36
様々なマシクーリ……38
様々な盾壁（じゅんへき）、ブレテーシュおよびバルティザン……40
様々なガルドローブ……46
井戸と貯水槽……48
築城攻撃の様々な手法……54
城壁破壊の様々な手法……56
築城防衛の様々な手法……58
防御システムの諸要素……59
ボディアム城塞：イングランド……60
プロヴァン城塞：フランス……61
アンジェ：フランス……63

◆第2章
古代ローマの略地図……66
ポートチェスター：イングランド……70-71
古代ローマ時代のリメスのシステム……72
コンスタンティヌポリス……76
コンスタンティヌポリスの三重城壁……78
グラードの様々な形式……84
ビスクピン：ポーランド……86
グラードの城壁構造の様々な形式……88-89
キエフ：ウクライナ、10～13世紀……92

◆第3章
ファレーズ城塞：ノルマンディ……103
ランジェ城塞：フランス……104

ハルレフ城塞：ウェールズ……108
城壁都市カルカソンヌ：フランス……112-113
城壁都市エルサレム……114
グラードで使用された木造城門……116
ビュディンゲン城塞：ドイツ……118
ブルクシュヴァルバハ城塞：ドイツ……118
カステル・サンタンジェロ：イタリア……120
トレンチーン：スロヴァキア……121
オスヌス・ルブス（オシュ）：ポーランド、14世紀……123
ニジツァ城塞：ポーランド……123
コカ城塞：スペイン……124
カエサレア（カイサレイア）：イスラエル、12世紀……126
アンティオキア：トルコ、11～12世紀……128
カルアト・サラーフッディーン（サラディン城／ソーヌ城塞）：シリア……128
アヴィニョン：中世末期……130
古サマルカンド（アフラシャブ）：13世紀初頭……134

◆第4章
アルフルール城塞：ノルマンディ、1415年……148
カン：ノルマンディ、15世紀……150
フージェール城塞：ブルターニュ……152
ジゾール城塞：フランス……153
タラスコン城塞：フランス……154
ナジャック城塞：フランス……155
ピエルフォン城塞：フランス……157
ルメリ・ヒサル……158
マラガ：アンダルシーア……164
ロードス：1480～1522年……168
サッソコルヴァーロ城塞：イタリア……172
オスティア城塞：イタリア……173
サルツァネッロ城塞：イタリア……175
サルス要塞：フランス……176
ディール城塞：イングランド……178
ボナギル城塞：フランス……180
グレート・ブリテンおよびアイルランド……185

◆第5章
ロンドン塔……186
ドーヴァー：イングランド……189
ロチェスター城塞：イングランド……190
カーラヴァロック城塞：スコットランド……192
カイルフィリー城塞：ウェールズ……194
コンウィ城塞：ウェールズ……196
カイルナルヴォン城塞：ウェールズ……198
ビウマレス城塞：ウェールズ……200
西ヨーロッパ……207
シャトー・ガイヤール：ノルマンディ……210
モン・サン・ミシェル：ブルターニュ……212
クーシー＝ル＝シャトー（クーシー城塞）：フランス……214
ヴィンセンヌ城塞：フランス……216
ラストゥール城塞群：フランス……218
ペールペルテューズ城塞：フランス……220
ピュイローラン城塞：フランス……220
モンセギュール城塞：フランス……221
ケリビュス城塞：フランス……222
エグ・モルト：フランス……223
マイデルスロート（マイデン城塞）：オランダ……224
フラーヴェンステーン（フラーフェンステーン）：ベルギー、ヘント……226
ベールセル城塞：ベルギー……227
ヴィアンデン城塞：ルクセンブルク……228
シヨン城塞：スイス……230
グランソン城塞：スイス……231
マルクスブルク城塞：ドイツ……234
オツベルク城塞：ドイツ……235
ブロイベルク城塞：ドイツ……236
マリエンブルク城塞（マルボルク）：ポーランド……238
マリエンブルクの町：ポーランド……238
バルト海沿岸地方……239
カルマル城塞：スウェーデン……240
ヴィボリ城塞（ヴィープリ）：フィンランド、カレリア地峡……241
ローセボリ城塞：フィンランド……242
カルルシュテイン城塞：ボヘミア……244
スピシュスキー・フラド：スロヴァキア……246
ヴィシュグラード城塞：ハンガリー……248
ブレッド城塞：スロヴェニア……249
ラジニ・ヘウミニスキ城塞：ポーランド……251
クラクフ市：ポーランド……252
クラクフのヴァヴェル城塞……252
オグロジェニェツ城塞：ポーランド……253
オルシュテイン城塞：ポーランド……254
シディウフ：ポーランド……255
ベンジン城塞：ポーランド……256
ヘンチニ城塞：ポーランド……258
トラカイ城塞：リトアニア……259
ホチム城塞：ウクライナ……260
コポリィエ：ロシア……261
クレムリン：モスクワ……262
ベルヴォワール城塞：イスラエル……263
クラック・デ・シュヴァリエ：シリア……264
メトーニ：ギリシア……266
ルチェーラ城塞：イタリア……269
カステル・ヌオーヴォ：イタリア……270
シルミオーネ城塞：イタリア……272
イベリア半島……275
アビラ：スペイン……276
セゴビアのアルカサル：スペイン……278
グラナダのアルハンブラ：スペイン……279
ラ・モタ：スペイン、メディナ・デル・カンポ……282
ペニャフィエル城塞：スペイン……283
城壁都市アルメリア：スペイン……286
アルメリアのアルカサバ：スペイン……286
ギマランイス城塞：ポルトガル……288
カイロのシタデル：エジプト……290

◆コラム
中世の衛生状態……47
中世ヨーロッパの食料事情……49
ウェゲティウス：軍事学概論……68
古代ローマ都市と中世の新都市……93
中世盛期の出来事……95
中世盛期の戦い……97
中世ポーランド……143
中世ルーシ（ロシア）……145
中世の攻囲戦のトップ・ランキング……181
バリャドリード派……280

献辞

　本書の出版にあたり御助言、御援助いただいた次の方々に感謝申し上げる。
マルック・アイリラ＊（フィンランドの城塞）、イスマエル・バルバ＊（スペインの城塞）、チャールズ・ブラックウッド（校正）、ジョン・ブリー（イングランドの城塞）、ヤロスワフ・ホルゼパ（ポーランドの城塞）、ピエール・エチェト＊（フランス、ギリシア、アラビア、および、中央アジアの築城）、ポール・J・ガンズ（中世人口学）、ファン・バスケス・ガルシア＊（スペインの城塞）、パディ・グリフィス（ヴァイキング）、フランソワ・オフ（フランスの城塞）、イニェル・E・ヨハンソン（スウェーデンの初期の築城）、ケネス・フォン・カルタフェヴ＊（スウェーデンの城塞）、パトリス・ラング（フランスの城塞）、アラン・ルコント（ヨーロッパの城塞）、バーナード・ローリー（ウェールズとイングランドの城塞）、ウェイン・ニール（投石機）、デイヴ・パーカー（中世人口学）、フランク・フィリパール＊（ベルギーの城塞）、パオロ・ランポーニ＊（イタリアの築城）、デイヴィッド・リード（封建時代の軍隊の統計）、アレクス・ラインハルト（スロヴェニアの城塞）、ヌーノ・ルビン中佐＊（ポルトガルの築城）、ジョン・スローン（ロシアと中央アジアの築城）、サボー・クリストーフ（ハンガリーの城塞）、ユーリー・トゥルペンコ（ロシアの初期の築城）、セルゲイ・ヴェレヴカ（キエフ史とロシアの築城）、リー・アンターボーン（参照資料の提供）、ヨー・フェアメウレン（城塞）、スティーヴン・ウィリー（コンスタンティヌポリス史）。また、ベールセル城塞とエーグル城塞の管理事務所の方々、ブレットのモニカ・レピンツェには、情報や資料を提供いただき、まことに感謝している。

　ヤロスラフ・ホルゼパ、ピエール・エチェト、バーナード・ローリー、ジョン・スローン、サボー・クリストーフ、および、スティーヴン・ウィリーには写真を提供していただいた。また、いくつかの図面はピエール・エチェトによる提供である。ヴォイチェフ・オストロフスキには、図解に必要な城塞の図面と平面図を作成していただいた。コンバインド・パブリッシングのバーバラ・カーン＝ピジョンには本書の執筆にあたりたいへんお世話になった。そして、援助をいただきながら心ならずもお名前を挙げられなかった「サイトO（オー）」の皆様方にも感謝申し上げる。

＊印は本書に対して極めて多くの情報と資料を提供下さった方々である。いずれもその貢献大にして、忘れられぬ方々である。

ご質問やご意見は「サイトO（オー）」のフォーラム（http://www.siteo.net/）を通じて著者かその他の専門家までお寄せ下さい。

Introduction ―はじめに―

　中世ヨーロッパは封建制、騎士たちの甲冑、総じて沈滞したムード、そしてもちろん、城塞を連想させる。これらの一般論は誤解を生むこともある。たしかに、この時代のほとんどにおいて人々は封建制に支配されていたが、あらゆる時期や場所に存在したわけではない。封建制のヨーロッパでは騎士階級が至高の存在だったが、その戦闘方法や装備は、時期により、また地域によって様々だった。城塞やその他の築城は社会や技術の進展とともに発達した。中世の人々は、ルネサンス時代の歴史家たちがみなしたような、遅れた野蛮人として自身をとらえていたわけではない。ヨーロッパのほとんどにおいて、文化と技術はほぼ千年もの間停滞していたわけではなく、驚くべき進化を遂げていた。社会と技術のこの発展は、あきらかに城塞とその他の防衛施設の建設法・使用法に影響を与えていたのである。

　中世の始まりと終わりを単純に区切ることはできない。伝統的には476年に西ローマ皇帝が退位させられたときを中世の始まりとみなしてきた。また、中世の終わりは、1453年のコンスタンティヌポリス陥落、百年戦争の終結、アメリカ大陸の発見、あるいは1492年にイスラム教徒たちがイベリア半島から撃退されたことなど、様々な重大事件によって画されている。また、宗教は社会に大きく関わるため、宗教改革も転機となった事件とみなせるだろう。アジャンクールの戦いも甲冑をまとった騎士たちが支配した時代を終わらせ、軍事史において新時代の幕開けを告げるものだった。もちろん、中世はその前の古代史における古典時代とも、その後のルネサンス時代とも重なっている部分がある。そして、築城の変化は厳密に5世紀と15世紀に起きたわけではない。それゆえ中世築城の発展を理解するには、これらの世紀をまたぐ必要があるだろう。

　この中世の始まりと終わりについてはぜひ同意していただきたい。そうでないと中世をさらに細かく分類することができなくなってしまうのである。もっと伝統的な見方に即せば、中世は中世前期、中世盛期、中世末期に分けられるだろう。中世前期は「蛮族の侵入」の時代とされる最初の200年間、中世盛期は10世紀から13世紀にかけて、そして、中世末期は15世紀までである。しかし本書では単純に（これもまた伝統的なものではあるが）、中世を暗黒時代と中世盛期の二つに分割する。暗黒時代とされる中世の前半は5世紀から10世紀までということになる。「暗黒時代」という用語はもはやほとんどの中世学者にとって厳密に定義された呼称としては受け入れがたいものだが、本書では有用な呼称となるだろう。中世の後半は10世紀から15世紀にかけてである。先に述べたようにこの時期は通常はさらに分割されるのだが、ここでは単純に中世盛期と呼んでおくことにする。

　暗黒時代、西ヨーロッパにおいて運用可能な状態に置かれていた石造築城の多くは古代ローマ時代の城壁都市の遺構だった。ビザンツ帝国とよばれる東ローマ帝国と、かつての西ローマ帝国の故地では、最強の石造築城のいくつかがまだ残っていて、いわゆる「蛮族」の猛攻撃に直面していた。旧ローマ帝国の領域の外では、木造構造物が支配的であり、ビザンツ帝国を除けば、新たな防衛施設もまたほとんどが木造だった。これはフランク人たちの帝国でも同様で、そこでは築城はあまり重要ではなくなっていた。地中海沿岸の乾燥した地域では木材を得ることが困難で、アラビア人の侵入者たちが北アフリカと中東を掌握した後も、石材は使用され続けた。彼らの建設方法はヨーロッパの築城に影響を与え、その発展に重要な役割を果たした。

左の写真：ボディアム城塞の城門：イングランド

マン＝シュル＝ロワール：フランス

はじめに

　北ヨーロッパでは、ヴァイキングともよばれるノルド人たちが土と木材を用いた築城技術を広めた。これらの築城は東のスラヴ人たちの築城と極めてよく似ている。ブリテン諸島ではこの形式の築城はノルド人たちの到達前から存在したようで、東方と同様に暗黒時代の終わりまで主要な形式であり続けた。この時代の末期にノルマンディーに定住していたノルド人たちは、「モット・アンド・ベイリー」の名で知られる新しい形式の土と木材を用いた築城を広め始めた。そして、最終的にはこれらは石材で築かれるようになった。

　偉大なるカテドラル群には一歩譲るとしても、中世盛期には石造城塞がヨーロッパの風景の顕著な特徴となった。「城塞の時代」の真の幕開けである。暗黒時代は城壁都市が主要な防衛施設だったが、中世盛期は城塞が中心的役割を果たすようになったのである。これは封建制が広がっていったことにより、権力の分散化、分権化が確実に進行していったからである。城塞は多くの力ある諸侯にとってその高い地位の象徴となった。当時、彼らは自分たちの王の権威に挑戦していたのである。城塞の役割と機能が変わったがゆえに、その規模と形態も変化した。西方では、石造城塞は石造防衛施設を備えた城壁都市の傍らにそびえたつ築城として出現した。一方、東方ではもっと古い形式、すなわち、土と材木を用いた、グラードの名で知られる築城形式が小規模な防衛拠点や城壁都市の形態としてなおも用いられ続けた。この時代の末に西方から煉瓦の製法と石造構築術が伝播するまで、それらが石造構築物で更新されることはなかった。他方、イベリア半島ではイスラム教徒たちを撃退するべく幾世紀も続いていた闘争、すなわち、レコンキスタ（キリスト教国によるイベリア半島の国土回復運動）において、東方のイスラム勢力と西方のキリスト教勢力が衝突し、築城法が洗練されていった。キリスト教徒の十字軍による聖地奪還の動きも同様の結果をもたらした。

　13世紀には、最新鋭の防御拠点でさえ東方から迫り来るモンゴル軍団の阻止に失敗し、ヨーロッパのキリスト教社会はまさしく存亡の危機に瀕した。東ヨーロッパは弱体な封建王国群に支配されていて、有力諸侯がその防御拠点から小規模な軍勢を繰り出すのみで、モンゴルの大軍勢にただただ圧倒されていった。

　人口分布とその軍隊規模の関係を理解することは、中世の軍装を理解する上だけでなく、築城の役割と意義を理解するためにも極めて大切なことである。封建制の役割と、アラビア人やモンゴル人のような外からの脅威の影響は、築城に関連する出来事やその発達の展開に強い影響を及ぼしたのである。

　長いこと大砲の登場は城塞の時代の終焉と高くそびえる城壁の衰退をもたらしたのだと信じられてきた。それが最初のルネサンス築城の創造へつながったというのである。だが、このような見方は城壁の規模を縮小させたことについてはその通りだが、それ以外には当てはまらない。当時の大砲に城塞の城壁を破壊する能力は認めがたいからである。本当のところは、大砲の登場は城壁の高さを低くする原因となったかもしれないが、それは城壁の脆弱さを補うためだけでなく、籠城側の砲列の射程を延ばし、その効果を高めるためでもあった。

　本書では、第1章で中世築城の様々な要素とその用法をみていき、最後に中世世界の各地の城塞の簡略な情報を載せることにした。限られた数の代表的な城塞を選択することは極めて難しい。城塞の数自体が極めて多く極めて多様性に富んでいるからである。これまで城塞についてわかりやすい文章で解説した文献はほとんどなかった。それゆえ、一般読者は、たとえばアルザスやフランドルのような一つの地域ごとに重要な城塞は2棟か3棟あるだけではないかと誤解しているのではないだろうか。しかし、じつはこれらの地域には多数の城塞が存在するのである。一般的には、長い歴史を持つ重要性の高い城塞に焦点をあてるか、あるいは、保存状態が良好なものに焦点をあてることが多い。それぞれの地域を広範に取り上げた城塞ガイドブックはすでに存在する。そこで本書では、従来の一般的な西洋城塞史が取り上げてきた城塞群だけを中心に取り上げるのではなく、ヨーロッパ大陸から中東にかけて多様で変化に富む城塞建築群が存在することを読者に紹介したい。ご理解いただけると幸いである。

城塞の諸要素

丘上城塞と上ベイリー（内郭）

1. 盾壁
2. 防御城塔
3. キープ（天守閣にあたる主塔）
4. 主館または宮殿（本丸御殿にあたる）
5. 厨房およびサーヴィス区画
6. 井戸
7. 中庭
8. 鍛冶場
9. 礼拝堂
10. 鳩小屋
11. 火薬塔
12. 工廠（軍需工場）
13. 厠塔（トイレ）
14. ガルドローブ（トイレ。更衣室を意味する仏語）
15. ポテルヌ（突出部。仏語だが、語源不明）
16. ブレテーシュ（仏語で、歩廊を意味する仏語）
17. 屋根付きアリュール（歩廊）
18. バルティザンまたは監視塔
19. 馬場
20. 城門棟
21. 上ベイリーへの主城門
22. 二重跳ね橋

下ベイリー

23. 城門
24. 武具庫
25. 騎士館
26. 馬場
27. 出撃口
28. 武者返し付き隅部城塔
29. 鍛冶場
30. 使用人居住区画
31. 井戸
32. 水堀
33. カーテン・ウォール（幕壁）
34. 納屋
35. 厩舎
36. クレノー（狭間を意味する仏語）付き胸壁
37. 菜園
38. 斜路
39. 穀物庫
40. 下中庭
41. バスティヨン（稜堡）
42. 砲台付バスティヨン
43. 投射兵器用ウイエ（鳩目穴を意味する仏語）付き環孔
44. マシクーリ（石落としを意味する仏語）
45. 貯蔵庫
46. 跳ね橋

城塞運用補助ベイリー

47. バービカン（前衛塔）
48. パリサード（柵を意味する仏語）
49. 土造ランパール（防壁）
50. 防御柵
51. カーテン・ウォールの木造城門
52. 障害物
53. 家畜用放牧場
54. 教会堂
55. アバティ（伐採した木材を並べたものという意味の仏語）

*訳註：フランス語が外来語として用いられている場合は現代フランス語の発音に基づくカタカナ表記をもって訳語とし、括弧内に語義を説明した。

はじめに

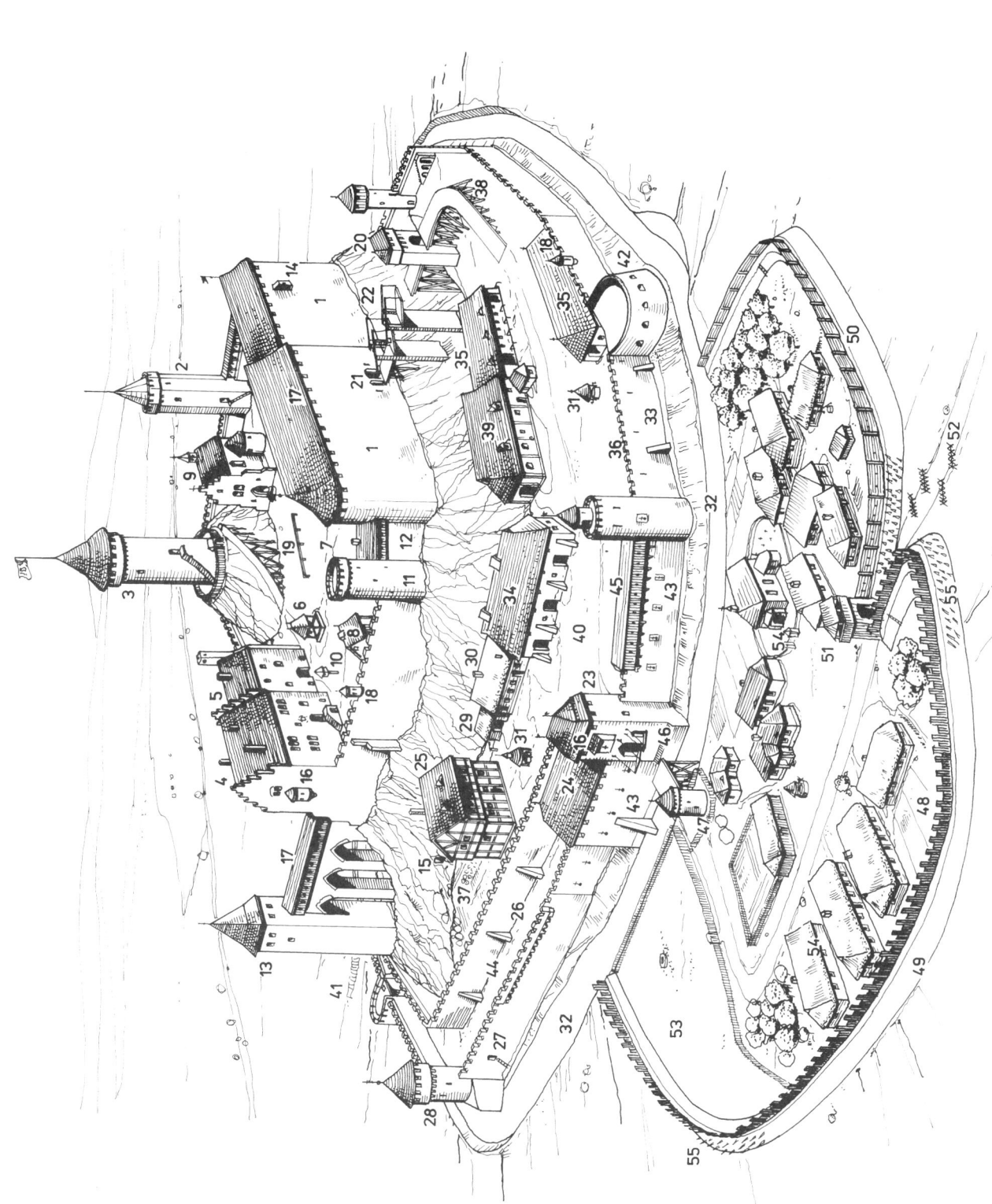

城壁都市の諸要素

1 都市を睥睨する城塞
2 アンサント（周壁を意味する仏語）
3 築城橋
4 城門棟
5 馬場
6 水場
7 川
8 川を横断する鎖状障壁
9 工廠（軍需工場）
10 円形平面バスティヨン
11 囲郭（エンクロージャー）
12 円形平面城塔
13 シャトレ（小城塞を意味する仏語）
14 半円形平面バスティヨン
15 築城製粉所
16 側防城塔
17 市庁舎
18 小教区教会堂
19 弾薬庫
20 中央広場または市場広場
21 築城修道院
22 築城が施されていない修道院
23 住居
24 城壁内側をめぐる軍用道路
25 河港
26 河港門

副市

27 シャトレ
28 木造バリサード
29 カーテン・ウォール
30 城門棟
31 橋
32 バービカン
33 城門塔
34 空堀
35 教会堂
36 修道院
37 副市の市庁舎

市壁の外側に位置する拠点

38 築城教会堂
39 独立監視塔
40 病院と礼拝堂
41 ハンセン病患者隔離施設
42 処刑場―「絞首刑執行人の丘」

はじめに

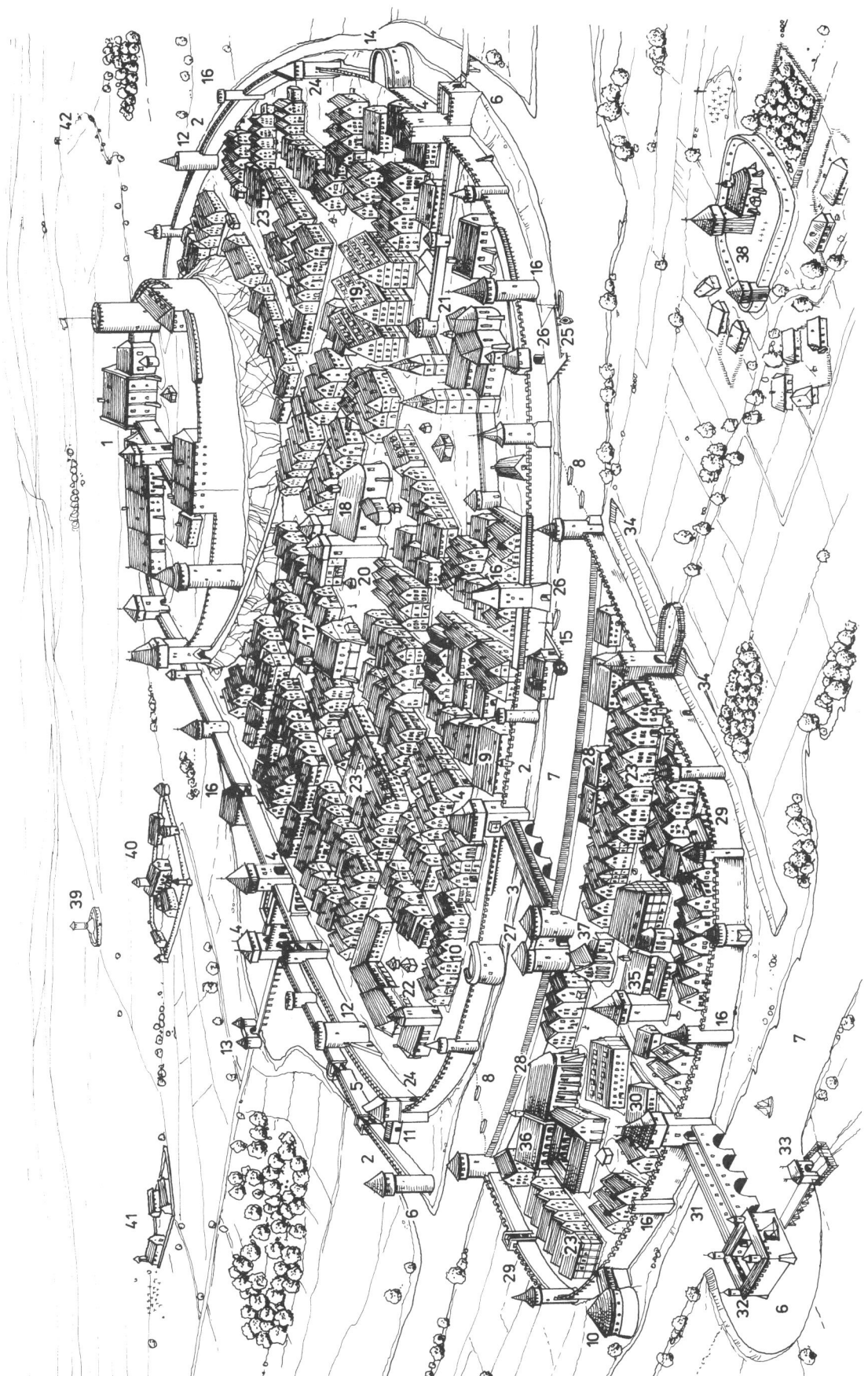

カルカソンヌ：フランス

第1章

Elements of Medieval Fortifications

―中世築城の諸要素―

　城塞（castle）、シタデル（市塞/citadel）、要塞（fort）、そして城郭（fortress）といった用語は砦（stronghold）と同じ意味で用いられてきており、やがて大きな混乱を招くこととなった。しかし、これらの用語は軍事建築の分野においては、それぞれ違う意味を持っているはずだ。ヨーロッパ北西部では城塞が要塞化された個人の館のことを指すとしても、他の地域では同じ用いられ方はしない。それは王城との関連においても同様だ。「城塞」のもっとも的確な定義は、中世盛期の築城で、高い城壁、通常は堀、そして、城塔によって特徴付けられたものであり、それが個人の館かどうかは関係ない。「要塞」という用語は厳密には中世の築城には適用されない。それは通常、戦闘員が駐留する小規模拠点のことを指す。それに対して、典型的な中世城塞は軍事的機能だけではなく、居住機能と行政機能の両方あるいは片方を併せ持っていた。「シタデル」という言葉はいろいろな防御拠点に適用され、城塞、あるいは規模において城塞と同等の要塞化された拠点を備えた都市の一部分のことを指すのにも用いることができる。

　「城郭」は通常、中世以外の大規模築城を指すのに用いられる用語だが、ときには、極めて大規模な城塞のような築城、あるいは濃密に築城を施された都市（町）のことを表す場合もある。城壁を備えた都市または町は、通常、城塞と多くの共通点をもつが、もっと大規模で城塞を包含している場合もある（都市に多い）。城門、特別な屋根、クレノー付き胸壁（P33参照）や堀といった多くの特徴は、当初は城塞において発展したものだったが、やがては都市築城の中にうまく取り入れられていった。

　中世の要塞化拠点の他の形式として、タワー・ハウス（塔状住居）、監視拠点、沿岸築城、さらには、築城を施された教会堂、司教座聖堂、修道院がある。多くの場合、これらの拠点は城塞や城壁町のような防御的性質をもっている。タワー・ハウスとは単に城塔にくっついたり、城塔の一部となっている居住施設のことで、キープに似ている。タワー・ハウスはイタリア半島の北半分でよくみられ、ブリテン諸島やアイルランドのような遠く北方にも存在する。個々の監視拠点は、沿岸部に設置されたものも含めて、ベルクフリートやキープに似ているが、通常は単独の城塔であり、監視兵は侵入者を発見し次第、そこから警報を響かせることができた。築城を施された宗教施設は、見た目にはあまりわからないが、小塔、クレノー付き胸壁のような防衛陣地を備え、さらには対人攻撃口までも装備することがあった。築城修道院は、ときに小さな城壁町の様相を呈した。

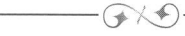

ボディアム城塞：イングランド

シャトー・ガイヤールのリチャード1世による特異なキープ：ノルマンディ

グラード、モット・アンド・ベイリー、ベルクフリート、および、キープ

　ピレネー山脈とアルプス山脈の北側のヨーロッパにおける城塞の起源は、時の彼方にあってわからなくなってしまったが、初期の築城の三つの主要な形式にまでさかのぼることができる。すなわち、グラード、ベルクフリート、そして、モット・アンド・ベイリーである。これらのなかで最古のものはグラードである。これは基本的に環状築城であり、規模は様々で、土塁、木造城壁、防御された城門と堀で構成されていた。

　ベルクフリートは、ローマ帝国とゲルマニア諸国の間の境界領域に建設されたリメス（ローマ帝国の境界をなす長城や軍用道路など）と結びつけられた高い塔である。暗黒時代から11世紀にかけてはほとんど木造で、高さはあったが狭かった。一般的（少なくとも当初）には監視塔程度にしか使われていなかったと言われているが、住居として用いられていたものもあったかもしれない。石造ベルクフリートは13世紀までにはよくみられるようになり、多くは城塞の一部として組み込まれていった。

　モット・アンド・ベイリー式城塞は、東方のグラードに類似した初期の環状構築物から発展したものと思われ、10世紀を通じてよくみられた。木造城塔あるいはドンジョン（仏語でキープの意）を、人造の土手あるいはモット（仏語で土手の意）の頂上に建てるという形式だった。モットは中庭あるいはベイリーの内側に設けられ、全体は木材を用いたパリサードによって囲われていて、防御を固めた城門を備えていた。地形が許す限り、ベイリーあるいは「郭（くるわ）」に円形平面で築かれた。モット・アンド・ベイリーのさらに複雑なものは二つ、あるいはそれ以上のベイリーを備えていた。11世紀までには建設材料として石材が木材に取って代わりはじめた。まず、ドンジョンのみが石材で建造され、さらに城門、最終的には城壁も石造で築かれるようになる。ドンジョンは、後にキープとよばれるようになるが、単に防衛拠点というだけでなく、当地の領主や城代の居館としても使われていた。キープはもともと方形平面だったが、12世紀末にイングランド王リチャード1世獅子心王がノルマンディーのシャトー・ガイヤールに、多角形平面、あるいはほとんど円形平面ともいえる形態を採用し、これ以降、円形平面のキープがますます広まっていった。おそらく、ベルクフリートの形態も、石造で築かれるようになった後、同様に発展したものと思われる。

　キープやベルクフリートの入口は2階（ヨーロッパではこれが「1階」）に設けられた。木造キープは防衛上の理由から人造の土手またはモットの上に建てられており、モット・アンド・ベイリー式城塞において最後の抵抗拠点として用いられることになっていた。石材が用いられるようになると、キープはさらに大規模・重量化されていき、モットの実用性は低下して、ついには築かれなくなった。さらに、12世紀を通じて大規模化したキープの多くは主防衛線に組み込まれていき、キープもまったく築かれなくなる。ベルクフリートもまた、13世紀を通じてドイツ語圏諸国の築城における重要性を失っていく一方で、その他の部分が大規模化して主要な構築物となっていった。

オツベルクのベルクフリート：ドイツ

上左：方形平面のキープ：イングランド、ポートチェスター
上右：トゥール・ソリドール：ブルターニュ、サン・マロ付近のサン・セルヴァン
中央：円筒形城塔：ファレーズ：ノルマンディ
下左：12世紀の円形平面のドンジョン：フランス、ウーダン
下右：フィリップ塔：フランス、ヴィルヌーヴ＝レザヴィニョン

城塔

グラードやモット・アンド・ベイリー式城塞の城塔は、当初、木造であり、土塁（土で築いた砦）上の木製の防御柵に接合されるか、あるいはその一部だった。塁壁は堀から掘り出した土でできていた。キープや城門の建設材料に石材と煉瓦が用いられるようになると城塔も石造で築かれるようになった。城塔は城壁と一体化している場合も、城壁に接合されてはいるが独立している場合もあった。なかには、城壁の前面に突き出して、籠城側がカーテン・ウォールを攻撃する敵に対して側射できるようになった「側防城塔」とよばれるものもあった。石材あるいは煉瓦で建造される場合、通常、城塔は多層階からなっていたが各階が常に内側でつながっていたわけではなかった。また、城塔の背面が空いているものもあった。背面が空いていれば、地上から戦闘階へ物資や発射体を容易に運び込むことができ、さらに敵が城塔を攻略して籠城軍に対する攻撃拠点として用いるのを阻止できた。そこから城壁上の通路あるいは歩廊から城塔へ入るには小さな跳ね橋を渡らなければならない場合もあった。木材による構築物はもはや現存していないので木造城塔がどのような構成だったのかを知るのは困難である。

方形平面の城塔は外側に対して死角を作り出し坑道戦に対して脆弱さをさらけ出すことになった。それゆえ12世紀を通じて円形もしくは半円形平面の形式が適用されたのである。円形平面城塔の伝播には、東方でそれらを見聞した十字軍の騎士たちが大きな役割を果たしたが、これが新たなる発明ではなかったことは指摘しておかなければならないだろう。古代ローマ人たちは、円形平面城塔が方形平面城塔よりも優れていることをすでに知っており、その築城にも取り入れていた。たとえばフランスのカルカソンヌの市壁には半円形あるいはD字型平面の古代ローマの城塔がある。

城塞あるいは都市の城壁にどのくらいの間隔で城塔を並べるかは、地形や建設者が使える資材などによって定められた。ほとんどの場合、城塔は隅部に配置されたが、ときに一定のあるいは不規則な間隔で周壁にも加えられる場合があった。中東では十字軍の騎士たちが、城壁塔は規則正しく配列した方が防衛しやすいことに気付いたものと思われる。それゆえ、13世紀までにこの原則がヨーロッパで新たに城塞を建設する際にますます適用されるようになったのである。それでも、中世ヨーロッパでは城塔を建設するにあたっていかなる標準形式も存在しなかった。城塔の規模と形態は立案者の見解や財力により極めて多様だった。しかし、城塔が規則正しく配列されているなど、城塔が均一にデザインされているものも多い。

円形平面城塔と同時にヨーロッパに影響を与えた中東の築城の重要な特徴としてはプリンスがある。これは城塔下

カイルフィリー城塞：ウェールズ
数多くの城塔群とともに13世紀に建設された。↓

アリュール（歩廊）と直接つながれた量感あふれる隅部城塔の望遠撮影→

部の城壁にスカート状に傾斜をつけて厚みを増したものをいう。プリンスもしくはバタード・プリンスの役割は城塔の壁体を強化し坑道戦（坑道を掘って地雷を仕掛けること）に対するさらなる抵抗力をつけることである。やがてプリンス（バタード・プリンス）は城壁にも設けられるようになった。

様々な城塔

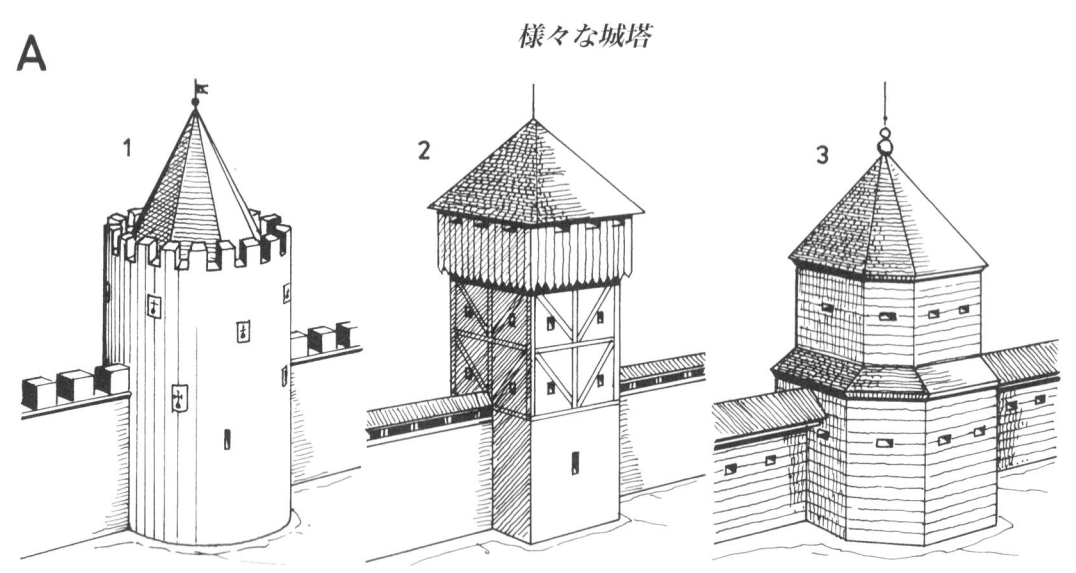

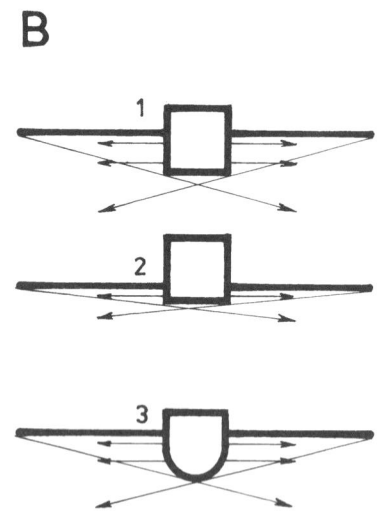

A 城塔の類型
  1 石造城塔
  2 石造と木造の混構造城塔
  3 木造城塔

B 城塔からの射界（射撃できる範囲）
  1 側射のために城壁前面に出された方形平面の城塔
  2 城壁と前面をそろえた方形平面の城塔
  3 側射の範囲を増強するために城壁前面に出された半円形平面の城塔

C カーテン・ウォールにおける城塔の位置
  1 隅部城塔
  2 城壁内城塔
  3 後退した城壁内城塔
  4 突出城塔あるいは側防城塔

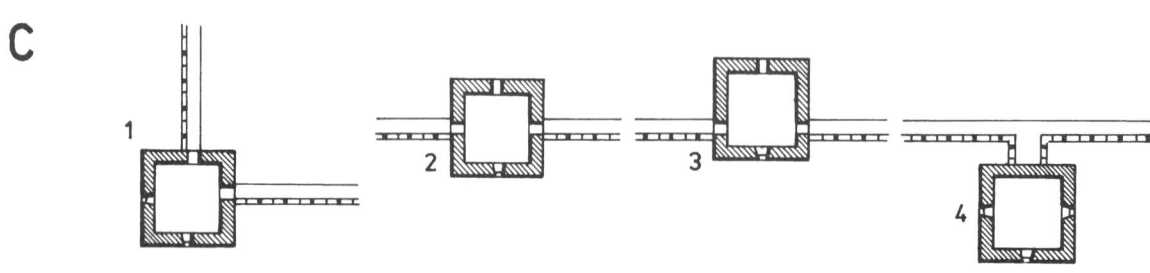

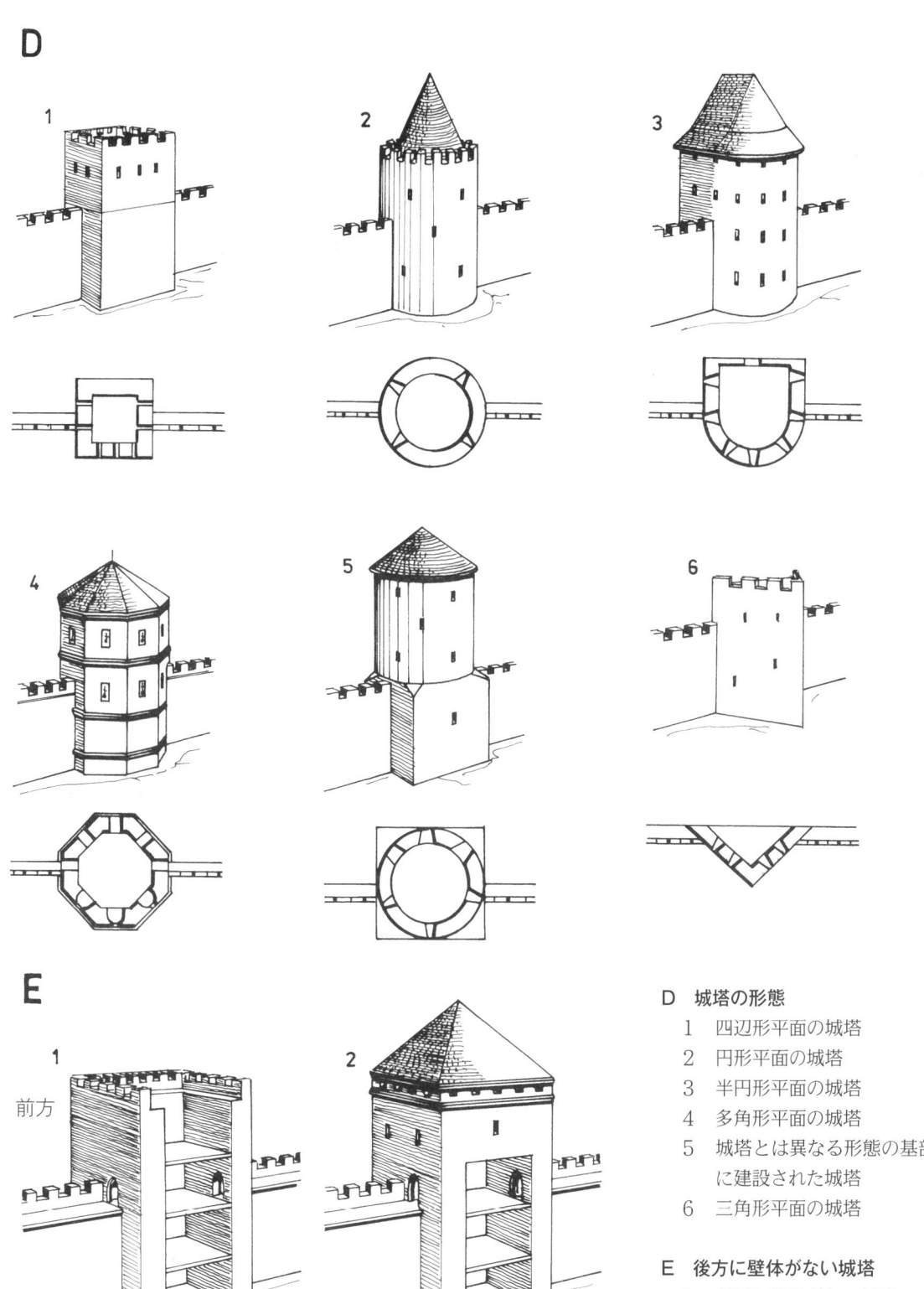

D 城塔の形態
1 四辺形平面の城塔
2 円形平面の城塔
3 半円形平面の城塔
4 多角形平面の城塔
5 城塔とは異なる形態の基部上に建設された城塔
6 三角形平面の城塔

E 後方に壁体がない城塔
1 背面に壁体がない城塔
2 背面の一部に壁体がない城塔

様々な城塔とキープ

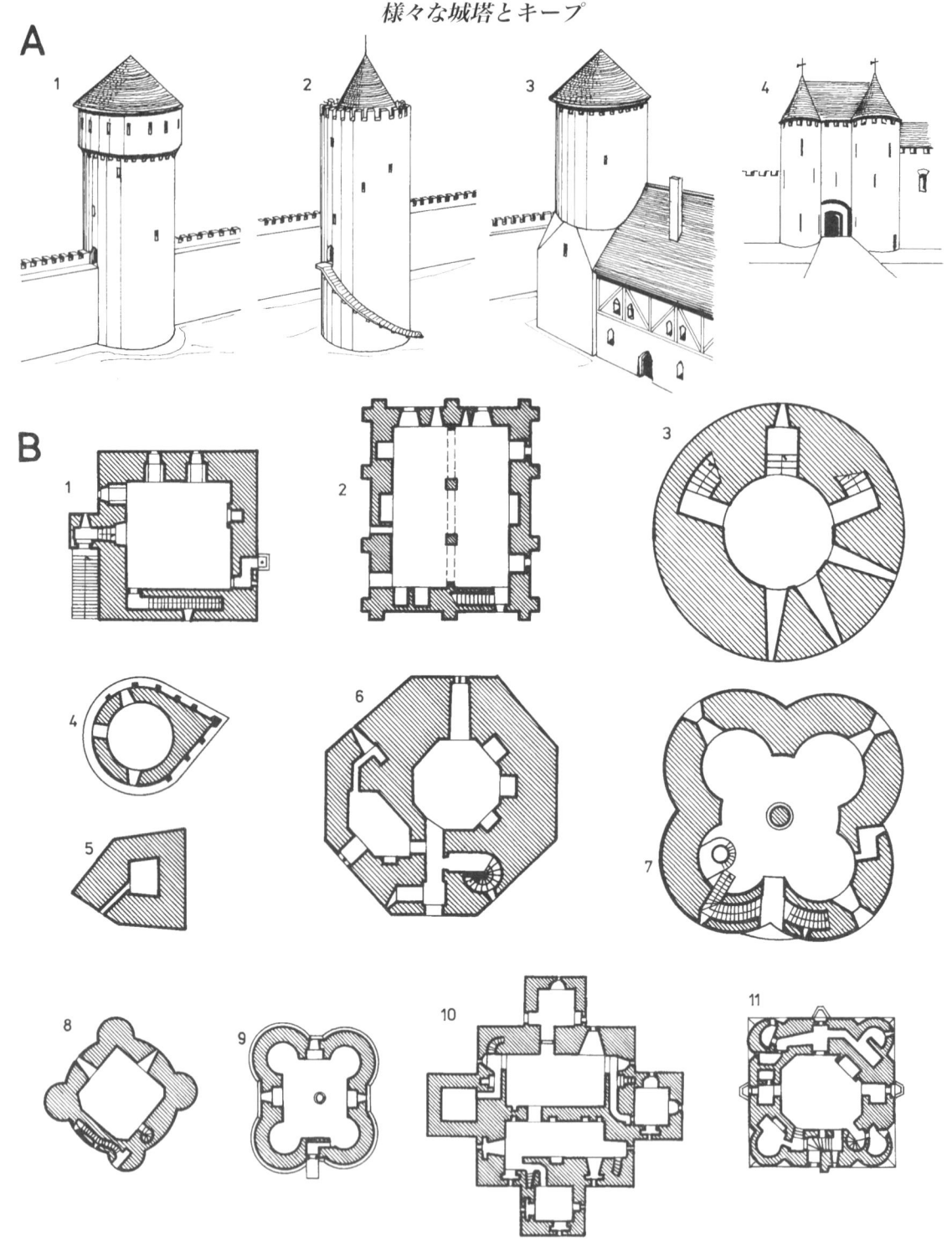

A 城塔の類型
1 城壁城塔
2 独立城塔
3 住居と一体化した城塔
4 城門塔

B 居館キープの例
1 レパール＝メドックの方形平面のキープ
2 ボージャンシーの長方形平面のキープ
3 シノンの円形平面のキープ
4 シャトー・ガイヤールの嘴形平面のキープ
5 オルテンベルクのキープ
6 ラルゴエ・エルヴァンのキープ
7 エタンプのキープ
8 ウーダンのキープ
9 アンブレニーのキープ
10 トランのキープ
11 プロヴァンのキープ

中世築城の諸要素

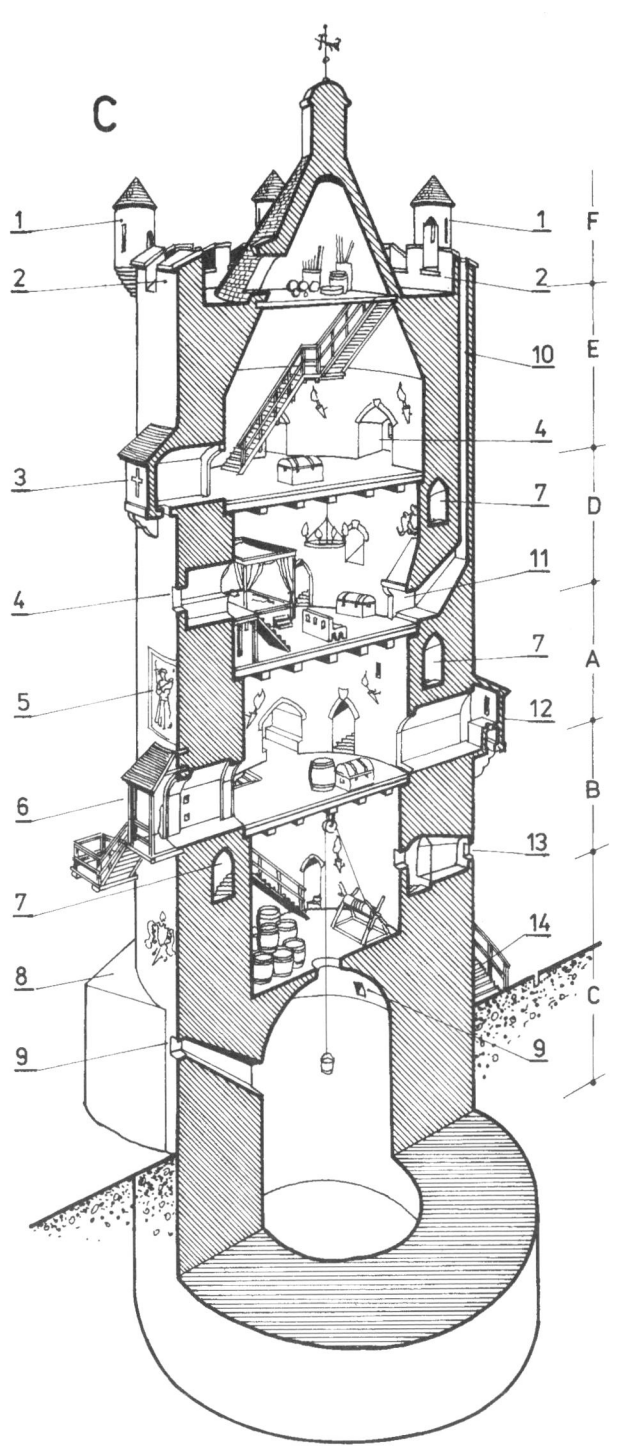

C　キープの断面図
- A　主要階—大ホール
- B　管理階
- C　基部、または「ダンジョン」（地下牢）
- D　居住階
- E　武具庫、または防御階
- F　テラス、または戦闘台
- 1　バルティザン
- 2　クレノー（狭間を意味する仏語）付き胸壁
- 3　ブレテーシュ（城壁の挟間が付いた部分を意味する仏語）
- 4　採光用狭窓
- 5　浅浮彫の紋章
- 6　木製内部階段付き入口
- 7　階段
- 8　ビーク
- 9　窓
- 10　暖炉の排煙道
- 11　暖炉
- 12　ガルドローブ（トイレ。更衣室を意味する仏語）
- 13　採光用狭間
- 14　入口階段

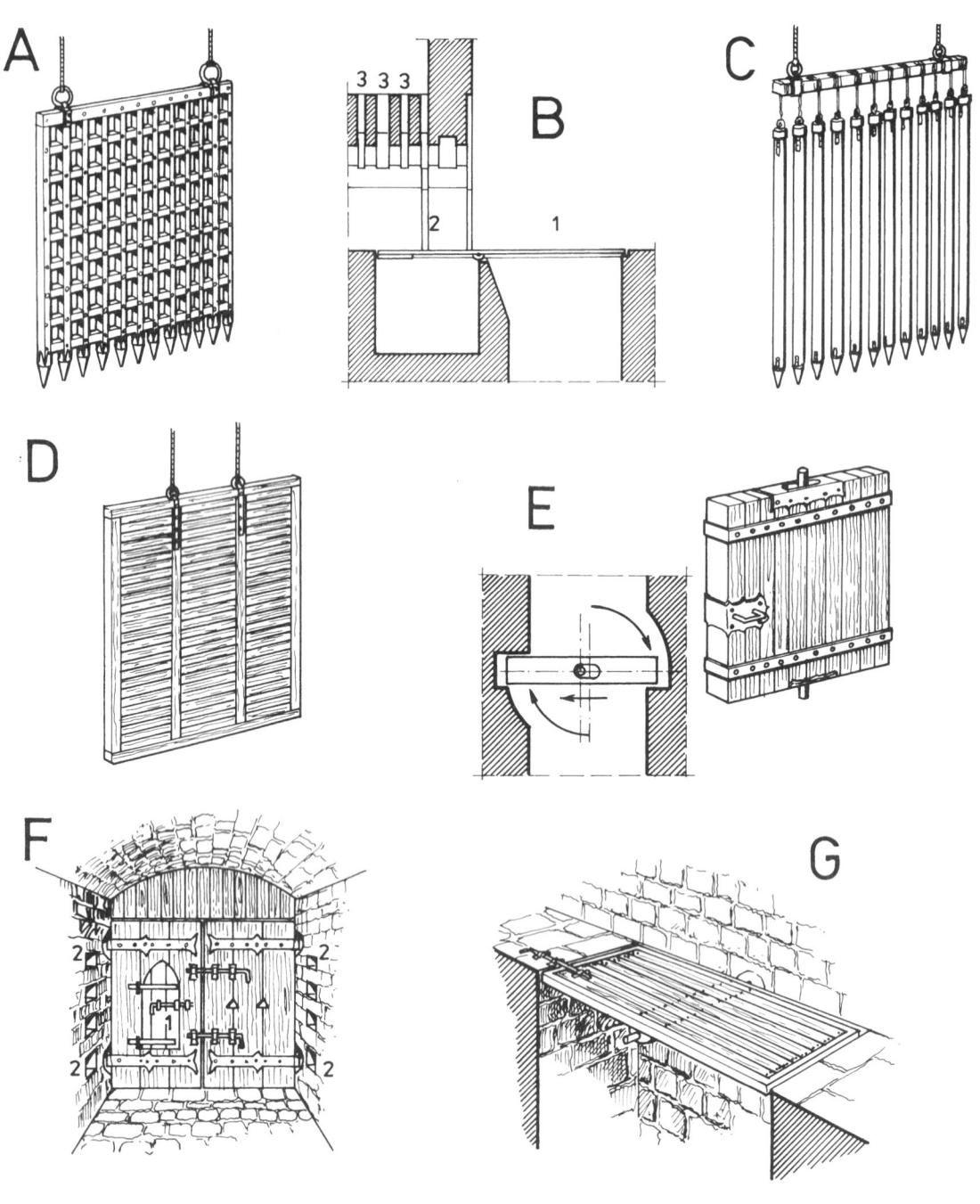

城門棟の諸要素

A 落とし扉
B 断面図
　1 跳ね橋
　2 落とし扉
　3 殺人孔
C 「器官」（落とし扉に似ており、中世後に、ヴォーバンによって有名になった）
D 凝集落とし扉
E 旋回心軸を中心にして回転する扉
F 標準的な城門
　1 「徒歩門」とよばれる小さな扉
　2 扉を強化するために閂を設置する窪み
G トラップ・ドア

城門と跳ね橋

　城門が城塞や城壁都市の防衛を決定する。それは、ここが内部への侵入を最も容易に許す入口だからである。それゆえ、城門の防衛には特別な関心が払われ、その前面には様々な障害物が追加されたのである。

　意外なことでも何でもないが城壁の中に建設される最初の城塔の形式は城門である。モット・アンド・ベイリー型の城塞において、最初に石で造られたのは城門とキープだった。通常、城門は胸壁を備えており、守備兵は胸壁によって敵兵を城門から遠ざけた。城門がもっと洗練されてくると、堀や跳ね橋などが追加された。だが、堀がなければ跳ね橋もないということになる。通常、跳ね橋は単純な構築物で鎖とウインチによって跳ね上げられたが、やがてもっと改良されたものも現れた。たとえば回転橋と呼ばれる仕掛けである。これは橋の端部に付けられた錘（おもり）によって跳ね上げるというものだった。錘を付けた端部を解放するとそれが溝に落ち込んで、別の端部を90度動かすという仕組みである。これは迅速に動かせるというだけでなく弱い力で動かすことができるという利点があった。跳ね橋のあるなしに関わらず、城門は金属で補強され、重厚な木製扉と落とし扉も備えていた。落とし扉は鉄をかぶせた木製格子戸が最も一般的だったが木製や鉄製もあり、城壁内の溝に収容されて、ウインチの力で降ろすか、落下されるものだった。このような城門の特徴のほとんどは古典古代にまでさかのぼるもので紀元前3世紀末には登場していた。

　城門がさらに洗練されるにしたがって規模も大きくなり、場合によっては城塞の中で支配的な位置を占めるようになっていった。中世の城門の代表例の一つはウェールズのハルレフにみられる。そこでは城門が完全にキープに取って代わり、城主の居館として使われていた。ハルレフの城門は4本の城塔で構成され、城塞への通路は2本の巨大なD字型平面城塔に挟まれ、さらにその後ろには小規模な城塔が配されている。この大規模な城門は3カ所に落とし扉と扉があるが、これはこの規模の城門には通常のことだった。強行侵入を試みるものは二つの落とし扉の間に閉じ込められることになる。各落とし扉の間のトンネルの壁面には矢挟間（やざま）が穿たれていて、城兵が閉じ込められた侵入者たちに矢を浴びせることができるようになっていた。

　落とし扉の間の天井には「殺人孔（きゅうせん）」とよばれる開口がいくつかあって、眼下に閉じ込められた一団に防御側の弓箭兵（へい）が、矢を射たり、岩を落としたり、熱い液体を注入したりすることができた。

　城門への接近路と入口は外部に直面しないように角に設けられることも多かった。こうすれば、攻囲側が跳ね橋や城門に直接、攻城兵器を向けることが難しくなる。この配置はとりわけ、衝角（しょうかく）（破城槌（はじょうつい））に対して有効だった。やがては外部構築物やバービカンが城門前面に付加されて防御力が強化されている。中世の他の防御上の特徴と同様、バービカンには標準的な形態はなかった。たとえば、城壁によって直接、城門と接続されたバービカンがあり、これによって城門に達する前に、攻囲軍を狭くて守りやすい通路に誘い込むことができた。とはいえ、多くの場合、バービカンは橋だけで城門に接続されていた。ほとんどのバービカンは城門に典型的な防御上の特徴を持っていた。

　カルカソンヌのように、バービカンが城門のかなり前方に配置されたところもあった。カルカソンヌは大バービカ

マリエンブルク城塞（マルボルク）：ポーランド
内城門複合建造物群に大規模な落とし扉が見える。

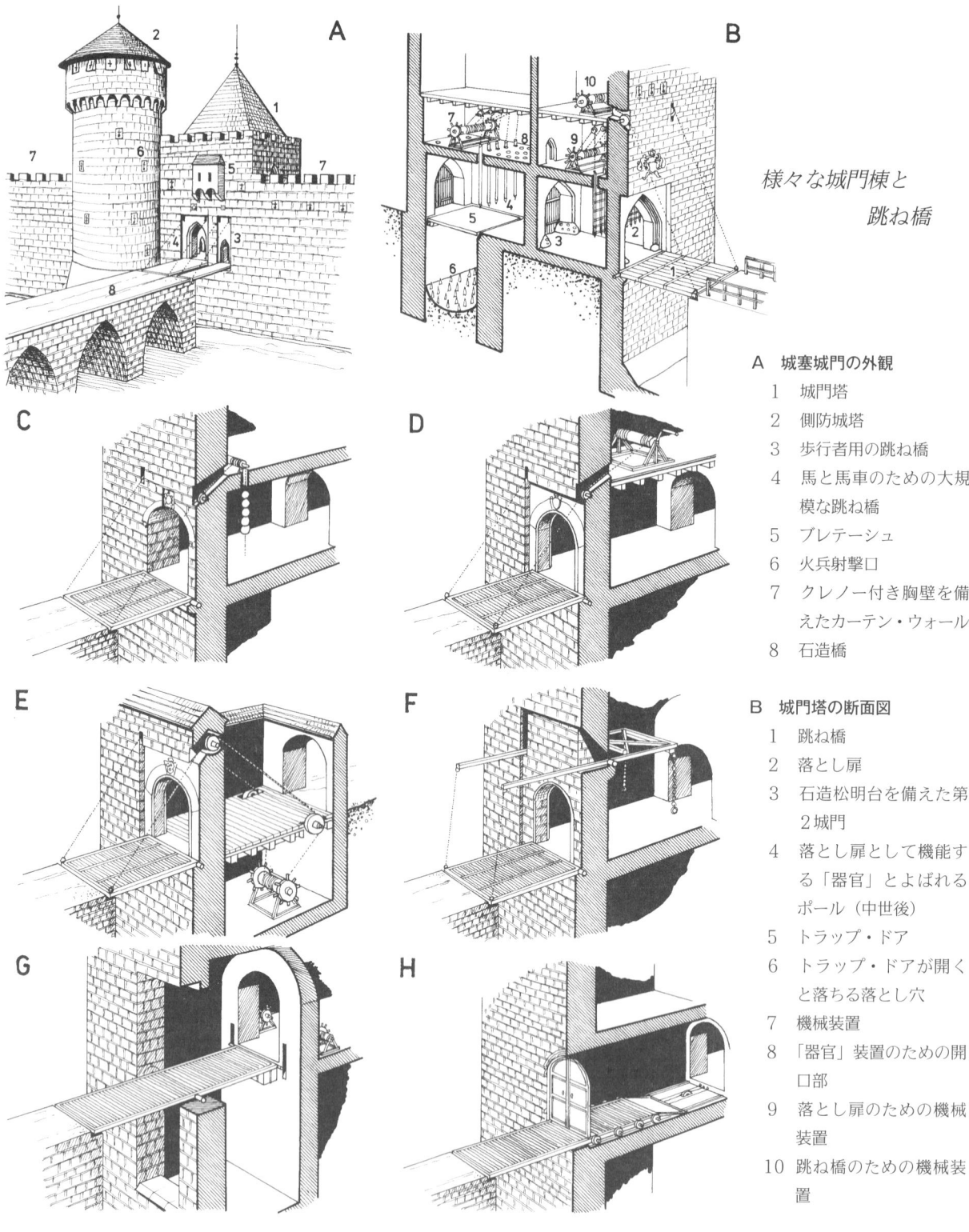

様々な城門棟と跳ね橋

A 城塞城門の外観
1. 城門塔
2. 側防城塔
3. 歩行者用の跳ね橋
4. 馬と馬車のための大規模な跳ね橋
5. ブレテーシュ
6. 火兵射撃口
7. クレノー付き胸壁を備えたカーテン・ウォール
8. 石造橋

B 城門塔の断面図
1. 跳ね橋
2. 落とし扉
3. 石造松明台を備えた第2城門
4. 落とし扉として機能する「器官」とよばれるポール（中世後）
5. トラップ・ドア
6. トラップ・ドアが開くと落ちる落とし穴
7. 機械装置
8. 「器官」装置のための開口部
9. 落とし扉のための機械装置
10. 跳ね橋のための機械装置

様々な機械装置
C 錘によって動く跳ね橋
D 滑車によって動く跳ね橋
E 低い城壁に設けられ、下層に設置した滑車によって昇降する跳ね橋
F 天秤のしくみを用いた跳ね橋（14世紀に導入された）
G 旋回心軸によって動く跳ね橋
H 回転橋

ンが丘の麓に位置する広い円形平面の場所にあり、小規模な一連の城壁が丘の上まで達して城塞と市壁につながっていた。城塞自体は市壁の中に組み込まれていて独自のバービカンを備えていた。それは堀の前面に建てられ城塞の正門に通じる橋への接近路を守備していた。城塞のバービカンは大規模な半円形平面の城壁からなっていて、防御された城門を備えていたが、城塞とはいかなる築城によっても接続されていなかった。

　城門に加えてポテルヌ（埋み門）の存在も城壁都市や城塞にかなり共通する特徴である。これらは比較的小規模な出入口で、騎兵と乗馬がくぐれる程度の大きさである。ポテルヌは守備軍が突撃するための出撃口として、籠城軍の脱出路として、また、使者を送り出す場所として使われた。ポテルヌはまた、突撃口（サリー・ポート）ともよばれていた。場合によってはポテルヌは重厚に防御されて城壁の城塔に設置された。常にではないとしても、通常、ポテルヌは攻城兵器の射程外に配置された。

シルミオーネ城塞：イタリア
降ろされた跳ね橋の架かった堀の方を望む、城門塔の内観。

カルカソンヌ：フランス
ナルボンヌ門へ通ずる堀に架かる築城橋とバービカン。

アンサント

アンサントという用語は、城塞、城壁都市、または築城修道院といった防御陣地を取り囲む城壁と城塔のことを指す。また、カーテン・ウォールとは城塔と城塔の間の城壁の部分、または、アンサントの城壁のことをいう。初期の砦を取り囲む防御柵には戦うための場所がなく、城塔が防御柵を守っていた可能性が高い。とはいえ、やがては防御柵が城塞防御の主要な役割を担うようになっていく。城壁は中世築城の中で最後に石造に更新された要素である。

カーテン・ウォールの厚みについての体系的な研究はない。しかし、築城によってその厚みが様々であることは事実である。暗黒時代の土造および木造の築城建設に用いられた技術が、並外れた厚みのある城壁を産み出した。一方、木製パリサードはむしろ薄くなり、火災や腐食に弱かった。木製パリサードから更新された最初の石造または煉瓦造の城壁は木製より長持ちはしたものの、やはり薄かった。

12世紀の西ヨーロッパの人々は、自分たちの都市に残る古代ローマ時代の厚い城壁について知っていたが、2枚の壁体の間を粗石で充填する技術をまねることはなかった。古代ローマ時代の城壁が採石されずに残っている都市もあったが、11～12世紀にかけて新しい城壁を建設する必要があった。市街地が古の都市境界を超えて広がっていったからである。たとえば、フィレンツェではアルノ川を超えて市域が拡大し、ロマネスク時代にはこの新市街地も新しい市壁で囲わなければならなくなった。ゴシック時代にはさらに新しい市壁が必要になり、ロマネスク時代の倍以上の市域を囲んだ。パリのような古代ローマ時代の城壁都市以外でも、同様の都市拡張を経験していた。大都市が住民を守備すべくその市壁を拡大していく一方で、小都市（とりわけ、「都市」ではない町）では、常に新しい町壁を建設できたわけではない。領主が戦略上、防御強化が必要だと認めなければ、新町壁は造れなかったのである。

カーテン・ウォール、城塔、キープの高さと厚みは場所によって著しく異なっていた。また、各城塞で幾世紀も行われていった再建、改築、修復事業は城塞の構成を大きく変化させており、詳細に計測することが難しいほどである。正確な建設記録は中世末期まで残されることはなく、中世写本から正確な情報を得ることはできないのである。

このように、中世城塞の城壁のデータの多くは考古学的発掘や推測に基づかざるを得ない。ピエール・セランの『築城』[1]、クロード・ヴェンズレールの『城塞建築』[2]、アンドレ・シャトランの『城塞』[3]ではフランスにおける中世城塞の傾向を示すことはできたが、ヨーロッパの他の地域では異なる発展をし、異なる歴史がある。古代ローマ人が進出した地域では近代以前の軍事建築の発展について古典古代、暗黒時代、ロマネスク時代、ゴシック時代の四つの異なる時代を設定することができるだろう。

古典古代、ほとんどの古代ローマの城壁は1mの高さにつき0.25mの厚みという基準に基づいて建設されていた。それゆえ、8mの高さの城壁の厚さは2mということになる。通常、2.5mより低い城壁は存在しなかった。古代ローマのセルウィウスの市壁は基部の厚みが3.6mもあったという。紀元後3世紀のアウレリアヌスの市壁は厚さ4m、高さ6.5mあった。アウレリアヌスの市壁の城塔については、居室では薄かったが、その下の部分は堅固で、約10mの高さがあった。これらの形式の城塔はビザンツの築城でみることができる。カルカソンヌでは古代ローマ時代の市壁は厚さ約2.6m、西ゴート時代の城塔は12.5mもの高さがあった。ボルドーの3世紀の古代ローマ時代の市壁は高さ約10mに及んでいる。

暗黒時代のフランスではほとんどの築城が木造であり、通常は円形平面だった。一方、ビザンツ人たちは古代ローマ（古典古代）の伝統を改変させながらも継承した。ロマネスク時代（11～12世紀）にはアンサントの城壁基部の厚みは1.5mから4.5mまで様々だった。フランスでは、ロマネスク建築の特徴であり、フランス語で「コントルフォール」と呼ばれるバットレス（控え壁）が城壁を強化するのに用いられた。キープとアンサントの城壁には木造櫓を設置できるようになっていて、守備兵はそこから城壁の足元に向けて射撃することができた。カーテン・ウォールの厚みは必要に応じて様々だった。すなわち、比較的弱い部分は最も厚く、自然地形によって守られているところは薄く造られた。12世紀までにはほとんどの市壁と城塞の城壁が城塔を備えるようになった。モット・アンド・ベイリー形式の築城の場合、モットの高さは6～10m、周囲の堀は深さ約3mだった。フランスのドンジョン（キープ）の高さは平均して20～30mといったところだっ

---

[1] 原題『La fortification: histoire et dictionnaire』P318参照／[2] 原題『Architecture du château fort』P319参照
[3] 『Châteaux forts: images de pierre des guerres médiévales』P313参照

プロヴァン城塞：フランス
アンサントと堀。

たが、最も高いものは35 m、あるいは37 mにまで及ぶものもあった。最大のキープは20〜30 m×15〜25 mくらいだった。キープの壁体は厚さ1.5〜2 mまで様々だったが、なかには4 mにも及ぶものもあった。

12世紀末には東方で軍事建築が革新され13世紀を通じてヨーロッパにも広まっていった。これらの革新はマシクーリ（フランス語で「石落とし」の意）、プリンス（城壁の基部を外側に傾ける技術）といったものであり、城塔を一定間隔で配置することもその一つだった。石造の城壁にマシクーリを設置する技術が発展したことによって、マシクーリが火に弱い木造櫓に取って代わっていった。プリンスは坑道戦に対する有効な防御法として機能し、木造櫓やマシクーリから落とされた石弾の効果を最大化することにも貢献した。そして、アンサントに城塔を一定間隔で配置することで防御効果が増大した。

ゴシック時代（13〜15世紀）は城塞の時代の頂点にあたる。13世紀を通じてアンサントの城壁の厚みは増していき、プリンスはヨーロッパ中でさらに一般的になっていった。フランスでは堀の幅が12〜20 m、深さは10 mにもなった。ヴォールト（石や煉瓦で築かれた立体的な天井）が架けられた城塔の直径は7〜12 mに及んだ。城塞の規模は空前のものとなり、フランスのクーシー城塞は国内最大級のキープを、アンジェ城塞は圧倒的な量感を誇る円筒形城塔とプリンスを備えた。

フランスとイングランドでは円形平面キープが一般的になり、その城壁の厚さは3.8〜4.9 m、直径は11.5〜16 m、そして、高さは25〜32 mに及んだ。東ヨーロッパでは1250年以降、石造築城によって土造および木造築城が更新されはじめていた。

13世紀にはじまったこれらの傾向は14世紀も続いていった。チェルスクにあるマゾフシェ公のグラードはこの時期に石造に改築されている。その煉瓦造の城壁は厚さ1.8 m、高さは6 mを超えるが、かつては15 mに及んでいたと思われる。その城門の高さは22 mに達していた。フランスではカーテン・ウォールの高さは城塔の水準にまで高くされ、この傾向は次世紀まで続いた。マシクーリは城壁以外のところでも使われるようになり、さらに広く普及して様々なものが現れた。

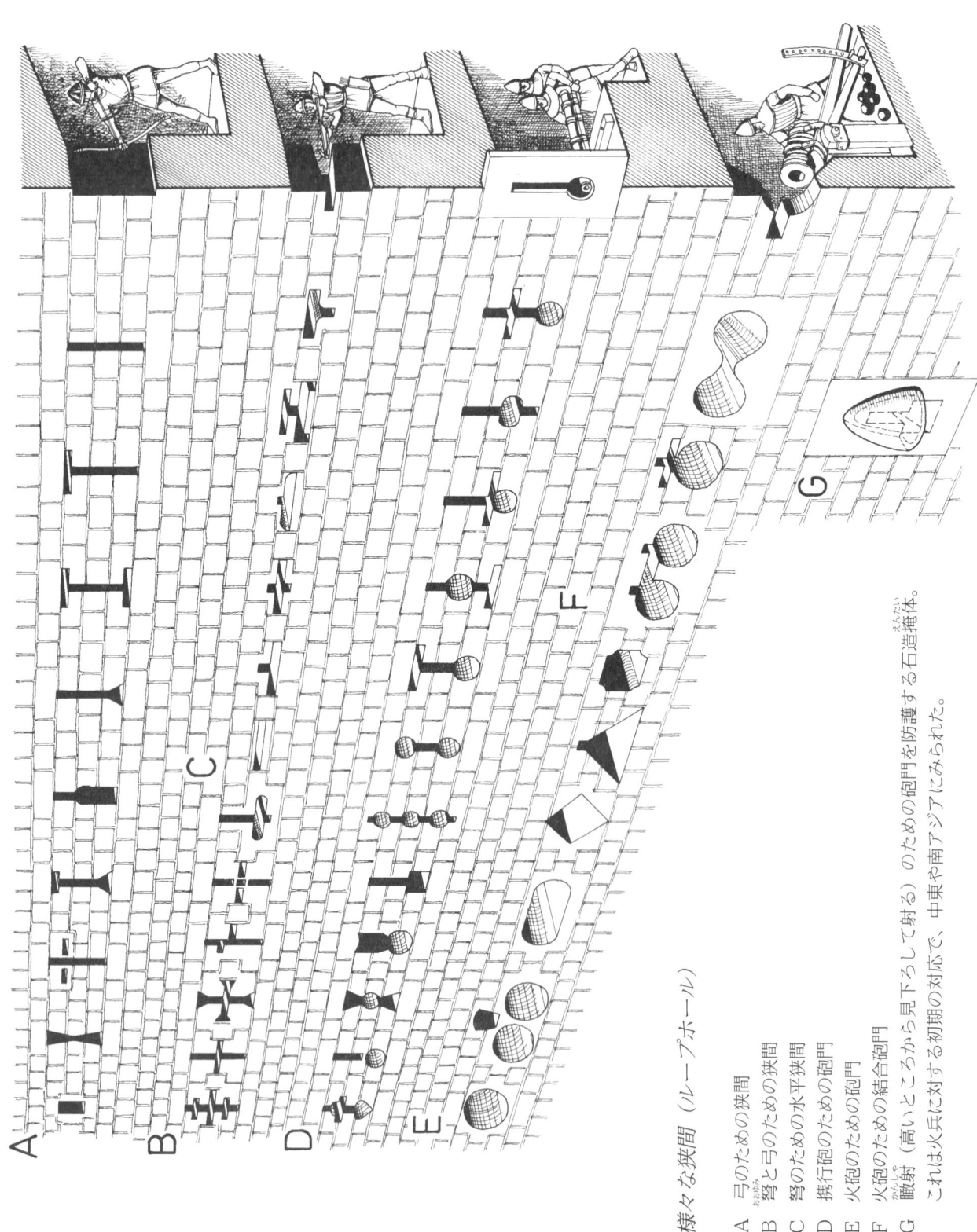

様々な狭間（ルーフホール）

A　弓のための狭間
B　弩と弓のための狭間
C　弩のための水平狭間
D　携行砲のための砲門
E　火砲のための砲門
F　火砲のための結合砲門
G　瞰射（高いところから見下ろして射る）のための砲門を防護する石造掩体。これは火兵に対する初期の対応で、中東や南アジアにみられた。

胸壁、アンブラジュール、および、屋根

胸壁とは築城の上部のことである。通常、胸壁には敵の投射から城兵を守るためにクレノーが設けられた。中世盛期を通じてイングランドをはじめとする国々では、防御のためにクレノーを施すには国王の特別な許可が必要だった。クレノー付き胸壁はアンブラジュールと呼ばれる開口部とメルロンと呼ばれる小壁体の連続からなっている。初期の最も単純なメルロンとアンブラジュールは長方形だった。だが、ほどなく多くの変種が現れ、地方的民族的趣向を反映してクレノー付き胸壁は装飾と化していき、当初の軍事的機能が失われても用いられ続けた。それゆえ、異常に高くそびえ、曲線を描くメルロンは珍しくもなかった。アラビアの領域ではメルロンは独特のイスラム的形態を帯びるようになる。今日、各地の築城にみられるほとんどのメルロンは再建されたものであり、当初の様式を示しているものは少ない。

クレノー付き胸壁の起源は古代にまでさかのぼることができるが、洗練の度を増してきたのは中世盛期である。暗黒時代の木造築城のクレノーが長方形だったのかは証拠がほとんどないため仮説の域を出ない。メルロンの間のアンブラジュールが、ときにシャッターを備えていたこともあり、城兵を保護するさらなる手段となった。12世紀以降、石造築城建設の傾向が高まり、石工たちの技術もさらに洗練されていくとクレノー付き胸壁はより複雑になっていった。いくつかの地方では、矢狭間といわれる射出口がメルロンに設けられることもあった。これにより射手は敵の攻撃から守られる。なぜなら、矢を射るのに開放的なアンブラジュールに出て行かなくてもよくなったからである。矢狭間の内側の開口を広く取ることで、射手が弓を構えて下方に射ることを可能にした。また、射撃範囲を広げるために断面はくさび形になっていて、狭間自体は俯瞰になるように、下に向けて切ってあった。ウェールズのカイルナルヴォン城塞では、メルロンと城壁にさらに洗練された矢狭間があって、二つの狭間を持つくさび形の凹部となっている。そうすることで射手は二方向に射出可能で、いろいろな角度で射つことができた。ベルギーのブイヨン城塞では三つの狭間を備えた同種の開口があり、射手はさらに広範囲に射撃することができた。

城壁頂部に沿って、クレノー付き胸壁に守られるように城壁通路、あるいはアリュール（P34-35参照）が設けられた。ここが城兵にとって防御戦闘を行う場所となった。多くの場合、城塔もまたアリュールを備えていた。アリュールや胸壁へは梯子か階段で登ることになる（石造築城では階段が好まれたが）。これらの階段はもっぱら壁体だけの城塔に設けられる場合が多かった。こうすれば、もし攻囲軍がアリュールに迫ろうとしても、中庭や塔の上の方からの射撃にさらされて階段で立ち往生し、城塔を攻略しない限り城壁から降りる方法はないのである。

12世紀を通じて城塔や城壁の胸壁には櫓という守備設備が造られた。この木造構造物はクレノー付き胸壁の前面に城壁から突出して設けられ、通常は木造の屋根に覆われていて城兵を守っている。石造築城の建設中には溝と支持材が城壁と城塔に設けられ、それが櫓を支えるための木製コーベル（持ち送り／支持材）または梁、支持材となった。櫓は宙に浮いた歩廊となり、城壁に沿って、あるいは城塔をめぐっている。とはいえ、これらが常に城壁の幅全長に

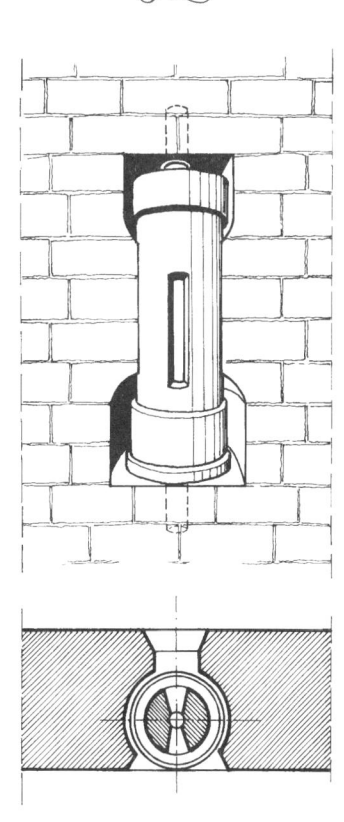

木造回転アンブラジュールを備えた狭間。

フロムボルク城塞：ポーランド
城壁上の木造通路あるいはアユールが見える。防御側はそこから胸壁に人員を配置することができた。

中世築城の諸要素

様々な形式のアンブラジュール

A 城壁の諸要素
1 アリュール（歩廊。城壁上の通路）
2 クレノー
3 メルロン（小壁体）
4 矢狭間

様々なクレノーとアリュール（歩廊）

様々な形式のアンブラジュール
B 開口部を備えた回転アンブラジュール蓋
C 単純な回転アンブラジュール蓋
D 木造箱状アンブラジュール蓋
E・F 俯瞰射撃のみを可能とする外側に突出したアンブラジュール蓋

様々なアリュール
G 城壁上の石造通路
H 部分的に石造箇所もある、城壁上の木造通路
I 城壁上の木造通路
J 木造屋根を架けた城壁上の通路
K 木造屋根を架けた城壁上の石造通路

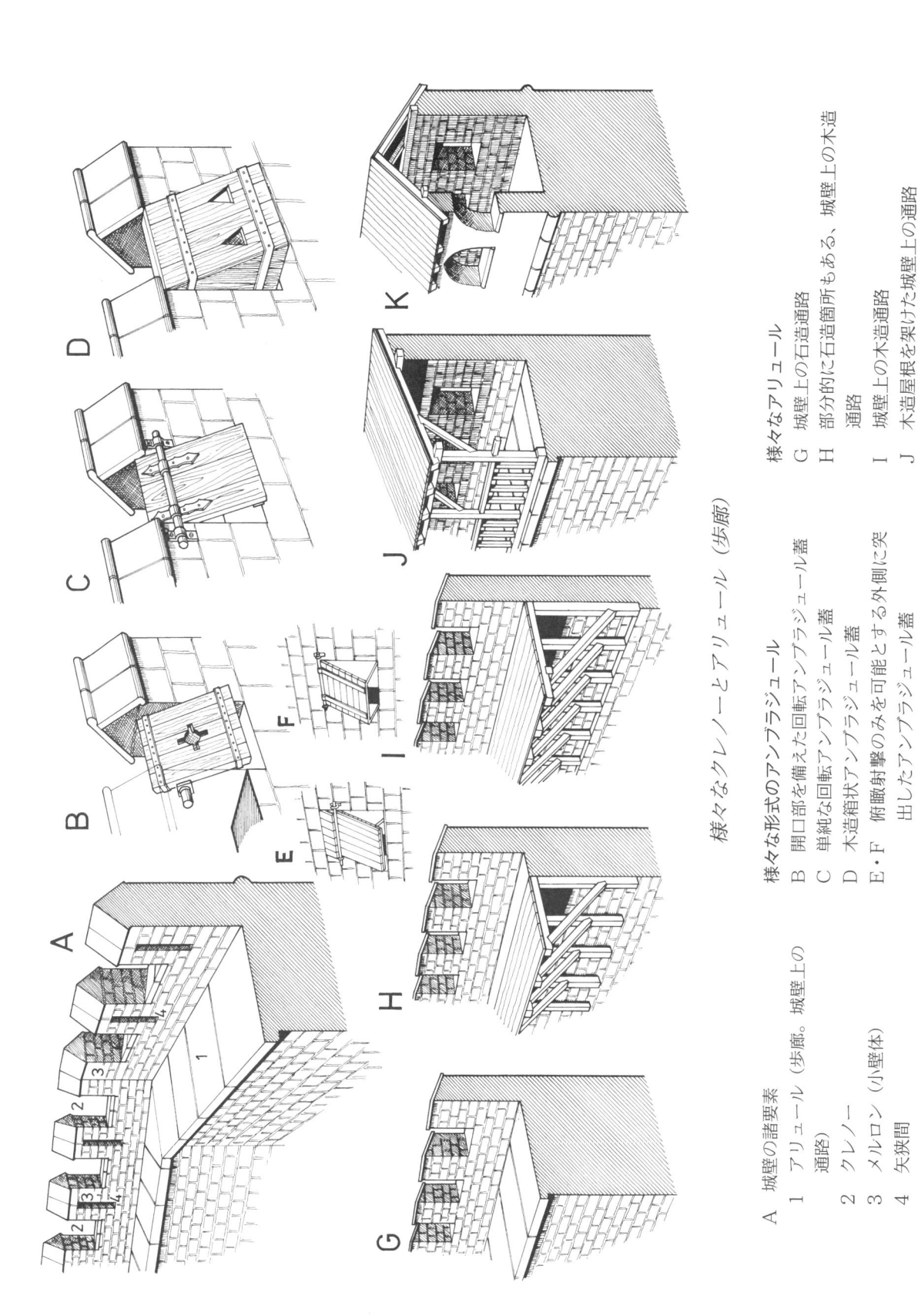

様々な櫓

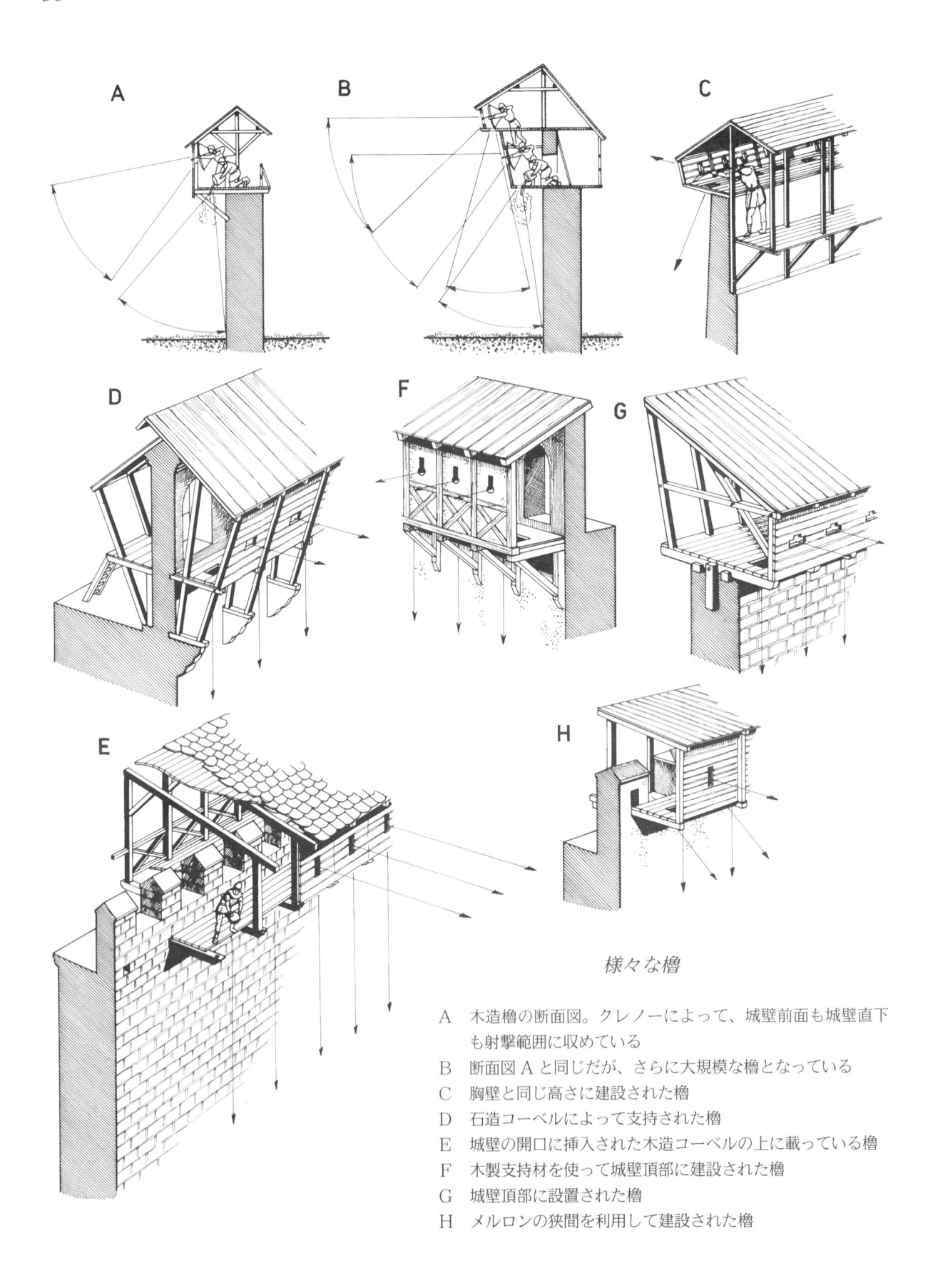

A 木造櫓の断面図。クレノーによって、城壁前面も城壁直下も射撃範囲に収めている
B 断面図Aと同じだが、さらに大規模な櫓となっている
C 胸壁と同じ高さに建設された櫓
D 石造コーベルによって支持された櫓
E 城壁の開口に挿入された木造コーベルの上に載っている櫓
F 木製支持材を使って城壁頂部に建設された櫓
G 城壁頂部に設置された櫓
H メルロンの狭間を利用して建設された櫓

カルカソンヌ：フランス——城塞の城壁から突出している櫓が張り出したギャラリー（歩廊）を形成している。防御側は櫓の床にある開口部を用いて、敵の攻撃から城壁を防備することができた。

わたって覆っていたわけではないし、また、城塔のまわりすべてを取り巻いていたわけでもなかった。櫓はクレノー付き胸壁のものと同様のアンブラジュールを備え、鎧戸を装備していることもあった。櫓は敵の投射などから城兵を守ったが、最も重要なのは城壁の下部にいる敵に対して射撃できるようにすることだった。櫓の木製の床には開口があり、城兵はそこから岩石や熱い液体を、眼下によじ登ってくる攻城兵たちに落とすことができた。城壁下部にプリンス（基部を斜めに傾けること）を備えている場合は、敵の投射物を外側に跳ね返し、櫓の直下ではない城壁付近に迫っている部隊にまで損害を与えることができた。弓箭兵は櫓の真下の敵に直接、矢を射ることもできた。もし櫓の部分が破壊されても、その後ろにある城壁の胸壁は無事だった。普通、櫓は仮設のものに過ぎず、城地が攻撃の危機に面したときに建設されるものと考えられている。通常、危機が去ったとき、あるいは戦争が終わったときに櫓は撤去された。櫓が何年くらいもつのか正確にはわからないが、木造築城は数年から数十年の間、存続していたことから、櫓も同じくらいの期間は使用できたのではないだろうか。永久装備として意図されてはいなかったという意味でのみ、櫓は仮設のものだったといえるのである。とはいえ、それすら憶測に過ぎない。なぜならば、櫓が恒久的なものとして意図されてはいなかったことを示す証拠がないからである。

木造櫓はやがて突出物が付いた二つの形式の胸壁に取って代わられていった。すなわち、フランス語でマシクーリ、ブレテーシュとよばれるものである。石造コーベル（持ち送り／支持材）がこれらの石造の突出物を支持するのに使用され、この突出物が櫓と同様の役割を負っていた。メルロンとアンブラジュールに加えて、石造マシクーリ付き胸壁は、胸壁と城壁の間の床に開口を備え、そこから城壁の基部を防御することができた。通常、マシクーリはカーテ

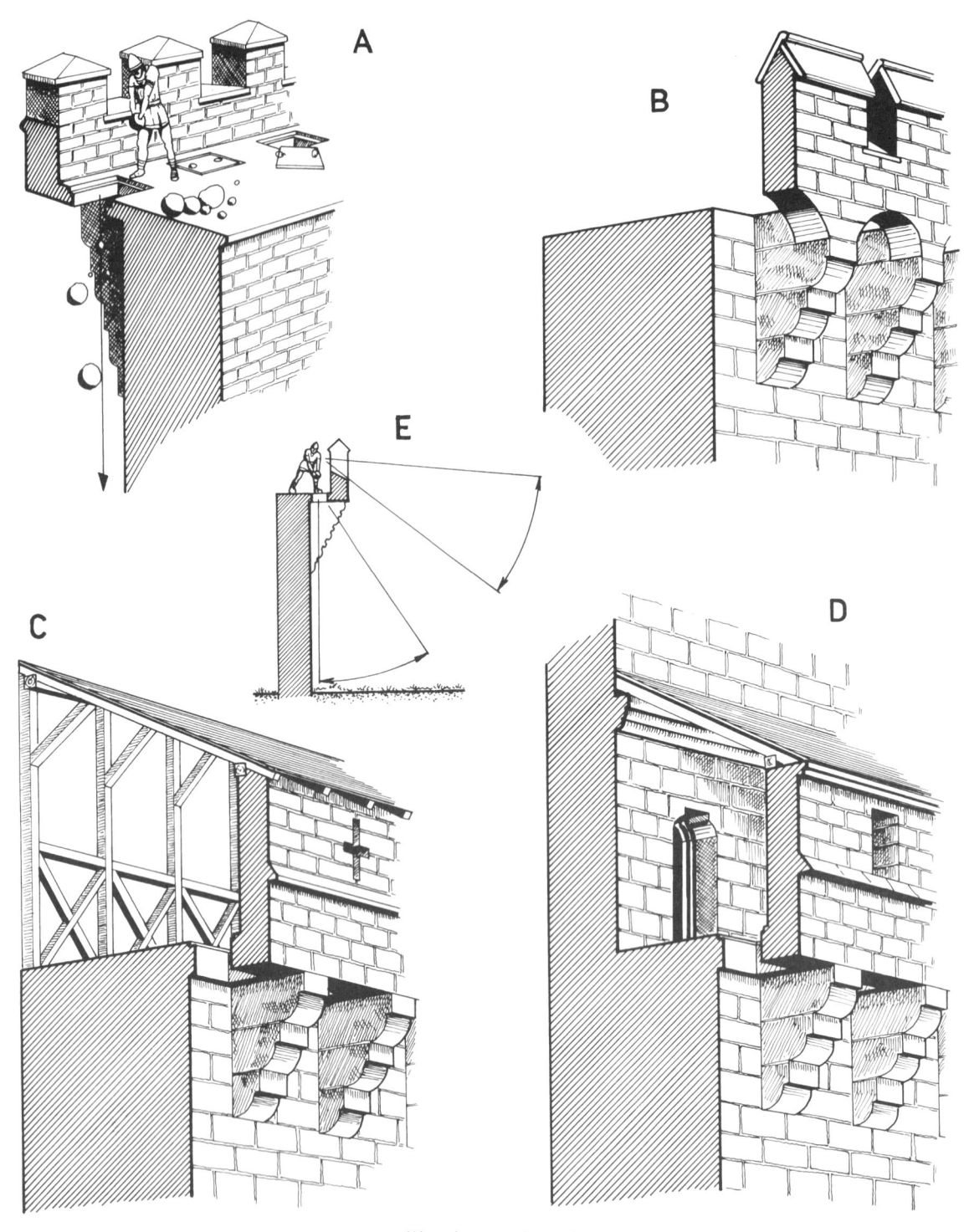

様々なマシクーリ

A　マシクーリ——内側からみた図
B　マシクーリ——マシクーリを形成する胸壁を支持するコーベルの図
C　マシクーリ——マシクーリの上に架かる屋根を支持する木製枠
D　マシクーリ——城壁の低い部分に設置されたもの
E　マシクーリとアンブラジュールからの射撃範囲を示す断面図

ン・ウォールや城塔のかなり長い部分、あるいはすべてにわたって施された。マシクーリの第2の形式はマシクーリ・シュール・アルシュとよばれ、胸壁を支持するアーチから構成されていた。この場合、開口はアーチ頂部と城壁の間に設けられたため、アーチ基部を守ることができない。この欠点を補うため、通常、アーチ基部はアーチの上部に比べて極めて狭くなるように造られていた。この形式のマシクーリ付き胸壁はシャトー・ガイヤールのキープやアヴィニョンの教皇宮殿、また、フランスなどの多くの築城でみられる。ほとんどのマシクーリには屋根が架かっていないが、例外もあり、とりわけ、マシクーリが城塔のすべて、あるいは一部を取り巻いている場合や、カーテン・ウォールの部分に施されていて胸壁の直下に位置する場合には屋根が架かっていた。屋根付きマシクーリの幾例かはフランスのピエルフォン城塞でみることができるが、その修復の質には疑問の余地がある。

　ブレテーシュは城壁の小さな部分しか防御せず、城壁や城塔から突き出した箱のようにみえる。いくつかのブレテーシュには屋根が架かっていないが、完全に屋根で覆われた例もある。だが、ほとんどのブレテーシュには射出口となるアンブラジュール、あるいは城塞の周囲を防御し見張るための小さな開口があり、また、床には眼下に直接投射できる大きさの開口がある。通常、ブレテーシュは窓や扉を防御すべく、それらの直上に造られた。初期のブレテーシュは木造で、やがて石造となった。

　屋根付きブレテーシュと極めて似ていて、間違われやすいものとして、ガルドローブがある。これはトイレである。当然ながら、ガルドローブはその開口から城壁基部を防御するために使用することもできたが、誰にでもわかる理由により、窓や扉の直上には決して配置されなかった。

　弓や弩のような武器のための補助的なアンブラジュールも城塔の様々な階にみられたが、窓を設けることは危険だった。窓がなければ、外からは居住区画が分からないからだ。城塔には実質的に窓が存在しない。窓は弱点となり城塞全体の安全を脅かすものだったのである。キープのような居住区を持つ城塔だけが窓を備えていた。最も重要な窓にはガラスがはめられ、通常、礼拝堂の窓はステンド・グラスでできているが、その他の窓は小さく、鉄柵で守られている。ガラスは高価なため、中世末期まで極めてまれにしか用いられなかった。普通、窓は中庭側か、敵の射撃から守られた城壁に開けられた。ほとんどの城塔では狭い溝のような開口部によって階段室に自然光を取り込んでいた。今日、普通の大きさの窓があるキープと城塔は、かなり後に修復した際に、窓を付け加えたものである。

　兵器のためのアンブラジュールは細長くて狭く、内部に弓や弩を収める空間があって、胸壁のメルロンにみられるものに似ている。果たすべき役割に応じて、これらの溝の形は極めて多岐にわたっていた。十字架形のものは視野が広く取れ、さらに視野をよくするために、後に多くのものがウイエ（小さな円形の開口部）を備えるようになった。さらに後の時代になると、大きな円形開口部が溝の底部に加えられるようになり、初期の大砲がそこに配置された。

――――――――◆✕◆――――――――

ラ・モタ：スペイン、カスティーリャ、メディナ・デル・カンポ
このキープはマシクーリを備え、各隅部に二重のバルティザン（壁面から張り出した小塔）が設けられている。構築物中の鳩穴はほとんどのイスラム建築に共通してみられるもので、足場をかけるのに用いられた。

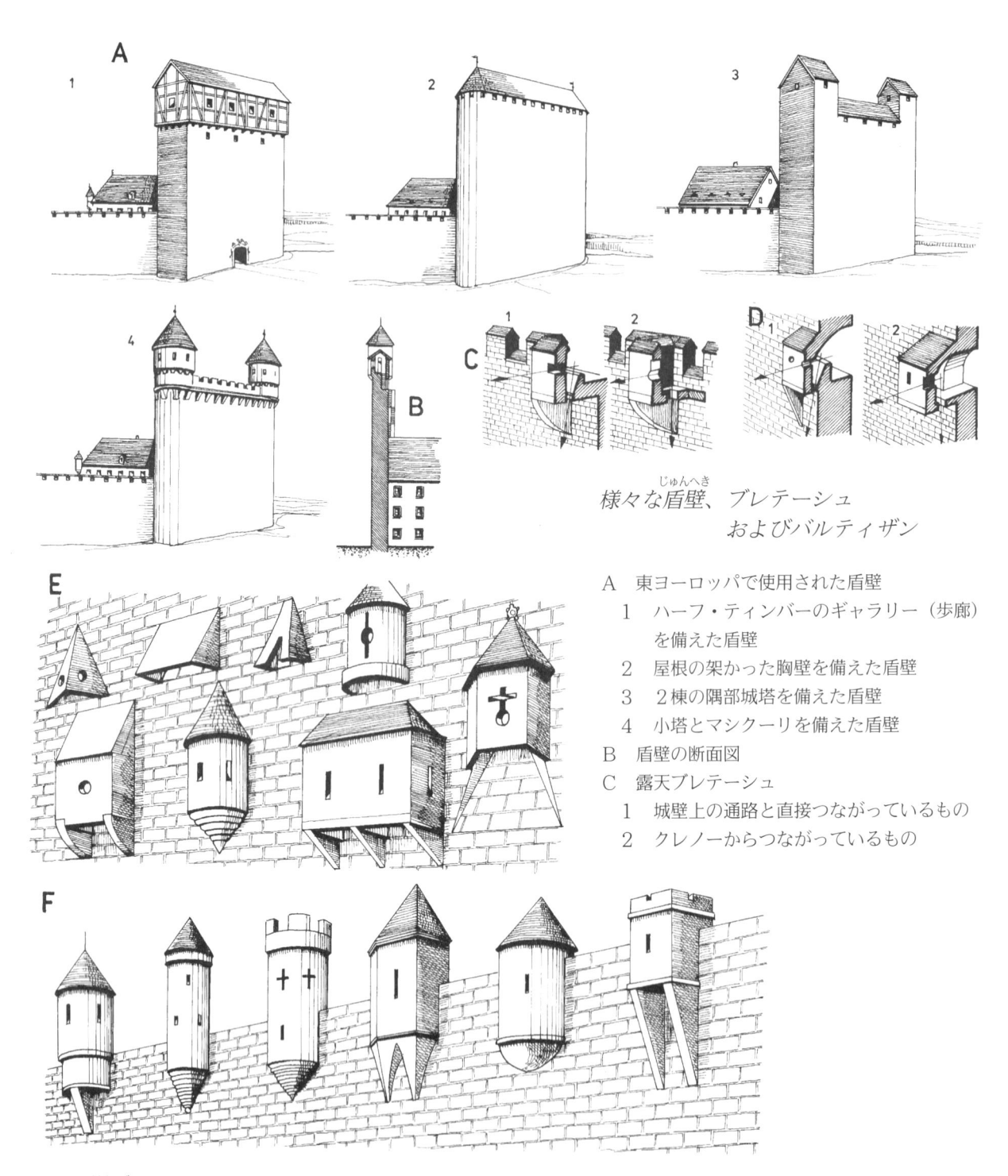

様々な盾壁、ブレテーシュ
およびバルティザン

A　東ヨーロッパで使用された盾壁
　1　ハーフ・ティンバーのギャラリー（歩廊）を備えた盾壁
　2　屋根の架かった胸壁を備えた盾壁
　3　2棟の隅部城塔を備えた盾壁
　4　小塔とマシクーリを備えた盾壁
B　盾壁の断面図
C　露天ブレテーシュ
　1　城壁上の通路と直接つながっているもの
　2　クレノーからつながっているもの
D　閉鎖ブレテーシュ
　1　ギャラリーからつながっているもの
　2　ギャラリーの一部ではない独立ブレテーシュ
E　ブレテーシュと様々な瞰射用狭間。上の三つが瞰射用狭間で、他のものがブレテーシュである
F　様々なバルティザン（壁面から張り出した小塔）

通常、城塔はいくつかの形式の屋根を備えていて、だいたいはスレートか鉛板で葺かれていた。一般的に高く円錐形にそびえ、城塞にさらに堂々たる風格を与えていた。とりわけ石造城壁に塗装すると存在感があった。円錐形の屋根の一つの利点は、メルロンから突き出ていて城兵を荒天から守ることができることにあった。だが多くの場合、これらの屋根は城塔の胸壁から突き出ていることはなく、すべての城塔が屋根を備えているわけでもなかった。屋根は、火の攻撃（火薬以前）を受けると城兵に被害を及ぼし、危険だった。

　大規模な城塔の階段室は木製が多く、階段を通じて各階に登ることができた。さらに大規模な城塔に付いている城塔や隅部の小塔には石造の円形平面階段室もみられた。通常、階段は時計回りに登っていくように作られた。右手に剣を持って戦いながら城塔から退却できるようにである。

エーグル：スイス
城塞入口を防護するブレテーシュ。

オツベルク：ドイツ
ベルクフリート内部の階段。

ビウマレス城塞：ウェールズ

堀

　まず間違いなく、堀は築城の最も古い特徴の一つである。最も単純な形態のものは壕であり、敵勢力を阻む障害となっている。さらに複雑な形態のものは近代陸軍にとってさえも深刻な障壁となる。堀は、モット・アンド・ベイリー型の城塞以来、中世を通じて築城の一部として組み込まれていた。実際、堀のない中世築城はほとんど見当たらない。ただ、荒々しい高地に立地する場合のみ堀がない場合があった。急で険しい崖があるため、堀が必要なかったのだ。とはいえ、岩がちな立地においてもある種の堀を設けようという努力が払われることも多かった。たとえば、シリア

のサーユーン（ソーヌ）川のような例がある。ときに、河川や湖沼のような天然の水の障害が堀の役割を果たすこともあった。

堀は常に築城全体を取り巻いているわけではない。とりわけ、他の障害が存在する場合はそうだった。また、築城の外側内側ともに堀が設けられることもあった。ほとんどの城壁都市では、外側の堀はアンサント（城壁）を防御する一方で、築城内側の堀は城壁内のシタデルを護っていた。同様の配置は大規模な城塞でも時折みられた。堀は歩いて渡れないほど深く、飛び越えられないほど幅が広くなければならなかった。初期のモット・アンド・ベイリーの堀はこの原則に則っていなかったと思われる。なぜならば、堀の規模は、ベイリーやモットの土造および木造の城壁を造るために掘り出された土の量に大きく依存するからである。一般的には約３ｍの深さで十分だと考えられていたが、11世紀以降はもっと深くする場合も多かった。

西ヨーロッパでは堀に水が引き入れられることは稀だった。天然の水源を利用できない場合は、水を引くことがかなり困難だったからである。さらに、堀に入れることができた水は、堀から出すこともできるのである。逆に東ヨーロッパの堀はほとんどが常に水で満たされた。この地域では、河川、湖沼や湿地帯のような天然の水が豊富であり、築城はこれらのそばに建造されたからである。多くの場合、城壁を建造するために土を掘ってできた壕には、地下水層から自然に水が湧いてくるのである。とはいえ、西ヨーロッパでも中世末期になると水堀が徐々に一般的になっていった。水をたたえた堀はロマンティックに思われるかもしれないが、じつはむしろ不快なものだった。水堀には厨房からの廃棄物やガルドローブからの人の排泄物が流れてきて溜まり、巨大な肥溜めと化していたのである。

空堀にしろ水堀にしろ、あるいは浅いか深いかにかかわらず、堀は様々な障害物によってさらに強化されていた。たとえば、堀の底や堀の内側の壁面には先の尖った杭が設置された。深い堀もまた、城壁下に仕掛けられる坑道戦に対する重厚な障害となった。堀を埋めなければ攻囲軍は攻城塔（車輪付きの木造塔。P53参照）をもってアンサントに取り付くこともできなかったし、様々な兵器の投射によって貫通させた突破口を活用することもできなかった。

サルス：フランス
通常、中世末期の堀はもっと早い時期の城塞のものよりもかなり幅広く深かった。

チェプストウ城塞：ウェールズ

城壁の内側

　防御拠点には、とりわけ、攻囲戦が長引いた場合、守備隊に水を供給する井戸が一つまたは複数必要だったため、キープに井戸を設置することもまた重要だった。さらに、通常はいくつかの城塔に配置された貯水槽に雨水も貯えられた。水は守備隊の生死に関わるばかりでなく、攻囲軍によって引き起こされる火災の鎮火にも必要だった。築城の中でも、とりわけ、櫓などの木造部位は火に弱いため、湿った皮などの耐火性の材料で覆われていることが多かった。信頼性の高い給水体制が必要なのは消火のためだけではなく、木造部位が湿った状態を保ち、できる限り火がつかないようにするためでもあった。

　通常、城主の居住区はキープや他の城塔などの内部に設けられ上階を占めていた。また、通常は大ホールは郭内で最大の建造物か大キープの内部の広大な広間であり、貴人とその側近たちのバンケット（晩餐）や遊興の場として使用することができた。大ホールが城塞に仕える貴族たちやその周りに住む人々の社会生活の中心だった。城主が裁判を開き、領民たちの間の法的争議を裁いたのもここだった。

　大ホールは暖炉によって暖められていた。15世紀までは暖炉は円形か八角形の浅い窪みであり、広間中央に配置された。そこで薪が燃やされたが、暖まると同様に煙もたつので常に危険をともなった。14世紀と15世紀の間のある時点で煙突による排煙が考案されると暖炉は広間の端に移動し、壁面に配置されるようになった。多くの場合、各階の暖炉は同じ煙突につながっていた。火災の危険があるため、厨房は別棟に設けられ、食事は大ホールに運ばれて消費された。タペストリーは壁面を装飾するとともに、ある程度は断熱材としても機能した。明かりには松明や蝋燭が使われ、真っ暗な広間を居住可能にするためには必要不可欠なものだった。窓のある広間は「ソーラー」と呼ばれ、家中の業務のための部屋として機能した。

　少数の大規模石造キープはある種の下水処理システムを備えていた。この技術自体は古代ローマ時代から用いられてきたが鉛管は希少だった。衛生面は優先事項ではなく、最も力のある領主たちですら1年に1、2回程度しか入浴しなかったのである。通常、入浴のための水は厨房で温められてから壺に入れられて領主の広間に運ばれ、そこで木製の浴槽に注がれた。ガルドローブは様々な場所に設けられ、ウィンドウ・ボックスのように死角となっている城壁から突出している。ガルドローブには小さなベンチが備えつけられ、座面には丸い穴が、たいていは堀に向かって直接、空いていた。初歩的な下水処理システムを備えているところでは、排泄物は城塔の最下層へと運ばれていき、大きな肥溜めのようになっていた。明らかに19世紀のロマンスに出てくるようなダンジョン（城塞地下牢）のように使われていたはずがない。1年に2回程度、農夫たちが肥溜めを綺麗にしなければならなかった。

　築城の規模と形式によって守備隊のための建造物が木造または石造で作られた。通常、大規模城塞の兵舎は2階建てで、下階は厩舎となっていた。その他の建造物には倉庫、牛舎、醸造所などが入っていた。通常、これらの建造物は城塞の城壁の内側に建てられるか、中庭の独立した建造物の中に設けられた。

　中庭やベイリーは城塞内部の主要な開放的空間だった。城塞には一つまたは複数の中庭があり、壁体が付加されて外と隔てられていた。多重環状城壁を備えた城塞の場合、城壁と城壁の間の狭い空間はベイリーというよりもリスト（縁）と呼ばれた。リストでは中世には馬上槍試合が行われることが多かった。城塞が一つまたはそれ以上のベイリーを備えている場合、それらの配置により、通常、内郭と外郭、あるいは上郭と下郭、さらには中郭とさえ呼ばれることがあった。

　城塞はまた、城主と守備隊のための、一つまたはそれ以上の礼拝堂を備えていた。城主に司祭を養う余裕があれば、そこで毎日曜日と祭日にミサが行われていた。もしそうでなければ、司祭か修道士が巡回して立ち寄り、何週間か何ヶ月、そこに滞在した。ときに男女が司祭の訪問の機会をとらえて結婚することもあった。一般に信じられているのとは異なり、城塞の下層は牢獄やダンジョンとしては使用されていなかった。通常、囚人は脱獄が困難な城塔の最上階の部屋に収容されたのである。普通は城塞の中で最も高い場所はキープ、すなわち、フランス語でいうとドンジョンであり、それゆえ、ダンジョンという言葉が牢獄と同義語となった。後のルネサンス時代になって牢獄の房は地下に設けられるようになり、城塞のこの部分がダンジョンとよばれるようになったのである。

様々なガルドローブ（トイレ）

A　衛生塔。デンマーク塔ともよばれる。城塞から離れたところに立地する。この形式はドイツ騎士団の築城で用いられた
B　ポーランド、クフィジンのドイツ騎士団の城塞の平面図の一部
　　1　主城塞
　　2　教会堂
　　3　小衛生塔
　　4　大衛生塔
　　5　衛生塔を城塞と接続する屋根付きの歩廊
C　汚物槽付きガルドローブ
D　排泄物を堀へと流す下水管付きのガルドローブ
E　ブレテーシュ形式のガルドローブ
F　ガルドローブの断面図
G　石造トイレの図
H　ガルドローブからの下水管の城壁表面側出口の図
I　ガルドローブの外観図

中世の衛生状態

城塞での生活は近隣の村落や農場の生活に比べると、割合、豪華で快適だった。たとえ近代以降の衛生観念からすると極めて酷かったとしても。トイレやガルドローブが初めて城塞に設けられるようになったのは11世紀頃である。それらは丸い穴の空いた木製または石造の椅子で、穴から排泄物が、直接、城塞の城壁下部や城塞直下の堀、河川、湖沼に落下するというものだった。後の時代になって、ガルドローブと肥溜め、あるいは堀を結ぶ管が設置された。ガルドローブに加えて居住者は寝室用おまるも使用し、壁越しに中身をぶちまけた。配管設備は古代ローマ時代から知られていたが、ほとんどの城塞には浴室がなかった。城主と城主夫人が入浴を所望したときは、召使いたちが最下層の厨房から4階か5階にある寝室までお湯を運んだ。城主と城主夫人は緩衝材を敷いて腰湯につかり、召使いたちが体にお湯を注いだ。召使いたちにとって幸いなことに、主人が入浴するのは年に2、3回だけだった。それは、クリスマス、復活祭、精霊降臨祭などの主要な祭日や、結婚式のような特別な日のためである。従者たちや召使いたちはさらに稀にしか入浴しなかった。

寄生虫は最下層の皿洗い女から主人に至るまですべての人々を困らせる存在だった。城主の夫人や娘が、城主やその息子たちの髪と髭からシラミを取っていた。貴女たちがいない場合は、メイドが一人呼ばれた。近隣の村落や町ではプロのシラミ取り（主には女性）が、職務に精を出していた。

城塞の床にはイグサが敷かれ、大事な祝宴の日のために、数ヶ月に一度掃除するだけだった。ノミにとっては理想的な繁殖地だったのである。領主の猟犬は大ホールだけではなく領主の寝台にも入ることが許され、ペストの優秀なキャリア（保菌者）となった。中世に編纂されたエチケットとマナーの本では、若者たちに晩餐の食卓で慎み深く体を掻くことを忠告していた。激しく体を掻くことはそのような場にふさわしくないからである。

寝具にはトコジラミが珍しくはなかった。寝具は1ヶ月に一度くらいしか洗濯・乾燥しなかったからだ。ときに、ラヴェンダーのような香しいハーブは寝具や衣服に香りをつけるためではなく、細かなペスト菌を撃退するために用いられた。暑い夏の間、ハエは厨房の食料の周りをブンブン飛び回り、ゴミは床を覆うイグサに集められ、排泄物はガルドローブの下に収集されて、細菌を撒き散らしていた。とはいえ、中世には寄生虫と疫病の関係がわかっていなかったので、寄生虫は許容され、健康上の脅威というよりも大いなる物笑いの種となっていた。

フージェール城塞（フランス）のガルドローブ。

井戸と貯水槽

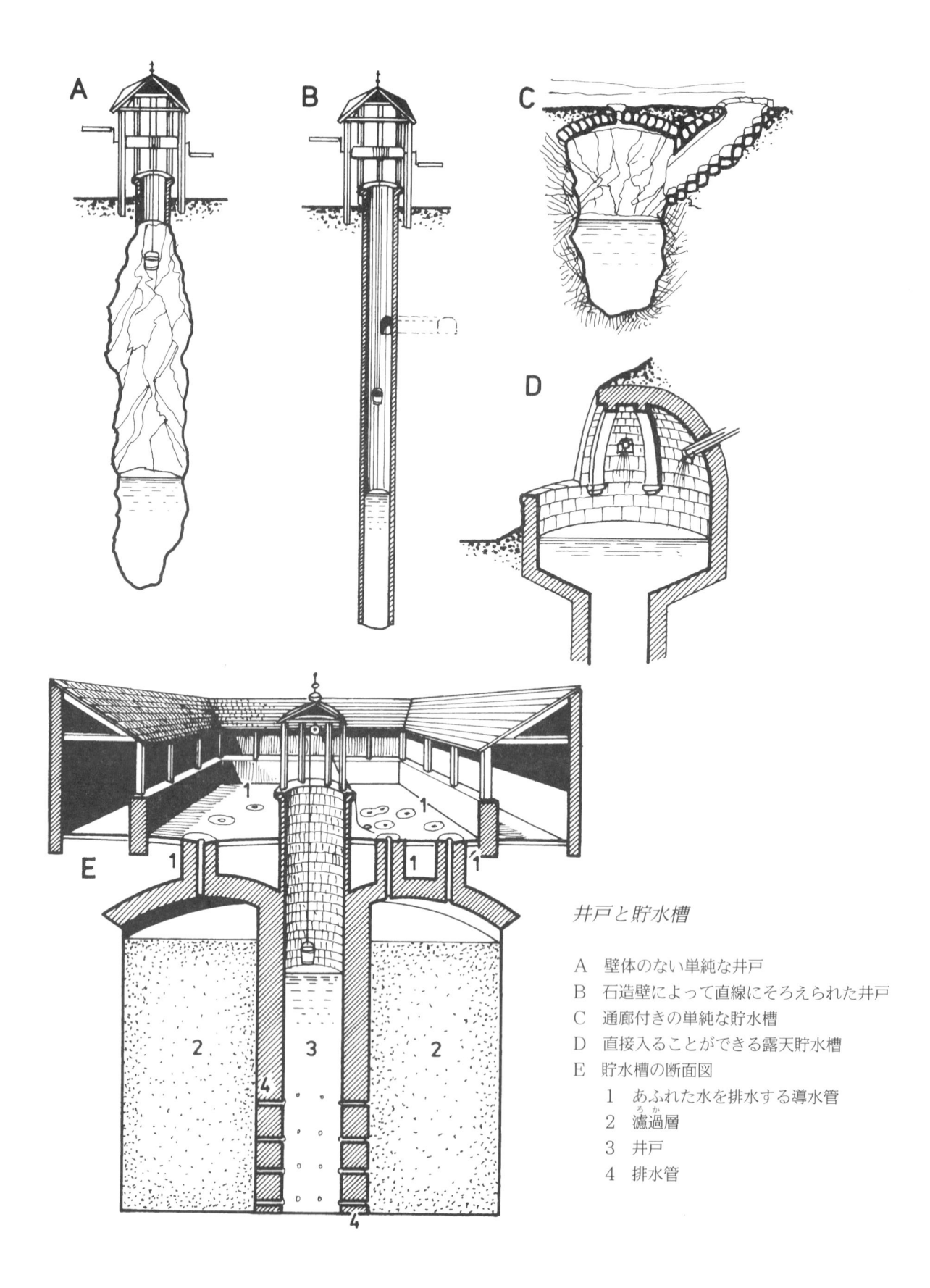

- A　壁体のない単純な井戸
- B　石造壁によって直線にそろえられた井戸
- C　通廊付きの単純な貯水槽
- D　直接入ることができる露天貯水槽
- E　貯水槽の断面図
  1. あふれた水を排水する導水管
  2. 濾過層
  3. 井戸
  4. 排水管

中世ヨーロッパの食料事情

　中世の主要作物は、小麦、大麦、ライ麦、オート麦のような穀物類だった。ヨーロッパ北部のほとんどの地方では、大麦は小麦と同じくらい重要だった。大麦は寒さに強く、ビールやエールの生産に必要だったからである。南方ではワインが好まれ、小麦がより重要になった。オート麦は一般的に家畜（特に城主の馬）の餌だったが、飢饉の折にはこれもまた糧食に含まれた。ケルト人やスラヴ人の居住地域などではオート麦を常食としており、主に薄がゆ、ポリッジ、それにスープやシチューの具として消費された。

　肉類は極めて裕福な家庭でのみ、主食たるパンを補うものとして、四旬節を除いてほとんど毎日食卓にのぼった。牛肉、羊肉、子羊の肉、鹿肉、それに鳥肉は城塞の厨房の、牛一頭を丸焼きにできるほどの巨大な暖炉でローストされた。肉類はまた、細かく刻まれてシチューにも入れられた。しかし、慎ましい家庭では肉類は滅多にないご馳走だった。農民たちの狩猟は一般に禁じられており、遊興として城主とその側近たちにだけ許されていたからである。農民たちは鹿の内臓など、狩猟の余りで我慢していた。都市部では市民が豊かになるにつれて肉の消費量が増し、肉類とりわけ豚肉は塩漬けで保存された。燻製もまた、深い森に覆われた北方、中央、東方ヨーロッパで一般的にみられた。その他の血、肝臓、腎臓のような肉の副産物はソーセージの材料にも使われ、比較的長期間保存できた。

　食用の家畜として通常、鶏、鴨、ガチョウ、孔雀、兎、豚が、城塞の下ベイリーで飼われていた。これら食用小動物と下ベイリーとの結びつきはフランスにおいて強く確立され、今日でもこれらの動物を「アニモー・ドゥ・バスクール」、すなわち「下ベイリーの動物」とよぶほどである。乳牛も城塞近隣で飼われていて牛乳とその副産物を供給していた。副産物の方は城塞のバター製造所で醸造された。攻囲戦時には蹄のある家畜類をベイリー内に収容し、必要に応じて屠殺した。腐敗が進んだ家畜の死体を、攻撃に用いたのである。しかし、ときには籠城軍は死体が腐るのを待たずに、城壁上で焼いてみせ、食料供給が豊富であり攻囲戦が無意味であることを敵に誇示した。

　四旬節にはヨーロッパ中で魚類が大量に消費されたが、魚類はどこでも簡単に入手できるものではなく、沿岸地方から輸入しなければならなかった。沿岸では塩漬けにして樽に詰めてから内陸に送った。魚類の通商は極めて利益が上がる商いで、特に輸送にかかる通行料や売上税を徴収していた領主や都市自治体にとっては、利益が多かった。

　野菜をどの程度食べるかはそれぞれの土地の状況によった。どこにでもあり、最も嫌われたのはキャベツである。掘っ立て小屋でも城塞でも、またイタリアからスカンディナヴィアまで広く知られていた。中央および東ヨーロッパではこれらはザウアークラウト（キャベツの酢漬け）として樽の中に保存されていた。ヒヨコマメ、レンズマメ、ソラマメのような（旧世界由来の品種はこれくらいなのだが）豆類は貧民にとって貴重なタンパク源だった。これらはそのまま、あるいは乾燥後に調理され、冬のために備蓄された。カリフラワー、ケール、カブのような緑黄色野菜はあまり一般的ではなかった。根菜はニンジン、カブ、ビートなどが食べられていた。ほとんどの野菜はスープやシチューとして調理され、生野菜で作られるサラダはルネサンス時代までヨーロッパの食卓にのぼることはなかった。

　果物は果樹園で栽培され、珍味とみなされた。そのほとんどはコンポートとして調理されたり、乾燥させて冬季のために備蓄された。また、果実ワインやリキュールの生産にも使用された。そのための果物として最も一般的だったのは間違いなくブドウであり、栽培可能北限ぎりぎりまで栽培されていた。ワインはフランス、イタリア、そしてスペインでは主要な富の源泉だった。リンゴ、ナシ、モモ、サクランボの今日知られている品種はほとんど、中世を通じて品種改良されたものである。柑橘類は地中海沿岸地域でのみ知られていて高価なものだった。

　脂肪の供給源は地中海沿岸ではオリーヴ油、それ以外の地方ではラードだった。バターは贅沢品であり城塞の城壁の外ではめったに賞味されなかった。料理はタマネギ、ポロネギ、ニンニク、カラシナの種子で味付けされ、裕福な家庭では東方から輸入された香辛料も用いられた。

上▲ヴェローナの築城橋：イタリア

下▼ヴィルヌーヴ・レザヴィニョン——この対抗城塞はローヌ川の向こう岸からアヴィニョンを監視するためにフィリップ剛勇王によって建設された大規模要塞である。

バスティードとその他の築城

　築城の特殊な形式に、南西フランスで最初に出現したバスティードがある。元来、これらは13世紀にフランス人たちによって創設された町であり、他の勢力と交錯する地域を確実に確保するためのものだった。イングランド人も同様の形式の居住地をウェールズ征服戦で用いた。歴代のフランス王やイングランド王はこれらの町の建設に資金を出し、住もうとする者に特権を与えた。典型的なバスティードは長方形に平面計画され、一辺は200～500mまで様々だった。その中にグリッド状に道路が計画され中央を貫く幹線道路も造成された。カルカソンヌのヴィル・バス（下町）のように大規模なバスティードの中には不規則な形態のものもあった。これらの町のための資金で一揃えの城壁も造られたが、それほど厚くも高くもなかった。通常、バスティードには正門の2棟の城塔の他に城塔はなかった。可能であれば居住地全体をめぐる堀が築かれた。居住者には民兵を結成することが期待されていた。町を守備し、その地方における王の支配力を維持するためである。これはスペインの諸王がイスラム教徒たちとの戦いにおいて民兵都市を創設した手法に通ずるものである。

　本来のバスティードには貴族のキープや城塞のような形態の砦はなかったが、貴族たちが城塞に隣接してバスティードに類似する町を建設することはあった。百年戦争中はバスティードという用語の意味が拡張されて、いくつかの形式の築城を含むものとなった。たとえば、城壁都市の主力築城の外側に建設された木造や石造の構築物、野戦築城や小規模な要塞のようなものまで含まれた。

　中世に用いられた他の築城形式に対抗城塞（カウンター・カースル）がある。攻囲下にある都市の城塞を孤立させるために攻囲軍が建設する仮設または常設の築城のことである。対抗城塞が常設となり、当初の目的が忘れられると城塔や城塞と同一視されることも度々あった。攻囲軍が木材と土でできた「バスティーユ」とよばれる築城で攻撃目標を包囲することも多かった。ただし、同じ名前でよばれる別のフランスの築城形式と混同してはならない。

　14世紀半ばには、築城住居、あるいはメゾン・フォルトが中小貴族の間で一般的になった。野盗の類から自らの身を守るためである。通常、これらの築城住居は1、2棟の城塔を備えていた。イングランド北部では、さらにピール・タワーが中小貴族たちによって建設された。スコットランド人たちの国境地帯襲撃から身を守るためである。これは単なる長方形平面の城塔あるいはキープであり、最初に建設されたのは14世紀半ばから100年以上前になる。

　築城橋は中世には普通にみられた。渡河を管理するだけでなく、河川に沿って築かれ防御拠点への入口としても使われたのだ。渡河管理に使われた例として、ローヌ川に架けられたアヴィニョン橋とテムズ川に架けられたロンドン橋が挙げられるだろう。元々、ロンドン橋は木造で、古代ローマ時代から中世前期まで繰り返し再建されてきたが、1176年に石造に更新された。そして、時が経つにつれて、城塔などが付け足されていったのである。

　フランスのカオールでは、ポン・ヴァラントレが14世紀に架けられた3本の築城橋の中で唯一現存している。この石造橋は1308年に着工し50年後に完成した。マシクーリを備えた両端と中央の城塔や南面のバービカンによって良好に守られていた。フランドルの都市トゥルネでは町の中央を流れるエスコー川（スヘルデ川）によって、都市防御が途切れていた。そこで、防御網を一つにするために2本の築城橋が架けられたのである。現存している1本、ポン・デ・トルーは、両端の城塔によって守られている。左岸の司教座聖堂側の城塔は1281年に建設、右岸の城塔は1302年に着工、橋の完成にはおよそ25年を要した。

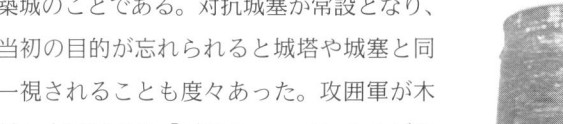

トゥルネの築城橋：ベルギー ── ポン・デ・トルーは両端を城塔で強化されている。入口には落とし扉と殺人孔を備える。

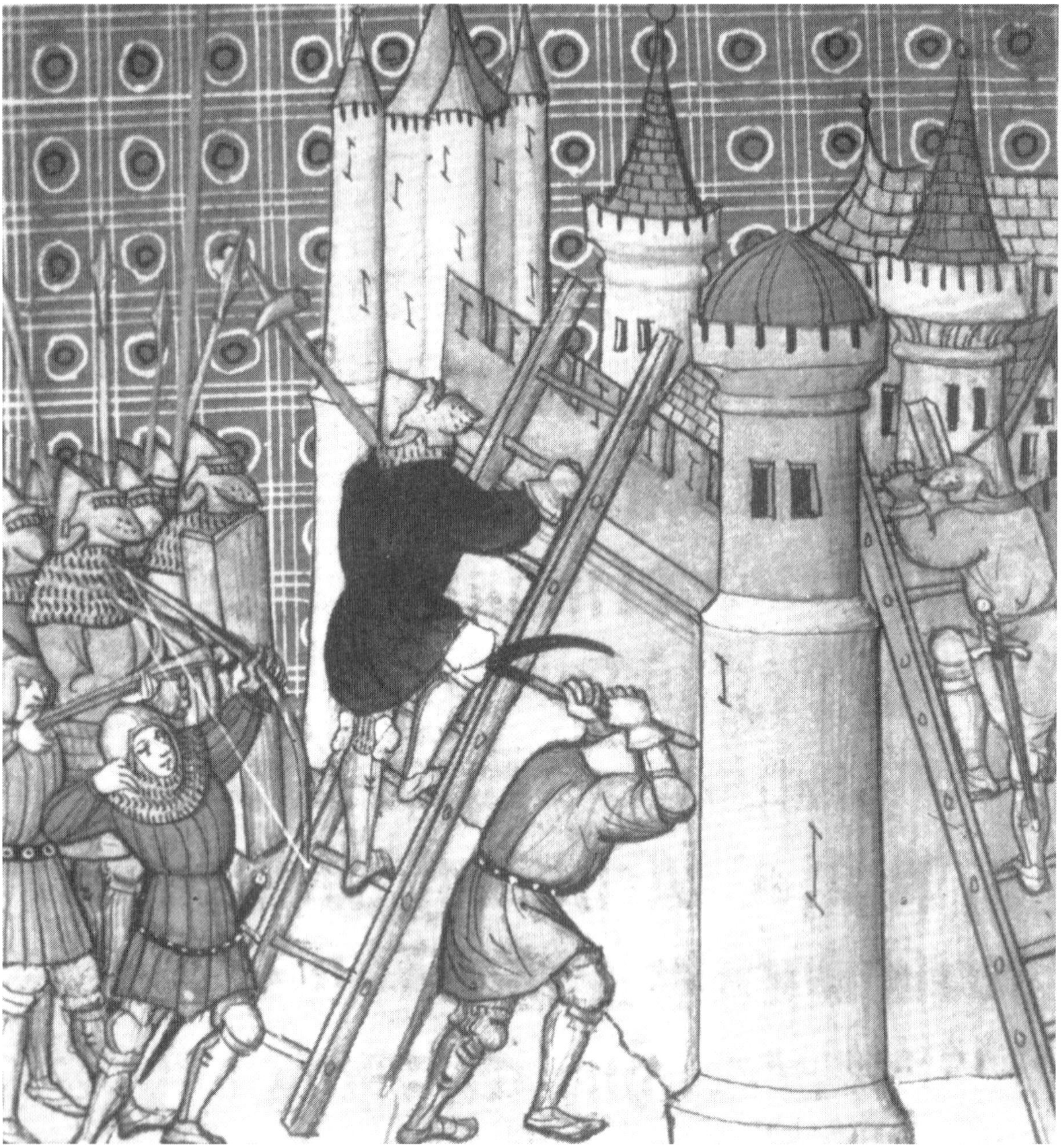

攻囲戦の技術

　城塞とその工夫の変化を完全に理解するためには、攻囲戦の手法とその発展を理解することも重要である。攻囲戦の手法は築城と同じくらい古くから存在している。防御壁の建設と同時に、それを破壊しようとする者が現れたのだ。

　通常、築城のアンサントに取り付く前に、攻囲軍は堀を越えなければならない。小規模な堀である壕なら、大きく跳ぶか、丸太や厚板を架け渡すことで乗り越えられた。しかし、堀が深すぎたり幅がありすぎる場合、または堀が攻城機械の前進を阻む場合は、堀を埋めなければならなかった。水堀の場合は、まず堀の排水を行うこともあった。土砂、岩石、木材、巨大な木の枝の束などで堀を埋め立てる作業は危険なものだった。城塞の城壁から飛来する発射体が雨あられと降る中で行わなければならなかったからだ。

　一度堀を埋め立てると、次は城壁と城門に攻撃をかける。最も古い形式の攻城道具は衝角（破城槌）だった。小部隊の兵員によって運搬される重厚な丸太は、小規模な築城の門に打ちつけるには十分なものだった。大規模な城門や城壁本体に向かう場合は、通常、衝角は専用の架台に搭載された。最も洗練された衝角は、車輪の上に載せられた架台から木の幹や大きな丸太が吊り下がっているというものだった。丸太の先端には、城門や城壁に打ちつけたときの衝撃から本体を保護するために鉄製の覆いが被せられていた。このようなカラクリは湿った被覆材の屋根で覆われ、胸壁から雨のように降り注ぐ可燃性のものから兵員を守った。これらの動くシェルターは、衝角の有無にかかわらず、「猫」とよばれ、衝角を搭載していないものは、城壁下部での作業や堀の埋め立てのような突撃以外の作戦に携わる工兵たちを保護する役目も果たした。衝角の代わりに先の尖った鉄棒を備えた小さな「猫」は、城壁下部付近の石材ブロックの目地に鉄棒の先端を割り込ませるのに使用された。「猫」は他にも色々な呼び名があった。たとえば、ネズミ、イタチ、雌ブタであり、後者は最も一般的な呼び方だった。衝角を搭載した「猫」は13世紀末まで攻城兵器の主力だったと思われる。籠城軍は衝角の攻撃から防御するため、重量のある発射体を使ったり、上から竿を揺らしたりして衝角を粉々に砕こうとした。東方のイスラム教徒たちは衝角に対処する効果的な方法をあみ出した。ポールの先に取り付けたフックを引っ掛けて、衝角をひっくり返すというものである。この方法は非常に効果的で、十字軍もすぐに採用し、ヨーロッパに戻って実行した。

　城塞を強襲する最も単純な方法は、「エスカラード」（城壁登攀）とよばれるものだった。すなわち、梯子を使って城壁や城塔をよじ登るのである。梯子は胸壁に届くだけの長さが必要だった。攻城側は梯子をよじ登るときに極めて弱い立場に立たされる。彼らの身を守るのは自身の甲冑だけであり、その安全は味方の弓箭兵の援護射撃によるところ大だった。攻撃目標の城壁が櫓を備えている場合は、よじ登る前に破壊しなければならなかった。さもなければ、攻城側は櫓の屋根の上に立つことになり、付近の城塔の弓箭兵の良い的となってしまうのだ。総じて、エスカラードは衝角突撃よりも迅速な攻撃手段であり、その他の作戦と同時に用いられることになった。

　しかし、強固に守られた高い城壁の前にはエスカラードは実行不可能であり、自殺行為ですらあった。この場合の解決策は攻城塔あるいはベルフリーだった。アッシリアの浮彫にも描かれているこの古代以来の装置は、車輪を備えた木造塔である。多層構成となっていて各階には攻城兵たちが登ることができた。何階建てになるかはベルフリーの高さによって決まり、ベルフリーの高さは城壁の高さによって決まった。ベルフリーの屋上あるいは屋上付近には木造の跳ね橋があって、それが届く範囲に攻城塔が到達するや否や胸壁へと架け渡したのである。そして、ベルフリーに配置された兵たちが敵の胸壁上に突撃していった。もっと複雑なベルフリーには弓箭兵たちの階が付け加えられ、敵の上方から射撃することができた。攻城塔の中には、下層部に衝角を備え、それを打ちつけることができるようなものもあった。「猫」と同様、攻城塔は防御のための湿った被覆材で覆われていた。これらの建設と輸送は決して単純な作業ではなかった。たとえば、イングランドのリチャード獅子心王はキプロスで建設したベルフリーの部品を本土に輸送し、アッカー攻囲戦の前に組み立てた。最大の問題は、攻撃の前にこれらの大規模な構築物に堀を越えさせ、城壁に寄せることである。そのためには、まず掘を横断する堅固な土手を築き上げ、城塔がその高さと重量でひっくり返らないようにしなければならなかった。ほんのわずかな傾きが攻囲軍に大惨事をもたらすこともあったので

築城攻撃の様々な手法

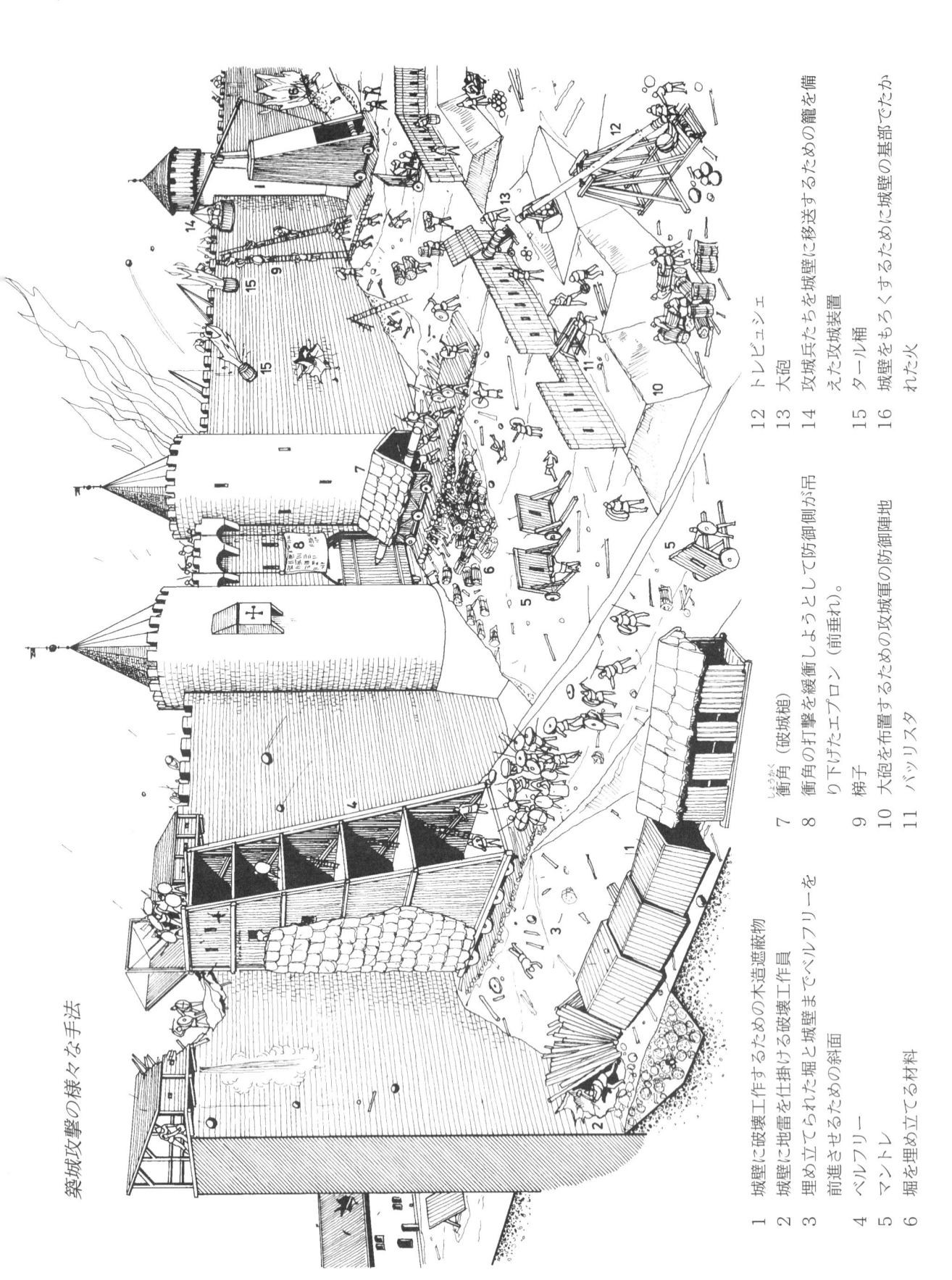

1 城壁に破壊工作するための木造遮蔽物
2 城壁に地雷を仕掛ける破壊工作員
3 埋め立てられた堀と城壁までベルフリーを前進させるための斜面
4 ベルフリー
5 マントレ
6 堀を埋め立てる材料
7 衝角（破城槌）
8 衝角の打撃を緩衝しようとして防御側が吊り下げたエプロン（前垂れ）
9 梯子
10 大砲を布置するための攻城軍の防御陣地
11 バリリスタ
12 トレビュシェ
13 大砲
14 攻城兵たちを城壁に移送するための籠を備えた攻城装置
15 ターレル桶
16 城壁をもろくするために城壁の基部でたかれた火

中世築城の諸要素　　55

可動楯あるいはマントレ。

ある。やっと堀を越えても、次は、平らとはいえない地勢の中で、塔が傾かない場所に慎重に移動させなければならない。ほんのわずかな傾斜で作戦すべてが、不可能とはいわずともきわめて困難なものとなった。これらすべての粉骨砕身の工作は、籠城軍が身を守ることで精一杯でない限り、城塞城壁からの発射体が絶えず雨あられと降り注ぐ中でやり遂げなければならなかったのである。

　籠城軍を城壁に釘付けにするのは弓兵や弩兵、さらに投射装置の役割だった。「マントレ」とよばれる木製架台にはめられた木製または籐製の、通常、高さ約2m幅2m以上の盾を木製の支柱で上に向けて掲げ、弓箭兵たちを保護した。そうすることで、目的の場所に接近して集中射撃を加えることが可能になったのである。飛翔体投射装置に

カタパルト（投射機）。

は古代から使われてきた装置も含まれた。バッリスタは古代ローマ時代から使われてきた巨大な弩であり、弩から「ボルト」とよばれる矢を射出する、ねじり力を用いた兵器である。これは兵士たちに対して痛烈なる効果を発揮した。ボルトの中には数人を射抜くことができるほど大きなものもあったが、バッリスタは城壁にはほとんど効果がなかった。「マンゴノー」ともよばれるカタパルト（投射機）も古代に由来するねじり力を用いた兵器だった。通常は竿（ビーム）の一端に発射体を入れる容器を付け、車輪をそなえた架台に組み付けられていた。竿をウインチで水平位置まで巻き下げ、放たれたときには鉛直位置まで跳ね上がりクロスバーに達して停止した。その勢いで容器に入っている

トレビュシェ（発射体射撃兵器）。

発射体を前方へ放つのである。12世紀にはカタパルトが何台も用いられ、城壁本体に対して効果的な集中射撃が行われたことは確かである。これらのカタパルト群は弾速が遅く、あまり大きく重い発射体は射出することができなかったため、様々な結果をもたらした。最大射程は約500mで、敵弓箭兵の射程外から射撃することはできた。

　トレビュシェは13世紀に最盛期を迎えた発射体射撃兵器である。その由来はやはり古代にまでさかのぼるかもしれないが、来歴は明らかではない。長大な竿の一端には発射体を付ける釣り紐を、他方の端には錘を備えていた。この兵器には様々な大きさのものがあり、竿の長さと錘の重量により40 kgから150 kg超まで、様々な重量の発射

城壁破壊の様々な手法

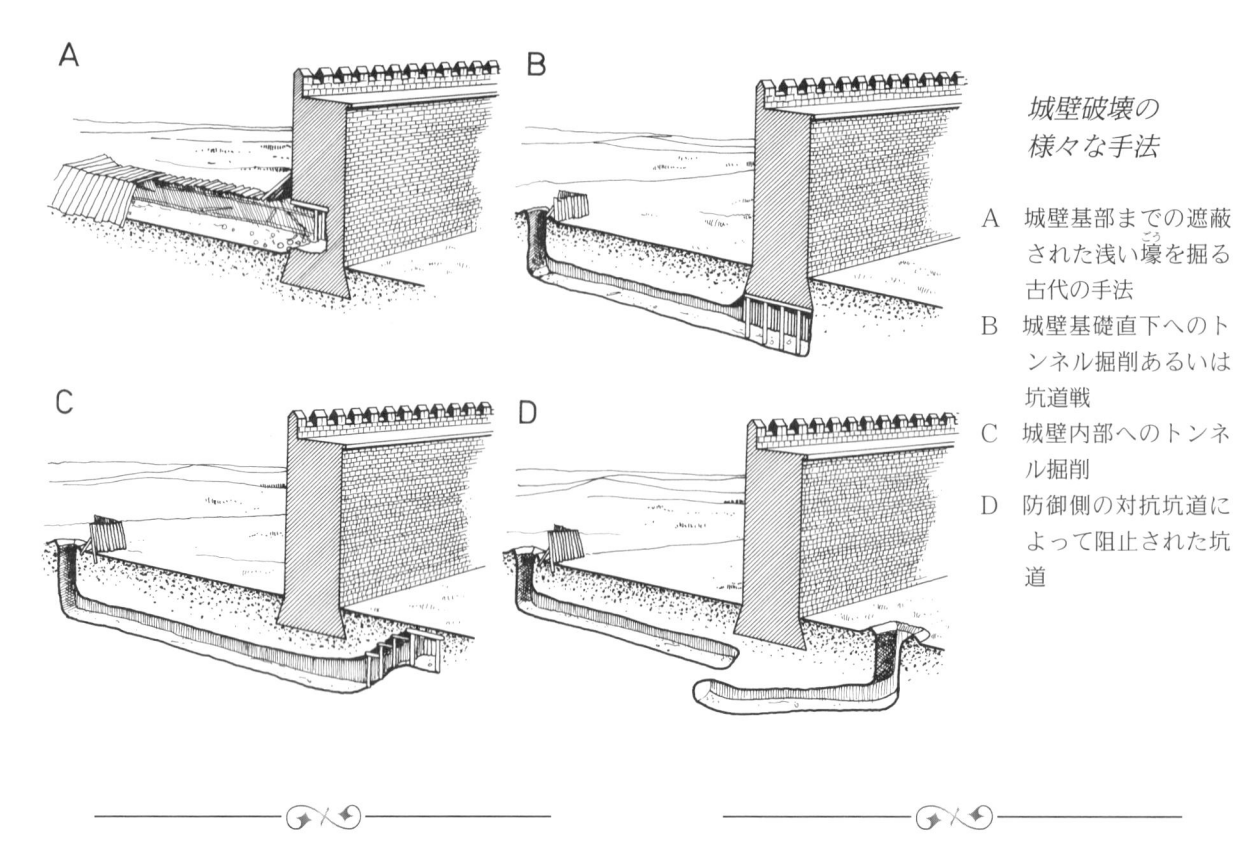

A 城壁基部までの遮蔽された浅い壕を掘る古代の手法
B 城壁基礎直下へのトンネル掘削あるいは坑道戦
C 城壁内部へのトンネル掘削
D 防御側の対抗坑道によって阻止された坑道

体を射出できた。トレビュシェは明らかに高い弾道を描いて発射体を射出し、フス砲（小規模曲射砲）や臼砲と同様の効果をもたらした。記録によれば、これは精密で破壊力のある兵器だったので、地方によっては16世紀になっても使用され続けた。何台も並べたり、カタパルトと一緒に使うと、敵の城壁に破壊的な射撃ができた。その弾速の遅さにもかかわらず、トレビュシェの重量のある発射体は高い弾道を描いて落下し、石造あるいは木造構築物を破壊した。おそらくは射程はカタパルトよりもわずかながら長く、やはり敵弓箭兵の射程外で安全だった。

もっと単純な兵器として、ときにトレビュシェと混同されがちだが、ペリエがある。これは当初、東方のアラビア人たちが用いていたものである。これもやはり、釣り紐のついた竿があり、トレビュシェによく似ていた。だが、錘によって起動するのではなく、人力か動物の力で発射するものだった。トレビュシェには多くの様々なデザインがあり、おそらくはこれが中世の記録者たちによって様々な名称でよばれてきた理由である。これらの兵器に対する防御側の対応策はもっと高い城壁を築くことだったが、不幸なことに城壁はトレビュシェや坑道戦に対して脆弱なままだ

った。結局、13世紀になっても城壁の厚みを増していくしかなかったのである。1世紀早く大規模な攻囲戦が行われるようになった中東でも同様のことが起きた。

射撃兵器に加え、攻城側は坑道戦にも訴えて築城の城壁を打ち倒そうとした。最も単純な形の坑道戦は「猫」や大規模な盾に護られながら城壁下部をピックなどで攻撃することだった。その目的は城壁基部に切れ目を入れて脆くすることである。坑道兵は防御側の攻撃から身を守るために遮蔽物のある塹壕というシェルターから掘り進むことが多かったが、作戦はきわめて危険なものだった。もっと手の込んだ坑道戦では単純な肉体労働が大量に必要だった。坑道兵は堀の後方の、可能ならば敵の射程外の掩蔽陣地からトンネル掘削を開始し、堀の直下を真っ直ぐに掘り進んで城壁の基礎にまで進む。ひとたび目標に到達すると坑道兵はトンネルの終点を木製支柱によって支え、そこに可燃物を詰めて火を着ける。支持材が坑道で燃え、その直上部分の城壁を崩壊させるのだ。だが、このような坑道戦が常に成功を収めたわけではなかった。沼沢地でもなく岩石に覆われてもいない地盤でのみ実行可能だったのである。

坑道兵が主に恐れていたのは、防御側が彼らに気付き、

ボディアム城塞（イングランド）でみられる初期の射石砲。

対抗坑道を掘削することだった。坑道兵の存在を探知する方法は、城壁上、あるいは用意してあった対抗坑道に水を張った小さな鉢を置き、水がさざ波を立てるか否か監視することだった。坑道兵を探知すると対抗坑道を掘削し、彼らを妨害した。防御側の目的は坑道兵を駆逐することであり、彼らを燻し出したり、小規模な武装部隊で追撃したりした。その際、坑道は破壊された。坑道戦に対する建築的対策はプリンスであり、これによって城壁下部が直下での坑道戦や衝角突撃に対抗できるだけの厚みを持つようになった。じつに興味深いことだが、坑道兵の任務は困難なだけではなく、陥没や対抗坑道のような危険に満ちているにもかかわらず、最も尊敬されない部隊の一つだったのだ。

籠城軍は攻囲軍に対して全く対抗手段がないわけではなかった。なぜなら、彼らも投射装置が使えたからである。バッリスタは城塔やランパール（防塁）に配備されていて、攻囲軍にとってきわめて危険な殺人兵器だった。攻囲軍は通常、遮蔽物や木製装置しか身を守るものがなかったからである。カタパルトは普通は中庭に配備され敵の攻城装置に対して大きな効果を発揮した。最後に、これがまた小さくないのだが、籠城軍は「ギリシア火」が完璧に使えた。これは暗黒時代にビザンツ帝国のあるギリシア人が発明した焼夷性兵器である。「ギリシア火」の正確な化学成分の情報は現在失われてしまったが、記録によるとその効果は今日のナパーム弾と同様のものだったという。その化学物質は水上でも燃え、直撃しなくても船舶に火を放つことができたという。それゆえ、海戦でよく用いられた。攻囲戦においては火矢よりも敵を撃退するのに非常に効果的だった。「ギリシア火」に加えて、籠城軍は熱した液体（油は高価）を、胸壁の向こう側に、あるいは櫓やマシクーリ付き胸壁の開口部から注いで攻城軍の足を止めようとした。

焼夷性兵器に対抗するため、籠城軍、攻囲軍双方とも湿った被覆材を重用して城塞の櫓や攻城塔、「猫」のような可燃性構築物を保護した。さらに、老人や動物の尿が消火や延焼を遅らせるのにきわめて効果的だったため、攻囲戦が始まる前にこれらの尿を大量に集め、城塞の城壁内側に貯蔵した。戦闘が始まると保護被覆材の上に尿が注がれた。

中世の兵器体系に最後に加わった攻城兵器が大砲である。14世紀には、築城に対して大きな効果をあげるには大砲はまだ小規模すぎた。だが、15世紀を通じて比較的弱体な築城に対しては徐々に効果を発揮するようになり、きわめて大規模な銃砲が攻囲戦の結果に、決定的な影響を与えることもあったのである。それにもかかわらず、16世紀まで大砲がその力を発揮することはなかった。

また、次のことも指摘しておかなければならない。すなわち、13世紀には城塞や都市築城が攻城兵器、とりわけ、重厚な攻城用投射兵器の攻撃を受けるにしたがって改良されていったため、陸上兵力ももっと組織化され、さらに複雑な築城に対処しうる装備がなされていったことである。このように、ある分野における発展が別の分野での成長をうながし、ともに向上していくのである。

カステル・サンタンジェロ（イタリア）でみられる初期の大砲。

築城防衛の様々な手法

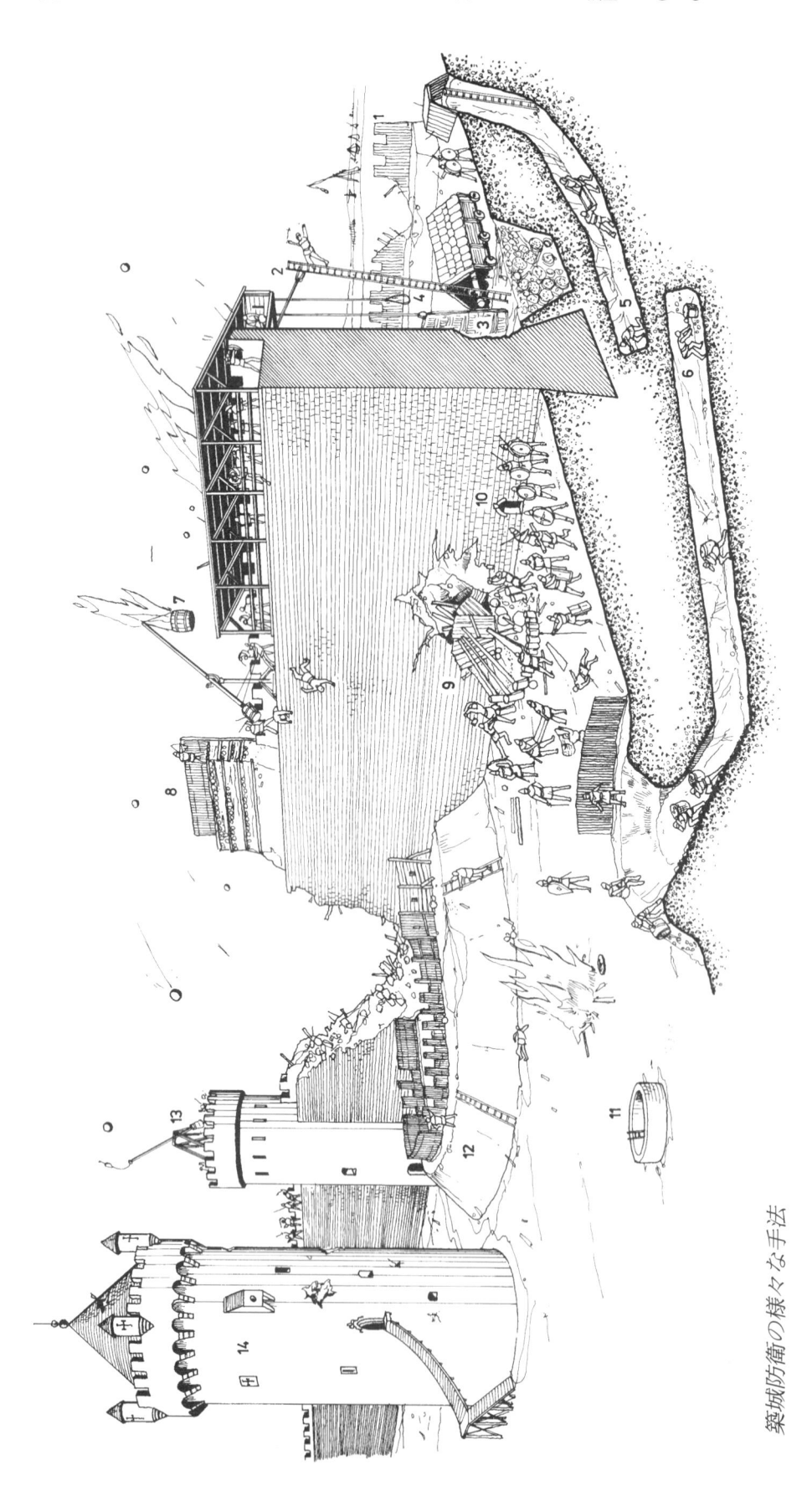

1. 仮設の前衛防御陣地
2. 梯子の押し出し
3. 衝角（破城槌）の打撃を緩衝するために吊り下げられた絨毯織物
4. 衝角を転覆させるためにロープの先に吊り下げられた鉤
5. 城壁直下への坑道戦
6. 防御側の対抗坑道
7. 可燃材の樽
8. 敵ベルフリーに対して、城壁の高さを増そうとしている
9. 突破口を埋めて損害を被った城壁を修理する
10. 城壁外の敵に攻撃をかけるために騎兵が使用する突撃口
11. 井戸の追加掘削
12. 主城壁に開いた突破口を塞ぐために、土と木材で建設された新たな城壁
13. 城塔に搭載された防御側のカタパルト
14. 最終防衛線として機能するキープ

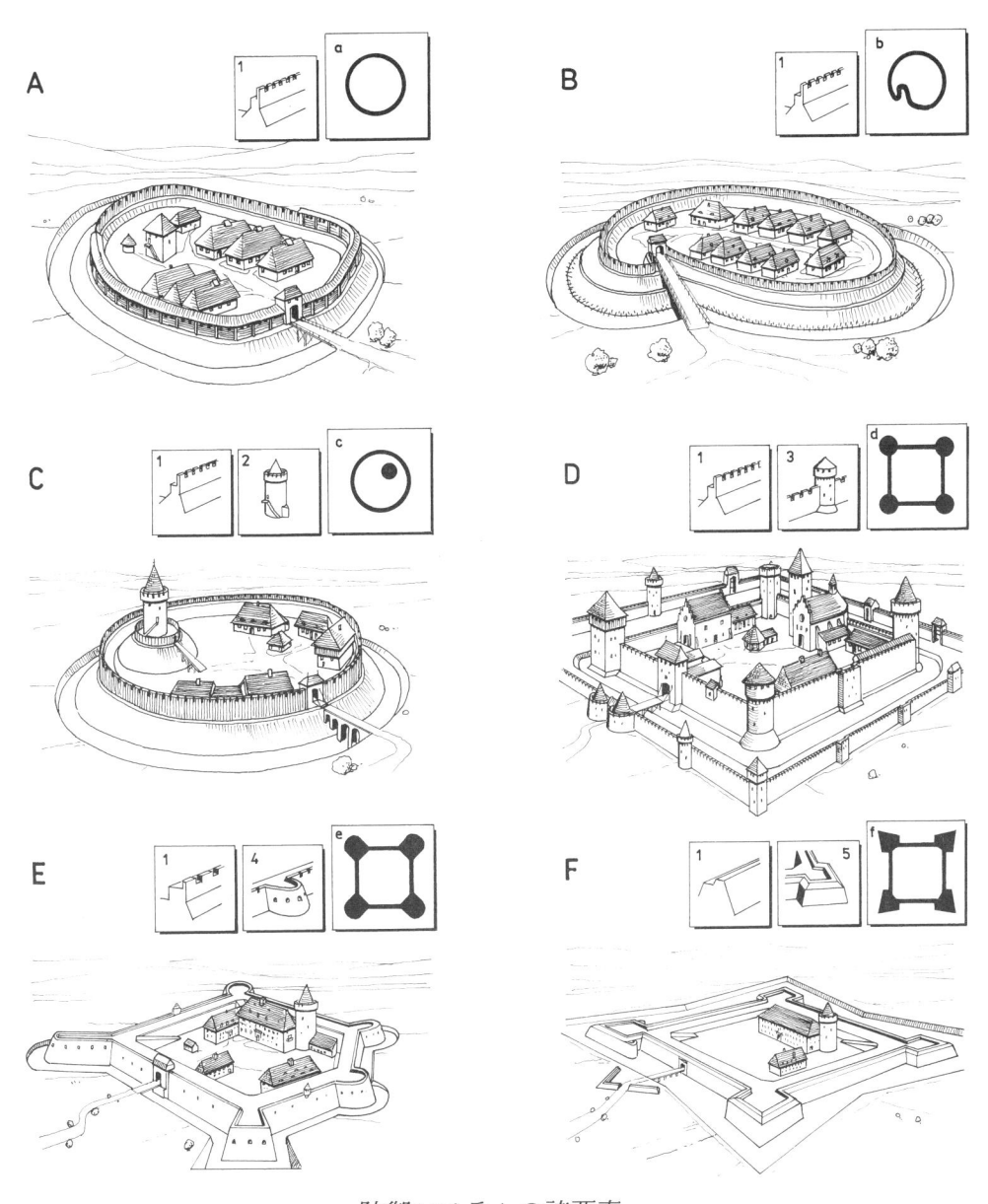

防御システムの諸要素

古代のグラードから中世城塞、ルネサンス要塞へ

- A　土と木材でできた城壁とその周囲を取り巻く堀からなる単純なグラード
- B　入城門を後退させたグラード
- C　独立城塔を備えたグラード
- D　城壁から突出した城壁城塔と隅部城塔を備え、多重環状城壁が設けられた城塞
- E　バスティヨンを備えた中世末期の過渡期の城塞
- F　中世の高い城壁が撤去され、城壁に沿って火砲を搭載できるように改修された中世後の要塞。隅角部のバスティヨンから城壁表面と前面に射撃できるようになっていた

防御側の要素

1. 胸壁を備えた城壁
2. 円形平面の城塔
3. 側防城塔
4. 丸形平面バスティヨン
5. バスティヨン

防御システム

- a　円環状城壁システム
- b　湾曲城壁システム
- c　内部防御城塔を備えた円環状城壁システム
- d　側防城塔を備えた方形または長方形平面城壁システム
- e　丸形バスティヨンを備えた方形あるいは長方形平面城壁システム
- f　隅角部バスティヨンを備えた中世後の長方形平面城壁システム

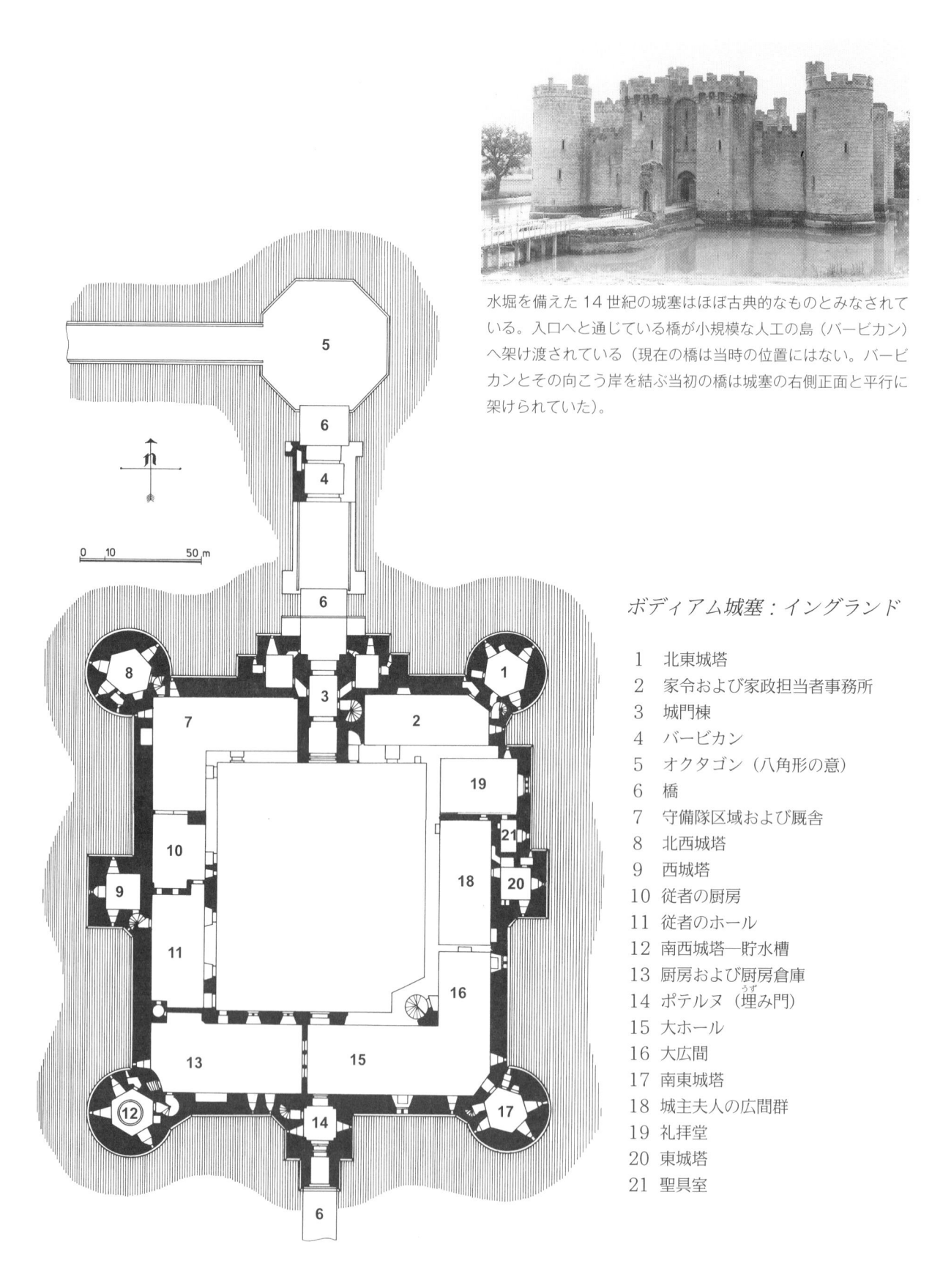

水堀を備えた 14 世紀の城塞はほぼ古典的なものとみなされている。入口へと通じている橋が小規模な人工の島（バービカン）へ架け渡されている（現在の橋は当時の位置にはない。バービカンとその向こう岸を結ぶ当初の橋は城塞の右側正面と平行に架けられていた）。

ボディアム城塞：イングランド

1. 北東城塔
2. 家令および家政担当者事務所
3. 城門棟
4. バービカン
5. オクタゴン（八角形の意）
6. 橋
7. 守備隊区域および廏舎
8. 北西城塔
9. 西城塔
10. 従者の厨房
11. 従者のホール
12. 南西城塔―貯水槽
13. 厨房および厨房倉庫
14. ポテルヌ（埋み門）
15. 大ホール
16. 大広間
17. 南東城塔
18. 城主夫人の広間群
19. 礼拝堂
20. 東城塔
21. 聖具室

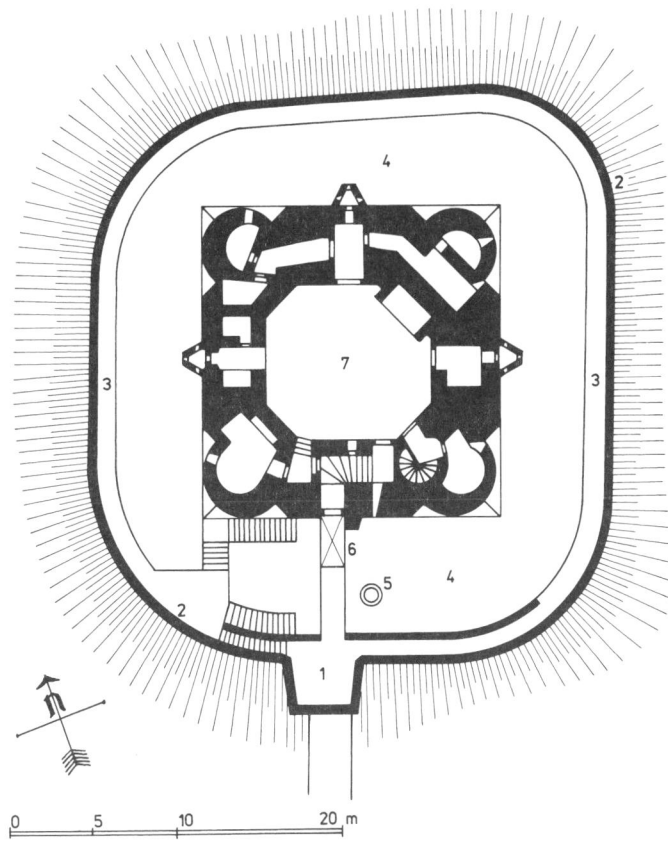

プロヴァン城塞：フランス

1. 城壁はモットの下をめぐっていて城門を形成
2. カーテン・ウォール
3. 城壁上の通路
4. 丘（モット）
5. 井戸
6. 跳ね橋
7. 12世紀のキープ

▲プロヴァン城塞のキープの土手で切った断面図
（『軍事建築（Military Architecture）』からグリーンヒル・ブックスの御厚意により図版掲載）

◀プロヴァン（フランス）の12世紀半ばの城塞の「セザール塔」（カエサル塔）。4棟の半円形平面の隅部小塔を備えた方形平面の基部の上に特異な形態のキープが載っていた。2層構成である。このキープを取り巻くクレノー付き胸壁を備えた城壁はシュミーズと呼ばれる。

アンジェ：フランス

この城塞は1230年代に建設された。巨大なアンサントを備え、そこには17棟の高い円筒形城塔が設けられていた。片側がロワール川に沿って展開し、もう片方にはここにみるような威圧感あふれる堀があった。城塔群のプリンスは坑道戦を阻止する助けとなっていた。

アンジェ：
フランス

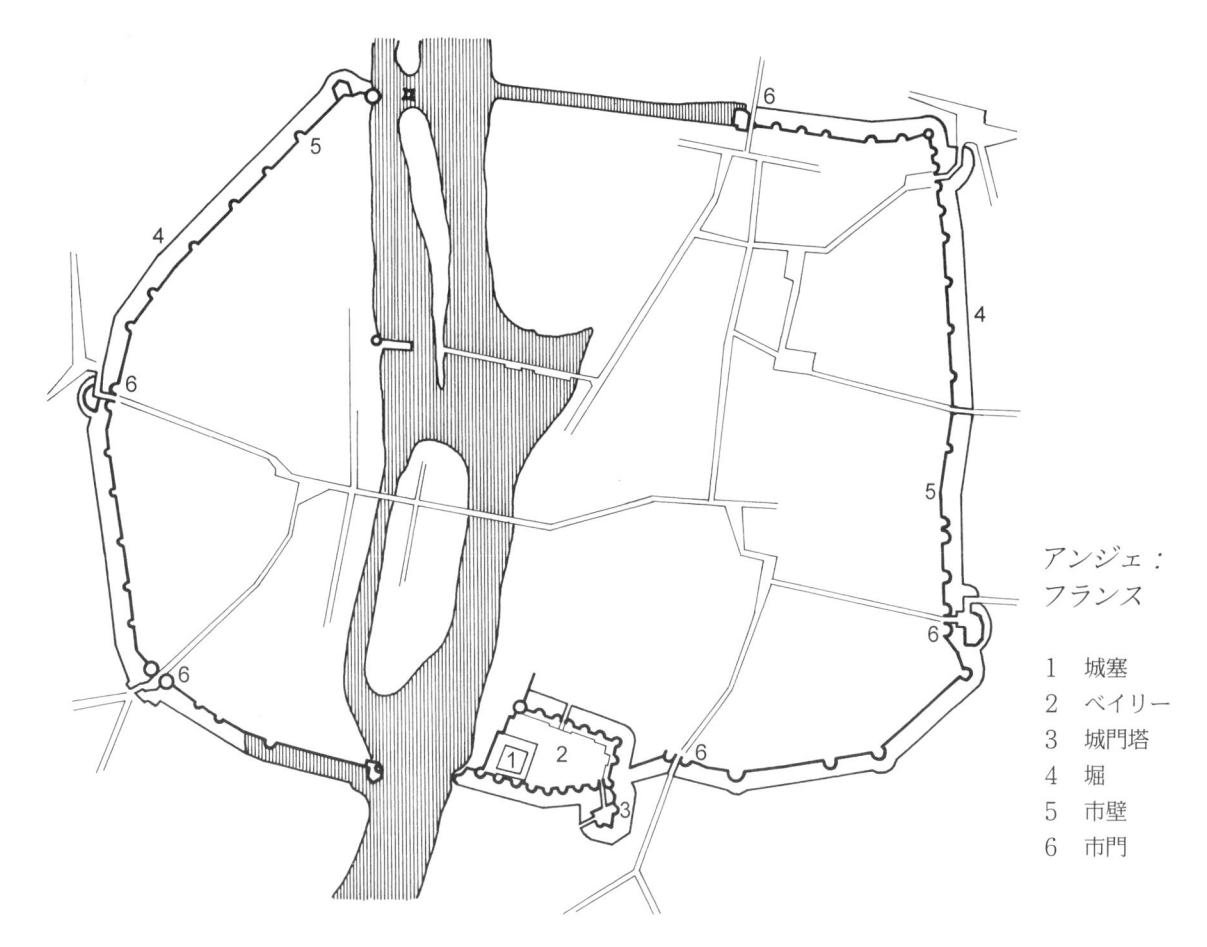

1　城塞
2　ベイリー
3　城門塔
4　堀
5　市壁
6　市門

アンジェ城塞は13世紀初頭に建設され、17世紀の宗教戦争においても運用された。このときに、改修によって城塔の上部が切り落とされ、カーテン・ウォールの高さにそろえられた。

ビスクピン：ポーランド（P86 参照）

第2章

Early Medieval Fortifications

―中世前期の築城―

　見事な堀を睥睨（へいげい）する高い城壁と城塔のごとき小城塔（ターレット）を備えた中世城塞の一般的なイメージは、映画やウォルト・ディズニー作品で広められた、末期の城塞建築のものである。じつは、城塞は数世紀もの時間をかけて発展しながら古典的な外観に到達したのであり、その特徴の多くの起源は紀元前千年ごろまで遡ることができる。

　中世城塞は暗黒時代末期にその外観を形成した。伝統的な学説では中世城塞と城壁都市の起源を西ヨーロッパ（中央ヨーロッパ、すなわち、神聖ローマ帝国を含む）の中に求めている。だが、もっと東方に関心を持つ人々は、城塞建築の考え方は近東あるいは極東にすら由来し、そこから徐々に西方へ伝わり、古典期にヨーロッパに到達したと考えている。だが、ポーランドのビスクピンの城壁村落のような考古学的発見により、ヨーロッパの城塞の直接の起源は東ヨーロッパに見出されるのではないかと思われる。文化の伝播というよりも並行して発展を遂げた可能性もあるだろう。たとえば、マヤ人たちはヨーロッパ人たちが足を踏み入れるはるか昔の中米に、空堀を築城した。この場合、空堀は文化の伝播の産物であるはずがない。それらが建設された時代には旧世界との接触はないからである。

暗黒時代の築城

　5世紀から10世紀にかけて続くヨーロッパの暗黒時代には、多くの古い築城がかつての西ローマ帝国の領域全体で使用され続けていた。都市ローマ自体が堂々たる一連の城壁で囲われており、非常に異例で興味深い砦を内包していた。プブリウス・アエリウス・ハドリアヌス帝廟がそれであり、今日ではカステル・サンタンジェロ（聖天使城塞の意）として知られている。テヴェレ川右岸に建ち、左岸へは要所となる橋でつながっていた。5世紀初頭にはローマを取り囲むアウレリアヌス帝の市壁と結合されている。アウレリアヌス帝の市壁は帝都ローマの周りに建設された最初の主要な築城であり、3世紀になってから造営された。5世紀には下部で4mもの堂々たる厚さに達しており、高さは20mに及んでいた。市壁は381棟の長方形平面の城塔で強化されており、約30m間隔で城壁から突出していた。城塔はバッリスタのような発射体兵器を収容することができた。4世紀初頭、市壁の高さは8mから13mに増強され、20mに及ぶところもあった。当初の市壁が6mちょっとだったことからすると大変な増強である。これら4世紀の増築には、多くの部分にみられる古い市壁直上のギャラリー（歩廊）も含まれていた。アウレリアヌス帝の市壁の長さは18kmにも及び、堅い防御の市門18棟を備えていた。主要街道上の市門は二重の入口、その他は一重の入口を備えていた。この市壁は古代世界から残存する最も堂々たる市壁の一つである。アーチ構法のギャラリーのいくつか、市壁上のコンクリート製通路は今日まで残っている。胸壁を形成するメルロン（小壁体）に加えて、城壁内部のギャラリーには射撃溝もあった。この威圧感ある市壁の核はコンクリート製であり、それゆえ、時を超えて存続したのである。まさに古代ローマの建築家たちの工学技術の無言の証人といえる。537年、東ゴート族の王ウィティゲスはローマを陥落させたが、ほどなくビザンツ帝国の名将ベリサリウスによって駆逐された。戦史についての一連の著作があるハンス・デルブリュックによると、ベリサリウスは自軍を上回るウィティゲスの大軍との直接対決を避けてローマ内で防御陣地を固め、これにより「戦争は単に攻囲戦と諸市の降伏によって導かれ決した」のである。イタリアにおける最後の東ゴート王トティラは多くの市壁を完全破壊したが、これはローマ領アフリカでヴァンダル族も後に採用した戦略だった。ローマの場合、トティラは市壁の一部の破壊を試みている。それ以前

古代ローマの略地図

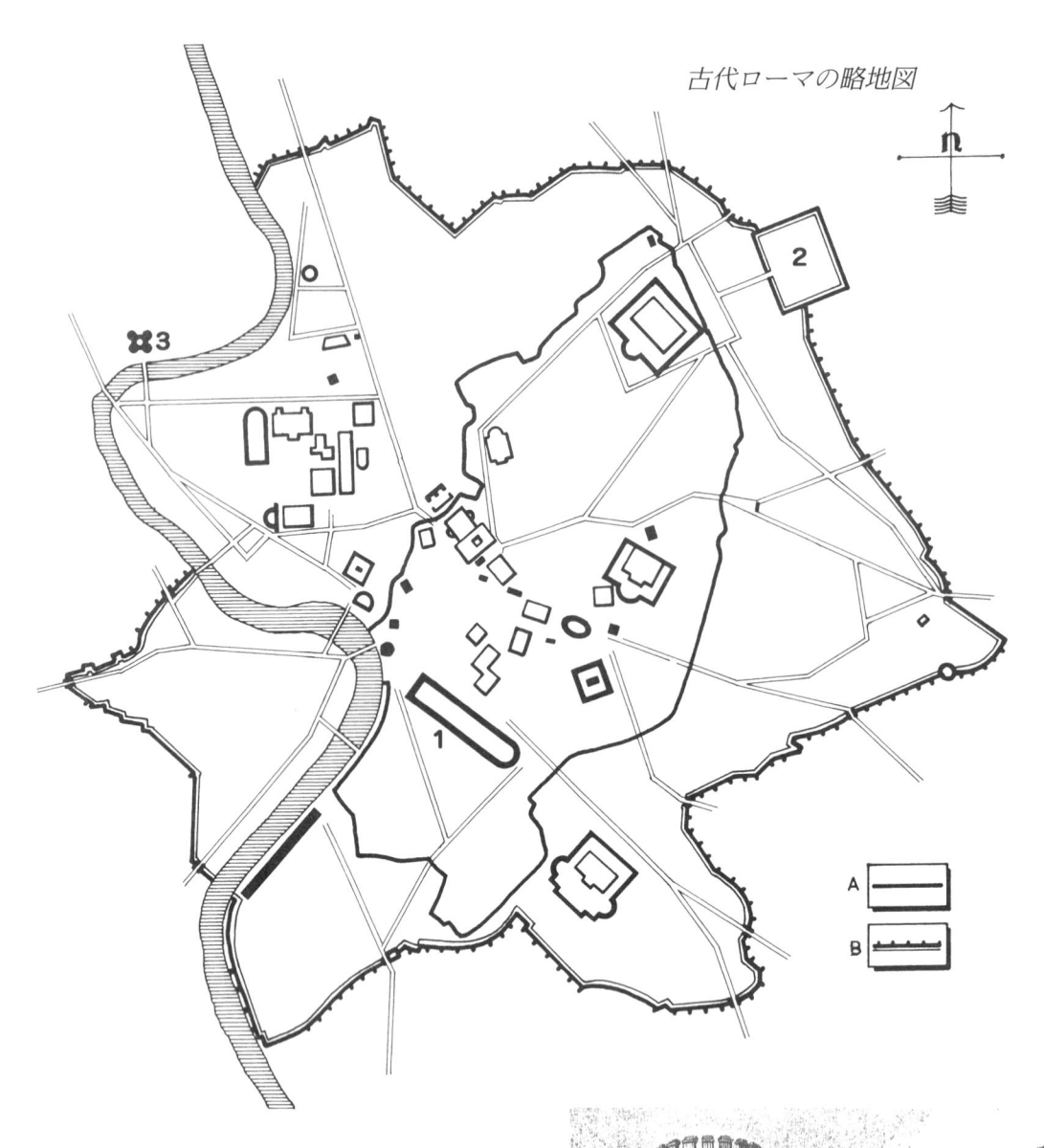

A　セルウィウスの市壁
B　アウレリアヌスの市壁
1　キルクス・マクシムス（大競技場の意）
2　カストラ・プラエトリア（皇帝親衛隊駐屯地）
3　ハドリアヌス帝廟（後にカステル・サンタンジェロとなった）

ローマのアウレリアヌスの市壁のオスティア門。

カルカソンヌ：フランス
第1城壁の古代ガリア＝ローマ時代の城塔。西ヨーロッパにおける古代ローマ軍事建築の最高のものの一つ。

　にベリサリウスは市壁を修復し壕を掘って強化したため、ローマの防御はさらに威圧感あふれるものとなっていた。最終的にベリサリウスがトティラを駆逐した後の547年、ローマ市壁に最後の主要な修復を行っている。

　ウィティゲスがローマから駆逐された後、この都市は内乱によって10年間も動揺し続けた。カステル・サンタンジェロはハドリアヌス帝廟の周囲に築かれた要塞であり、城壁を備えた橋頭堡（橋に造られた砦）として使われていたが、攻囲されたトティラはビザンツ帝国の将軍ナルセスによって最終的にローマを追われた。世紀末になるとグレゴリウス1世大教皇がローマを教皇領首都と定めた。後の9世紀には、フランク王国の介入によって教皇領に対するロンゴバルド族の脅威が去ると、教皇レオ4世はバチカンを取り囲むような市壁の拡張を決定した。カステル・サンタンジェロもその中に含まれ、攻撃された時には彼の避難所として使われるようになっていた。

　西ヨーロッパの他の地域や地中海世界では古代ローマ人たちは堂々たる一連の築城を後世に残した。そこには城塔やクレノー付き胸壁を備えた城壁都市も含まれていた。通常、これらの末期帝政時代の城壁都市は防御しなければならない地域に建設され、おそらく中世盛期の城壁都市とそれほど変わらない姿だったと思われる。ただ、古代末期の城壁都市には浴場や上下水道のような優れた衛生施設があり、その建造物の建築様式も異なってはいた。

　古代ローマの築城術はフラウィウス・ウェゲティウス・レナトゥスによって記されている。多くの古代ローマの原典に基づいて戦争術についての概論を書いた4世紀のローマ人である。この概論は、19世紀の指導的な権威E・E・ヴィオレ＝ル＝デュクによって編纂された『軍事建築』※の主要な原典として使われている。これらの史料によれば、普通、古代ローマの市壁は約7m間隔で配置された2枚の石造壁体からなっていて、その間には防御壕から掘り出した土砂とぎっしり詰めた岩石が充填された。その上は通路となっていて、外側の壁体上部にはクレノーが施された。このようにして二重の壁体が単体の構築物となるのである。この建設術は今日でもフランスのカルカソンヌでみることができる。その城壁といくつかの城塔は西ヨーロッパにおける古代ローマの軍事建築の最も素晴らしい例である。カルカソンヌの古代ローマ築城はガリアに位置しているため、ガリア、あるいはガロ＝ロマンのものとして言及される。古代ローマ築城で使用された建設材料は立地によって様々である。そのため、カルカソンヌでは内部の核（2枚の石造壁体の間のスペース）は粗石と石灰で充填された。城壁の城塔はD字型平面であり、典型的な古代ローマの流儀で曲線部分は城壁を越えて膨らんでいた。城塔の各側からアリュール（通路）への接続路は城塔を貫通していた。アリュールから城塔に接続する各扉の前面には罠をしかけてあった。そこを渡るには可動小橋か跳ね橋のようなもの

※原題『Military Architecture』P319参照

ウェゲティウス：軍事学概論

プブリウス・フラウィウス・ウェゲティウス・レナトゥスの生涯についてはほとんど不明である。4世紀末のビザンツ帝国の政府でなんらかの官僚の地位に就いていたことだけが知られている。だが、彼を古代末期のクラウゼヴィッツ（軍人・軍事評論家）とみなすことはできるだろう。散逸した記述はあるけれども、著書『軍事学概論（エピトマ・レイ・ミリタリス）』は中世の軍事エリートたちの間で最もよく読まれたラテン語著作となった。この概説書は4書からなっており、古代末期の多くの書物にみられるように古典期の著作を要約してまとめたものである。ウェゲティウスの第4書は主に築城と攻囲戦の記述にあてられ、古代ローマ時代に使用された技術について論じている。この巻は中世の軍事指導者に手引書として用いられた。

この第4書でウェゲティウスは他の項目とともに、城壁建設の際に直線を避けることの重要性、隅部の防御に果たす城塔の役割、それに重要な防御障害物としての「フォセ」（フランス語）すなわち堀の長所について論じている。ウェゲティウスは城門の防御についても強調しており、通路には殺人孔を、入口には落とし扉のような仕掛けの運用を推奨している。彼はまた、城門を防御するためのバービカンの運用にまで言及している。これらすべての要素がやがては多くの主要な中世築城の標準的特徴となっていった。加えて、ウェゲティウスは耐火性のある材料を使って城壁や入口を防御することや、その他の仕掛けによって衝角（破城槌）突撃や敵の発射体着弾の衝撃を緩和して城壁を守ることを推奨している。これらの対策もやがては中世共通の特徴になっていく。

ウェゲティウスは攻囲戦についての章で、籠城軍は十分に食料を供給して飢餓を防ぎ、修復のための十分な材料を用意し、敵の攻城装置に直面する城壁の規模を大きくしておかなければならないと助言している。彼はまた、攻囲に抵抗するには給水システムを防御することが必要不可欠だと考えていた。さらに、あまり知られていないウェゲティウスの記述の一つとして、最初の攻撃で築城拠点の攻略に失敗した場合は、攻城軍は恐怖を煽るよりも工夫をこらすべきだというのがある。多くの中世の指導者たちはこの記述を考慮せず、常に恐怖に訴えて突破しようとしてきた。

第4書ではウェゲティウスは数多くの攻城装置についても記述している。たとえば、衝角（破城槌）を装備した「亀」とよばれる動く衝立、衝角を搭載し、敵の城壁へと渡す橋を頂部付近に備えた巨大な攻城塔、そして、カタパルト形式の兵器である。これらの兵器のほぼすべてが中世でも使用されることになった。

ウェゲティウスは攻城塔を破壊するためにソルティ（突撃）をかけることや、敵に狙われた城壁に毛布などを掛けて敵の打撃を緩和することも提案している。攻城軍には自身の陣地を防御柵などで護るよう警告し、トンネルを掘削して城壁直下に坑道を掘り進め、あるいは単純に城壁背後へと貫通させることを推奨している。いうまでもなく、これらすべての技術が中世の多くの攻囲戦で用いられている。ウェゲティウスの著作が中世の築城や攻囲戦に著しく影響を与えていることは明らかである。

出展：ウェゲティウス：『軍事学概論（Epitome of Military Science）』、N・P・ミルナー英訳、リヴァプール大学出版、リヴァプール、1993年。

が必要だった。城塔上部の背面には背壁やアンブラジュールがなく開放的で、バリスタやカタパルトのような射撃装置の発射体を引き上げるのに適していた。

円形平面の城塔は他の地域でははるかに前から使用されてきたが、西ヨーロッパでは中世盛期にいたるまで広く伝播しなかった。円形平面（または半円形平面）の城塔が初めて出現したのは古典期のギリシアであり、古代ローマ人たちがそれを模倣した。彼らは城塔をもっと高くして投射装置の射程距離を延ばそうとした。中世盛期までは、高さは城塔構築の重要な要素であり続けたように思われる。そのために中世の棟梁たちはもっと単純な正方形平面または長方形平面のデザインに回帰さえした。

ヴィオレ＝ル＝デュクによれば、いくつかのフランスの都市は古典的な古代ローマ様式で築城が施されているという。すなわち、都市の片側に川が流れ、川の向こうには橋頭堡（きょうとうほ）が築かれて都市内に渡る橋を護っており、川と反対側では断崖が別の障壁を形成しているというのである。オータン、カオール、オーセール、ポワティエ、ボルドーやラングルといった都市がこのような手法で配列されており、暗黒時代を通じて築城が施されたままだった。古代ローマの防御システムは10世紀に至るまでほとんど変化しなかったのだ。ハンス・デルブリュックや他の戦史家は、フラウィウス・ウェゲティウス・レナトゥスのような古代ローマの著述家たちの作品が暗黒時代のカロリング朝の貴族たちによく知られており、それらが中世を通じて学ばれ続け、入門書として使用されてきたのだと指摘している。

イングランドのポートチェスターの古代ローマ要塞の城壁は20の稜堡（りょうほ）を備え、城壁東面と西面の中央に2棟の大規模な城門があった。城門は二重の入口を持つよう設計され、中庭への侵入者を縦射できるような罠が仕掛けてあった。他の2方面の城壁のそれぞれの中央にはポテルヌ（埋み門（うずみもん））が配された。壕が城壁をほぼ取り巻いていたが、過去の千年紀の間に侵食されてきた海岸線に沿って城壁がめぐらされているような場所で、壕を掘るための十分な空間があったかどうかは定かではない。城壁上には防御戦闘のための通路があった。古代ローマの要塞のすべてがポートチェスターのように長方形平面ではなかったことは指摘しておこう。サクソン地方の海岸沿いの要塞群は古代ローマ人たちによってサクソン族の襲撃を撃退するために建設され、3世紀には古代ローマの陸海軍兵士たちが駐屯していた。古代ローマ人たちがそれらを放棄した後は、その多くが暗黒時代初期にアングロ・サクソン族の侵入によって奪取された。

古代ローマ築城の最も堂々たるものの一つは、ローマ帝国の衰退期に国境に沿って築かれたリメスである。リメスは防衛線上に築かれた多くの要塞からなっていた。ゲルマニアとの境界地域ではゲルマニクスのリメスがあり、土手と壕でできた西側部分と、「悪魔の城壁」とよばれる厚さ1m以上の石造城壁でできた東側部分からなっていた。これらのリメスは監視塔と駐屯地によって支えられていた。これらのローマ帝国の駐屯地は方形平面で各辺に1棟ずつ門があり、周壁には監視塔が設けられていた。これらは兵員の宿営としてのみ建設されたもので、奇襲攻撃から兵員を守り、おそらくは最後の切り札となる陣地として用いられた。3世紀末にはこれらの駐屯地は数多くの城塔で防御された城門へと発展し、城塔からは縦射による防御射撃が可能だった。周りを囲む壕は渡るのがさらに困難になった。4世紀には古代ローマ人たちは要塞を高原などの高地に築くようになった。防衛に最も適していたからである。時代が進むにつれて、これらの古代ローマの新たな要塞は防御障壁というよりは避難所となっていった。デルブリュックは考古学者たちもローマ帝政末期の要塞を鉄器時代初期やフランク王国カロリング朝末期のものと見分けるのは難しいことを指摘している。もはや国境地帯の防衛のために大規模な予備兵力を派遣することができなくなったローマ人たちは、各地方の支配を維持するために砦を築く必要があると悟ったのである。同じ事態にいたったフランク人たちも古代ローマ人の先例にしたがって同じような形式の要塞を築き、場合によっては古代ローマ時代の丘上陣地までも再活用して、国境地帯を確保したのである。

この時代、かつてのローマ帝国の住民たちだけではなく、彼らを取り巻く「野蛮人」たちも築城によく通じていた。ゲルマニア諸族は十分に文明化されており、町を組織して自身の築城をつくりあげていた。彼らは木造築城を重用しており、多くの場合は壕によって町を護ろうとしていた。アジアからやってきたフン族でさえ、もっと「文明化された」人々に恐れられたが、築城を活用していたのである。451年、カタラウヌム（シャロン・アン・シャンパーニュ）

ポートチェスター：イングランド

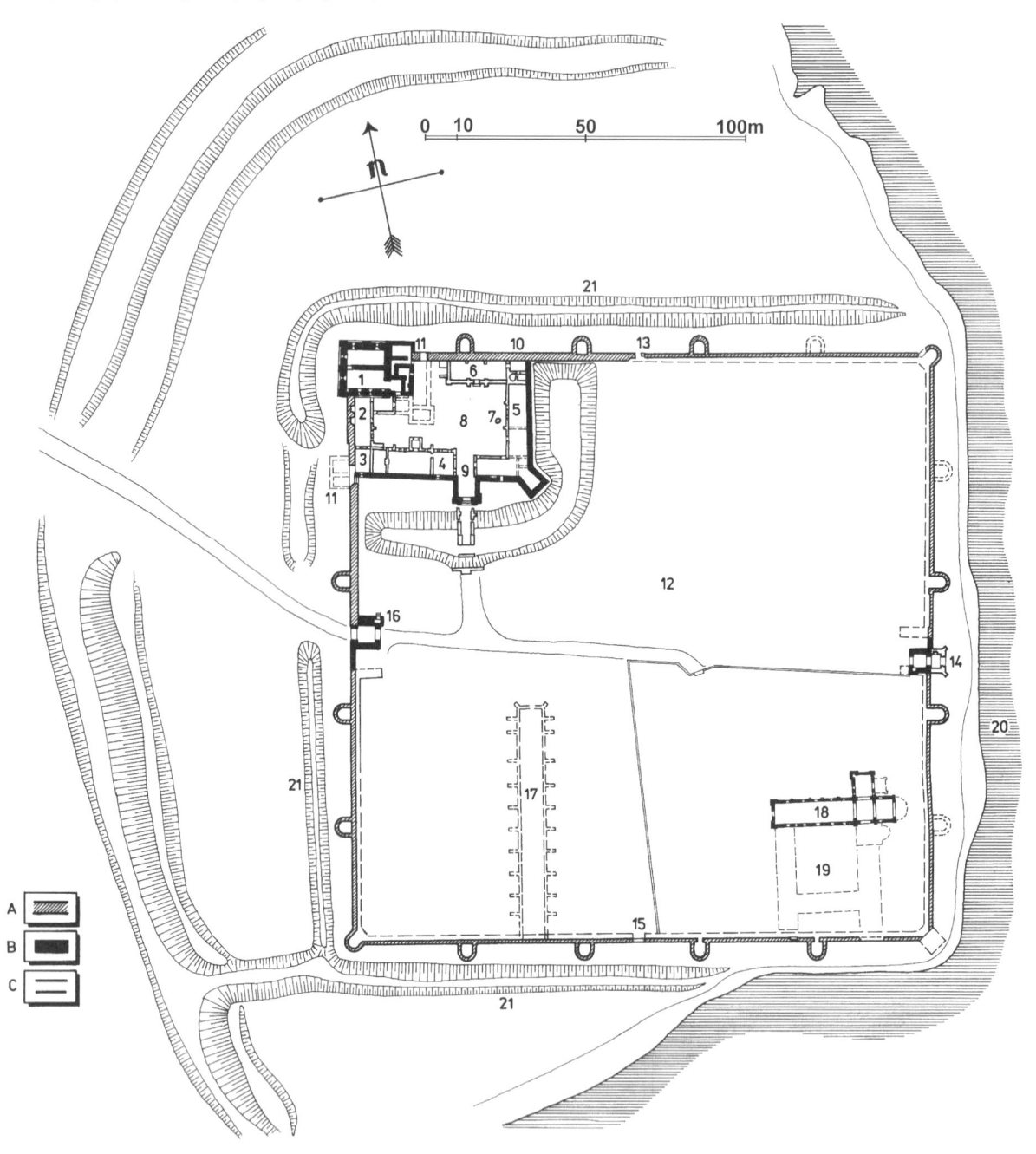

A	古代ローマ人による構造物	
B	ノルマン人による構造物	
C	14世紀の構造物	
1	キープ	
2	リチャード2世の宮殿の大広間	
3	リチャード2世の宮殿の奥向きの広間	
4	厨房	
5		
6	カンスタブル邸	
7	井戸	
8	内ベイリー	
9	城門棟	
10	アセートン塔	
11	突撃口	
12	外ベイリー	
13	ポテルヌ（埋み門）	
14	「水門」	
15	ポテルヌ（埋み門）	
16	「陸門」	
17	納屋	
18	教会堂	
19	クロイスター（回廊を中心とした修道院）	
20	港	
21	古代ローマ時代の壕	

中世前期の築城　　　71

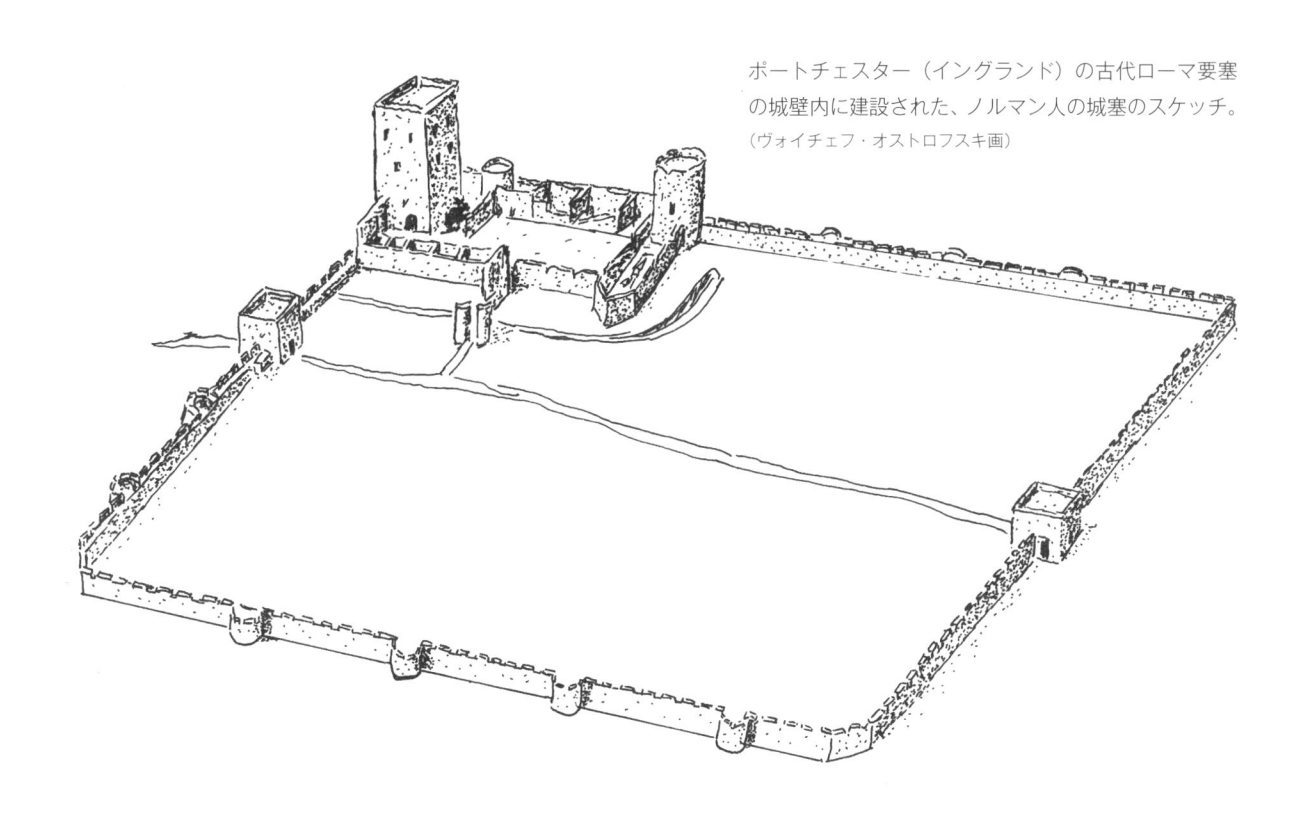

ポートチェスター（イングランド）の古代ローマ要塞の城壁内に建設された、ノルマン人の城塞のスケッチ。
（ヴォイチェフ・オストロフスキ画）

ポートチェスター（イングランド）の現存する古代ローマ時代の城壁と壕。城塞は中世盛期にこの城壁の内側に建設された。

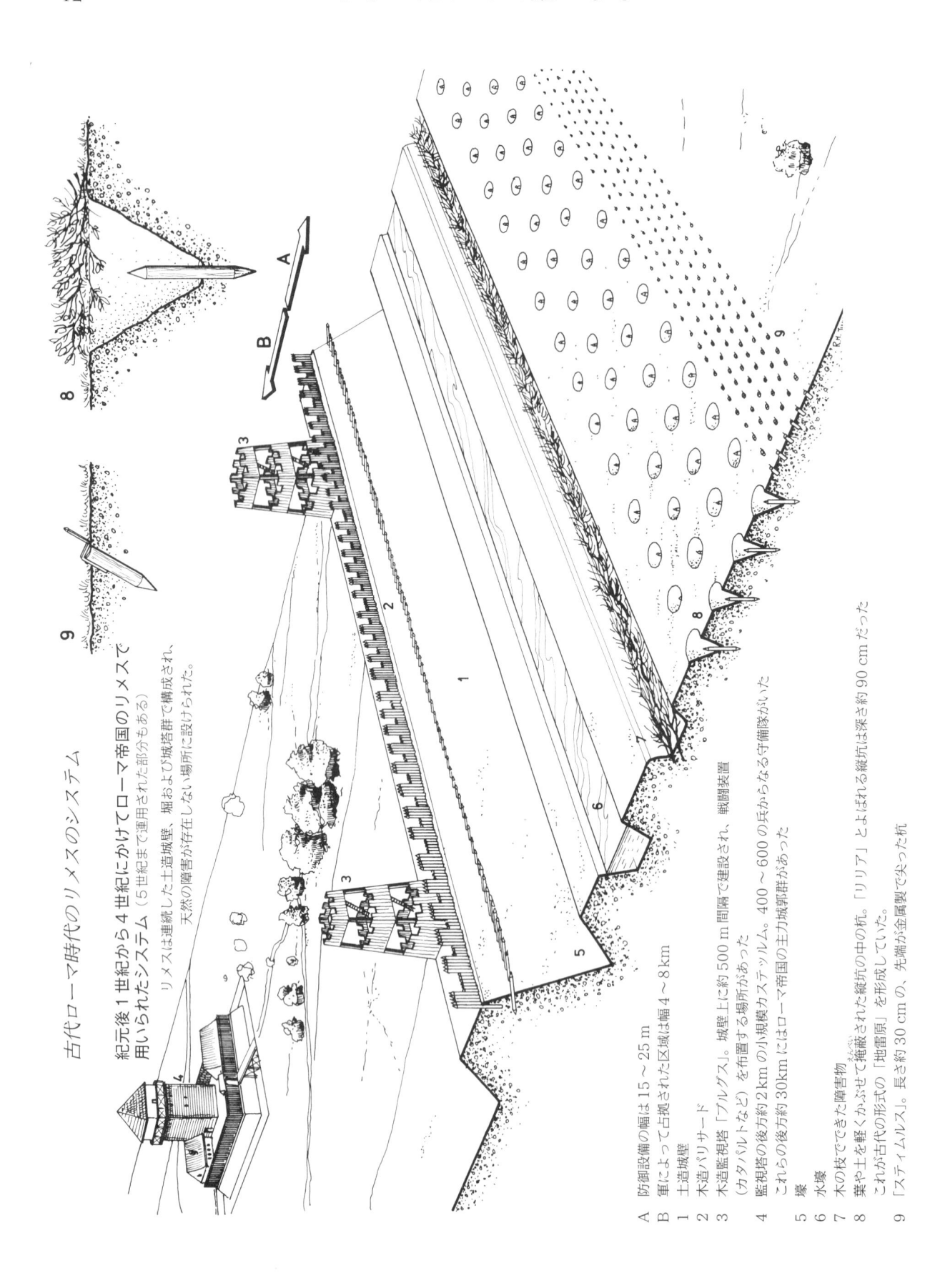

古代ローマ時代のリメスのシステム

紀元後1世紀から4世紀にかけてのローマ帝国のリメスで用いられたシステム（5世紀まで運用された部分もある）

リメスは連続した土造城壁、堀および城塔群で構成され、天然の障害が存在しない場所に設けられた。

A 防御設備の幅は15〜25m
B 軍によって占拠された区域は幅4〜8km
1 土造城壁
2 木造バリサード
3 木造監視塔「ブルグス」。城壁上に約500m間隔で建設され、戦闘装置（カタパルトなど）を布置する場所があった
4 監視塔の後方約2kmの小規模カステッルム。400〜600の兵からなる守備隊があった
 これらの後方約30kmにはローマ帝国の主力城郭群があった
5 壕
6 水壕
7 木の枝でできた障害物
8 葉や土を軽くかぶせて掩蔽された縦坑の中の杭。「リリア」とよばれる縦坑は深さ約90cmだった
 これが古代の形式の「地雷原」を形成していた
9 「スティムルス」。長さ約30cmの、先端がとがった杭。先端が金属製でとがった杭

でフン族の西進が確認されカタラウヌムの戦いが勃発したとき、フン族のアッティラは丘上陣地に後退した。そこにあらかじめ輜重車を使って築城を施していたのである。

スラヴ民族はポーランド平原のゲルマニア諸王国の境界地域へと西進し、バルカン半島のビザンツ帝国の国境地帯にまで南下していった。彼らは高度な築城を長いこと用いてきた。ブルガール人たちですらスラヴ化する以前から、古代ローマの放棄された防御施設を改良しようと試みていたのだ。だが、バルカン半島に移動してきた多くの「野蛮人」の集団は、ビザンツ帝国軍が用いた高度な攻城法にも耐えられるだけの強力な築城を築いた。バルカン半島に移動してきた遊牧民アヴァール人たちもすぐさま、思いのままに攻囲できることを示し、堂々たるビザンツの防御施設にさえ対抗した。そして、ドナウ川方面へと北上していったのである。

ケルト人たちも、古き鉄器時代の土でできた環状築城「丘上要塞」（ヒル・フォート）から木造と石造の防御壁を備えた町まで、数多くの築城を造営し、これによって何度も古代ローマ人の進出を撃退した。アイルランドとスコットランドではケルト族のピクト人が紀元後2世紀以前に単純な環状要塞を構築して在地の人々を保護しようとしていた。当時のスコットランドの、古代の周壁をめぐらせた拠点の中には石造城壁を備え、モルタルを使わずに建設された「ブローチ」とよばれる大規模な石造城塔を内包するものもあった。通常、ブローチの入口は非常に小さくて腹ばいにならなければ進入できなかった。ブローチは紀元前にこの地域に建設された、強力で円形平面の防御施設のない石造住居から発展したものだと考えられている。ブローチは高さ15mにもおよび、梯子で登ることができる木造歩廊を備えた中庭があった。第1層または第2層の直上ではブローチの壁体は2枚の薄い壁でできていて、内壁と外壁の間にさらに歩廊を追加して造営できた。外側に防御施設はなく、最終的な避難所として使われたようである。侵略者が首尾よくブローチに進入突破できたとしても、直上の歩廊にいる城兵に包囲されることとなった。ブローチは良質な建設物だったので、暗黒時代にノルド人の襲撃に対抗する防衛施設として用いられ続けたものもあった。その他のものは解体され、新しい建造物の材料となった。スコットランドだけでブローチの廃墟が約500棟ある。紀元

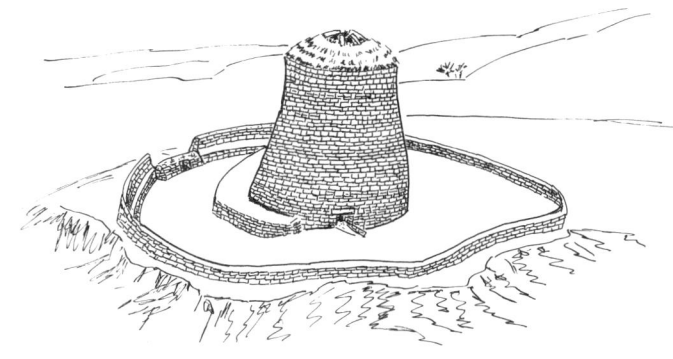

スコットランドのブローチのスケッチ。小さな入口が見え、周囲を城壁が囲んでいる。（ヴォイチェフ・オストロフスキ画）

前200年までにはブローチは村落の中心であった。ローランド地方では暗黒時代のヴァイキング侵入初期にも使用され続けていた。

他の地方ではピクト人たちは古き丘上要塞を再占拠し8世紀まで使用し続けた。これらの要塞の中には木造ランパール（防塁）を備えたものもあった。木材を燃やして炭のような充填材を作り、城壁のために使用した。これらの要塞は放棄されて数世紀を経てもまだ運用可能な状態だった。この形式の典型的な要塞はスコットランドのマリーにあるバーグヘッドである。これは、4世紀になって岬上に建設された要塞で、ランパールの木材部分をつなぎ合わせるために鉄製ダボが用いられ、周壁に囲われた郭を上下に備えていた。考古学上の発掘結果により、この要塞は9世紀まで使用されていたことが明らかになっている。

暗黒時代以来のピクト人の要塞は他にスコットランド、パースシャーのダンダーンがある。シタデルを備え中央に高いテラスがあり、ランパールを備えた4カ所の低いテラスが周りを囲っている。高いテラスの木製ランパールは5世紀から存在し7世紀に石造城壁に更新された。そして、この要塞はいくつかの建設段階を経て、木材、石材、および土でできた暗黒時代の堂々たる要塞となった。高地を占め、周壁に囲われた一群の郭に取り巻かれたこの形式の暗黒時代の要塞は、ブリテン島とアイルランドにもみられる。8世紀にスコットランドにおいて、ピクト人の領土にスコットランド人が侵入した際、彼ら自身の築城建設に取りかかったが、ピクト人の洗練の粋に達することはなかった。

ゲルマニア諸族がかつてのローマ帝国内に居住するようになると多くの大規模な古代ローマ築城が放棄された。ゲ

古代ローマの防御築城の復元。アレシアのガリア人たちを包囲するために、カエサルが建設した城壁についての自らの記述に基づく。リメスも似たようなものであると思われ、正面には同様の様々な障害物が設けられていた。その中には最前面に掘られた、先の尖った杭を仕掛けた掩蔽孔(えんぺいこう)も含まれていた。

ルマニアの諸王の軍はあまり大規模ではなく、彼らの支配下におかれた西ローマ帝国の領域の都市すべてを占拠することはできなかったのである。被征服民の忠誠心を信用することはできなかったので、彼らゲルマニア諸族の指導者たちの多くはローマにおける東ゴート王・トティラの先例にしたがって、自らが有効に確保できない拠点の防御施設を破壊した。その結果、少数の主要都市に古代ローマ築城が残存する一方で、他の拠点ではその防衛を小規模な築城に頼らなければならなかったのである。

ブリテン諸島のケルト人たちはかつての古代ローマ築城の多くを掌握し維持・運用し続けた。イングランドでは古代ローマ時代のサクソン地方の沿岸要塞が暗黒時代を通じて使用され続けたのである。これらの要塞の中には古代ローマ人が建設した最も大規模なものもあり、この形式の他の古代ローマ要塞の約2倍の高さの石造城壁で囲われていた。多くの沿岸要塞の城壁は高さ5mにおよび、厚さ3.5m超を誇った。だが、これらの数値は要塞によって様々である。イングランド南東部、サクソン地方の沿岸要塞の最も代表的なものはポートチェスター、リカルヴァー、バラ・カースル、リンプン、ドーヴァー、およびリッチバラである。このような要塞はイングランドだけではなくイギリス海峡の向こう側の大陸側沿岸にも多数存在した。ポートチェスターは最もよく保存されたサクソン地方の沿岸要塞の一つで、中世のほとんどの期間にわたって運用され続けた数少ない要塞の一つである。他のものと異なり、その数多くの堅固な円形平面または半円形平面の稜堡(りょうほ)はカタパルトを搭載するために城壁から突出していて、空洞になった内部には木製の床が架けられていた。

9世紀中にはサクソン人たちが「バラ」とよばれる城壁都市を建設しはじめた。多くの場合、古代ローマの城壁をその防御施設に組み込んでいた。バラは十字路や丘の頂上のような戦略的地点に配され、在地民たちの避難所としても機能していた。古代ローマの城壁が使用不能の場合はサクソン人たちは木製パリサード（障壁）と壕に頼ることになった。それらのほとんどは時間の経過により損なわれ消失していった。第一の理由として、後世、町がバラの内側や周囲に成立していったことが挙げられるだろう。

アングロ・サクソン七王国のマーシア王オファは、8世紀後半にウェールズとの境界地域を封鎖するためにオファ・ダイクを建設した。これはイングランドに建設された防御用ダイク（土手の意）の中でも最長のものであり、付近のウェールズの君主と協力してまで建設されたと思われる。軍事的障害を造ることが目的ではなかったようだが、真相は今日まで、未解決の歴史の謎の一つのままである。

イスラム帝国、ビザンツ帝国およびフランク帝国の築城

　7世紀、ヨーロッパの暗黒時代には、アラビア砂漠から狂熱が広がっていって中東を駆け抜け、すぐにでもキリスト教世界を飲み込み、破壊しようとしていた。それはアラブ世界の勃興（ぼっこう）であり、イスラム教信仰を伴っていた。砂漠の戦士たちは古（いにしえ）の肥沃なる三日月地帯に殺到し、ビザンツ帝国とペルシアの領域を侵していった。7世紀末には中東のほとんどがイスラム教世界に吸収され、711年までにイスラムの戦士たちはヨーロッパのすぐそばまで達した。偉大なる城壁都市コンスタンティヌポリスは717年から718年にかけて攻囲されることになった。テオドシウス2世帝治世下に建設されたテオドシウスの城壁は、従来のコンスタンティヌスの市壁から都市防衛線を西に伸ばしていた。これがアラビア人たちの侵攻をくじき、城壁を突破してこの都市を奪取することは失敗したのである。

　テオドシウスの城壁は厚みが4.6mあり、413年、コンスタンティヌポリスが立地している半島を横断して建設された。量感あふれる高さ20超の城塔が55m弱の間隔で並んでいる。これらの巨大な城塔は城壁前面から10mほど突出している。方形平面の他、多角形平面のものもあったが、円形平面のものはなかった。これら大城塔の上階へは城壁上の通路からしか入れなかったが、中間の階へは下階から主城壁外の入口を通って入ることができた。この城壁は13mの高さがあり、アラビア人たちが到達するはるか前にはブルガール人やアヴァール人を撃退していた。この城壁に勝てるのは自然の力だけであり、続けて起きる地震が甚大な損害をもたらすこともあった。古典的名著『城塞 その建設法と歴史』※を著したシドニー・トーイは447年の大地震で57棟の城塔が倒壊したことに触れている。ビザンツ人たちが市壁を修復する際、何点かの改良を加え、新たな城壁を従来の城壁の前面に建設した。これは「外城壁」とよばれ、厚さ2m、高さは7.5m弱である。外城壁には方形平面の城塔が45〜90m間隔で配置された。従来の城壁（「内城壁」とよばれる）の城塔とは異なり、ほとんどが下階を持たなかった。内城壁の大城塔への入口のある層と外城壁の上部の間には人工地盤が整備され、再建工事と外城壁建設により192棟の城塔が新築された。方形平面の城塔を備えた外城壁の外側は、約5m低くなり堀へと続く人工地盤が形成され、堀は幅18m、深さ6.5mで一部に導水できるよう計画されていた。外城壁と従来の城塔ではアーチ構法が用いられた。内城壁が外城壁を完全に見下ろす配置になるとともに、新たに付加された部分が、内城壁を敵の攻撃から護るようになっていた。加えて、クレノー付き胸壁を備えた低い城壁、「内岸壁城壁」ともよばれる城壁が堀に沿って築かれた。内岸壁城壁と外城壁の間には幅12mの人工地盤が設けられていた。また、内城壁と外城壁の間には幅18mのさらに高い人工地盤が配された。城壁は約6kmにもわたって築かれ、堅く防御された城門が多数造られた。8世紀、ビザンツの工兵たちは城壁をさらに拡張した。この三重城壁のシステム全体が半島を完全に封印した。さらに単独の城壁が約1km、金角湾（きんかくわん）の方へ伸ばされ、北端の宮殿とブラケルナイとよばれる郊外を取り囲んだ。ブラケルナイの部分が対地防衛城壁のなかで最大の弱点とみなされていた。とりわけ、三重城壁との接合点、皇宮を囲っている部分である。リュコス川が聖ロマノス市門と聖ロマノス軍門の間の城壁を貫通して流れており、エレウテリソス港で海に注いでいる。河川は防衛上のいかなる重要な役割も果たしておらず、単なる水堀の水源でしかなかった。リュコス渓谷が聖ロマノス市門から金角湾の方へ伸びていて、三重城壁のこの部分はメソテイキオンとよばれている。最も突破しやすいと考えられていた場所である。三重城壁の残りの部分はもっと起伏のある丘上の地形をめぐって南方の海へと伸びている。半島の残りの部分は金角湾からマルモラ海まで海岸城壁で防御されていた。

　5世紀に、半島を完全防御する必要性を認識したテオドシウス2世帝が自らの城壁を建造するまでは、海岸城壁は主防衛線だった。だが、それ以降も海岸城壁の重要性が決して失われることはなく、対地防衛城壁とまったく同様に中世を通じて修復・改良が行われ続けた。7〜8世紀の間、城壁にいくつかの重要な改良が施されただけでなく、金角湾を横断する鎖による障害も設置された。海岸城壁には後にマルモラ海側に二つの築城港湾が設けられ、海上からの強襲を防ぐために艦隊が配備された。559年、スラヴ勢力がビザンツ帝国の第一防衛線を突破したが、偉大なる将軍ベリサリウスによってあしらわれてしまう。673年、

※原題『Castles: Their Construction and History』P319参照

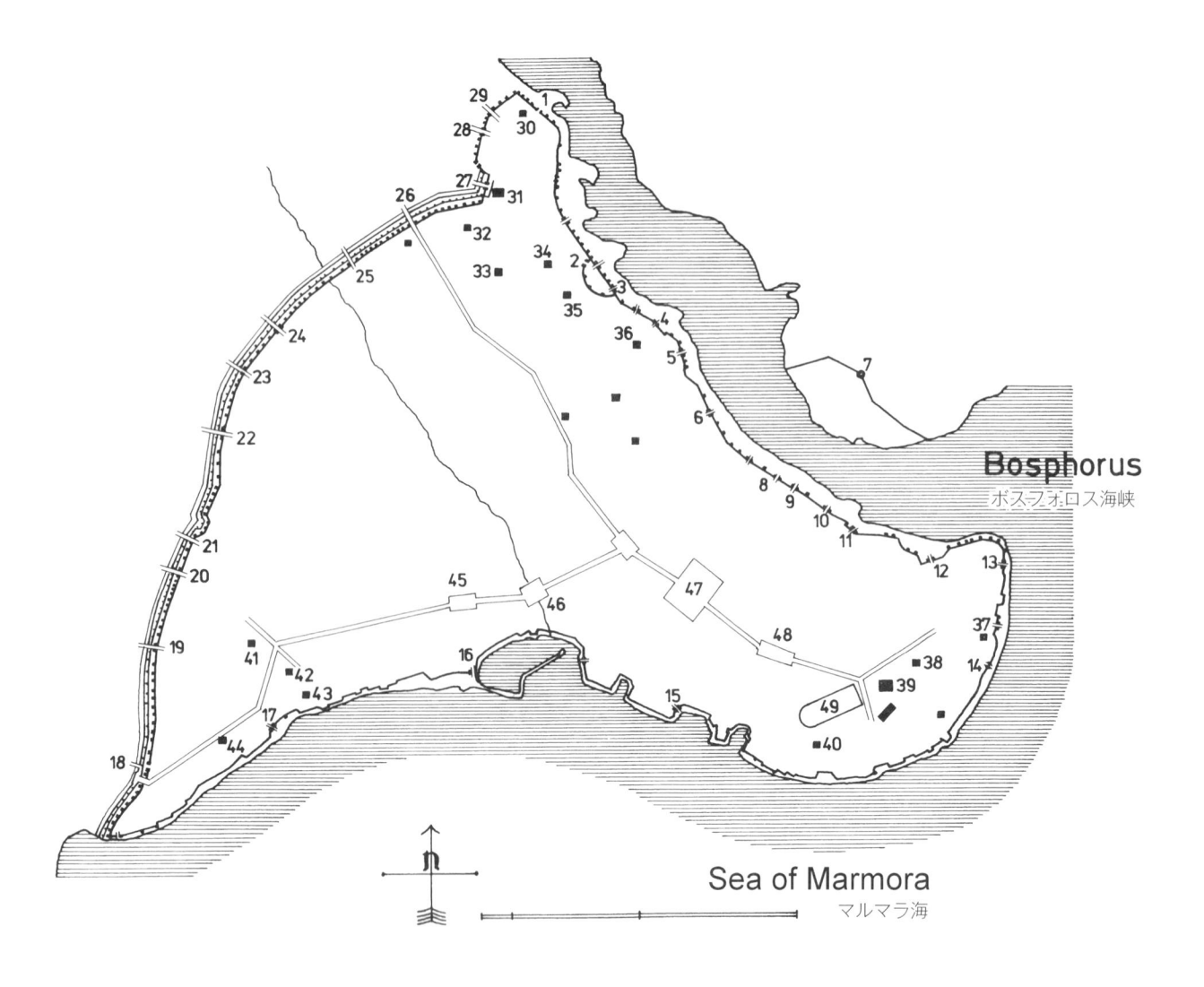

コンスタンティヌポリス

1　クシロポルタ門
2　ファナリオン門
3　ペトリオン門
4　聖テオドシア門
5～14　城門
15　コントスカリオン門
16～17　城門
18　金門
19　第2軍門
20　ペガイ門
21　第3軍門
22　レシオス門
23　第4軍門
24　聖ロマノス市門
25　第5軍門
26　カリシオス門
27　クシロケルコン門および
　　ケルコポルタ埋み門
28　カリガリア門
29　ブラケルナイ門
30　聖母マリア聖堂（ブラケルナイ）
31　皇宮
32～35　教会堂
36　聖テオドシア聖堂
37　マンガナの聖ゲオルギオス聖堂
38　聖エイレネ聖堂
39　ハギア・ソフィア大聖堂
40～44　教会堂
45　アルカディウスのフォルム
46　金牛宮のフォルム
47　テオドシウスのフォルム
48　コンスタンティヌスのフォルム
49　ヒッポドロモス（競馬場）

※フォルム：古代ローマ都市の公共空間

アラビア人たちが初めてコンスタンティノポリスの城壁に到達したが、強力な防御とギリシア火に直面し、5年間の攻囲の末に撤退した。717年、イスラム勢力は再び堅い防御の前に撃退され、海上においても撃破された。中世において「キリスト教国で最も強力に防御された都市」というコンスタンティノポリスの名声は、暗黒時代初期に建設されたその量感あふれる築城のおかげで得たものである。

小アジアではビザンツ都市ニカイアも、コンスタンティノポリスと同様の、5世紀に建造された城壁を備えていた。ニカイアは内陸に立地するので、これらの堂々たる城壁が都市を完全に取り囲んでいた。コンスタンティノポリスとニカイアには後の防御施設にみられる多くの主要要素がみられる。これが城塞が東方に由来するという説の根拠かもしれない。T・E・ロレンス（アラビアのロレンス）が指摘したビザンツ築城の重要な特徴に、ユスティニアヌス帝時代から中世にいたるまで城壁が薄いことがある。これは暗黒時代には問題なかったが、中世盛期になって攻城法が改良されるとともに脆弱になっていった。

ビザンツ帝国がイスラムの猛攻にさらされて耐え忍んでいたときに、西方の状況は臨界点に達していた。イスラム教徒軍が小アジアを通過してコンスタンティノポリスの城門へと行進していく一方で、ムーサ・イブン・ヌサイール率いる別のイスラム勢力がジブラルタル海峡に到達した。ターリク・イブン＝ズィヤード将軍による711年のイベリア半島威力偵察によって西ゴート王国の軍事力が調査され、急速に征服へと傾いていったのである。ターリクはグァダレーテ川の決戦でロデリクス王の軍と交戦して西ゴート軍を敗走させ、その過程で西ゴート王国を破壊していった。アラビア人たちが激しい抵抗に直面したのは、古代ローマ時代末期以来の城壁都市セウタ、メリダ、およびセビーリャのみである。ほどなくイスラム勢力がイベリア半島のほとんどを蹂躙し、キリスト教勢力の残兵はアストゥリアスの山岳地帯に追いやられた。イスラム教徒軍はピレネー山脈を越え、732年までなんの抵抗も受けることなく進撃した。この年にポワティエにてカロルス・マルテッルス（カール・マルテル）に率いられた軍によって彼らの進撃はようやく阻まれることになる。ポワティエの戦いはイスラムの猛攻からフランク王国を、そしておそらくはヨーロッパの他のキリスト教諸国も救ったのである。その子ピッピヌス3世（ピピン3世）は後に王位の座を奪ってフランク王国メロヴィング王朝を終わらせた。彼の子カロルス（カール大帝、シャルルマーニュ）は、権力を強固にせんと欲するなら築城が必要だと認識することになる。

イスラムによるイベリア半島征服について、重要ではないが興味深い出来事がある。スペイン北部のエブロ川の高地渓谷で、西ゴート族がアドベ煉瓦造の小規模築城をいくつも建設し、バルドゥリア人たち（バスク人の一派）の急襲を阻止しようとしたことがある。結局、これらの築城はバルドゥリア人たちに占拠され、アラビア人たちを撃退するために運用された。7世紀初頭に西ゴート王スインティラはバスク人たちを制圧し、彼らを使役してオロギクスという城郭都市を建設させた。今日、これはパンプローナの南のオリテ市となっている。中世末期にオリテはスペインのキリスト教国の最も堂々たる城塞の一つとなった。

カロルスはフランク全土を徐々に強固に支配し、イスラム教徒たちをピレネー山脈の向こう側へと撃退していった。ロンゴバルド族はフランク人たちに敗れる前、イタリア半島の古代ローマ築城に阻止されながらも、多くの築城を攻略した。だが、ローマ攻略には2度失敗することになる。パヴィアの古代ローマの防御施設は572年に兵糧攻めによって降伏するまで、ロンゴバルド族による攻囲に3年間は耐えた。774年、カロルスは9ヶ月にわたってパヴィアを攻囲し、ついにこの町とロンゴバルド族の鉄王冠を奪取した。教皇レオ3世は、カロルスの信仰に対する奉仕を認め、800年のクリスマスの日に神聖ローマ皇帝（このときに用いられた正確な称号ではない）の称号を彼に授けた。彼の帝国はすでに自身で創設したフランク王国そのものといってもよい。カロルス大帝は要塞群によってその境界地帯を防衛した。『中世の攻囲戦』※の著者ジム・ブラッドバリーによると、これらの要塞はほとんど土と木材でできた「築城哨所」（兵の詰め所）にすぎず、丘上のような防御しやすい地点に設置された。これはかなり効果的で、ほとんどが降伏することがなかった。800年、カロルス大帝のフランク軍は「スペイン征旅」の遠征中にバルセロナ攻囲戦を開始し、801年、7ヶ月の攻囲の末に陥落させた。この遠征の進行中にフランク人たちは彼ら自身の築城線を建設してイスラム教徒たちを封じ込めていった。カロルス大帝はカタルーニャ再征服を完結させ、エ

※原題『The Medieval Siege』P313参照

コンスタンティヌポリスの三重城壁

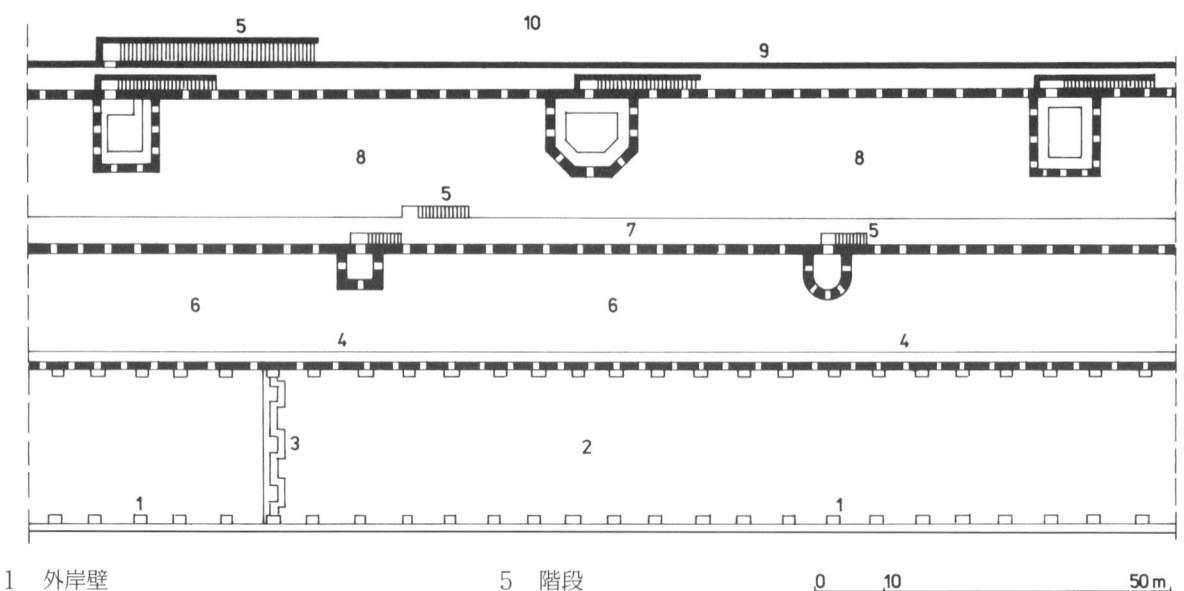

1 外岸壁
2 堀──水で満たされている。幅約20 m
3 ダム
4 内岸壁。低い城壁が設けられ、三重城壁の最初のものを形成している
5 階段
6 ペリボロス──内岸壁と外城壁の間の区域
7 外城壁
8 パラテイキオン──外城壁と内城壁の間の区域
9 内城壁
10 都市域

ブロ川に沿ったウマヤド朝カリフ国の境界地帯にまで至った。これがフランク人たちの帝国がイベリア半島にその影響力を最も遠くまで及ぼした地点である。

ヴァイキングの最初の沿岸急襲はカロルス大帝が814年に崩御する前に行われた。カロルス大帝は「辺境領」を創設し、要塞群によって境界地帯を護ろうとした。辺境領にはアヴァール人たちに対する辺境領（後のオストマルクやオーストリア）、ブルターニュ辺境領、スペイン辺境諸領、そして今日のドイツの辺境領があった。スペイン辺境諸領の中でも「カタルーニャ」という言葉はラテン語の「城塞」に由来すると思われる。これは城塞の支配がこの地方全体に及んでいたことを示す。大帝は帝権の強化を封建制に託し、マルグラーフ（独語で「辺境領の伯」の意、辺境伯）たちを利用して境界地域の維持を図った。衰退する都市よりも修道院の方が交易の中心として重要な地方では、彼の帝国は崩壊の瀬戸際で動揺していた。

カロルス大帝の帝国の中心部では、500年から800年にかけて建造された重要な築城の痕跡はほとんど残っていない。ただ、カオール（630年に修復）、オータン（660年に修復）、ストラスブール（かつての古代ローマ都市アルゲントラートゥム、722年に修復）のような古代ローマの城壁都市があるのみだ。507年、フランク人たちは西ゴート族から南西フランスのかつての重要な交易の中心地カオールを攻略した。7世紀前半、カオール司教の聖ディディエもメロヴィング朝の王たちの宮廷に仕えており、かつての市壁の再建を命じている。新たな石造城壁はモルタルを使わずに築かれ、側面からの援護射撃のために城塔が配置された。町が川の湾曲部に位置しているため、イスラムにとって侵略が最も難しい町の一つとなった。8世紀、アキテーヌ公がフランクからの独立を図り、この町の支配権を握ろうと争っていたときにも、この築城は長年にわたって非常に役立った。オータンは古代ローマの城壁、62棟の城塔、4棟の城門を備え、他のサクソン海岸の要塞群よりも大規模だった。ストラスブールはカロリング朝によって攻略され、ライン川流域の主要な交易の中心地、そして、今日のドイツへの玄関口へと変貌した。こうして、この主要な中心地を防衛する必要性が増していった。カルカソンヌのような古代ローマの城壁町の防御施設も、引き続

コンスタンティノポリスの三重城壁の遺構は、このテオドシウスの城壁の写真に見ることができる。（スティーヴン・ウィリー撮影）

き維持され強化されていった。最初は西ゴート人たち、カロルス・マルテッルスがイスラム勢力をピレネー山脈の向こうに駆逐した後はフランク人によって強化されたのだ。

　カロルス大帝のフランク軍が、パヴィアとバルセロナを含めた多くの町への、大規模な攻囲戦を同時に行うことができたのは、ひとえに良好な規律と組織、そして、有効な攻城段列（隊列）の確立によるものだ。カロルス大帝はパヴィア陥落後に自身の攻城段列を編成することになった。適切な手段がなかったためにパヴィアを攻略できなかったからである。ヴィオレ＝ル＝デュクによるとメロヴィング朝、カロリング朝とも古代ローマの攻城法を使用したが、古代人ほど洗練された戦いができなかったという。

　カロルス大帝の辺境領の築城陣地は道路で結ばれ、侵入者に対して騎兵隊が出撃するための基地として機能した。軍事力は新しく強力なフランク騎兵隊にますます依存し、歩兵隊はさらに衰退していった。そして騎兵隊が主力だった他の地方と同じく、歩兵隊は築城陣地の守備にまわされた。同様のことはかつての西ローマ帝国やビザンツ帝国でも起きた。重騎兵隊の重用が陸上兵力の縮小を招き、帝国全土の支配権の確保・維持のために、さらなる築城陣地の構築が進んだのである。古代ローマの先例にならってメロヴィング朝も王国全土に築城陣地を築き、沿道の軍用集積所として用いた。一方、フランク人については宮殿群の方がよく知られているだろう。たとえば、カロルス大帝の首都アーヒェンの皇宮には武装守備隊用の広間があった。

　カロルス大帝の時代からフランク帝国カロリング朝断絶まで、フランク人たちは大軍を野営させるために木造で野戦築城を建造していた。これが彼らの独創なのか古代ローマの軍事を元にしたものなのかは明らかではない。カロルス大帝は、ザクセン人（サクソン人）に対する支配を強化して、キリスト教に改宗させようとしたとき、要塞群の建造が自身の支配力の維持のために必要だと認識した。だが、彼らの要塞はまったく難攻不落とはいえず、ザクセン人たちは、幾度かザクセン（サクソニア）におけるフランクの要塞のいくつかを攻略することに成功した。

　暗黒時代を通じて、西方における封建制の支配が強くなると野戦軍の規模は小さくなっていった。小規模野戦軍は高貴な戦士階級が中心をなし、西ヨーロッパのキリスト教諸王国の領域支配を維持するのに適さなかった。ヴァイキングがその他のヨーロッパに脅威を与え始めると、強力な防御施設がますます必要になっていった。加えて、封建制は諸侯の敵対関係と地方の抗争をますます増大させていった。すべての封建領主が自らの領土を、敵対する伯、公や領主、そして仕える王からさえも防衛する必要が出てきた。領主たちは大軍を集めることはめったにできなかったので、防衛のために築城を重用するようになったのである。

ブリテン諸島の築城

　西ローマ帝国の崩壊後、ケルト族のブリトン人たちはその領地へのゲルマニアのアングル人、サクソン人、ジュート人による侵入を目の当たりにすることになった。これらの諸族はもはやローマ領ブリタンニアを急襲するだけではあきたらず、かつてのローマ領を堂々と占領していき、無人のサクソン海岸の要塞群を広範囲にわたって奪取した。最終的には今日のイングランドからケルトにゆかりのウェールズ、スコットランド、そして海をわたってブルターニュへと駆逐されていった。アングロ・サクソン諸族の占領に対するブリトン人たちの抵抗はアーサー王とキャメロット城の不朽の伝説として後世に語り継がれた。キャメロット城の正確な位置は不明だが、サマーセットにある鉄器時代の要塞で今日キャドバリー城塞とよばれるものではないかと推測されている。この鉄器時代の丘上要塞は古代ローマ人の占領に対する抗争が始まるはるか前に放棄されており、その際に人員が再配置された。その壕は紀元後1世紀末に修復されたが、その後、約5世紀にもわたって再び放棄され、アングロ・サクソン諸族が侵入してきた時代に再運用されるようになった。モルタルを使わずに積まれた石造城壁の頂部には木造胸壁が配され、中世盛期になると完全に石造の城壁に更新された。初期の丘上要塞の特徴である三重の壕に囲まれ、木造城門は城塔でもある。単純な古代ローマの構築物が描く建築線にそって配された。

　しかし、キャドバリーはキャメロット城であると推定された唯一の場所ではない。1998年夏、アーサー王の名前と思しきラテン語碑文が刻まれた銘板がコーンウォールの北海岸にあるティンタジェル城塞で発見された。いくつかの他のコーンウォールの城塞、ウェールズ南部に2棟、ノーサンバーランドに2棟、また、スコットランドの1棟までもアーサー王の居城に比定されてきたのである。これらはもはやアーサー王の宮廷の所在地とみなされていないかもしれないが、それらはすべてケルト人たちが抵抗した中心地であり、暗黒時代初期の築城の発展についての情報をもたらしてくれる。かつてティンタジェルは断崖に囲まれた黒スレート島に建つ堂々たる丘上要塞で、針のように細い陸地で本土とつながっていた。不幸にも時の流れの中で荒廃し、中世盛期以前にどのように人員配置されていたのか、ほとんどわからなくなってしまった。

キャドバリー城塞
多くの人々が伝説のアーサー王のものだったと主張した城塞の廃墟。（©Richard T. Nowitz/CORBIS）

ヴァイキングの築城とヴァイキングに対する築城

ゲルマニア諸族がローマ帝国を荒廃させ、そこに自らの勢力圏を確立すると今度は彼ら自身が侵略の影に怯えることになった。脅威はヨーロッパの最北端、ヴァイキングたちの居住地スカンディナヴィアからやってきた。ノルウェー、デンマークやスウェーデンの住人たちもまたゲルマン民族だったが、古代ローマ文明の影響を受けず、キリスト教に帰依してもおらず、古のゲルマンの宗教や生活習慣を固く守り、南方のキリスト教の隣人たちには野蛮だとみなされていた。一方、ヴァイキングたちはキリスト教諸国は簡単にもぎ取れる熟した果実のような後進地域だと思っていた。やがてヴァイキングたちもキリスト教に改宗し、西洋文明の一部になっていく。彼らの子孫たちが暗黒時代末期の西ヨーロッパの支配的勢力となり、最終的には今日のイングランドの誕生に大きく貢献することになる。

ヴァイキングたちは北方の故地で、暗黒時代初期に避難所を数多く建設した。これらはほとんどが環状要塞で、地元の村民たちを守ることができた。ヴァイキングの重要な要塞はスウェーデンのエーランド島に二つあった。一つはイスマンストルプに位置し直径125 m、もう一つは島の最南端付近エケトルプにあった。エケトルプの痕跡によると、ここは仮設にすぎなかったが、5世紀の第2次建設期に直径を拡張し、恒久的な居住施設となった。しかし、700年に放棄されている。これら2棟の要塞は間違いなく、暗黒時代のスカンディナヴィアを代表する建設物だ。

攻撃的な軍事勢力になっていった8世紀から、ヴァイキングは故地での新たな要塞建設を止めた。築城の代わりに、単純な土と石材による土手だけで村を守ろうとした。大きな例外は「ダーネヴィルケ」すなわち「デーン人の構築物」であり、ユトラント半島の根本を横断して築かれた。最近、この大規模な土塁の木材を検査したところ、9世紀のものと思われていた最初のランパールは、730年代までさかのぼることが明らかとなった。それゆえ、これは古代ローマの築城を施したリメス以降にヨーロッパで建造された数少ない重要な連続防衛線の一つかもしれないのである。ユトラントにいたデンマークのヴァイキングたちがダーネヴィルケを建設したのは、明らかにザクセン人とフランク人の侵入を防ぐためである。これはバルト海へ続くスリエン湖の三角江に面したヘースビューの町と、北海に通ずるホーリングステッドを結ぶのに不可欠な陸路を防衛するためだった。土手は木造パリサードと壕を備え、約25 kmもの防衛線を構成していたが、現在は14 kmしか残っていない。土手は幅10 m高さ2mだったと概算されているが、場所によっては7 m近くあったかもしれない。ヘースビューの町の西に広がる湖沼地帯が主要な要害となっており、南方の森林地帯も別の障壁を形成していた。防衛線の要となるのはヘースビューであり木造の防御柵を備えていた。一重の城門がヘースビューの西側すぐのところでダーネヴィルケを貫通しており、ここを南北方向の軍用道路が通っていた。ユトラント半島へはここからしか入れなかったのである。9世紀初頭、最初の強力なデンマークの支配者であるゴズフレズ王は防御施設を強化し、さらに長年かけてヘースビューに高さ10 mにも及ぶ堂々たる土塁を築いた。ゴズフレズの造った地峡を横断する強力な防衛線は、カロルス大帝を絶えず悩まし、ゴズフレズは王国を維持することができた。『ヴァイキングの戦争術』※でパディ・グリフィスは、防衛線の防御のために7千〜1万の人員が必要だと概算し、デンマークの支配者なら動員できない数ではなかったと主張している。ダーネヴィルケは長距離にわたって延びているので、一点への大軍の集中攻撃にはあまり有効ではなかっただろう。じつは815年にフランク皇帝ルードウィクス敬虔帝はこの防衛線を突破している。ダーネヴィルケは12世紀まで維持され、ヴァルデマー1世王は煉瓦造城壁を増築した。だが10世紀までには、もっと小規模でありながら堂々たる築城陣地が、ダーネヴィルケに取って代わった。ダーネヴィルケのような土塁はポーランドやルーシの地でも出現し、さらに長い距離を防衛することもあった。

ノルウェーとデンマークのヴァイキングたちはブリテン諸島への急襲と征服のために遠征を始め、フランク領にも急襲をかけた。スウェーデンのヴァイキングはもっと東に矛先を向けてスラヴの地に急襲をかけ、ノヴゴロドに最初のロシアの王国とスラヴ人の臣民たちを発見した。彼らの襲撃は遠くビザンツ帝国やカリフ領にも及んだ。コンスタンティヌポリスは古のローマ帝国による築城で抵抗する準備ができていたが、西方では大慌てでその築城を改良してノルド人たちを撃退しようとした。

※原題『The Viking Art of War』P315 参照

ノルウェーを根城とするヴァイキングは、8世紀末から9世紀初頭にかけてスコットランドとアイルランドの沿岸地帯を攻撃し、デンマークの同族たちはイギリス海峡の両岸を襲撃した。アイルランド人たちは当初、高い城塔を避難所として運用していたが、暗黒時代初期に「ラース」とよばれる多くの環状要塞を建設した。これは前面に壕を備えた土手が造られており、強力なラースは小山全体を占め、斜面を登って入城していた。ノルウェー人たちはアイルランドでダブリンを攻略し、9世紀前半を通じてヴァイキングとアイルランド人は数々の攻囲戦を繰り広げ続けた。

　840年になると、ヴァイキングの襲来は西ヨーロッパに変化をもたらした。ノルド人たちがアイルランド、スコットランドやフランク王国に策源地を設けて冬季の宿営や橋頭堡として用いるようになったのだ。これらを主に主要河川の河口に設け、ときには古の古代ローマ築城も用いた。ヴァイキングたちは沼地や森林地帯のような攻撃困難なところに築城野営を設置することもあったが、壕と木造パリサードを備えた土手が築城の標準だった。これらの策源地からロングシップでセーヌ川を遡上してパリを急襲し、ロワール川を遡ってフランクの西部領を襲撃した。同様の策源地はライン川流域やブリテン諸島にも設置された。

　当時、フランク王国は不安定な時代を脱却してカロルス大帝の3人の孫（ルードウィクス敬虔帝の息子たち）に分割されていた。西フランク（今日のフランス）はカロルス（シャルル）禿頭王の統治下にあった。843年のヴェルダン条約で3人の継承者の間で合意が取り交わされると、カロルス禿頭王はその関心をヴァイキングたち、および、彼の麾下の諸侯たちに向け、封建制がさらに深く確立していった。カロルス禿頭王の封臣たちは領地を一族で継承する権利を授与されたため、所領への築城建設に大きな関心が寄せられた。この時代には興味深い逆転現象がみられる。暗黒時代初期には教会堂などの建設材料として採石された市壁だが、ヴァイキングの猛攻にさらされた後は、石材が元に戻され、古き市壁が再建されることもあった。

　西フランク※のカロルス禿頭王とイギリス海峡の反対側のアルフレッド大王も水路をヴァイキングが使用することを拒否する方針を打ち出した。カロルス禿頭王は築城橋の建設を下命し、それらを用いてセーヌ川、ロワール川も支配下に置こうとした。カロルス禿頭王はパリ伯（当時はパリは首都ではなかった）を支援して、さらなるヴァイキングの襲撃を阻止しようとし、862年、ピトル付近の川を下ったポン・ドゥ・ラルシュ、すなわち、ルーアンのすぐ上流に築城橋を建設した。この橋は木造および石造の要塞群によって防衛強化されている。それでもヴァイキングの襲撃者たちはパリに到達することができた。築城橋はパリにも建設され、ヴァイキングはパリ攻略に失敗した後、867年、築城橋の一つを迂回し、さらに内陸へと出航していったのである。カロルス禿頭王はさらなる築城橋の建設によって、パリ盆地と、エルブ川やロワール川の流域を含む地方への、ヴァイキングの襲撃を阻止しようとした。彼の継承者の一人で西フランク※を884年から888年まで統治したカロルス（シャルル）肥満王は、これらの築城橋や築城陣地を頼りにヴァイキングを包囲したが、野戦に及ぶことは回避した。

　サン・ドゥニ修道院はカロリング朝時代に最も著名で裕福な修道院であり、パリを重要な都市にするのに大いに貢献していた。869年には防御城壁が施されている。カロルス禿頭王は貧しい臣民たちに、王国全土に新たな要塞群を建設させ、トゥールやオルレアンのような市壁が再建さ

このカーシェルの城塔ような高い城塔が、侵略者からの避難所としてアイルランド全土に建設された。

※原文では「フランス」とあるが訂正

れた。869年以前のパリ、ブリュージュ（ブルッヘ）、カンブレやウイのような市壁のない都市には、この時に市壁が築かれている。サンスのようなその他の都市では古の古代ローマの市壁がその防衛のための頼みとなった。

885年にヴァイキングがセーヌ川を遡上して弱体化した西フランク※王国に襲いかかったとき、河川の防御施設による阻止に失敗し、パリへの進撃を許した。このとき、後に王となるパリ伯オド（ウード）は885年から886年にかけての攻囲戦で、敵を寄せ付けなかった。当時のパリは部分的に築城を施された中洲だった。そこは、今日のイル・ドゥ・ラ・シテ（シテ島）にあたり、セーヌ川に浮かぶ中洲である。4世紀のガロ＝ロマン期の城壁と2棟の築城橋によって、3万名のヴァイキングによる11ヶ月にわたる攻撃に持ちこたえた。小さい方の橋はセーヌ川南岸の城塔によって、大きい方の橋は城塔によって防御され、それぞれが固有の堀を備えていた。ヴァイキングたちはカタパルトや衝角のような攻城装置を運用し、大きな方の橋には火船を流したりもしたが、橋への強襲は失敗に終わった。

886年初頭に川が増水したことで、小さい方の橋が破壊され、橋を守る南の城塔が孤立して襲撃が成功した。しかし、大きい方の橋を守る城塔への攻撃はすべて失敗している。救援の試みは失敗したが、パリはなおも抗戦を続け、ついに襲撃者たちは撤退し、その後、転進してサンスを半年にわたって攻囲したが失敗に終わった。さらに北方のフランドルでは、ヴァイキングたちは890年までに新たに築城を施した町や要塞に前進を阻まれた。パリ攻囲の失敗とゲルマニアの領域でのさらなる敗北はヴァイキングたちを落胆させ、西ヨーロッパに対する彼らの脅威は徐々に弱まりはじめた。911年、西フランク※王・カロルス（シャルル）単純王はヴァイキングのロロ（洗礼名ロベール）にルーアンを中心とした封土を授与し、ノルド人の侵略者たちは最終的に王国の中に吸収されていったのである。

その一方でヴァイキングたちはイギリス海峡を渡って最後のアングロ・サクソン王国崩壊の脅威となった。このときまでに、すでに彼らはイングランド領のかなりの部分を征服していた。790年代以来、イングランド内に策源地を設置しており、そこから出撃して王国から王国へと攻撃を続けていた。そしてついに865年、ライン川流域からボルドーまでフランク人たちの王国を脅かしてきたヴァイキングの大軍がブリテン島に到来したのである。この結集したヴァイキング勢力はブリテン島に上陸すると、ロングシップを馬に替えて内陸深くに進攻していった。サクソン人のウェセックス王・アルフレッド大王だけが彼らに対して成功裏に抗戦することができた。

ヴァイキング勢力の目的が、イングランドの急襲から征服に変わると、アルフレッド大王は立ち上がった。約30棟の西サクソンのバラや要塞を修復し、880年代には土地所有者たちに維持管理の責任を課した。多くの古いバラは古代ローマの長方形平面の配列に従っており、頂部に木造パリサードを備えた土造ランパールが周りを取り囲んでいた。ロチェスターのバラのように強力なものは、ヴァイキングの猛攻をもしのぐことを証明している。ロチェスターでは884年の攻囲戦において古代ローマの城壁がなおも運用され、アルフレッド大王が救援軍とともに到着して攻囲を解くまで、この要所の町は持ちこたえている。アルフレッド大王とヴァイキングの戦争では両陣営とも築城を運用した。アルフレッド大王は孤立した島のような陣地を聖域として重用し、古代ローマ人のように幹線道路（コーズウェイ）を建設・運用して軍を動かした。893年、古き古代ローマのチェスター城郭がヴァイキングの手に落ち、アルフレッド大王はヴァイキングの策源地を攻囲して反撃している。890年代までに城壁町を整備しようという彼の計画は実を結びはじめた。これらの陣地には、町と周辺の領域を防衛できるだけの人口を抱えるよう、都市として発展させる意図があった。イングランド南部の町や都市に土木構築物を配置することに加えて、ウェセックスにおいてはバラが要塞から50km以内のすべての地点を維持し、航行可能河川をすべて、ヴァイキングの襲撃から守っていた。886年、アルフレッド大王はロンドンに築城を設け、894年に大規模なヴァイキングの襲撃勢力がテムズ川付近に基地宿営場を設置した。アルフレッド大王はカロルス禿頭王の取った手法に訴えてリー川を封鎖、両岸に要塞を建設している。デーン人たちはテムズ川への到達を阻止された艦隊を放棄してこの地域から退却した。896年までにサクソン人の王国に対するヴァイキングの脅威は終焉を迎えている。

デーンロウ（デーン人たち）が支配するイングランド内の諸領土、東アングリア、ファイヴ・バラ、ヨークは10

※原文では「フランス」とあるが訂正

世紀前半を通じ、ヴァイキングの手の内にあった。築城を施されたデーン人領土とサクソン人領土の境界は、この世紀初頭の多くの戦闘の舞台となっている。国境地帯に新たな要塞群が建設されてサクソン人たちの利益を守ろうとし、また、デーン人たちの商業の中心地を襲撃して占領された領域に脅威を与えようとした。924年、ついにサクソン人たちはファイヴ・バラを攻略し、この世紀の半ばにはイングランド全土を支配下に収めた。この時代は国土の南部分のほとんどに要塞が点在していた。アルフレッド大王の息子・エドワード１世王は進撃とともに新たなバラを建設した。彼のバラはアルフレッド大王のバラ同様、国土防衛が目的だった。イングランドはまだ封建社会に支配されてはおらず、城塞という概念は存在していなかったのだ。

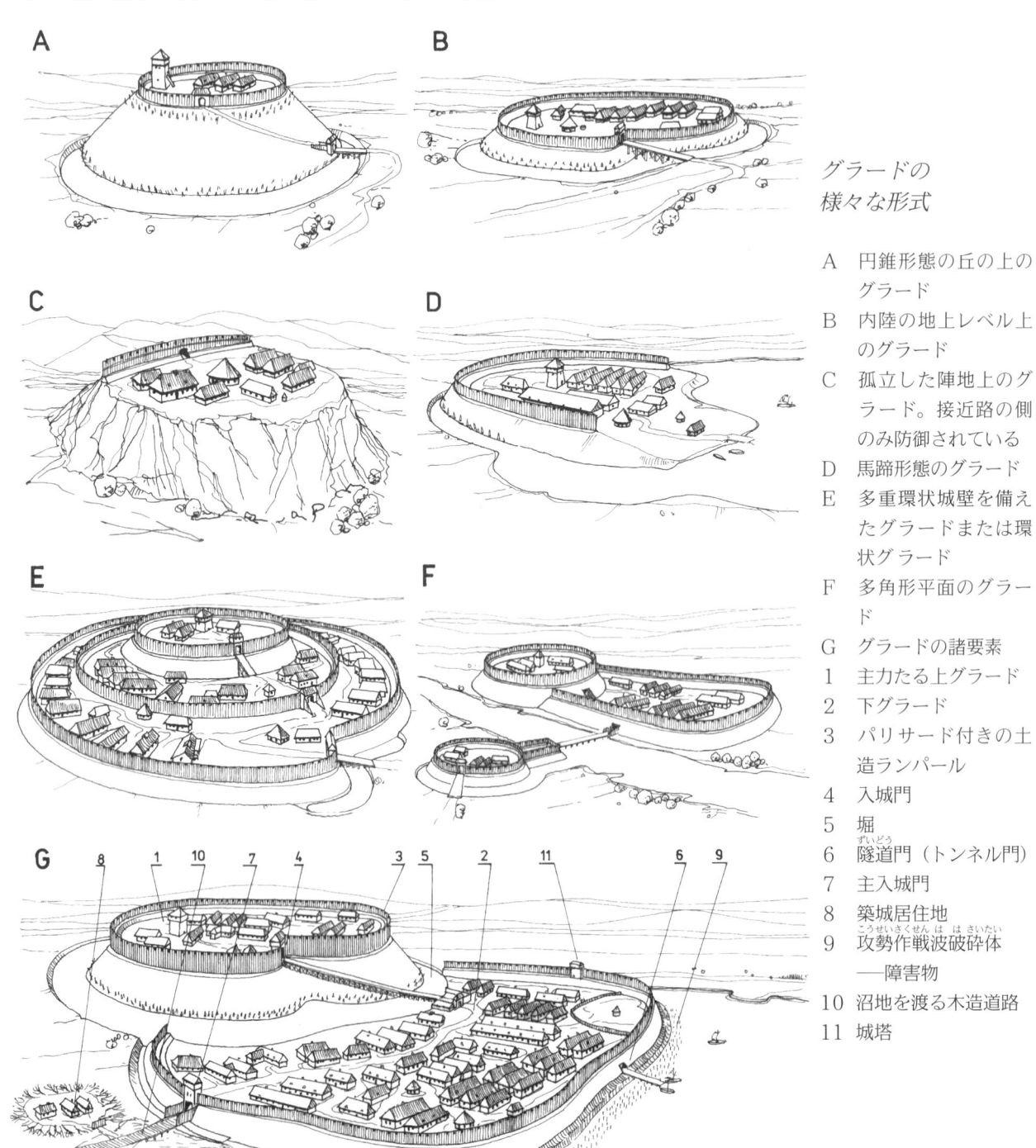

グラードの様々な形式

- A 円錐形態の丘の上のグラード
- B 内陸の地上レベル上のグラード
- C 孤立した陣地上のグラード。接近路の側のみ防御されている
- D 馬蹄形態のグラード
- E 多重環状城壁を備えたグラードまたは環状グラード
- F 多角形平面のグラード
- G グラードの諸要素
- 1 主力たる上グラード
- 2 下グラード
- 3 パリサード付きの土造ランパール
- 4 入城門
- 5 堀
- 6 隧道門（トンネル門）
- 7 主入城門
- 8 築城居住地
- 9 攻勢作戦波破砕体——障害物
- 10 沼地を渡る木造道路
- 11 城塔

スラヴ諸国の築城

　東方でスラヴ人たちが用いた築城は、西方の構築物と類似しているにもかかわらず、西方ではあまり知られていない。スラヴ民族は、ポーランド語ではグロディ（単数形はグルード）、ロシア語ではグラディまたはゴロディとよばれ、築城を施された居住地を建設した（本書では「グラード」と記す）。これは周りを堀に囲まれ、通常は木造パリサードを施された土造城壁と築城を施された城門を備えていた。これは「環状構築物」（リング・ワーク）と称されることもある。グラードの起源は紀元前数世紀にまでさかのぼることができる。西方でラテン民族とゲルマン民族が、古代ローマの築城と技術を用いる傾向があったのと同様に、東方ではスラヴ民族が先祖の様式を守り続けた。

　築城構築物が建設されていないとされる３世期間を経て、６〜８世紀にスラヴ人地域で、新たな建設時代が始まった。最も簡単な技術は、バスケット織り状の木造壁を２枚建て、その間に土や砂、粗石を詰めるというものだった。この技術は青銅器時代にまでさかのぼるもので、ポーランド西部のビスクピンの島上の居住地の防御施設にも用いられている。同じ時代、２枚あるいは３枚もの丸太壁の間に粗石を詰めたパリサード壁も用いられたが、木造城壁は火に弱く、主に小規模居住地や個人の居住地に使われた。大規模で重要な居住地は、頂部にパリサードを備えた土塁で周りを囲われた。これらの土造城壁の正確な起源は分かっていないが、この地域のルーサティアの青銅器時代の居住地は、すでにこのような防御施設で囲われていた。８〜９世紀には新たな建造技術が採用されるようになった。「筐体構造」（ボックス・コンストラクション）というのがそれで、丸太で箱を造り、中に土、砂、ときには粗石を詰めた。全体が土で覆われ、城壁を火から守った。西ヨーロッパの人々が、壕から掘り出した土砂を使って城壁やモット（丘）を築いたように、スラヴ人たちも粗石を詰めた丸太の箱を、グラードの城壁をめぐる堀から掘り出した土で覆った。筐体城壁（ボックス・ウォール）は２列以上の丸太の箱からなり、高さ12 mに達することもあった。通常、グラードは水流や沼地に囲まれた地域に建設されたので、城壁の重量によって地面が不安定になることがあった。そのため、基礎を安定させるために丸太と粗石の層が用いられた。湿潤な気候と土壌の条件が木材を急速に腐らせることがあったが、場合によっては土をかぶせることで木材が諸要素（火、水、空気、土の四大元素）から保護され、丸太が今日まで残存していることもある。筐体城壁は古い土造城壁と同じように頂部に木造パリサードを備えていて、木造パリサードのほとんどは強化されていた。ときおり、使用可能な場所では石材が用いられることもあった。

　９世紀から10世紀にかけて様々な形式のグラードが登場した。武装部隊による守備隊のためのものもあり、これらは純軍事的性格を帯びることになった。また、重要な生産の中心地を防衛するものもあり、馬具師、鍛冶師、織師などの職人を保護した。職人は在地の族長たちに商品を供給したのである。さらに行政の中心となるものもあり、族長の住まい、側近や衛兵を保護していた。行政の中心は大規模なだけではなく、構成も複雑だった。これらのほとんどはヴィスワ川上流やモラヴィアに立地したが、ポモジェ（ポンメルン、ポメラニア）のような北方にまで分布が広がっていた。二重堀、三重堀のようなもっと先進的なものもあった。やがて筐体構造はグリッド構造に更新されるようになり、もっと量感豊かで強力な防御施設の建造が可能になった。グリッド城壁は古くは６世紀から用いられてきたと思われるが、グラードの様々な発展段階の年代について、考古学上の確実な証拠はない。

　グリッド構造は、筐体構造が抱えていた問題を解決しようという努力の結果、発展してきた。グリッド形式の城壁は十文字模様に配置された丸太の層と、粘土・砂の層を交互に積み重ねることで城壁を安定させた。また、丸太を地盤に固定することで城壁はさらに安定した。グリッドは木製のフックと根太によって相互に堅く結びつけられ、横滑りしないようになっていた。グリッド城壁はグラード内部に向けて傾けられることもあり、その場合、土手によって支えられた。城壁の傾斜は攻城塔の攻撃を防いだ。なぜならばそれが城壁頂部から攻城軍を遠ざけたからである。この障害を克服するために攻城軍は梯子や可動橋を運用しはじめ、攻城塔と城壁頂部の間の距離を埋めようとした。

　当然ながらグリッド城壁の最古の例は湖沼地帯に覆われたポラビア北西部のスラヴ人の領域やポーランド平原で発見されている。グリッド城壁は、東方や高地方で用いられ続けた筐体城壁ほどは普及しなかったが、遺構はモスク

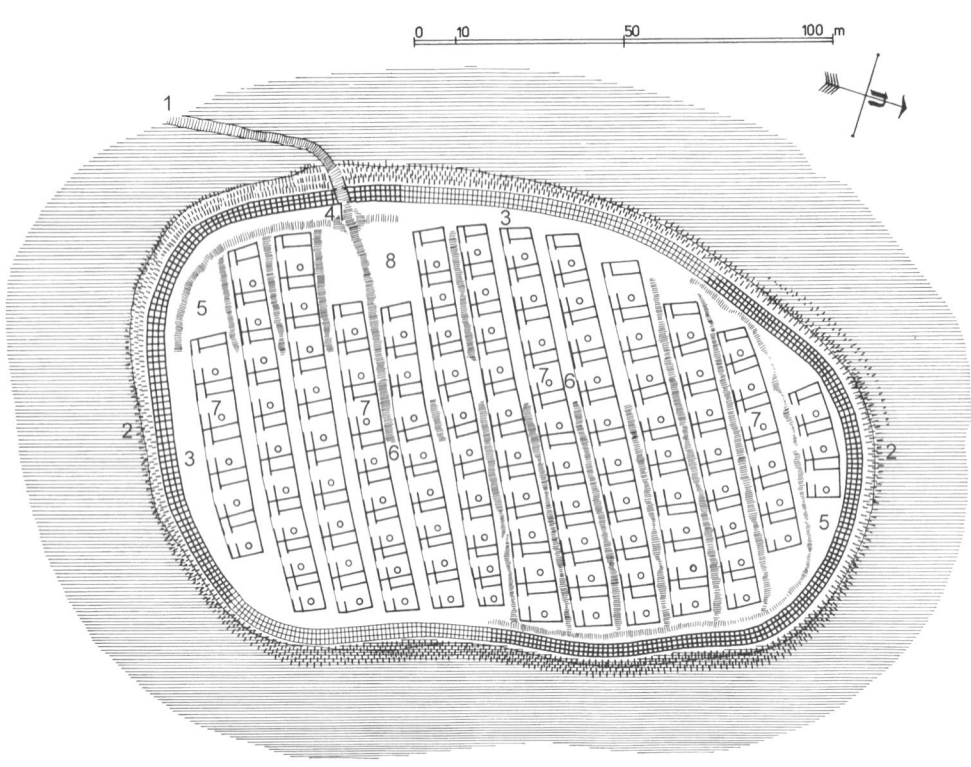

ビスクピン
　：ポーランド

1　土手上の接近路
2　攻勢作戦波破砕体（障害物として用いられる先の尖った丸太。約4万本あった）
3　筐体形式構造で造られた城壁──粘土で被覆され、高さ5～6m、幅3m。城壁上の通路もあった
4　防御された城門
5　道路
6　12本の平行なコーデュロイ道路（丸太を敷いて造った道路）
7　105棟の長屋
8　プラザ（広場）

◀ビスクピンのこのスラヴ人のグラードは、青銅器時代に湿地帯の中に建設された。暗黒時代を通じてこの地域に建設された典型的な築城である。

▲グラード正面の城壁と障害物（杭）の拡大写真。

ワのようなはるか東方でも発見されており、13世紀までは用いられたものと思われる。グリッド城壁の欠点は、筐体城壁ほどの耐火性がないことと、大量の木材が必要なことだ。加えて、グリッド城壁は頻繁に維持管理をしなければならない。露出した木材は湿った環境の中では急速に劣化し定期的な交換が必要だからである。スウェーデンのヴァイキングがスラヴ人が多く住むルーシの王国を発見したとき、スラヴ人たちは防衛のために築城を建設した。最初のヴァイキング都市はヴォルホフ河畔のスタラヤ・ラードガに創設されたと考えられている。スタラヤ・ラードガには土造ランパールに取り囲まれた大規模な居住地があった。ルーシ族（ルーシという用語は新たな王国のヴァイキング、スラヴ人双方のことを示すのに使われる）のリューリクがヴァリャーグ（ヴァイキング）の指導者となったとき、イリメニ湖畔にノヴゴロド市を建設している。リューリクの後、オレーグは王国をキエフ（キーウ）にまで広げた。石造城壁がスタラヤ・ラードガ防衛のために建造され、他のヴァイキングたちがこの多民族王国に侵入するのを阻止しようとした。スタラヤ・ラードガに築城を施したオレーグは、占領地の確保のために柵をめぐらせた町も創建した。9世紀末以前に彼はキエフ大公とみなされるようになり、907年にはコンスタンティヌポリスにさえ進撃している。

ヴァイキングたちがスラヴ人支配下の諸国に到達したとき、この地を「要塞諸国」とよんだ。これらの要塞群は円形平面で上に木造城壁、下に堀を備えた土造城壁をめぐらせていた。水堀の内側の面にはアバティが形成された。土造城壁に設けられた一重の城門が要塞への入口となった。これらの要塞は典型的なグラードである。スラヴ人たちのグラードは小さな丘のような防衛しやすい高地、湖沼地帯の島、あるいは2本以上の水流が合流する地点などに造られた。通常、城門には城塔によって重厚な築城が施されていた。城壁の内側は土塁によって強化され、可能なら外側にも土がかぶせられて、火から守られていた。城壁の内側には防御施設はほとんど設けられていなかった。

通常、スラヴ人たちのグラードは在地の人々の同意を得て建設された。建設は在地の参事会で決定され、居住地の全住民で造った。考古学や史料調査から、グラード内の1戸ごとに建設して維持し、戦争の際には防衛を担当する城壁が割り当てられていたことが明らかになった。諸族の族長たちがもっと強大な権力を手にし、後にこの地方の公や大公になっていくと、在地の参事会は建設が始まるかなり前に、彼らの同意を求めなければならなくなった。

これらのグラード（複数形はグロディ、グラディ）はエルベ川からロシア平原、ウクライナ平原にまで広がっていった。『北方世界』（デイヴィッド・ウィルソン編）※のために、ヨーロッパ北部の平原のスラヴ人たちの築城について執筆したヨアヒム・ヘルマンによると、エルベ川とヴィスワ川の間に要塞あるいはグラードの遺構が2千余あるという。これらの要塞の周辺には約20の共同体が住み、要塞は彼らの中心となっていた。バルト海沿岸の諸族は明らかに似たような配置の築城を用いていた。

これらの築城に加えてポーランドやルーシの地にはダーネヴィルケに類似した長大な土造城壁が築かれた。ポーランドではこれらが防衛用に建造されたという証拠はないが、そうだったろうと思われる。ロシアでは今日のウクライナのキエフ南方に位置するズミーイェヴィ・ヴァルィー（大蛇の長城）がこれらの城壁の中でも最も著名である。1千kmにもわたるこの構築物は、放射性炭素による年代検査で、2～7世紀にフン族などの遊牧民に対する防御施設として建設されたことがわかる。その他の防衛線としては7世紀に建設された土手のようなものもある。高さは10～12mおよび、基部の幅は20mの防御壁によって構成されているという点で、他とは異なっていた。この200kmにもおよぶ防衛線はアヴァール人の侵攻を防ぐために建設された。ヴァイキングの築城はスラヴ人のものと多くの点で類似するが、スラヴ人の築城はもっと古い伝統に属するもののように思われる。

エルベ川からヴィスワ川に至るバルト海沿岸地方ではヴェンド人とよばれるスラヴ人の集団が良好に立地したグラード形式の砦によって自らの身を守っていた。通常、その下方には別の環状構築物によって囲まれた村落があった。ヴェンド人はポーランド人やルーシ族とは異なり沿岸部に居住したが、その重要な町は賢明なことに沿岸部から離れていた。海から直接強襲することができないようにである。また、河川沿いや河口のようなさらに戦略上防御しやすい地点に居住する場合もあった。最も強力な陣地のいくつかはオルデンブルク（スタルガルト、シュタルガルト）、アルコナやシュチェチン（シュテッティン）に立地した。オ

※原題『The Northern World: The History and Heritage of Northern Europe 400-1100』P319参照

ルデンブルク港は海からは30kmにもわたって水路を遡上しなければ接近できなかったため、海賊行為に遭わない安全な基地としてヴァグリエン人たちに使用されていた。アルコナは岬の突端、リューゲン島の容易に防御できる断崖絶壁の上に位置し、接近路は木造パリサードを備えた土造ランパールによって封鎖されていた。その高さは30mにもおよび、さらに高い築城を施された城門が立ちはだかっていた。一方、シュチェチンは城壁に囲われた三つの丘からなっていて、これらの城壁は当時、難攻不落とうたわれた。

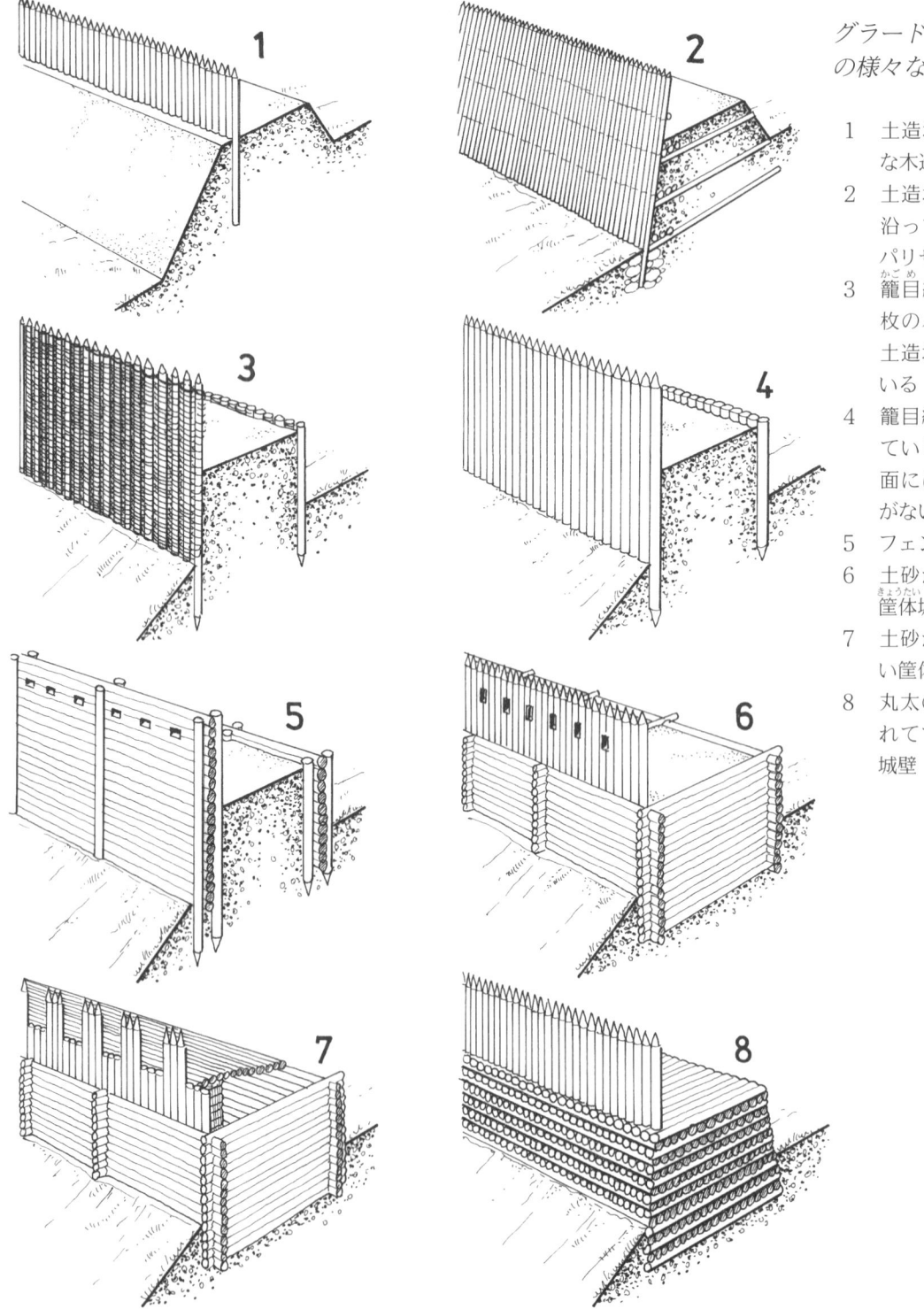

グラードの城壁構造の様々な形式

1 土造城壁上の単純な木造パリサード
2 土造城壁の表面に沿って建設されたパリサード
3 籠目織り構造。2枚のパリサードが土造城壁を挟んでいる
4 籠目織り形式に似ているが丸太の表面には織り目模様がない
5 フェンス城壁
6 土砂が充填された筐体城壁
7 土砂が充填されない筐体城壁
8 丸太の層が重ねられてできた積層式城壁

中世前期の築城

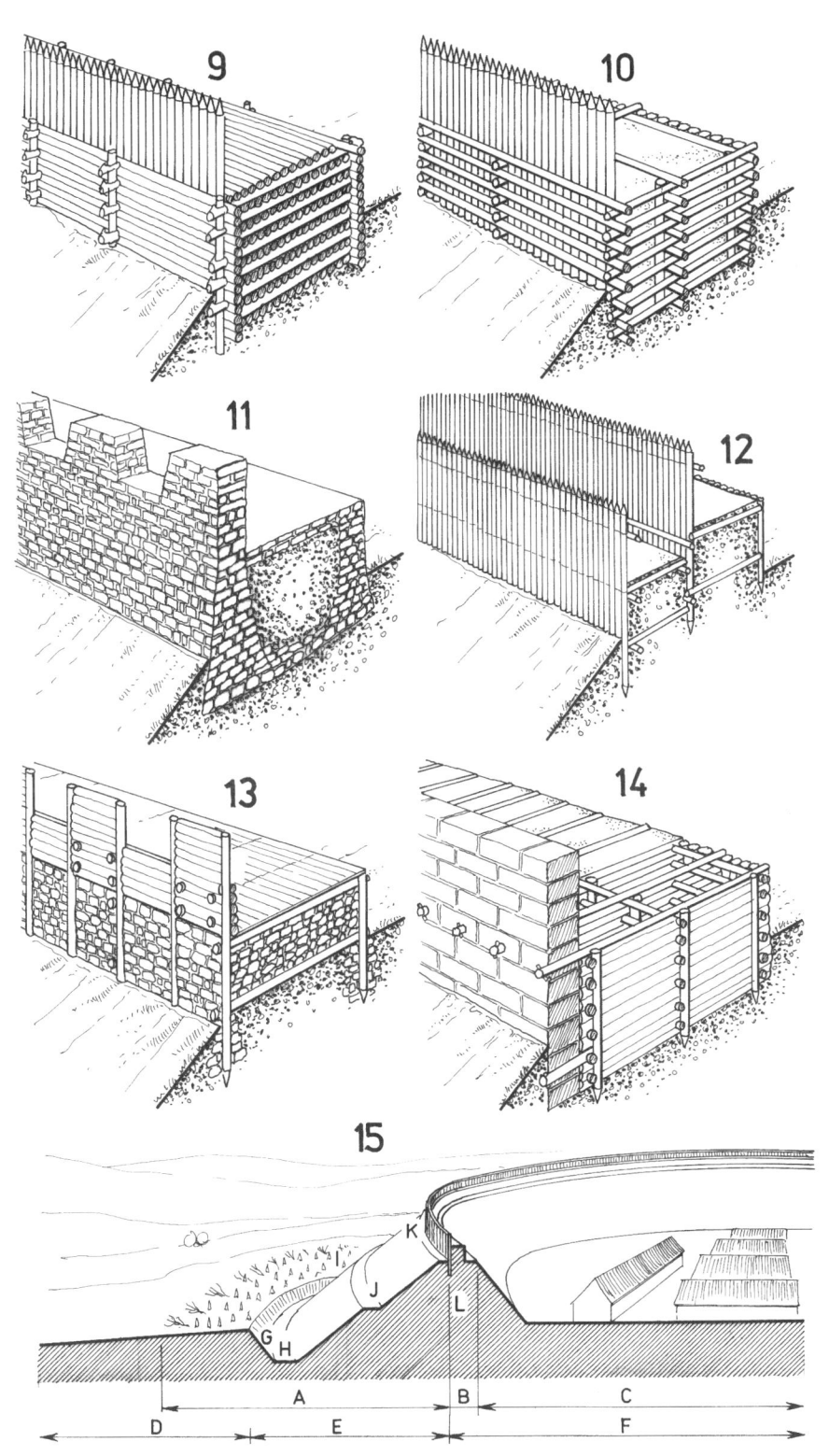

9 継手仕口を使った積層式城壁。木製の継手仕口がそれぞれの場所で城壁各部をつないでいる
10 グリッド式城壁
11 石造城壁
12 土と丸太でできた二重城壁
13 混構造による石造および木造の城壁（石造基礎に木造部分を施したもの）
14 石造および木造の城壁。表面が石造でその背後から土と木材が支持している
15 グラードの土造アンサントの断面図
   A 障害群
   B 防御陣地
   C 居住地
   D 城壁からの射撃によって防護される区域。障害物も配されている
   E 防御城壁と堀
   F 防御された区域
   G 外岸壁
   H 堀
   I パリサード
   J 崖径
   K 土造城壁
   L 城壁

マジャール人たちの築城

　ヨーロッパの地への招かれざる侵入者の集団が、さらに出現した。マジャール人たちである。ヨーロッパの他の民族とはまったく異なる言語を話す彼らは中央ヨーロッパを侵略し、860年代にまずはゲルマニアの辺境領へと強襲をかけた。ブルガール人たちを追い出して今日のハンガリー内のドナウ川流域への支配を確立し、そこから西ヨーロッパへの襲撃を繰り返していった。ゲルマニア人たちの王（ドイツ王）にしてザクセン公たるハインリヒ1世鳥狩人王は、マジャール人たちとスラヴ人たち双方からの脅威を取り除くべく麾下の諸侯に新たな築城陣地を建設させ、守備隊の派遣を命じ、聖職者達にはすべての修道院に築城を施すよう下命した。919年に即位して936年に崩御するまで、これらの城壁都市で建設事業が進展した。ウィリアム・アンダーソンの『ヨーロッパの城塞』※1によると、ハインリヒは麾下の騎士たち、下位の諸侯たちを9つの集団に分け、そのうちの1つに城壁町の建設を分担させたという。しかし別の史料には、解放農奴だけがこのシステムを強いられたのだと書かれており、諸侯たちを関連させないのであればこちらのほうが可能性が高いように思われる。選ばれた人々だけに他の8つの集団のために建設された住宅が割り当てられて守備隊の一翼を担い、他の人々は農業に精を出していたのである。食料生産品の一部が攻囲戦の際に倉庫に運ばれた。10世紀のザクセンの年代記作家コルファイのヴィドゥキントは、ハインリヒが成功裏に戦いを進められた理由は、麾下の重騎兵隊の力だけではなく、砦のネットワークに寄るところも大きいと述べた。

　1ダースかそれ以上の居住地を防衛する城郭群に加えて、ハインリヒは国境地帯に要塞群を配置して、高位の諸侯たちを持ち回りで守備隊につけた。シュトラスブルク（ストラスブール）やトリアのようないくつかのもっと古い古代ローマの築城を施された根拠地も帝国の砦のネットワークに組み込まれていった。ウィリアム・アンダーソンによるとハインリヒが新たに建造した城塞のなかで最も堂々たる城塞は、950年頃に建造されたヴェルラ（ヴェルラブルクドルフ）のものである。強力な城塔群によって防御され、スラヴ人たちのグラードに似ていたが、西ヨーロッパの初期の木造モット・アンド・ベイリーと同じような配列に従っていた。そこには2つの大規模なベイリーがあり、二重モット陣地のようなものもあった。ゲルマニアの陣地のなかにはモット・アンド・ベイリーと類似するものもあり、明らかにその形式といえるものもいくつかある。

　マジャール人たちはアウグスブルク攻囲戦に失敗して敗退、ハインリヒの後を襲ったオットー1世にもレヒフェルトで野戦に敗れた。結局、マジャール人たちはドナウ盆地に定住し、彼ら自身の堂々たる築城を建設することになる。彼らは筐体構造を使ってランパールを造りあげた。彼らの技術はスラヴ人たちの技術と似ているように思われる。『中世の攻囲戦』※2を著したジム・ブラッドバリーは、丸太の箱の中に粘土を入れる場合は、粘土を焼いてある種のセラミックに変化させ、燃えないようにしたのだと指摘している。おそらく、この技術はスラヴ人たちの技術を模倣したものである。クラクフのグラード形式の築城にも用いられており、その他のスラヴ人たちの根拠地でも同様に用いられていた可能性がある。これに加えて、マジャール人たちは築城の周囲を空地にして、攻城軍が味方の援護を受けられないようにしていた。彼らは古代ローマを思わせるような障害物も使用し、その他の障害物については近隣のスラヴ人たちから借りてきたものだった。マジャール人たちが中央ヨーロッパに到達するにあたって、野営地を防御するのに輜重車で周りを囲うことぐらいしかしてこなかったことを鑑みると、驚くべき速さと巧みさで近隣の技術を採用し改良さえ加えていったのである。それぞれのマジャール人の国は築城を施された根拠地を擁していた。やがてはこれが城塞となり、そこを根拠にして伯が支配を及ぼしていったのである。王は今日のブダペシュトの約35 km北方、エステルゴムにある古の古代ローマ要塞の遺構上に王宮を設置した。9世紀末のことである。しかし、ブダ（今日のブダペシュト。ブダは後に首都として機能した築城を施された部分で、ペシュトはドナウ川対岸の居住地だった）に最初の城塞が建てられたのはもっと後のことである。

　古代ローマ人が、連続していたリメスを放棄した後に丘上要塞を設置するようになったところから、暗黒時代に入るところまでをみていくと、この間に中世城塞と防御戦闘の特徴が現れていったことがわかる。王国や帝国はもはやその長大な国境地帯の防衛をあきらめ、その代わりに砦を用いて境界内の様々な地方を支配していくことを選択し

※1 原題『Castles of Europe』P312参照　　　　　　　　　　　　※2 原題『The Medieval Siege』P313参照

た。これらの砦は、城壁町であるか要塞であるかを問わず、町の人々の避難所として機能していて、彼らもまたその防衛に駆り出されることも多かった。暗黒時代末期まではこのような砦が多くの地方でみられた。これらは木材と土で造られたり石材で造られたりしており、使用可能な現地材料に左右されていた。そして次第に複雑になり、威圧感あふれるものとなっていった。9世紀に、ザクセン人たちはヴァイキングたちに対して、要塞群を用いて国境地帯の防衛体制を確立するという傾向に回帰していったが、上記の新たな種類の要塞群も使用して征服地を支配し安全を確立しようとした。ほとんどの封建領主たちもその例に倣っていった。暗黒時代末期にはこれらの築城陣地の多くは、主君や王から封土として賜ったそれぞれの地方を支配する諸侯の財産となっていったのである。これらの私有の築城はやがて多くの地方で城塞となり、暗黒時代が徐々に終わっていくにつれて次第に主要なものとなっていった。

カステル・サンタンジェロ（聖天使城）：ローマ

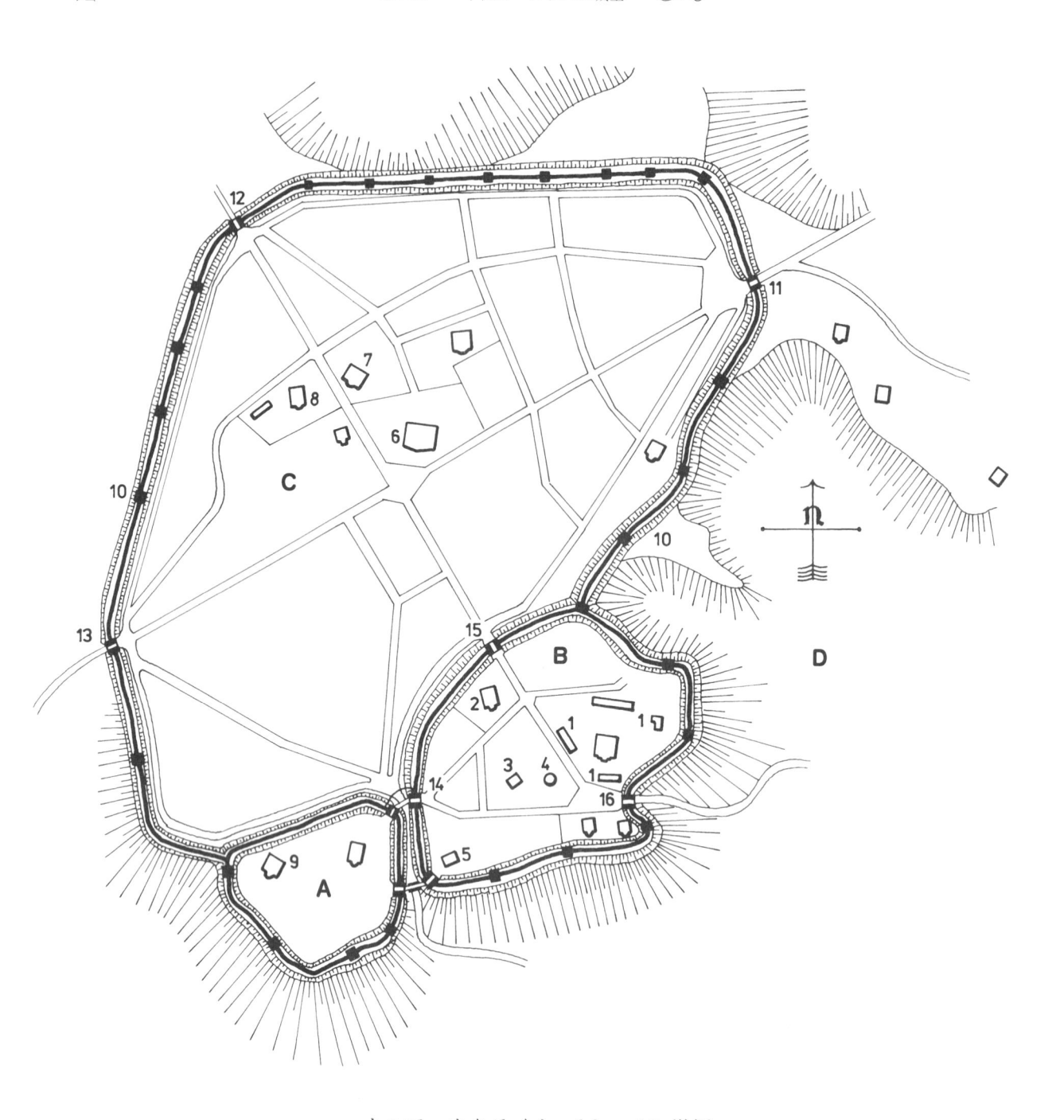

キエフ：ウクライナ、10〜13世紀

- A　ミハイロフスカヤの丘
- B　デシャチンナ（ウラジーミルの町）
- C　ヤロスラフの町
- D　工匠街
- 1　大公宮殿
- 2　フョードル修道院
- 3　エカテリーナ教会堂
- 4　ロトンダ（円堂）
- 5　ヴァシリエフスカヤ教会堂
- 6　ソフィア大聖堂
- 7　聖ゲオルギー修道院
- 8　聖イレネ修道院
- 9　聖ドミトリー大聖堂および修道院
- 10　城塔群が設けられた木造パリサード
- 11　リャドスキー門
- 12　金門
- 13　ルヴォフ門
- 14　ミハイロフ門
- 15　ソフィア門
- 16　ポドール門

古代ローマ都市と中世の新都市

古代ローマ都市のなかには、中世盛期にいたるまで残存し拡張され、その重要性を保持したところがある。

コンスタンティヌポリス——暗黒時代を通じて新たな城壁が加えられていき、宗教の中心地として機能していた。

ローマ——暗黒時代を通じて新たな城壁が加えられていき、宗教の中心地として機能していた。

ミラノ（メディオラヌス）——10世紀初頭に新たな城壁が都市周囲に築かれ、これが商人を急成長させた。

ケルン——交易のおかげで11世紀に成長した。

マインツ——交易のおかげで11世紀に成長し、文化の中心地にもなった。

メス（独語ではメッツ）——フン族によって1世紀前に破壊されていたが、11世紀に再建された。政治、宗教、そして経済の中心地となった。

一方、中世盛期に新たに重要になっていった新都市もある。

キエフ（ウクライナ語ではキーウ）——9世紀に重要な交易の中心地となり、10世紀には強力なルーシの大公の首都となった。

マスクヴァ（モスクワ）——交易を支配するために12世紀半ばに城塞が建設されるとともに、創設された。

フィレンツェ——12世紀には商業の中心地だった。

ピサ——この商業都市は10世紀のヨーロッパで最も豊かな都市の一つだった。

ジェノヴァ——10世紀に重要な商業の中心地となり、その築城港によって主要な海事の中心地にもなった。

ハンブルク——10世紀に重要な商業の中心地となり、海上でも大きな勢力となった。

リューベック——12世紀に主要な商業の中心地となった。

ガン（ヘント）——町が破壊された後、10世紀に築城が築かれた。城塞の存在によってこの都市は主要な商業の中心地となった。

ブリュージュ（ブルッヘ）——9世紀に城塞の周囲に広がった町であり、10世紀には港の存在により主要な交易の中心地となった。

ロンドン——アルフレッド大王が9世紀に町の築城を再建し、イングランドの主要な商業の中心地となった。

パリ——暗黒時代末期に宗教の中心地、フランスの首都となった。また、城壁を伴う築城を施された。

トレド——暗黒時代を通じて侵略者たちの首都として機能し、最終的にはスペインの首都となった。城壁と城塞が都市を防衛していて、12世紀スペインの商業の主導的中心地となった。

ブリュージュ（ブルッヘ）：ベルギー
(© Corel)

中世ヨーロッパの城塞

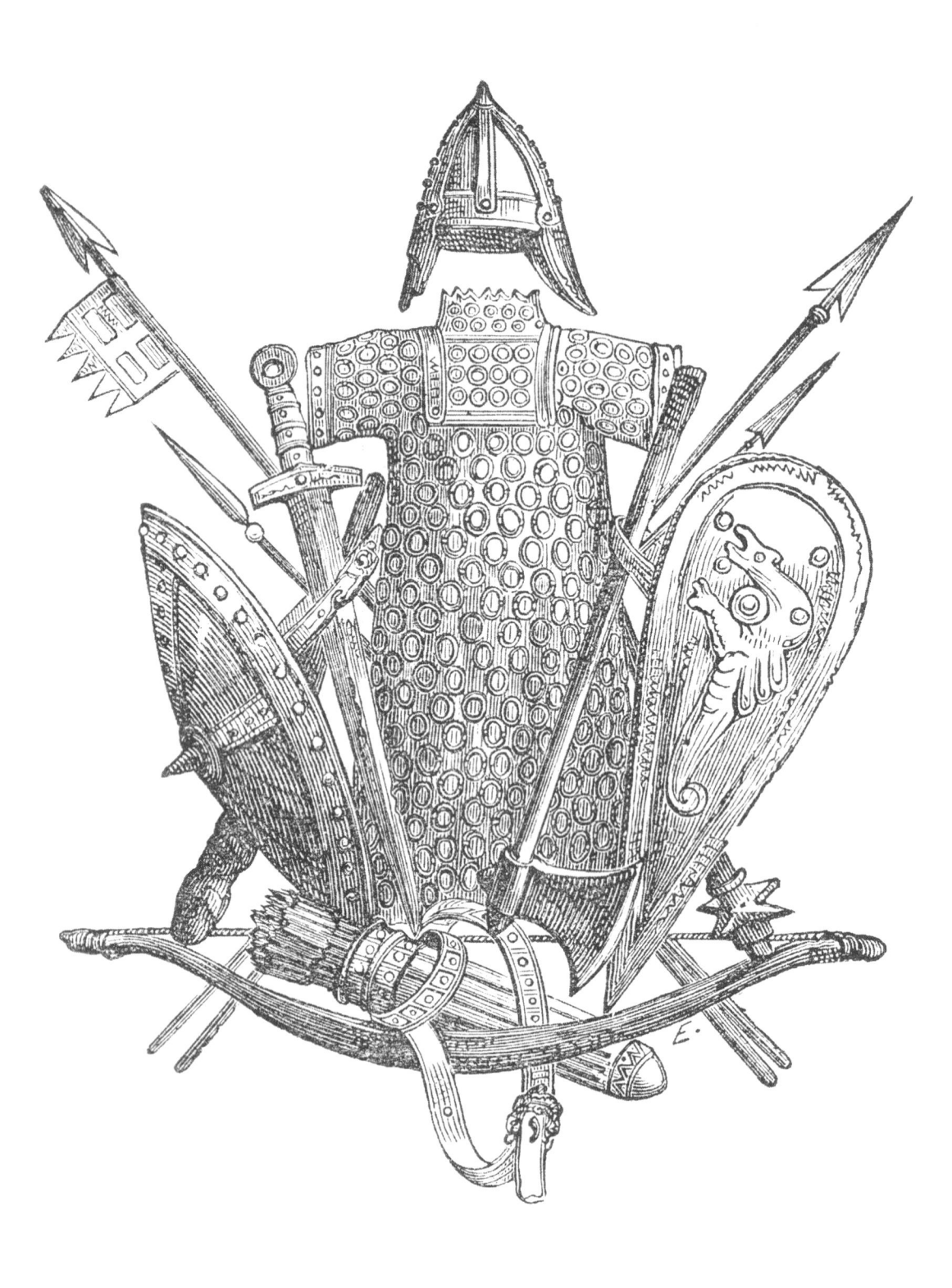

中世盛期の出来事

11世紀
1009年：デーン人によるスコットランド侵略。デーン人は撃退される。
1002～1014年：神聖ローマ皇帝ハインリヒ2世がロンゴバルド族を破る。
1003～1017年：神聖ローマ皇帝ハインリヒ2世、ポーランドのボレスワフと交戦。
——ポーランド人、シロンスク（シュレージエン、シレジア）を攻略。
1018年：ポーランド王ボレスワフ1世がキエフ攻略。ほどなくヤロスラフ賢公がキエフ（キーウ）に強力な国家を築いた。
1033～1043年：フランス王アンリ1世が有力な伯たちと交戦して支配下に置く。
1037～1058年：フランス王アンリ1世、ノルマン人たち（ノルマンディー公ギヨーム）と交戦。
1066年：ノルウェーのヴァイキングたちがイングランド侵略。スタンフォード・ブリッジの戦いで敗退。
1066年：ノルマン・コンクエスト（ノルマンディー公による侵入）。
——ウィリアム征服王（ノルマンディー公ギヨーム）、ヘイスティングズの戦いの後にイングランド攻略。
1060～1091年：シチリア島へのノルマン・コンクエスト。
——ノルマン人がイタリア南部を攻略、ビザンツ帝国と交戦状態へ。
1077～1093年：イングランドとスコットランドの戦争。
1077～1106年：神聖ローマ帝国で内戦。
1081～1085年：神聖ローマ皇帝ハインリヒ4世の教皇グレゴリウス7世に対する遠征。
1095年：教皇ウルバヌス2世、十字軍招集。
1097～1099年：第1次十字軍。
——ラテン系諸国の十字軍がエルサレムを攻略して終戦。
1066～1134年：スウェーデンで内戦。

12世紀
1109年：神聖ローマ皇帝ハインリヒ5世、ポーランド征服を試みるも敗れる。
1109～1112年、1116～1120年：フランス王ルイ6世、イングランド王ヘンリー1世と交戦。
1125～1135年：神聖ローマ帝国で内乱。ゲルフ（教皇派）とギベリン（皇帝派）の争い開始。
1146～1148年：第2次十字軍。
1156～1173年：神聖ローマ皇帝フリードリヒ・バルバロッサ（赤髭帝）がポーランド、ボヘミア、およびハンガリーに勝利。幾度かのイタリア遠征では、はかばかしい成果を得られず。
1167～1171年：イングランド王ヘンリー2世、アイルランドを侵略。
1173～1174年：ヘンリー2世の息子たちが反乱を起こし、イングランド、スコットランド、フランスの間で戦争勃発。ヘンリー2世が反乱軍を鎮圧。
1190～1191年：第3次十字軍。
——1191年、イングランド王リチャード1世がアルスフでサラーフッディーン（サラディン）を破る。
1191～1193年：神聖ローマ皇帝ハインリヒ6世のシチリア島征服。
1194～1199年：イングランドとフランスが戦争（リチャード1世とフィリップ2世尊厳王の争い）。

13世紀
1202～1204年：第4次十字軍。
——1204年、十字軍がコンスタンティヌポリスに攻撃をかけて攻略。
1208～1229年：アルビジョワ十字軍。
1212年：カスティーリャ王アルフォンソ8世、ラス・ナバス・デ・トロサでムワッヒド朝に大敗を喫する。
1217～1219年：第5次十字軍。
——1218年、十字軍がエジプトのダミエッタを攻囲して攻略。
1229年：神聖ローマ皇帝フリードリヒ2世に率いられた第6次十字軍、外交交渉によってエルサレム獲得。
1237～1241年：モンゴルによるヨーロッパ侵略。
1240年：キエフ（キーウ）陥落。
1241年：モンゴル軍がレグニツァ（リーグニツ）でポーランドのシロンスク公ヘンリク2世に勝利。
1241年：モンゴル軍がモヒ（サヨ河畔）でハンガリー人たちに勝利。
1242年：ノヴゴロド公アレクサンドル・ネフスキーがペイプシ（チュード）湖上でドイツ騎士団を破る（氷上の決戦）。
1248～1252年：フランス王ルイ9世による第7次十字軍がエジプトで失敗。
1253～1299年：ヴェネツィアとジェノヴァの戦争。
1270年：フランス王ルイ9世による第8次十字軍がチュニス攻囲戦で終戦。
1272～1307年：イングランド王エドワード1世がウェールズとスコットランドを征服。

14世紀
1314年：バノックバーンの戦いでスコットランドが勝利し、イングランド王のスコットランド支配が終焉。
1315年：スイスの反乱軍（1291年に反乱勃発）がモルガルテンの戦いで初めて大勝利を収める。
1320～1323年：フィレンツェとルッカの戦争。
1337～1457年：百年戦争。
——1340年：イングランド王エドワード3世、スライス（エクリューズ）の海戦で勝利。
——1346年：イングランド王エドワード3世、クレシの戦いで勝利し、1347年にカレ攻略。
——1356年：エドワード黒太子、ポワティエの戦いでフランス軍を破る。
——1368年：アキテーヌ公領ガスコーニュで反乱勃発。1373年にはイングランドがアキテーヌ公領とブルターニュ公領を失陥。
1353～1355年、1378～1381年：ヴェネツィアとジェノヴァの戦争。
1391～1395年：ティームール、ジョチ・ウルスのモンゴル人指導者トクタミシュと交戦。ティームール、ルーシの地を侵略して破る。
1396年：ドナウ河畔のトルコ人たちに向けた十字軍がニコポリスで敗退して終わる。
1397～1398年：フィレンツェとミラノの戦争。

15世紀
1410年：ステンバルク（タンネンベルク）またはグルンヴァルドの戦いでドイツ騎士団がポーランド・リトアニア軍に決定的な敗退を喫す。
～1453年：百年戦争続く。
——1415年：イングランド王ヘンリー5世、アジャンクールの戦いでフランス軍を撃破。
——1428年：オルレアン攻囲戦開始。1429年、ジャンヌ・ダルクによって攻囲が解かれる。
——1453年：カスティヨンの戦いでイングランド軍敗退。
1419～1436年：フス戦争。
1413年：強力なスルタンに対するトルコの内戦終了。1440年代、新スルタンとその後継者たちはバルカン半島に進出してハンガリー、ポーランドその他の諸国を撃破。
1453年：トルコ軍、コンスタンティヌポリスを攻撃し攻略。
1455～1485年：薔薇戦争。
1492年：グラナダ攻囲戦とスペインの勝利によって、レコンキスタ終了。

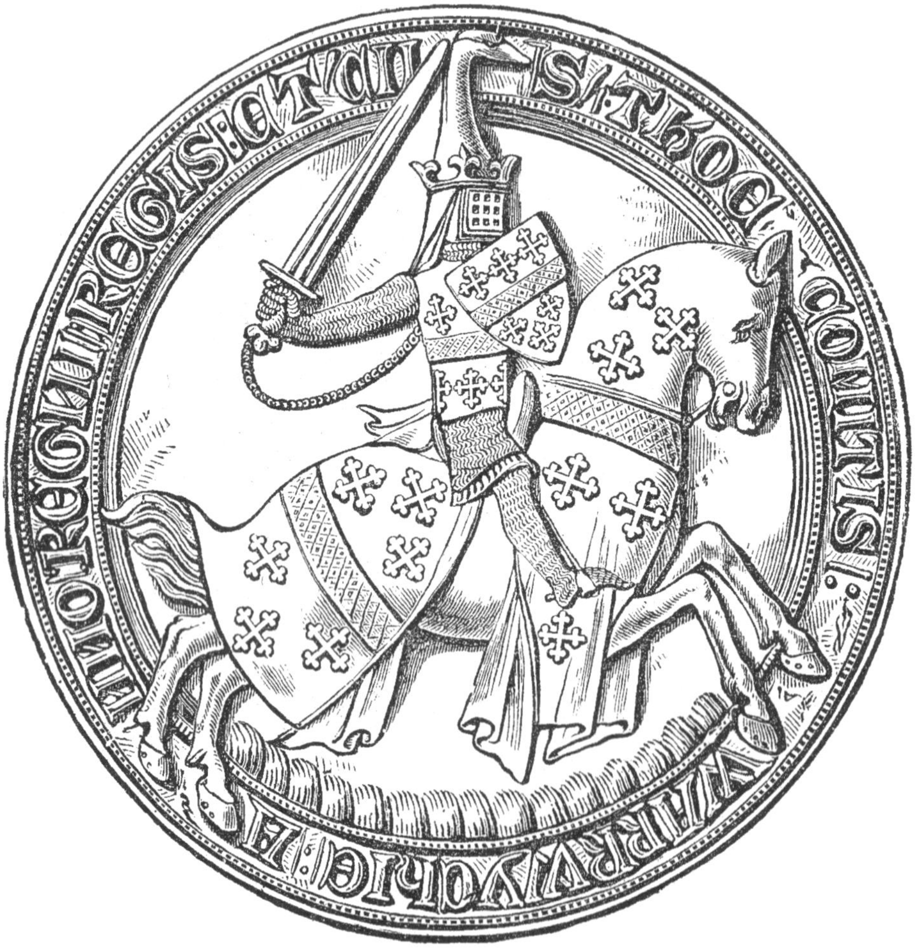

中世盛期の戦い

1066 年：ヘイスティングズの戦い（ノルマン人たちの侵略）
○ノルマンディー公ギョーム（後のイングランド王ウィリアム 1 世征服王）率いるノルマン軍 7,000 VS
●ハロルド王率いるサクソン軍 7,000

1097 ～ 1098 年：アンティオキアの戦い（第 1 次十字軍）
○十字軍の騎兵 1,000 および歩兵 14,000 VS
●イスラム教徒軍 75,000

1099 年：アシュケロンの戦い（第 1 次十字軍）
○ゴドフロワ・ドゥ・ブイヨン率いる騎兵 1,200 および歩兵 11,000 VS
●エジプトから出撃したファーティマ朝軍約 50,000 が対戦

1187 年：ヒッティーンの戦い（エルサレム王国失陥）
●エルサレム王ギー（リュジニャン伯ギー）率いる騎兵 1,200 および他兵種 18,000 VS
○サラーフッディーン（サラディン）率いるイスラム兵 18,000

1195 年：アラルコスの戦い（カスティーリャが南進してレコンキスタが進展）
○ムワッヒド朝軍約 20,000 ～ 30,000 VS
●カスティーリャ軍約 25,000

1212 年：ラス・ナバス・デ・トロサの戦い（ムワッヒド朝に対するレコンキスタでの決戦）
●ムワッヒド朝軍 300,000 以上（アラビアの年代記作家は 160,000 としか記していない）VS
○キリスト教十字軍 70,000 以上（当初はフランス軍 62,000、カスティーリャ軍 60,000、アラゴン軍 50,000、さらにポルトガルとナバラからの大勢力の部隊からなっていたが、とりわけ、フランス軍が遠征中に逃亡してしまった）

1214 年：ブーヴィーヌの戦い（イングランドとドイツ諸国の同盟がフランスに脅威をもたらす）
●神聖ローマ皇帝オットー 4 世率いるイングランド、ドイツ諸国、フランドルの騎兵 6,000 および兵 18,000 VS
○フランス王フィリップ尊厳王率いる騎兵 7,000 および歩兵 15,000

1223 年：カルカ河畔の戦い（モンゴルのヨーロッパ侵略）
○スブタイ率いるモンゴル軍 40,000 VS
●キエフ（キーウ）大公指揮下のルーシ軍 80,000（ほとんどは民兵で、キプチャク〈クマン〉人 2,000 ～ 3,000 を含む）

1226 年：黄河の戦い（モンゴルの侵略によって西夏滅亡へ）
○モンゴル兵 180,000 VS
●西夏兵 300,000

1241 年：レグニツァ（リーグニツ）の戦い（モンゴルのヨーロッパ侵略）
○バイダル率いるモンゴル軍 20,000 VS
●シロンスク公率いるポーランド、ドイツ諸国およびドイツ騎士団の軍勢 40,000

1241 年：モヒ（サヨ河畔）の戦い
●ハンガリー王ベーラ 4 世率いる兵 100,000 VS
○バトゥ率いるモンゴル軍 90,000 が対戦。

1314 年：バノックバーンの戦い（スコットランド独立への最終決戦）
●イングランド王エドワード 2 世率いる騎兵 1,000 および歩兵 17,000 VS
○ロバート・ブルース王率いる騎兵 500 および歩兵 9,000

1346 年：クレシの戦い（百年戦争）
○イングランド王エドワード 3 世率いる重騎兵 2,500 および歩兵 6,500（ほとんどは弓兵）VS
●フランス王フィリップ 6 世率いる騎兵 12,000 以上、ジェノヴァ弩兵 6,000 および農民兵 15,000 以上

1367 年：ナヘラ（ナヴァレット）の戦い（ペドロのカスティーリャ王位復帰を援助するため、イングランドがイベリア半島遠征）
○イングランドのエドワード黒太子率いる兵約 20,000 VS
●フランス・スペイン連合軍 40,000（70,000 と概算されることもある）

1380 年：クリコヴォの戦い（ルーシ諸族の反乱—モンゴル人たちに対する決戦）
○モスクワ大公率いるルーシ諸族 100,000 ～ 400,000 による、
●タタール軍 150,000 ～ 700,000 への反乱
（おそらく双方ともに低い方の数値が正しい）

1385 年：アルジュバロータの戦い（カスティーリャによるポルトガル侵略の試み）
●カスティーリャ軍 18,000 VS
○ポルトガル軍 14,500 以上（イングランドの退役兵部隊も多少含む）

1386 年：ゼンバハの戦い（スイス独立戦争）
○スイスの槍兵（パイク兵）1,600 VS
●オーストリア公レオポルト率いるオーストリア軍 4,000（多くの騎兵含む）

1410 年：ステンバルク（タンネンベルク）の戦い（対ドイツ騎士団戦争）
●ドイツ騎士団 4,000 ～ 6,000 VS
○ポーランド王ヴワディスワフ 2 世率いるポーランド・リトアニア連合軍 10,000

1415 年：アジャンクールの戦い（百年戦争）
○イングランド王ヘンリー 5 世率いる重騎兵約 750 および弓箭兵 5,000 VS
●フランス軍の重騎兵約 22,000、弩兵 3,000 および員数不明の農民兵が対戦。

1453 年：フォルミニの戦い（百年戦争の最終決戦の一つ）
○フランス軍 8,000 VS
●イングランド軍 4,500 が対戦

1453 年：コンスタンティヌポリス攻囲戦（ビザンツ帝国滅亡）
●帝国軍概約 9,000 VS
○数多くの軽砲と 1 ダース以上の重砲を装備したスルタン率いるトルコ軍 50,000 超

1461 年：タウトンの戦い（薔薇戦争）
●ランカスター朝軍約 20,000 VS
○ヨーク朝軍 16,000
これはこの内戦のなかでも大規模な戦いの一つである。薔薇戦争のほとんどの戦いにおいて、両軍とも 6,000 ～ 10,000 の兵が動員された。

1476 年：グランソンの戦い（スイスとブルゴーニュ公国の戦争）
●シャルル豪胆公率いるブルゴーニュ公国軍 30,000 VS
○スイスの槍兵（パイク兵）18,000

○＝勝者、●＝敗者

コカ城塞：スペイン

第3章
The Age of Castles
―城塞の時代―

　暗黒時代が終焉にさしかかると城塞の数は増えていった。実際、城塞の興隆こそが、暗黒時代と中世盛期の過渡期、つまり帝国や王国が古代ローマ帝国のように怒涛のごとき侵略と移住によって崩壊した時代の流れを画するのだといわれている。ヴァイキングたちはブリテン諸島の弱体化したケルト人やアングロ・サクソン系の諸王国を粉砕し、西ヨーロッパの古のフランク帝国の残滓（ざんし）を脅かした。主に今日のスウェーデンから来たノルド人も、東ヨーロッパのスラヴ人と争ってルーシ族の諸王国の建国へと至った。南方と西方ではイスラム勢力がヨーロッパを席巻してキリスト教諸王国の軍を崩壊させた。一方、ビザンツ帝国は中世前期の7世紀から9世紀にかけて彼らに抵抗し東方に入れなかった。

　暗黒時代を通じて北方と東方から「野蛮人たち」、南方からイスラム勢力の猛攻に会いながらも、国を守り抜いた諸王国は防衛のために築城を重用していた。ヴァイキングやイスラム教徒も築城陣地を取り入れて占領地の確保や攻勢作戦の強化に務めた。9世紀にアルフレッド大王はサクソン軍を率いてノルド人の襲撃者たちに対峙し、やがてイングランドとよばれる新国家の礎（いしずえ）を築いた。西ヨーロッパのフランク帝国ラテン系地域※のゲルマン系支配者（カロリング朝）が、10世紀にラテン系の王たちの最初の王朝（カペ朝）によって継承され、ヴァイキング問題にうまく対処できるようになった。ロロ率いるノルド人たちはノルマンディーに定住し、9世紀初頭にロロの継承者たちはフランク王の封臣となった。ラテン系のフランス王朝を創設したユーグ・カペも跡を継いだ息子も、外敵よりむしろ麾下（きか）の封臣たちと争わねばならなかった。これらの闘争のなかで自領の支配力維持のために城塞は重要な役割を演じた。

　フランク帝国の東のゲルマン系地域（東フランキア）はゲルマン系指導者、ザクセン公ハインリヒ1世（鳥狩人王）の指導の下でカロリング朝末期の混乱から脱却していった。ハインリヒは他のゲルマニアを治める公たちによって王に推戴（すいたい）され、デーン人やスラヴ人と戦って自身の領土を北方と東方に拡張しはじめた。ハインリヒの息子オットー1世も王に選ばれ、バラバラだったゲルマニアの領域を一つの帝国にまとめあげた。これが後に神聖ローマ帝国とよばれ、今日のドイツの前身となる。中央ヨーロッパを脅かしたマジャール人の侵略者たちを撃破した後のことだ。オットー1世も反抗的なゲルマン系諸侯への支配力維持を砦群に依存していた。

　イベリア半島では、711年に屈辱的敗北を喫してピレネー山脈に引きこもることを余儀なくされた西ゴート人たちが、かつての自領の再征服にとりかかった。伝説によれば718年に西ゴート貴族ペラヨがコバドンガでアラビア人勢力を撃破して、自らをアストゥリアス王と宣したという。これがイベリア半島北部の山中に興った最初のキリスト教王国ということだ。だが、ペラヨの功績を記録した史料は存在しない。歴史上確認されているアストゥリアスの創設者はアルフォンソ1世で、739年に即位し、レコンキスタ（キリスト教国によるイベリア半島の国土回復運動）を開始した。レコンキスタは1492年にスペインのイスラム教徒最後の砦グラナダ陥落まで続いた。アルフォンソ1世はガリシアとレオンの領域からイスラム教徒たちを追い払い、築城と城塞を築いて自領の支配権を強化していった。やがてアストゥリアス＝レオン王国はいくつかの王国に分裂していき、レオン、カスティーリャ、ナバラ、アラゴン、そして後のポルトガルなどの各王国となった。アラゴンはカロリング朝のイスパニアの辺境領だったカタルーニャと1137年に併合し、ポルトガルは1139年にレオンから分離独立した。カスティーリャは1076年にナバラ領の多くを併合し、1230年にレオンと統合された。こ

※後のフランスにあたる西フランク

うして、この３王国がイベリア半島の有力なキリスト教大国となり、レコンキスタの原動力となった。イベリア半島のキリスト教徒の王たちは早くから、石造城塞を用いることで利益の維持を図っており、その多くはアラビア人たちを撃破して攻略したものだった。イスラム教徒の威圧感あふれる石造築城が、レコンキスタを約800年間以上の長期にわたらせた要因の一つである。石造築城によって戦争が「陣取り合戦」と化してしまったのだ。

　暗黒時代を通じて、ローマ帝国最後の遺物ビザンツ帝国は、キリスト教徒の東ヨーロッパを外からの脅威（主としてイスラム勢力）から守り続けていた。そのために当時最も堂々たる築城を用いたのである。だが、10世紀になると新たな侵略者セルジューク朝トルコに直面して急速に衰退していった。『ビザンツ帝国の築城』※でクライヴ・フォスとデイヴィッド・ウィンフィールドは、ヨーロッパの城塞がモット・アンド・ベイリーから発展したという見解を否定している。彼らによると城塞建設術は古代ローマの築城野営地や城壁要塞にまでさかのぼり、一般的に長方形平面の形態が用いられていた。ビザンツの工兵たちは古代ローマの城壁を、古代ローマの手本に従って改装した。アラビア人は中東からギリシア勢力を駆逐すると築城建造物について同じ原理を採用している。フォスとウィンフィールドはさらに、レオンおよびヨーロッパ北西部では、古代ローマと同様の伝統技術を使って、放棄された古代ローマの拠点を改良していた、と論じている。彼らによると暗黒時代には新たな城塞は建設されなかった。なぜなら、暗黒時代のヨーロッパ北西部ではモルタル作成術が失われており、大規模な石造構築物が建てられなくなっていたからだという。フォスとウィンフィールドの考え方は信じ難いものではない。ビザンツ帝国が中世世界に見事な古代ローマの石造築城を築き、それが後日の建築師たちの手本となったのは自然なことに思えるのだ。

　それにもかかわらず、圧倒的多数の証拠によりヨーロッパの城塞はフランスで、すなわち、フルク・ネッラとブロワ伯の庇護の下で、アンジュー地方において誕生したのが事実だとされているようだ。実際、この地域では慎ましいモット・アンド・ベイリーから石造キープへ、さらには後の世紀の城壁と城塔からなる精巧な複合建造物群へと城塞が徐々に変貌していく様子をみることができる。ビザンツ

※原題『Byzantine Fortifications: An Introduction』P314参照

ペニャフィエル城塞：スペイン　　　　（© Corel）

築城の研究によってヨーロッパの建築師たちの技と知識は向上したかもしれないが、それが城塞建造のために必要不可欠な刺激を提供したとは考えられない。

中世盛期初頭の築城

　中世後半にはイングランド、フランス、ドイツ（神聖ローマ帝国）、ルーシ（後のロシア）、ポルトガルおよびスペイン（カスティーリャとアラゴン）の台頭がみられる。スコットランド、デンマーク、ハンガリーおよびポーランドのような他のヨーロッパの国々の礎も築かれた。この時代に台頭したこれらの新たな国々のすべてに城塞が建設され、都市には築城が施された。一方、ビザンツ帝国では古の古代ローマ築城を改良し、強化し続けていたのである。

　西方とりわけ西フランキア（後のフランス）では古代ローマ時代以来の多くの市壁が使われずに廃墟と化し、建設材料として持ち去られていた。ここにおいて新たな時代が始まり築城建設が開始されたのである。11世紀には西ヨ

ーロッパのほとんどで王あるいは大貴族の所領が発展し、町が経済の中心地として再び卓越した存在となりはじめていた。また、所領防衛における軍事拠点としても重要になりつつあった。ヨーロッパ中央部と東方のスラヴ諸国、ビザンツ帝国では中世前半を通じて町の重要性が真に失われることは決してなかった。スラヴ諸国では多くの居住地と町が幾世紀もの間、土造ランパール（防塁）によって守られていた。ビザンツ帝国では古代ローマ城壁が使用され続けている一方、暗黒時代に新たな城壁も建造され、コンスタンティヌポリスはヨーロッパで最もよく防御された都市となっている。イスラム世界の人口集中地域では、イベリア半島のように国境地帯にあるのでなければ、大規模な防御施設が造られることはなかった。10世紀末にはイベリア半島などのイスラム支配下の都市に、内部闘争や内戦に対する備えとして築城が施されている。このようにして中世盛期初頭には、ヨーロッパおよび地中海世界のほとんどすべての町や都市が、修復されたか新たに建造された城壁を誇ることになったのである。11世紀を通じて多くの城塞が、あたりを睥睨（へいげい）する孤立した拠点たるよりも、町あるいは都市の防御施設と実際に連携するようになっていった。カスティーリャ王国の名は権力と安全の象徴として機能する城塞群にちなんでさえいるのだ。ターイファとよばれるイスラムの諸王国に対する、カスティーリャの南方への拡張方針のなかで城壁町の重要性も増してきていた。

西ヨーロッパに登場した城塞群

　今日、私たちが中世城塞について思い描く姿は、19世紀のロマン主義の作家や詩人たちが創ったものである。彼らはヒロイズム、ミステリーと神秘主義のオーラでそれらを飾り立てたのである。だが、ほとんどの城塞は私たちの期待に応えるようなものではない。実際は戦争のために建造された機能的構築物であり、「宮廷の愛」※の舞台になるようなロマンチックな場所ではないのだ。ヨーロッパから中東、北アフリカまで存在する城塞群は、地域や文化の違いをはっきりと表しており、同じように計画された城塞は一つとして存在しない。建造する場所の地形を最大限に活かすように設計するのが普通だからである。

　最もよく知られている形式の城塞は西ヨーロッパ、特にフランスとイングランドと関係が深い。ユーグ・カペの治

ソーミュール：フランス
今日ある城塞はかつての築城の敷地に建てられたものである。ソーミュールは1026年のフルク・ネッラの侵略拠点だった。

世下、王国内の諸侯は互いに争うことに忙殺され、王の座を奪おうとするものはなかった。ユーグ王の主な強敵は彼と玉座を争った下ロタリンギア公（現在のベルギー）カロルス（シャルル）だった。彼はカロリング朝最後の一族の一人で、フランスを侵略し、ラン市を攻略した。ユーグ王は長期間の攻囲の末、カロルスの撃退に失敗し、さらにランスを失った。反逆行動により市門が開け放たれたからである。だが、最終的にユーグ王は勝利を収めた。中世盛期の多くの軍事行動と同様に彼の遠征は城塞あるいは城壁都市、城壁町の攻囲につぐ攻囲だった。ほとんどの封建宗主と異なり、ユーグ王はオルレアン伯領とパリ伯領を直轄統治した。これらが王領の一部となり、イル・ドゥ・フランスとよばれる地域となった。ユーグ王崩御後すぐ、彼の後継者ロベール敬虔王（けいけん）はその座を奪おうとするアンジュー伯、ブロワ伯、トロワ伯と戦わなければならなかった。10世紀末から11世紀にかけて、中小の諸侯さえ新たな石造城塞によって土地を守ろうとし、パリとオルレアンを

※吟遊詩人の歌う身分高き貴婦人に対するかなわぬ恋

ランジェ城塞：フランス──当初のモット・アンド・ベイリー城塞の遺構で、フルク・ネッラによって建設された。これはフランスで2番目に古いドンジョンである。

結ぶ王の連絡路を妨害しようとした。新たな石造城塞は諸侯の領土における支配を強化するだけでなく、王を否定し王に抵抗することをも可能にした。あたかも1世代の間に軍事建築における革命が起きたかのようで、王権は逼迫した危機に追い込まれたようにみえる。だが、城塞に取り入れられた考え方の多くは過去にその起源を持つ。

10世紀後半、時のアンジュー伯はまだ十代のフルク・ネッラだった。彼がアンジュー朝（プランタジネット朝）を興し、1世紀後にはイングランドを統治するようになる。ユーグ・カペもその継承者ロベールも、アンジュー伯の封臣や好敵手ブロワ伯に宗主権を大きく及ぼすことはできなかった。ユーグ・カペ治世下にフルクはその領土の強化と拡張のための遠征に乗り出した。フルクは暴力的で攻撃的、かつ切れ者の戦略家でもあった。麾下の封臣たちの忠誠心を維持しながら伯領を拡張する最善の方法は新たに獲得した領土に城塞を建設することである、と経験から学んでいた。ブルターニュ公コナンや彼の最大の敵ブロワ伯オド1世（ウード）との紛争を通じて失敗からも学んだ。後者に対する遠征ではヴィエンヌ川流域とアンドル川といったロワール川南方の麾下の封臣の忠誠心を維持しつつ、オドからソーミュールとトゥールの支配権を奪取することに注力した。オドの没後、ブロワ女伯と結婚したロベール王の勢力がブロワ領の安全を確保すべくフルクの方へ動きをみせたとき、運命の大逆転を耐え忍ぶことになった。だが、この後退がアンジュー伯をくじけさせることはなく、方針を拡張に戻して近隣諸領へ徐々に進出していった。彼は新たな城塞群を建てて抵抗拠点に砦を配置し、1020年代にはナントからトゥール外縁にいたるまでのロワール川下流域のほとんどを支配下に収めた。1026年にはソーミュールがついに彼の手に落ちた。トゥールはフルク・ネッラの没後も屈服しなかったが、石造城塞によって領土の安全を確保する彼の方針は受け継がれた。ノルマン人やフランス王の他の封臣たちがフルクの先例に従い、発展させていったか否かは議論の対象となっている。いずれにせよ、ノルマン人騎兵以上ではないとしても、石造城塞が大きな将来の成功の鍵であることを急速に学んでいった。

992年、ブルターニュ公コナンに対する遠征中に、フルク軍はナントのブルターニュ軍の築城野営地を攻略しようとして反撃をくらった。この築城野営地は城塞とされることもあるが、正確には城塞ではない。この陣地はおそらく土と木材を使ったものよりも小規模で、堂々たる木製パリサードからなるものだったと思われるが、フルクの小規模な軍にとっては大きすぎたのは明らかである。フルクがこの教訓を忘れることはなかった。990年代にはもっと恒久的な石造築城を建設し、その領土の安全確保と封臣の忠誠心の維持に務めた。伯は兵が1日で歩けるくらいの間隔で城塞を配置しようとしていた。配備された守備隊の任務はいかなる侵略勢力に対しても立ち向かうことだが、野戦は避けることになっていた。侵略者たちは、フルクの守備隊を破る唯一の方法が野戦ではなく、費用のかかる攻囲戦であることをすぐに学ぶことになった。また、フルク領内深くにある要となる城塞の攻囲が危険であることも認識させられた。付近の城塞の守備隊は1日あれば応援に駆けつけることができたし、補給線も襲撃にさらされることになる。さらに、攻囲戦には大軍と多くの時間が必要となる。このように防御側にとって攻囲戦は有利だった。封建制の下での軍は総じて小規模であり、長期にわたる作戦遂行には適していなかったのだ。これが中世のフランスに城塞が遍在している理由である。

ローマ帝国は騎兵によって打倒されたという側面もある。ビザンツ人たちは東方から伝来した鐙(あぶみ)を採用して重騎兵を作り上げた。これが西ヨーロッパの騎兵の前身で、すぐに戦場の主力となった。だが、騎兵が中世の戦闘で決定的役割を果たしたとしても、数の上では少数に過ぎなかった。訓練には時間がかかり、装備の調達には非常にお金がかかったからである。指揮官たちは戦列を満たすのに農民徴用兵たちや傭兵たちに頼らざるを得なかった。通常、中世の部隊は右翼、左翼、中央の3個の整列隊形で、一軍を構成していた。騎乗していない部隊の士気は簡単に揺らいだ。貧弱な装備で甲冑や防具もほとんどないまま開けた戦場に立つことになり、自分たちが非常に弱い存在だと感じていたはずである。このように、守備隊(通常は在地の徴用兵)は、城塞の城壁や城塔に守られながら安全に戦えるが、攻める側は飛翔体が雨あられと降り注ぐなかを突撃するか、その拠点を攻囲するかのどちらかを選ぶしかなく、野にさらされたまま食料などの補給を求めて田園地帯をさまようしかなかった。もちろん、城壁を突破し胸壁を攻撃するには特殊な兵器も用意しなければならず、多大な労力と時間を攻囲軍に強いることとなった。いずれにせよ、守備隊の補給が尽きるまで攻囲陣地を維持することができない限り、攻囲軍の士気の低下は防御側よりも著しかったはずである。中世後半の遠征で会戦よりも攻囲戦が多かったのは偶然ではない。『中世の攻囲戦』※の著者ジム・ブラッドバリーによると、中世の戦争はわずか1％の野戦と99％の攻囲戦からなっていたという。このように、当時を「城塞の時代」といってよい正当な理由が存在するのである。

ファレーズ城塞：ノルマンディ

1　大キープ——ロマネスク様式
2　礼拝堂
3　タルボ塔
4　副居館があった城塔

11世紀に着工したこの城館はギョーム(ウィリアム)征服王の誕生地だった。ファレーズ城塞の方形平面のキープに隣接する円形平面の城塔は、タルボ塔とよばれている。

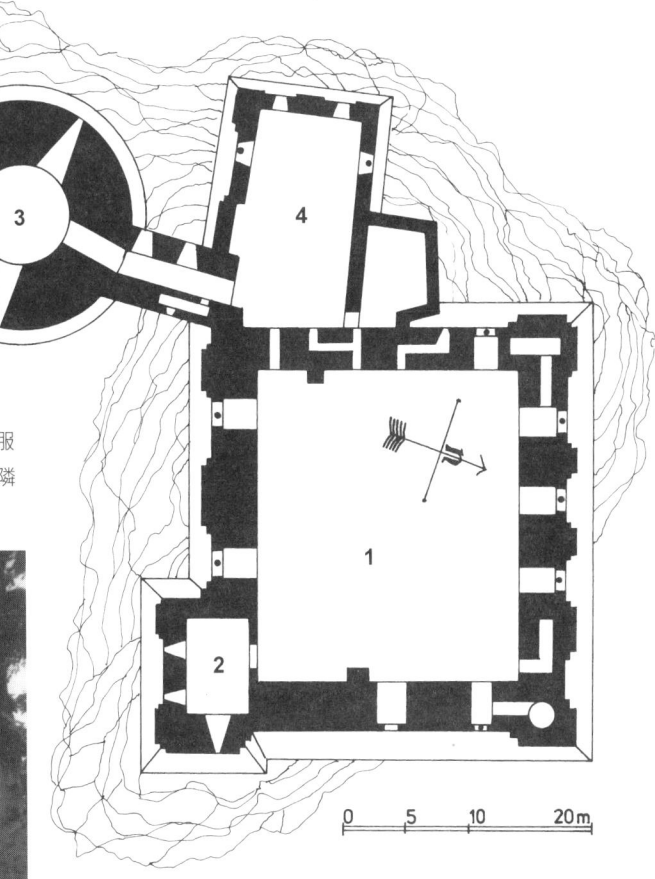

※原題『The Medieval Siege』P313 参照

ランジェ城塞：フランス

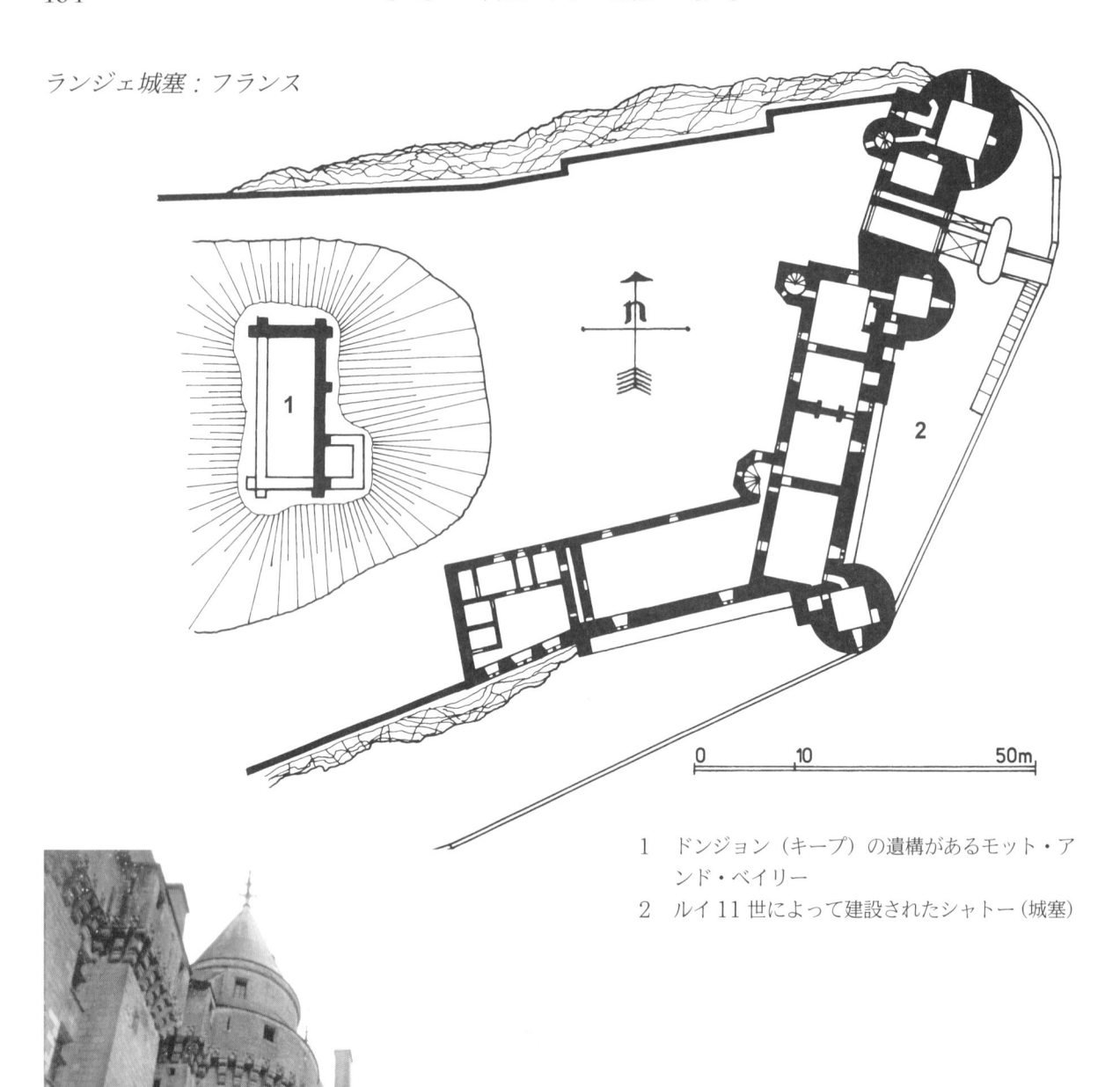

1　ドンジョン（キープ）の遺構があるモット・アンド・ベイリー
2　ルイ11世によって建設されたシャトー（城塞）

ランジェ：フランス
フルク・ネッラによってランジェに建設された、当初のモット・アンド・ベイリー築城の遺構は今でもみることができる（P102参照）。しかし、15世紀にこの築城を更新するためにルイ11世が新たに建設した城塞から見下ろされる位置に建っている。

西ヨーロッパの城塞

　西ヨーロッパ最古の城塞はモット・アンド・ベイリー形式に属する。このデザインは10世紀を通じて発展してきたと思われるが、正確にはわかっていない。ヴァイキングがフランク王国の海岸地帯を襲撃する拠点として築いた木製防御柵が、モット・アンド・ベイリーの前身だと信じる人もいる。後世の防御施設に基づいて考えると、野営地を防御するために、木造城壁とその前面に壕を造ったのではないだろうか。木材と土で建造された最初のモット・アンド・ベイリー城塞は、ノルマンディーに定住したノルマン人、ノルド人、北方人などとよばれるヴァイキングの手によるものだ。ノルマン人以前にアンジュー朝の人々がこの形式の築城を発展させた可能性もあるかもしれない。

　デンマークのトレレボーの環状築城は土盛をランパールおよび壕として運用しており、10世紀までさかのぼる。東ヨーロッパのかなり古いスラヴ人たちのグラードといくつか類似する点がある。堀から掘り出した土で城壁を築いた環状築城は、西ヨーロッパ、ヨーロッパ北部、中央ヨーロッパ、そして東ヨーロッパにおけるアルプスの北側のヨーロッパ諸国に広く伝播していた。ノルマン人がノルマンディーに定住したときにデザインを持ち込んだ可能性もある。モット・アンド・ベイリーの起源がどの地方であれ、この形式の築城が最初に頂点を迎えたのはフランスのノルマンディー公領やアンジュー伯領だろう。ノルマン人たちがフランスからイングランドに伝えたのは事実である。

　前章で述べたようにモット・アンド・ベイリーは、モットや人工の小山の頂上の木造ドンジョン、キープとそれを取り囲むベイリーあるいは囲まれた中庭、さらにそれを取り囲む木造パリサードと壕からなっている。モットはこの築城のなかでも最後の抵抗拠点となる。キープは通常、諸侯や城主の居館で、有力な諸侯の大規模キープには大ホール、居住区画、礼拝堂が設けられていた。周りを囲む壕は深さ3mにも及び、その後ろには壕から掘り出した土砂で作った土造や木造のランパールがあり、ランパールを備えた外壕とモットの間の空間がベイリーとなっていた。10世紀に木造だったモット・アンド・ベイリー城塞は、11世紀には石造になった。

　1970年代まで、最古の石造キープはフルク・ネッラによって建造されたフランス・ランジェのキープだと考えられていた。ランジェのモット・アンド・ベイリー城塞は995年の直前（おそらく992年）、フルク・ネッラ勢力の根拠地であるアンジェとロワール川南方の自領を結ぶ道路を統制できる位置に建設が始められた。この陣地はトゥールを脅かし、トゥールとソーミュールの間の道路を封鎖するのに用いられた。ランジェの城塞は典型的なモット・アンド・ベイリーで、土造および木造の防御施設を備えている。アンドレ・シャトランは『城塞』※で、実際はランジェはフルク領に2棟ある石造居館のうちの一つだと指摘している。どちらの居館も長方形平面の構築物で構成され、1階の窓と扉が塞がれていた。入口は2階（ヨーロッパでは1階）にあり、バットレス（控壁）によって壁体が補強されていた。キープは拠点のなかで主力となる構築物だった。石造ドンジョンは当初のモット・アンド・ベイリーの木造キープに倣って建設された。11世紀の石造キープは築城陣地の主力となり、かつて木造だったときに担っていた最後の砦としての二次的役割はなくなった。

　だが、ヨーロッパ北西部で初めて石造キープを建設したのは明らかにフルク・ネッラではなく、彼の好敵手ブロワ伯だろう。ブロワ伯はフルクよりも前から自領に築城を施した石造居館を所有していたのだ。このキープは10世紀の初頭、フルク1世赤色王がアンジュー伯領を切り拓いたときに建造された。ドゥエ゠ラ゠フォンテーヌに位置しており、ここはブロワ伯とアンジュー伯が係争中の領域にあった。おそらく900年に木造構築物が焼失したとき、二人のどちらかによって建設された。ランジェのキープと同じく1階の開口部は塞がれ、入口は上の階にあった。ここでも、これが築城を施されたキープに改築されたのはいつか、あるいは、これがモット・アンド・ベイリーになったのはいつかを論じることは難しい。おそらくこの世紀の末、フルク・ネッラ治世下だったと思われる。

　同時代の中央ヨーロッパでは、ゲルマン人たちがベルクフリートとよばれる城塔を建設していた。その起源は古代ローマの監視塔にまでさかのぼる。東方のスラヴ諸国ではグラードが主力であり続けていた。この時代、行政の中心であるグラードは大規模なものに成長し、ポーランドではクラクフ、ブロツラフ（ブレスラウ）やグニェズノのような主要都市を囲むものとなった。個々の一族によって建

※原題『Châteaux forts: images de pierre des guerres médiévales』P313 参照

設された小規模なものは西ヨーロッパのモット・アンド・ベイリー形式に類似していた。多くのグラードは築城を施された城門を備えていた。これはヨーロッパの他の地域でも共通した特徴であり、古代イングランドの丘上要塞や古代ローマの城壁にも共通している。しかし、スラヴ人の城門塔（ゲート・タワー）は主防衛線上に位置しているが、初期のモット・アンド・ベイリーではキープが最終防衛線になっている。場合によってはグラードの内部にも最終防衛線となる城塔が設けられた。この城塔は防衛の他、居館、ベルフリー、あるいは穀物庫としても使用された。

石造築城や石造キープが暗黒時代のほとんどの間用いられなかったのにはいくつかの理由がある。まず、石材を切り出すのは、木を伐採するよりも高度な技術が必要だった。さらに、石材を運んで配置するには相当大規模な労働力を必要とし、人員と石工を集めるのは、封建諸侯（特に中小諸侯）にとって費用がかかりすぎた。また、同様の理由で、古代ローマ人たちが発展させたモルタル製造の手腕と技術は忘れ去られていたか、ほとんど知られていなかった可能性もある。最後に最も重要な理由として、石材よりも木材の方が豊富で、すぐに利用できる場所が多かったことが挙げられる。また、木材は石材より安く造れた。

ウーダン：フランス
12世紀半ばの円形平面の石造キープ。半円形平面の隅部小塔が突出している。

『ヨーロッパの城塞』※でウィリアム・アンダーソンは、フルク・ネッラがキープに石材を使ったのは、防御上の理由だけではなく、同格の諸侯のなかでの彼の権威を上げるためでもあっただろう、と述べている。伯が構築物に資金を投じたことは、思惑通りに諸侯に衝撃を与えたに違いなく、すぐさま諸侯は彼の模倣をはじめたのである。フルクの初期の遠征によって、築城陣地は領域支配を維持するのに最善の手段であり、攻略が困難であることが明らかになっていた。石材は燃えることがなく木材よりも老朽化しにくいので、フルクの砦は非常に威圧感あふれるものとなった。このように石造キープはフルクの社会的権威だけではなく軍事力をも向上させるのに寄与したのである。

ドンジョンやキープは徐々に城塞建築の中心となり、さらに複雑になっていった。その周囲には防御のための工夫が追加された。時代とともに規模と形態は変化し、ベイリーを囲むカーテン・ウォールはさらに複雑になっていった。11世紀までフランス北西部ではモット・アンド・ベイリーが築城の主力であり続けた。各領邦の伯や公が相互に争い、彼らの王がこっちについたりあっちについたりしているうちに石造城塞は増殖を重ねていった。ノルマンディー公ギヨーム（ウィリアム１世征服王）はこの形式の築城に対して数多くの軍事行動を記録し、自領を防衛して、やがてはル・メーヌ伯領やアンジュー伯領へと南方を支配していった。ギヨームが1066年にイングランドを侵略した際、移動式の木造城塞を運搬してイングランドで組み立てている。これはこの時代になっても木造ドンジョンがまだ広く用いられていたことを示しているように思われる。

ノルマン・コンケストの後、モット・アンド・ベイリー城塞はイングランド全土に広がった。一方、エドワード告解王の時代には１ダース弱の築城陣地しか残っていなかった。ウィリアムとその後継者たちは、フランスでしたように城塞を用いてイングランドの領土の支配強化を図った。１世紀間にイングランドで数百棟の城塞が建設され、ノルマン人たちは比較的短期間でイングランドのほとんどのアングロ・サクソン諸侯に取って代わることができたのである。

12世紀初頭、多くの城塞がイングランドに建設され、ヘンリー１世は許可なく建設された城塞を破却するよう命じて王国支配の維持を図った。アングロ・ノルマン人はスコットランド南部へと進出し、紛争に巻き込まれるなかモ

※原題『Castles of Europe』P312参照

ドーヴァー城塞：イングランド
大キープ

ット・アンド・ベイリー城塞を建造していった。ヘンリー2世は1168年にアイルランドを侵略したときに同じ戦術を用いた。ブリテン諸島全土でもフランスと同じように、木材で建設されたモット・アンド・ベイリー築城は徐々に石造構築物に道を譲っていった。多くの場合、木造パリサードは城壁によって更新されたが、モットの上の木造城塔はシェル・キープに代わり、地方によってはこれは明らかに、木造城塔が石造キープに更新される途中段階を示す。シェル・キープは本質的にはモット頂上の石造囲壁である。

12世紀中のどこかでヨーロッパ北西部ではキープが築城の主力要素となった。イングランドで最大のもの2棟（ロンドンの「白の塔」〈ホワイト・タワー〉とドーヴァーのキープ）は重要な場所に建設された。どちらも元々はモット・アンド・ベイリー複合体の一部として建設された可能性はあるが、築城の真ん中に配置されていたことは明らかである。これらの大規模な長方形平面のキープはイングランドでは「大城塔」（グレート・タワー）とよばれている。非常に重いため、人工のモットで支えることができず、排除されていった。フランスとイングランドの全土で量感あふれるキープが増加するにつれて、モット・アンド・ベイリー城塞は放棄または改造され、ヨーロッパの風景から姿を消していった。だが、石造キープはその前身であるモット・アンド・ベイリー形式の木造キープと同様、最終防衛の牙城として機能し続けた。隅部やすでに防衛された部分の中央など、弱点にならないところには配置されず、カーテン・ウォールと接続されて、常に防衛の最前線として機能していたのである。その規模の大きさゆえ、キープは有力な諸侯の居館に改装されることもあった。また、キープはノルマン・コンケストの後、特に12世紀に西ヨーロッパで大量に出現しはじめた。ベイリーの城壁（主に木造）に周囲を囲まれ、石造城門と、ときには石造城塔が城壁に付いていた。

やがて木製パリサードは石造城壁に更新されていった。このように12～13世紀にかけて城塞はすべて石造の城壁、城塔、キープによって構成されるようになった。13世紀初頭には大規模石造キープ（多くはまだモット・アンド・ベイリー）は、ブリテン諸島の城塞の主力形式だった。

13世紀中にはキープは徐々に放棄され、もっと大規模で強力な城門が好まれるようになった。この形式の城塞の例としてハルレフとビウマレスがある。ウェールズ征服遠征においてエドワード1世が建設したものである。エドワードの城塞群はブリテン諸島で建設されたなかで最も先進

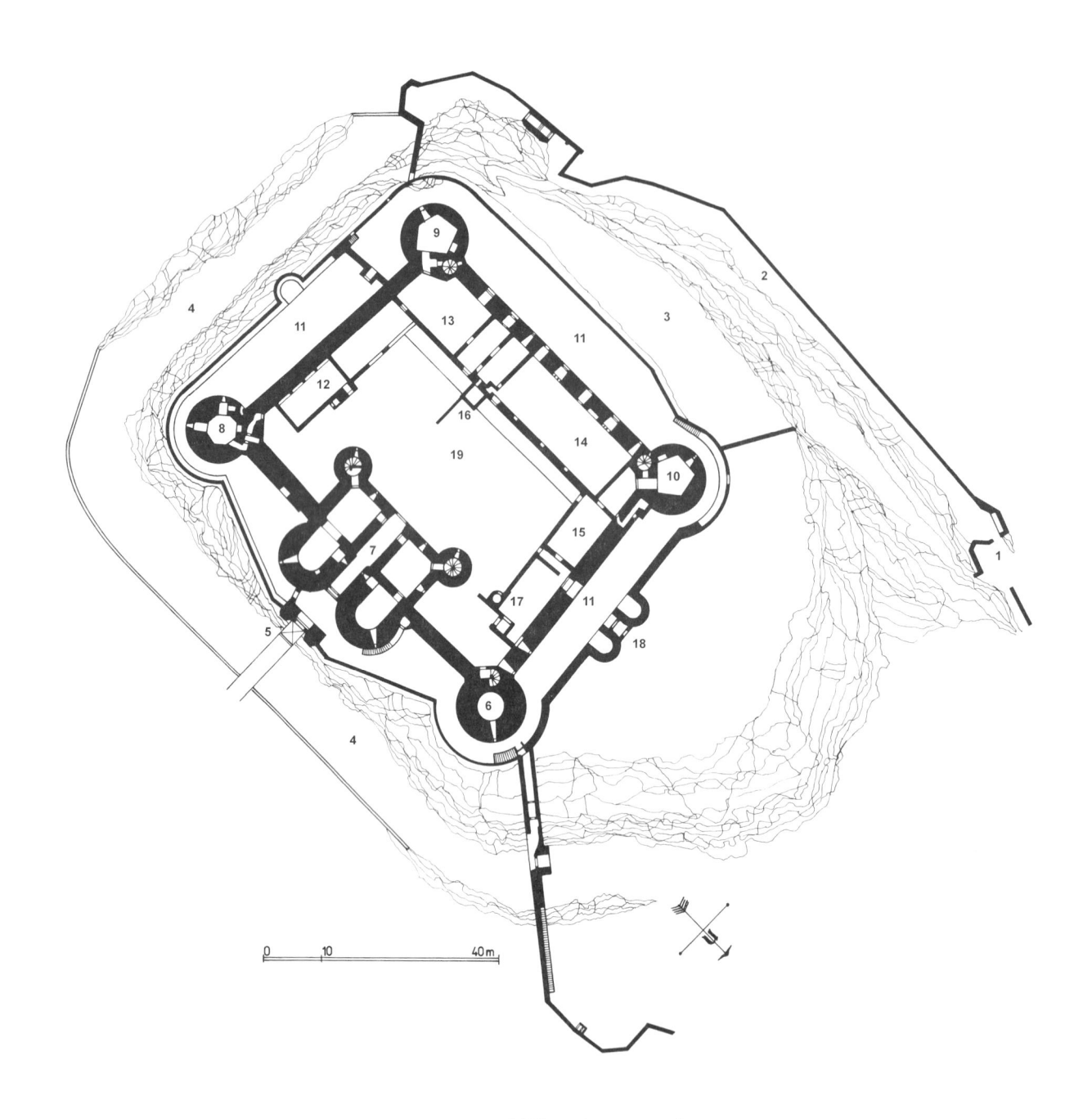

ハルレフ城塞：ウェールズ

1　水門
2　外城壁
3　急峻な斜面と外ベイリー
4　堀
5　外城門
6・8・9・10　隅部城塔群
7　城門棟
11　中ベイリー
12　穀倉
13　厨房
14　大ホール
15　礼拝堂
16　階段
17　井戸
18　ポテルヌ（埋み門）
19　内ベイリー

ハルレフ城塞：ウェールズ

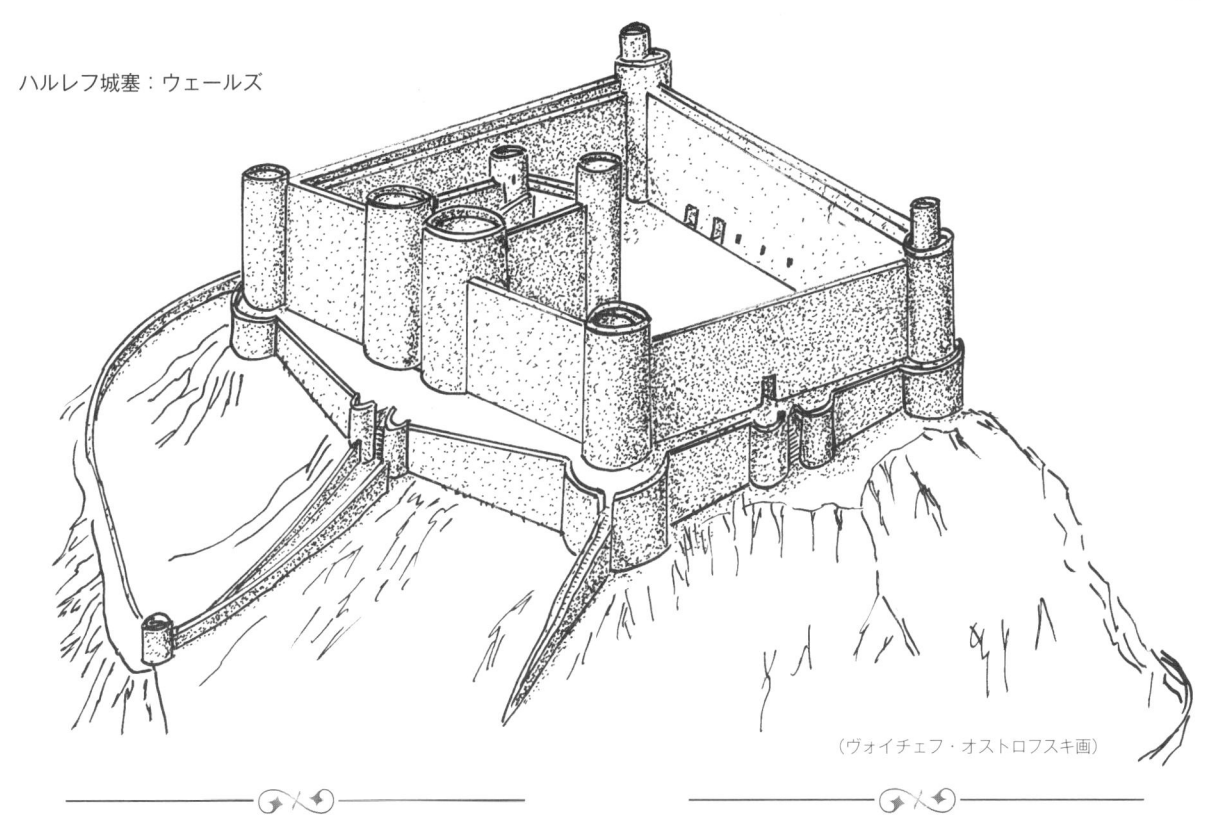

(ヴォイチェフ・オストロフスキ画)

的で強力なものだった。設計者であるマスター・ジェイムズは設計に新しい工夫を多く取り入れた。そのなかには彼の故郷だけでなく他の地方で見てきたものもあった。たとえば、多重環状城壁の配置で、城門を一直線に並べないことである。錘（おもり）を使った跳ね橋、プリンス、それに2方向への矢狭間（やざま）を備えた射撃用アンブラジュールまでも使用された。エドワード王の関心はウェールズにおける主力構築物に注がれていたが、ロンドン塔のような他の陣地の改良を怠ったわけではなかった。

エドワード1世は13世紀末には、封臣たちに王の城塞建設のための大量の労働力を提供させる術（ほうしん）を手にしていた。そして王はウェールズのビウマレス建設のために2,600名以上を動員したのである。この城塞はわずか3年でほぼ完成したが、マスター・ジェイムズのビウマレス全体の設計がすべて完成することは決してなかった。他のウェールズの大城塞も、同様に驚くべき速度で建設された。

新たな城塞はフランスでも次々に出現し続けていた。これはプランタジュネ家（イングランドではプランタジネット朝）とカペ朝が敵対して、両家の関係がおかしくなったからである。プランタジュネ家はイングランド王位（アンジュー朝またはプランタジネット朝）も獲得しつつ、フランス国内にノルマンディー、ル・メーヌやアンジューなどいくつかの公領、伯領を抱えていてフランス王の封臣でもあった。1152年、ヘンリー2世がアキテーヌ女公アリエノールと結婚したときに状況はますます複雑になった。アリエノールは父の没後に独立国アキテーヌ公領を継承し、直後の1149年にフランス王ルイ7世と結婚していた。教会が3年後にこの婚姻を取り消すと女公はイングランド王と結婚し、このときにルイがアキテーヌの継承権獲得を試みたのである。このような経緯で、ルイ7世と息子のフィリップ尊厳王は長期にわたる軍事行動を開始して、イングランド王でもある封臣のフランス国内の領土の奪還を試みたのである。双方ともその戦略は、要（かなめ）となる城塞や城壁都市を攻略し支配することの連続だった。

このように西ヨーロッパではポルトガルからイングランドまで新たな城塞や都市築城が出現したり、あるいは再建されたりしたが、一方では攻略され土と化すほど破壊されたものもあった。イベリア半島では拡張しつつあったキリスト教諸王国がイスラム教徒たちに対して、領土を維持し拡張すべく石造城塞を建設し続けていたが、フランスやイングランドとは異なり、城塞の多くは王の守備隊のためのものであり、在地の諸侯が私有する居館ではなかった。

中世の城壁都市

城壁都市は 11 世紀以降のヨーロッパ全土で重要なものとなっていった。東方およびバルカン半島とイタリア半島の城壁都市は、その多くに古代ローマ時代かそれ以前から築城が施されていて、文化の中心地でもあった。たとえば、エルサレムには青銅器時代のかなり前から築城が施されていて、この時代にも残存していた。その西の市門は幾世紀にもわたって、シタデルと紀元前までさかのぼる最古の城塔「ダビデの塔」によって防衛されてきたのである。

シタデルは城塞のような外観をしており、1 世紀から 20 世紀まで続く大規模な城壁都市に共通する特徴を備えている。そして、地域の要となる社会、経済および政治の中心を城壁の内側に抱えていた。エルサレムの市壁は城塔群によって防衛、強化され、城塔は幾世紀にもわたって修築され改築されてきた。ローマとエルサレムには明らかに多くの類似点がある。このような大規模な城壁都市として他にはコンスタンティヌポリスがあるが、コンスタンティヌポリスにはシタデルはなかった。他にも同じような、だがもっと小規模な城壁都市が地中海沿岸各地に点在していた。

西ヨーロッパおよび中央ヨーロッパでは古代ローマ時代の市壁が中世盛期の要となる城壁都市の多くを防衛し続けていた。今日でもまだ大部分が無傷で現存している都市の一つに、フランス南西部のカルカソンヌがある。カルカソンヌはシタデルで厚く防御された都市へと発展しただけでなく、多重環状城壁も備えていた。内城壁に 29 棟、外城壁には 17 棟の城塔を誇っており、総延長は約 3 km である。その 12 世紀の城塞はキープが城塞複合体から姿を消した頃の発展段階を示している。カルカソンヌは当時最も威圧感あふれる防御された都市の一つとなった。

イベリア半島ではアビラという城壁都市が現存している。シタデルはないが、一部に築城を施した司教座聖堂があり、市壁に寄せて建設された。この都市の周囲を囲む堂々たる市壁は 11 世紀末に着工し 12 世紀初頭に竣工した。88 棟の城塔と 9 棟の築城を施された市門を備えていた。

イタリア半島は数多くの城壁都市を誇っており、なかには中世盛期にまでさかのぼるものもある。たとえばモンタ

アビラ：スペイン

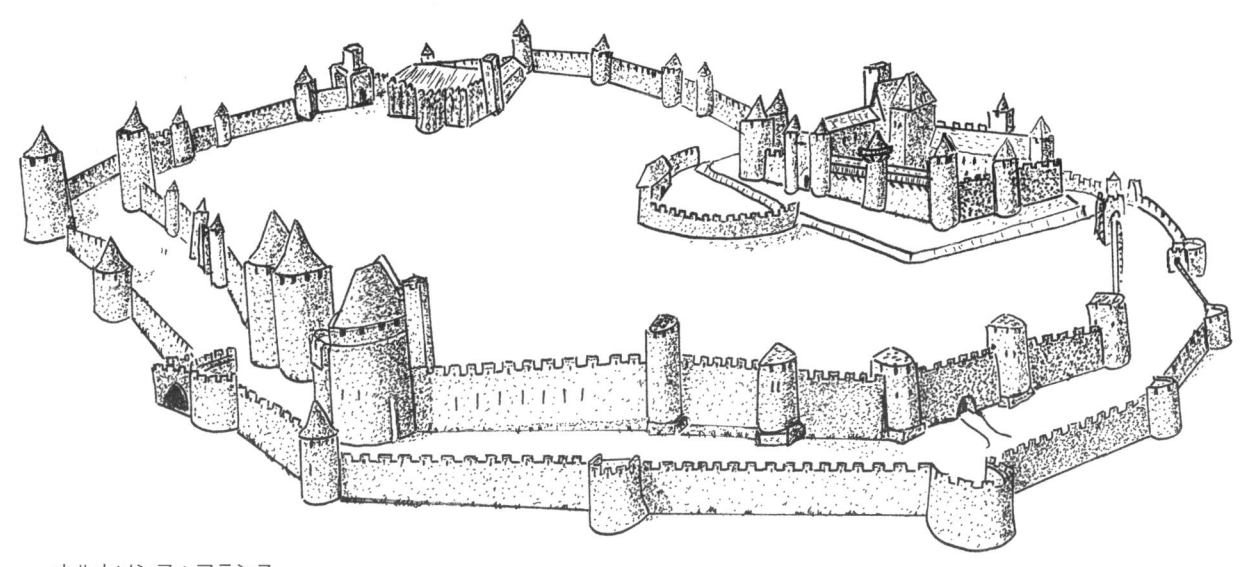

カルカソンヌ：フランス
バービカンを備えた城塞は右上方にあり、教会堂は上方付近、ナルボンヌ門は左方にみられる。
（ヴォイチェフ・オストロフスキ画）

ニャーニャは中世初期ではなく 14 世紀末に発展した。その高い城壁は煉瓦造であり、重厚に築城を施したその 2 棟の市門は、町を支配した二つの一族の砦として機能していた。14 世紀以前からこのような重厚に築城を施した城門が、城塞の主要居館としてキープに取って代わりはじめていた。モンタニャーニャの市門は都市レヴェルでこの方法を適用したものだと思われる。城塞は約 2 km にわたって築かれ、約 75 m 間隔で城塔が配置され、さらにその前面に幅広い堀が設けられた。モンタニャーニャの防御施設の特徴の多くは、次世代の築城にみられるようになる。じつは城壁町や城壁都市が花開き、新世代の築城へと発展していったのはイタリア半島だった。ヴェネツィア人たちは交易によって一大帝国を築き、それを守るためにアドリア海のダルマティア海岸沿いに築城港や城塞を数多く建設している。ジェノヴァ人たちもその海外領土に築城を施していった。これら双方のイタリアの共和国の構築物ははるか東の黒海沿岸にまでみられる。

ヨーロッパの他の地方でも城壁都市はさらに重要な役割を果たしていくようになった。暗黒時代末期、パリとロンドンでは双方ともヨーロッパ北西部や西ヨーロッパの他の多くの都市や町と同じく新たな市壁が築かれた。新しい市壁のカーテン・ウォールは一般的に従来の都市の市壁よりも拡張が可能であり、場合によっては古代ローマ時代の城壁の遺構を含んでいることもあった。1190 年、フィリップ尊厳王はパリ防衛のためにセーヌ川右岸に高さおよそ 30 m の円形平面の城塔 20 棟を備えた市壁の建設を下命した。20 年後にはこの都市の増えゆく都市住民たちを守るべく左岸にも同じような市壁を建てることを決定している。14 世紀には市壁の拡張が再び必要になった。12 世紀から 13 世紀には、従来の城壁の外側に市域拡張したフランスの他の都市もパリの先例に倣い、新たな市壁を建設して拡張した市域を囲い込んだ。神聖ローマ帝国では城壁町は東方からの侵略者に対する護りとして機能し続けていた。

*城壁都市カルカソンヌ
：フランス*

1　大バービカン
2　城塞のバービカン
3　城塞
4　馬場
5　城塞の城門の城塔群
6　城塞の堀
7　方形平面の城塔
8　ポテルヌ（埋み門）のバービカン
9　ナルボンヌ門のバービカン
10　ナルボンヌ門
11　宝物塔
12　町

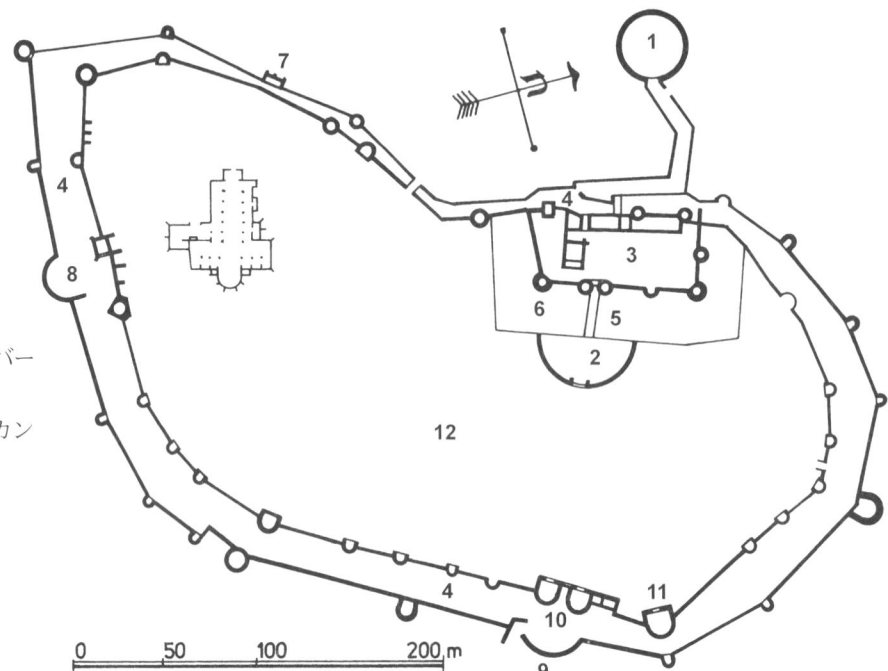

カルカソンヌのナルボンヌ門の図版
（グリーンヒル・ブックスの御厚意により掲載）

城塞の時代

上図：カルカソンヌの城塔1棟の内側からみた姿。
右図：同じ城塔の外側からみた姿。

(『軍事建築（Military Architecture）』より引用。
グリーンヒル・ブックスの御厚意により掲載)

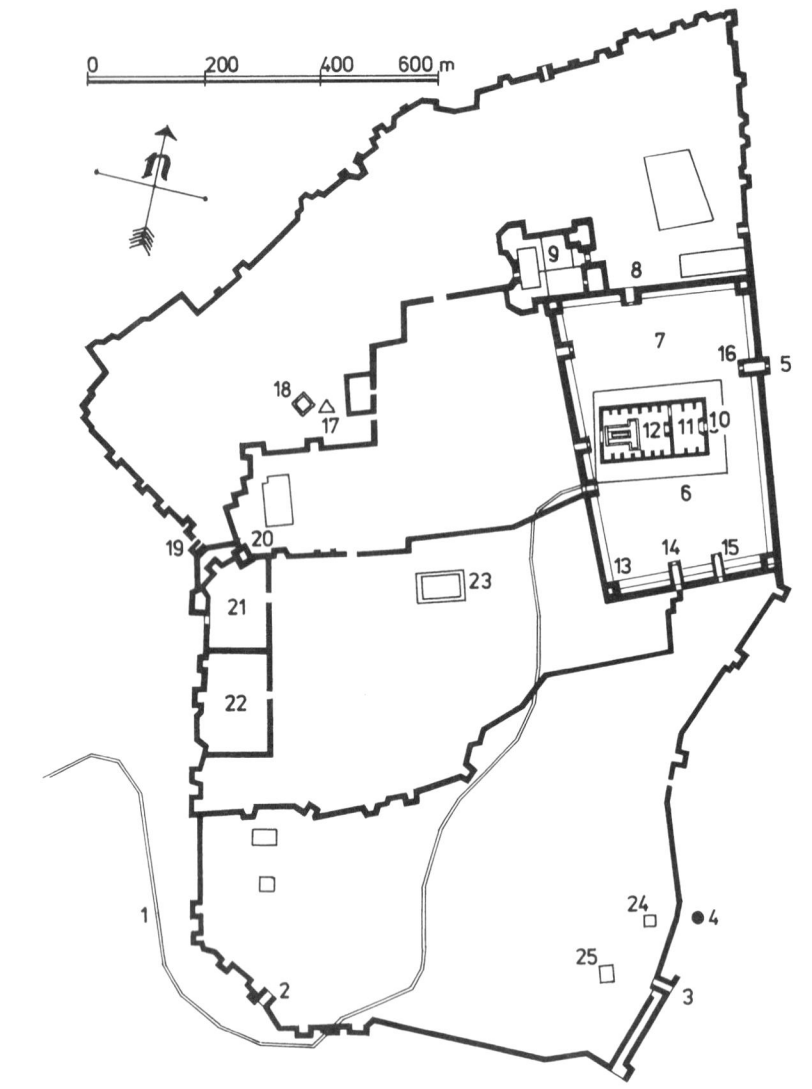

城壁都市エルサレム

1 水道
2 エッセネ派の門（テコア・トール）
3 春の門
4 シロエ塔
5 金門
6 ヘロドトスの神殿（山の神殿）
7 異教徒の中庭
8 羊の門
9 アントニヌス城郭
10 美麗門
11 女たちの中庭
12 祭司宮殿の中庭
13 王のポルティコ（柱廊）
14 二重門
15 三重門
16 ソロモンのポルティコ
17 ゴルゴタの丘
18 聖墳墓
19 市門
20 ダビデの塔
21 ヘロドトスのシタデル
22 王の庭園
23 ハスモン朝の宮殿
24 シナゴーグ
25 シロエ池
26 オリーヴ山

ダビデの塔
：エルサレム

東ヨーロッパのグラード

　東方のスラヴ諸国には、すでに幾世紀も経た大規模グラードもあった。スラヴ人たちは石材ではなく木材と土を主に使い続けた。城塔は石造基礎の上に築かれることも多く、11世紀を通じて城門を防御するために加えられた。特に12世紀初頭以降のポーランドのように、城塔全体を石造にすることもあった。水堀が造れるところでは水堀が城門を守っていた。これらの城門の最も良い例の一つはキエフ（キーウ）の金門で、11世紀後半に建設された。

　多くの人口を抱える町ではグラードの境界を越えて町が広がったため、さらに複雑な築城で囲むこともあった。新たな市街地を防衛するために城壁を増築したのである。これらの複雑な市壁の多くは10世紀末に低地シロンスク（シュレージエン、シレジア）でみられた。

　ボレスワフ1世の治世から11世紀末のポーランド王国は、土造や木造のグラードが運用された唯一の築城だった。12世紀初頭、ボレスワフ2世治世下にこれらのグラードの多くは、石造基礎の上に木造の城塔と城門を建設することで強化された。13世紀までポーランドに煉瓦造が普及することはなかった。1228年、シロンスクのオストルヴェクのグラードは他の多くの拠点と同様に石造に改築された。方形平面の、後には円形平面の城塔が、13世紀末にはポーランド全土、特にカリシュ、ルブリンやマウォポルスカ（小ポーランド）のカジミェシュ・ドルヌィのような重要な町に次々に出現していった。ポーランド東部でこれらを行ったのはベラルーシの公たちだった。西部のポモージェ（ポンメルン、ポメラニア）ではポーランドの他の地方と異なり、伝統的なグラードがもっと長く残った。この地方に初めて造られた石造あるいは煉瓦造の構築物は、築城を施された大規模な正方形平面または長方形平面の住居で、ドイツのベルクフリートよりも西ヨーロッパのキープに類似したものだった。当時、神聖ローマ帝国のドイツ諸領でベルクフリートもさらに堅固な構築物によって更新されつつあったのである。14世紀末まで城壁や城塔がキープに増築されることはなく、これは従来のグラードがポーランドの他の地方よりも長く使用されたことを意味する。他の地方では土造および木造の城壁が石工による煉瓦造城

キエフの金門の再建　（ジョン・スローン氏の御厚意により写真掲載）

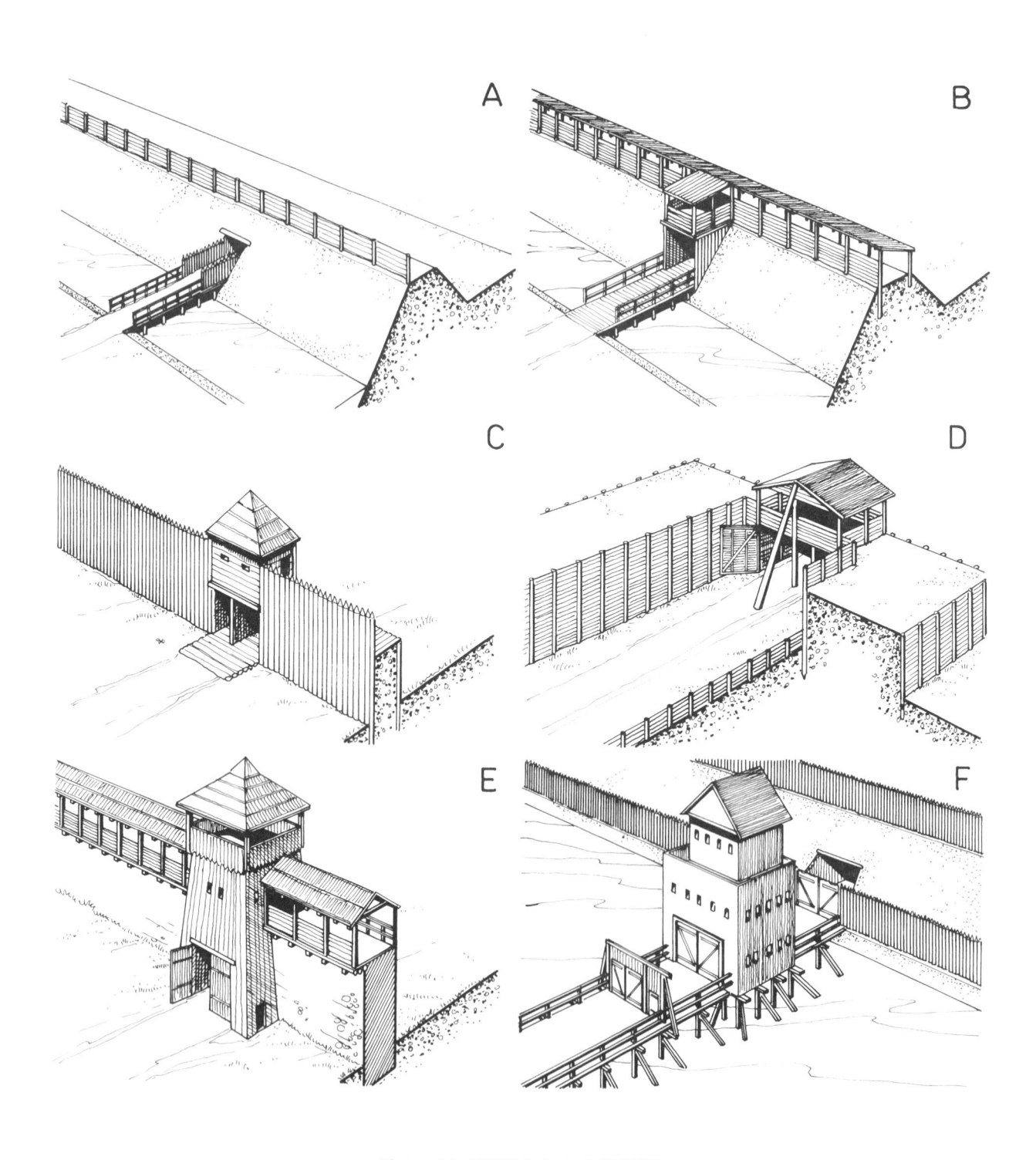

グラードで使用された木造城門

A 前キリスト教時代の東ヨーロッパで一般的だった隧道（トンネル）門
B 前方に突出した城門。入口となる通廊もある
C 二つの入口を備えた城壁表面の城門
D 水の中の丸太によって支持された幅の広い城門
E 城門棟
F 橋上の前方入城門

壁によって更新されていった。

ポーランド北部ではドイツ騎士団の到来が大きく影響したとも思われる。1255 年、ドイツ騎士団はトルンのグラードをこの地方初の石造城塞に更新し、世紀末には規模を著しく拡張している。彼らは東方ではじめて修道院形式の城塞建設を始めた。ポーランドの築城修道院もみられるが、修道士たちによる戦闘騎士団のために創建され設計されたわけではなかった。

ポーランド文化の中心地クラクフは 8 世紀以来、土造・木造の築城によって周囲を囲まれていたが、1000 年に司教座都市となった際にさらに増築が行われた。11 世紀にはピアスト朝の王たちがその首都をクラクフに遷したが、1 世紀以上もその防御施設は木造のままだった。王宮のある城塞ヴァヴェルの木製城壁は 13 世紀初頭に石造城壁に換えられた。カジミェシュ大王がこの都市のために石造防御施設を建設し始めたのは 1355 年のことだった。ポーランドでは「カジミェシュ大王は木造のポーランドを見出し煉瓦造のポーランドを遺した」といわれている。

ポーランドはスラヴ諸国の典型だったと思う。従来の土造や木造のグリッド城壁が 14 世紀まで使われていたのだ。これらの大規模なグラードでは方形、楕円形、円形が好まれた。12 〜 13 世紀にかけて伐採が進み、徐々に森林資源が枯渇したため、スラヴ人たちも煉瓦や石材を使うようになった。だが、これらは高価で加工も難しかったので、当初は西ヨーロッパと同様、城塔と城門にのみ使用された。

モスクワ（マスクヴァー）の居住地はおそらく 12 世紀初頭には存在し、1159 年に支配者であるルーシ族の大公が主要交易路を支配すべくグラード形式の築城を建設した。堀、土造ランパールと木造パリサードを備えていたと記録されている。イヴァン 1 世がまだモンゴルの侵略者たちの臣下だった頃、ルーシ諸国に自らの大公国の本拠地を立ち上げた。その首都はやがてロシア帝国の中心地となる。治世末期の 1339 〜 1340 年には、オーク材でできた木製城壁と城塔を都市築城に増築した。1367 年、モスクワ大公ドミートリー・ドンスコイは、イヴァンの土造や木造の築城を白色石材の城壁と城塔に更新した。この築城は三角形平面であり、32 m にもおよぶ水堀と川で囲まれていた。1485 〜 1495 年にクレムリン（クリェームリ）（シタデルの意）は完全に再建された。その最後の城塔は 17 世紀末にようやく完成している。城壁は長さ 2.2 km 超に及び、その 18 棟の城塔のなかで最も高いものは 80 m、最も小規模なものは高さ約 13 m だった。城壁の厚さは 3.5 〜 6.5 m と様々で、これによりこのシタデルは東ヨーロッパで最も威風堂々たる拠点の一つとなっている。

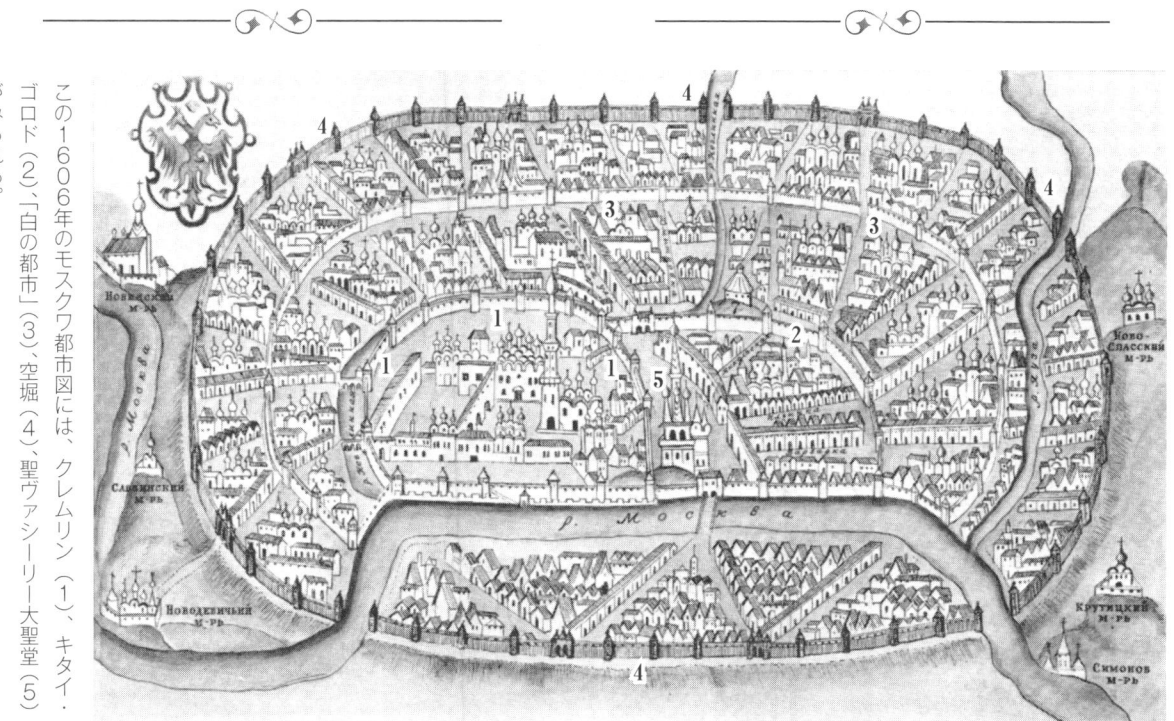

この 1606 年のモスクワ都市図には、クレムリン（1）、キタイ・ゴロド（2）、「白の都市」（3）空堀（4）聖ヴァシーリー大聖堂（5）がみられる。

ビュディンゲン城塞：ドイツ

ビュディンゲン城塞は12世紀にヘッセに建設された。特異なアンサントは13角形平面である。ヴォールト架構された建造物が飛翔体射撃に対する追加防備として15世紀に増築された。

1　ベルクフリート
2　大ホール
3　中庭
4　15世紀の建造物の外形線

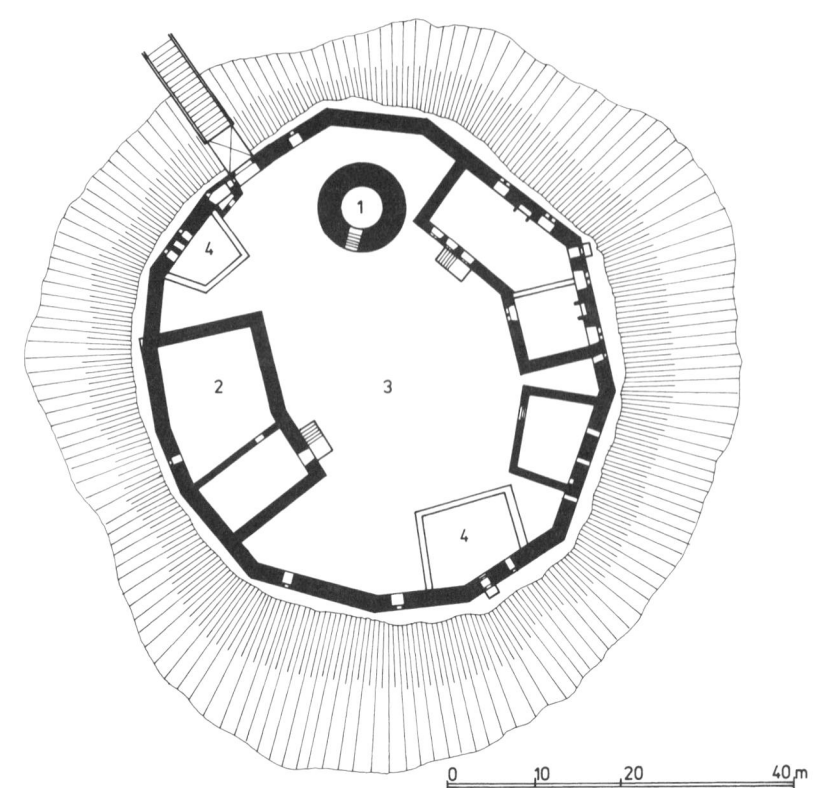

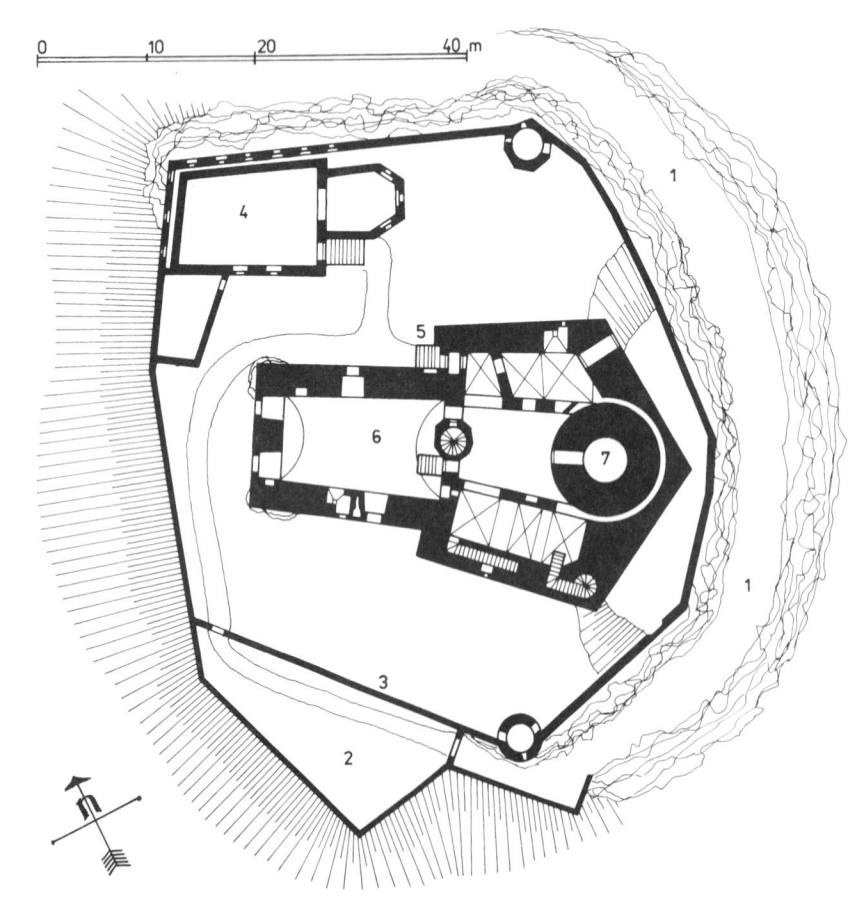

ブルクシュヴァルバハ城塞：ドイツ

1370年頃にヘッセに建設され、歴代カツェネルンボーゲン伯が所有していた。この城塞のベルクフリート塔群は、陣地全体の上に高くそびえている。

1　接近道路でもある空堀
2　家禽類のいる下郭
3　カーテン・ウォール
4　礼拝堂
5　主城門
6　大ホール
7　ベルクフリート

中央ヨーロッパおよび南ヨーロッパの築城

　中央ヨーロッパとヨーロッパ南部の築城は、西ヨーロッパと同じ道を歩みながら発展していった。ゲルマン民族は神聖ローマ帝国のいたるところに住んでいて、10世紀には築城を施された修道院や町が要（かなめ）となっていた。これらによりゲルマニア諸国を脅かすヴァイキングやマジャール人の攻撃から守っていたのである。ザクセン人の歴史家ヴィドゥキントによると、ゲルマニア王（ドイツ王）ハインリヒ1世「鳥狩人王」は920年代末に有力な野戦軍と要塞網を創建した。ハインリヒ1世がマジャール人やスラヴ人と戦うために改革を進め、核となる重騎兵隊を創建したことにより、麾下の臣民たち（ザクセン人とテューリンゲン人）の軍事面での汚名を返上し、名声を獲得した。こうして麾下の軍はロタリンギアやフランコニアの諸公領のフランク（西ヨーロッパ）勢力と同等となったのである。後に王の息子オットー1世「大帝」は955年のレヒフェルトの戦いで、麾下の著名な騎兵隊を用いてマジャール人を撃破している。

　通常、城壁町は1ダース以上の居住地が一つの街区を形成し、城郭（ブルク）に付属するように造られた。メルセブルク、クヴェドリンブルク、ゴスラー、ノルトハウゼン、グローナやペールデがこれにあたる。ハインリヒ1世は修道院の周りにも城壁を築くよう下命しており、古き城壁都市の修繕や修復にも手を尽くした。国境地帯の要塞群には、古代ローマの伝統に従って王麾下の司教たちや伯たちからも守備隊が派遣され、毎月交代で兵員が配された。ハインリヒはこれらの事業によって「建設王」とよばれるようになっている。933年、メルセブルクの戦いでハインリヒの騎兵隊は侵略してきたマジャール人勢力を撃破し、城壁町と築城修道院の防衛が重厚であることを知らしめた。ハインリヒは東方でもスラヴ人農民に対してこの築城システムを用いている。

　初期ゲルマニア（ドイツ）城塞は、西ヨーロッパでモット・アンド・ベイリーが頂点を迎えた頃に発展した。ゲルマニア諸領の築城の主要形式はベルクフリートであり、フランスのドンジョンあるいはキープに類似していた。おそらくゲルマニア方面の国境地帯にみられた、古代ローマの監視塔から着想を得たのだろう。普通、ベルクフリートは監視塔や拠点として用いられ、初期のフランスのキープとは異なり主防衛線を構成するものだった。モット・アンド・ベイリーのパリサードと同じような外縁防御施設が後にベルクフリートの周りに発展していった。この時点ではまだベルクフリートを最大限効果的に運用することはなかった。多くのゲルマニアの城塞は丘か山の頂上に立地し、その周りの区域に築城が施された。ゲルマン人は半島のような山の支脈の周りを、川が蛇行している立地をよく選んだ。ただし、一部は城塞の出入口としてあけていた。

　11世紀後半、すなわち、神聖ローマ皇帝ハインリヒ4世の治世下になってはじめて城塞建設が本格的に始まった。ハインリヒ4世の治世以前、城塞は神聖ローマ帝国では極めて稀な存在で、ほとんどは君主の許可なく建造されたものだった。ハインリヒ4世が強固な支配を確立すると、多くの木造城塞を石造で再建するよう下命した。

　聖職叙任権（じょにんけん）をめぐるハインリヒと教皇グレゴリウス7世の紛争の際、麾下の封臣たちはハインリヒのイタリアへの進軍を妨害しようとした。そのためハインリヒは西方に大きく迂回しなければならなかった。イタリアで赦免を請い権力を回復すると、ハインリヒは受けた屈辱に対して麾下の封臣たちだけではなく、教皇グレゴリウス7世にも復讐を果たしている。そのため、教皇は1084年にカステル・サンタンジェロに退避しなければならなかった。城塞に転用されたこの古き墳墓はローマ帝政末期に次々に出現した多くの築城の一つにすぎなかった。ハインリヒ4世が新教皇を指名すると、グレゴリウスはノルマン人たちの助けを借りてかろうじて逃げのびた。亡命したのである。

　ハインリヒ4世以降、城塞建設はドイツ諸領で盛んになった。ウィリアム・アンダーソンの『ヨーロッパの城塞』※によると、ドイツの有力な領主家系は自らの城塞に由来する家名にしたという。

　神聖ローマ皇帝オットー1世が955年にレヒフェルトの戦いでマジャール人を撃破した後、マジャール人の北イタリアやゲルマニアへの襲撃は終焉を迎え、最終的にマジャール人はドナウ盆地のハンガリー平原に定住していった。ほどなく、イシュトヴァーン1世王が自らのハンガリー王国をキリスト教国へと改宗し、多くの制度と建造物を近隣諸国に倣って整備していった。そしてその王国を諸伯領に分割し、それぞれを強力な城塞によって支配させた。

※原題『Castles of Europe』P312参照

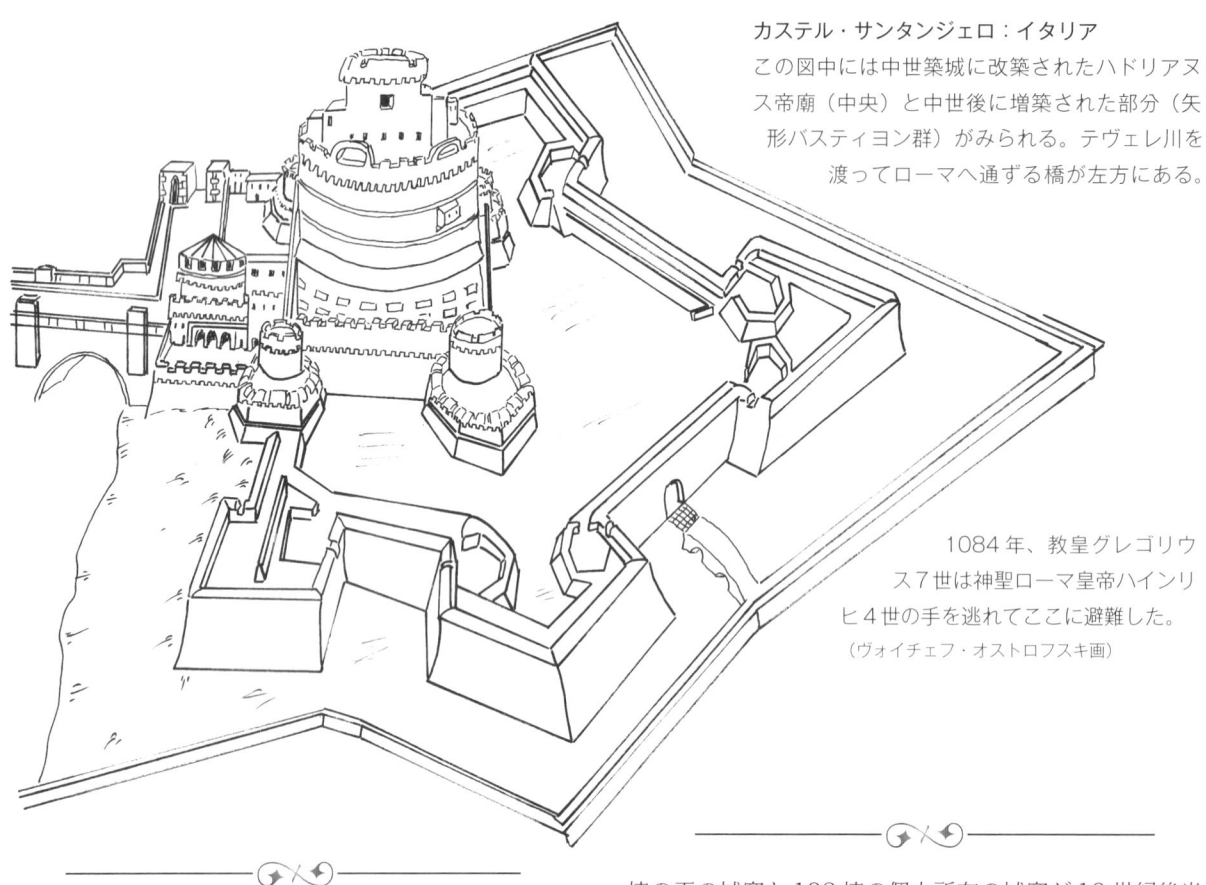

カステル・サンタンジェロ：イタリア

この図中には中世築城に改築されたハドリアヌス帝廟（中央）と中世後に増築された部分（矢形バスティヨン群）がみられる。テヴェレ川を渡ってローマへ通ずる橋が左方にある。

1084年、教皇グレゴリウス7世は神聖ローマ皇帝ハインリヒ4世の手を逃れてここに避難した。
（ヴォイチェフ・オストロフスキ画）

　王は自費で城塞群を建設し「ヴァルカトナク」（城兵）を守備隊として駐屯させ、「イシュパン」（伯と同格の諸侯）を任命して城伯領の経営を任せた。伯領のなかには教会領もあったが、それらは城伯領と教会領の特別な重複配置となっていた。マジャール人の体制は西ヨーロッパの封建制と同様の腐敗を招くこととなり、諸侯が自らの城塞を建設して王のイシュパンや主君に挑戦することを許してしまった。後に多くの町がこれらの城塞の周りに発達している。結局、木造城壁を備えた土造グラードは石造城塞に道を譲り、そのほとんどの頂部に石造城塞が建設されたのである。

　1241年のモンゴルの侵略はハンガリーに突然の変化をもたらした。新たな侵略者たちは王国の大部分を荒廃させブダの城塞を破壊した。石造城塞だけが建ったまま残ったので、ベラ4世王は以後すべての城塞は石造にするよう命じた。ブダ城塞はドナウ川東岸を望む丘の上に再建され、王宮として使用されるようになった。その他の石造城塞はドナウ川沿いに建設され、イシュトヴァーン王の言葉から「抗戦の川」とよばれた防衛線が創建された。合計で166棟の王の城塞と132棟の個人所有の城塞が13世紀後半を通じて次々に出現した。たとえば、シロク、シュメグ、チェスネクやボルドグコ城塞などが挙げられる。

　イタリアは中世ヨーロッパの他の地域と同様に、城塞と城壁都市について独自の貢献をしている。ピサ、ジェノヴァあるいはヴェネツィアのような、小規模で成長している商業都市は堅く防衛する必要性を感じ、帝国を守るべく築城を施した。ヴェネツィアは暗黒時代以来、安全を島という立地と周りを取り巻くラグーン（潟）に依存してきた。あらゆるところで城塞と城壁都市がともに成長していた。

　イタリア半島南部には多くの古い築城がみられ、数多くのローマより南方の公たちやプーリアのビザンツの行政官たちに使用されてきた。シチリアは9世紀にアラビア人たちによって攻略されていた。ノルド人たちが10世紀末に到達して11世紀にはカラブリアに定住、ビザンツ勢力やシチリアのエミル（首長）たちを追い出しにかかり、徐々にイタリア半島南部に自領を打ち立てていった。彼らは封建制を持ち込んで多くの城塞を建設し、なかには堂々たる石造キープも出現するようになった。

城塞の時代

トレンチーン：スロヴァキア

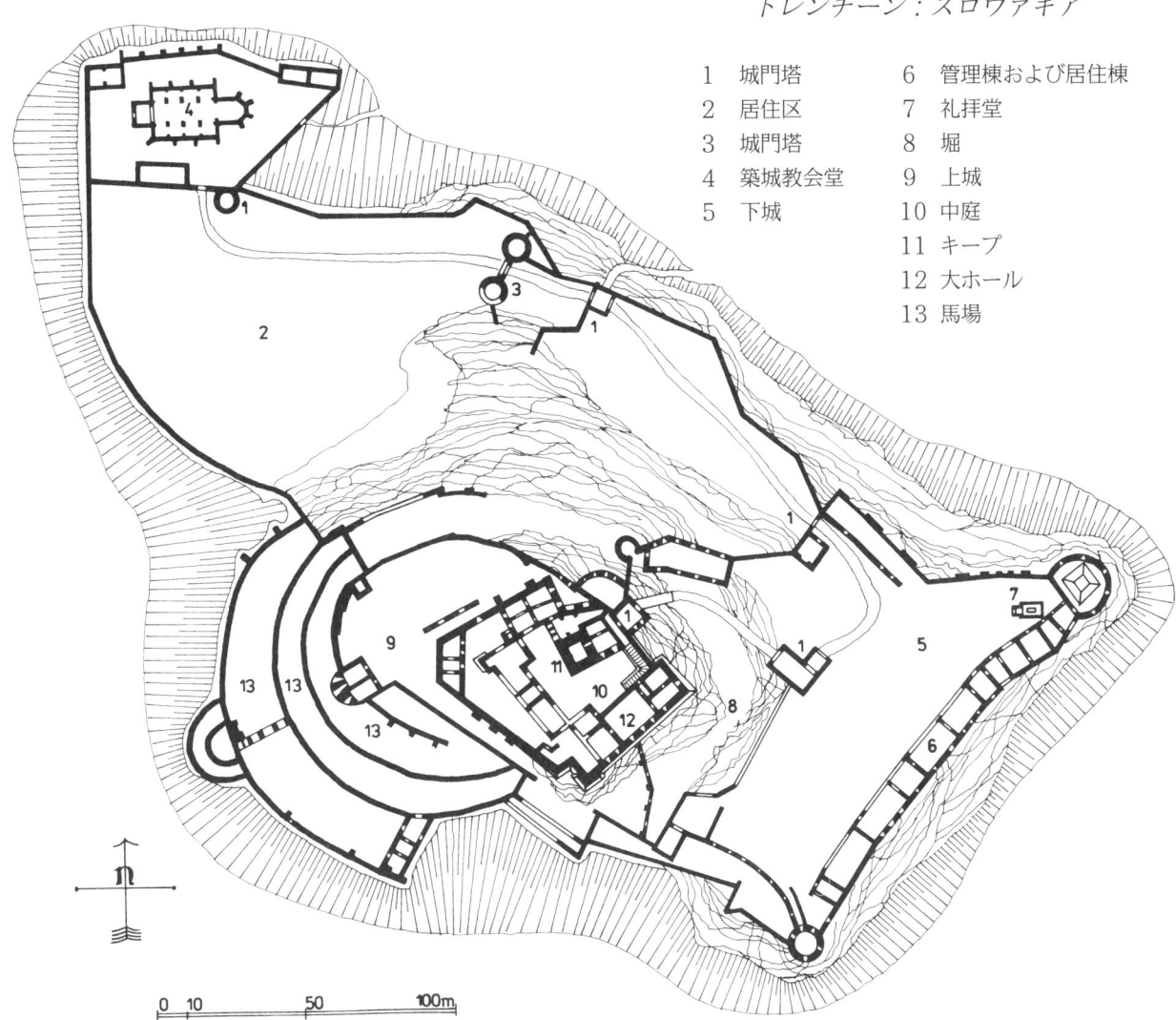

1　城門塔
2　居住区
3　城門塔
4　築城教会堂
5　下城
6　管理棟および居住棟
7　礼拝堂
8　堀
9　上城
10　中庭
11　キープ
12　大ホール
13　馬場

この城塞複合建造物群は13世紀にトレンチーンの町の上に高くそびえるように建設され、15世紀に大幅に強化・拡張された。16世紀には火砲陣地が追加され、中世城塞と中世後の城郭の間の過渡期の様相を示している。

グラードからザムキへ

　中世盛期初期のポーランドとロシアでは、まだ木造築城が多数を占めていた。その主な理由は木材が最も手軽な資源だったからである。11～13世紀の間、グラードは最も一般的な防御築城だったが、やがてスラヴ城塞を生み出したのは小規模なグラードである。町としてのグラードと一族のためのグラードは、構造もデザインも同じだったが、通常、後者にはモット・アンド・ベイリー城塞の木造城塔と同じ木造構築物があった。現在、これらの小規模グラードが何に似ていたのか断言するのは難しいが、さらなる考古学調査によって明らかになるかもしれない。

　アンジェイ・ナドルスキは『1500年のポーランドの軍事技術』※1で、この時代を通じてスラヴ人も石造建設術を試みていたことを指摘している。ポーランド諸領ではまず未加工の石材がグラードの基礎に用いられた。これは湿地の多い地盤に基礎が沈下しないようにして城壁を安定させるためである。この時代は城壁の外壁面にも未加工の石材が加えられ、敵が城壁を壊したり火を放ったりできないようにしていた。石造胸壁を備えているグラードもあった。中世盛期初期にはグラードは幅が広く深い堀に周りを囲まれ、城壁はファシーヌ（柴の束）と一直線上に配置されて崩壊しないようになっていた。堀もまた、ランパール前面の主要な障害であった。大規模なグラードの入口には、城塔によって重厚に防御された一重城門もあった。このような城門へは木造橋を渡って近づく場合が多く、橋は長さ300mにおよぶこともあった。残念なことにこの地域での考古学調査は限られていて、グラードの歴史を明瞭に語ることができない。

　13～14世紀になると多くの地域で石造築城がグラードを更新していった。ポーランドの歴代の王や高位の諸侯もザムキとよばれる西ヨーロッパの様式の城塞を建設した。ときには単独の大規模キープも建設され、これはヴィェルジェ・リツェルスキェ、すなわち「騎士の塔」とよばれた。14世紀にはカジミェシュ大王がポーランドのグラードや木造城塞のほとんどを石造に改築した。

　神聖ローマ帝国の北方ではデンマーク王国が独自の形態の築城を発展させていて、それらはドイツの城塞群よりもスラヴ人のグラードとよく似ていた。グルードやグラードの形式を用いて土造構築物で建設された居住地は、スカンディナヴィアの他の部分でもよくみられる。デンマークの築城における最も劇的な変化は、木造城塔が煉瓦造城塔によって更新されたときに起こった。それらは沿岸防衛に用いられ、元来はヴェンド人の海賊の襲撃に対抗するものだった。このような城塔は12世紀、ヴァルデマー1世「大王」治世下にコペンハーゲン（ケーヴェンハウン）、スプログ、カルンボー、トルンボーやヴォーディングボーのような拠点に出現した。煉瓦は次の世紀になるまで東方のスラヴ諸国には普及しなかった。ポーランド平原のように石材が豊富になかった地域では、煉瓦が木材に代わる最も有力な資材だった。

城門塔
ジェンビツェ
：ポーランド

※1 原題『Polska technika wojskowa do 1500 roku』P317 参照

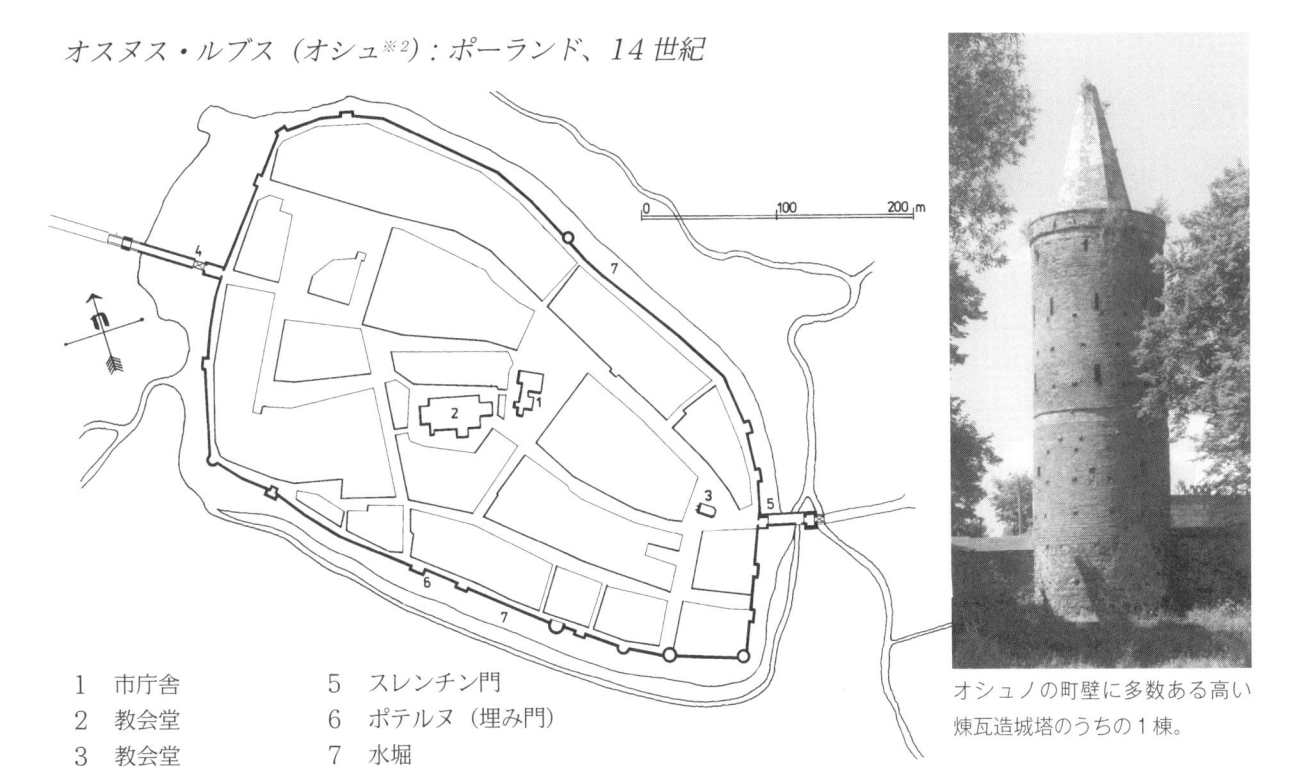

オスヌス・ルブス（オシュ※2）：ポーランド、14世紀

1 市庁舎
2 教会堂
3 教会堂
4 フランクフルト門
5 スレンチン門
6 ポテルヌ（埋み門）
7 水堀

オシュノの町壁に多数ある高い煉瓦造城塔のうちの1棟。

ニジツァ城塞：ポーランド

従来の木造防御陣地を更新するためにハンガリーのベルゼヴィチ家によって建設された騎士の城。ニジツァ城塞はドゥナイェク川を望むことができる高所に建てられた。1410年にポーランド人たちがこの城塞を奪取し、拡張している。この平面図にみられるほとんどの部分はこのときに増築された。

1 石造橋
2 空堀
3 主城門
4 下城
5 建造物群
6 バスティヨン群
7 上城の中庭
8 城門塔
9 キープ

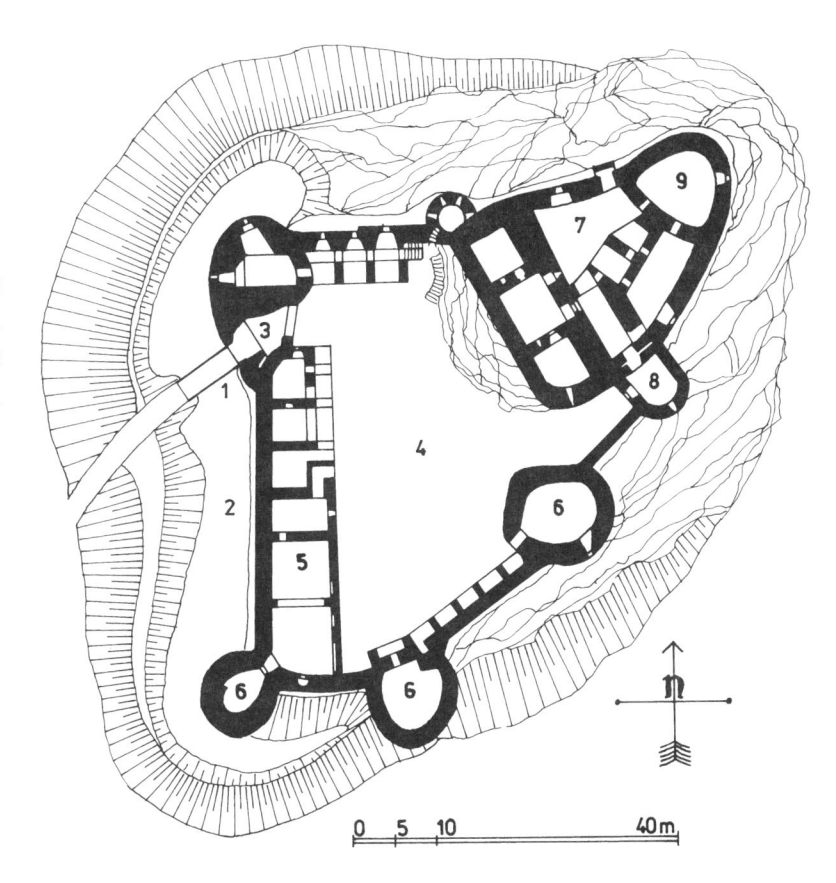

※2 ラテン語表記。ポーランド語ではオシュノ・ルブスキェ

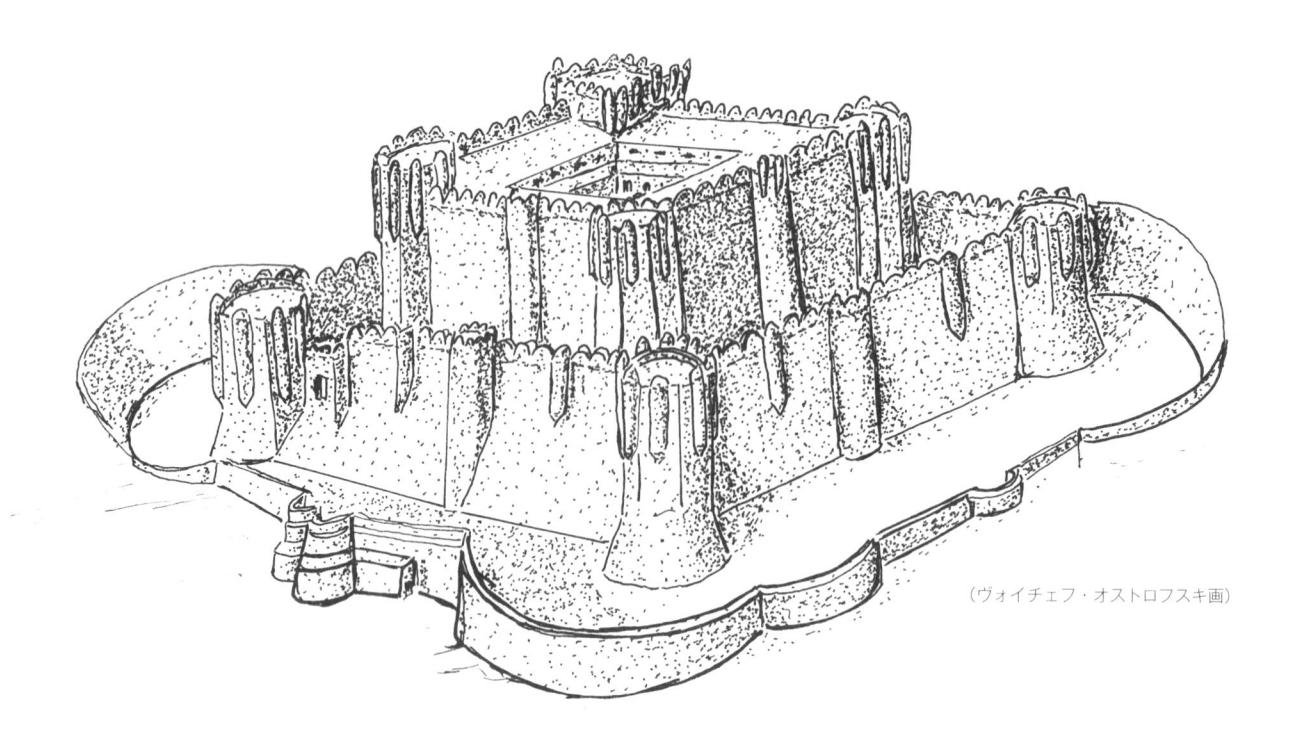

(ヴォイチェフ・オストロフスキ画)

コカ城塞：スペイン

イスラム様式の煉瓦造構築物として有名な、多重環状城壁を備えたこの城塞は、15世紀半ばにセビーリャ大司教のために建設された。この構築物には大砲用アンプラジュール（砲門）と携行砲陣地が組み込まれているが、大攻囲戦が行われることはまったくなかった。

1. 入口
2. 城門塔群
3. 空堀
4. 外郭の中庭
5. 入口
6. 中庭
7. 建造物群
8. オメナへ塔（キープ）

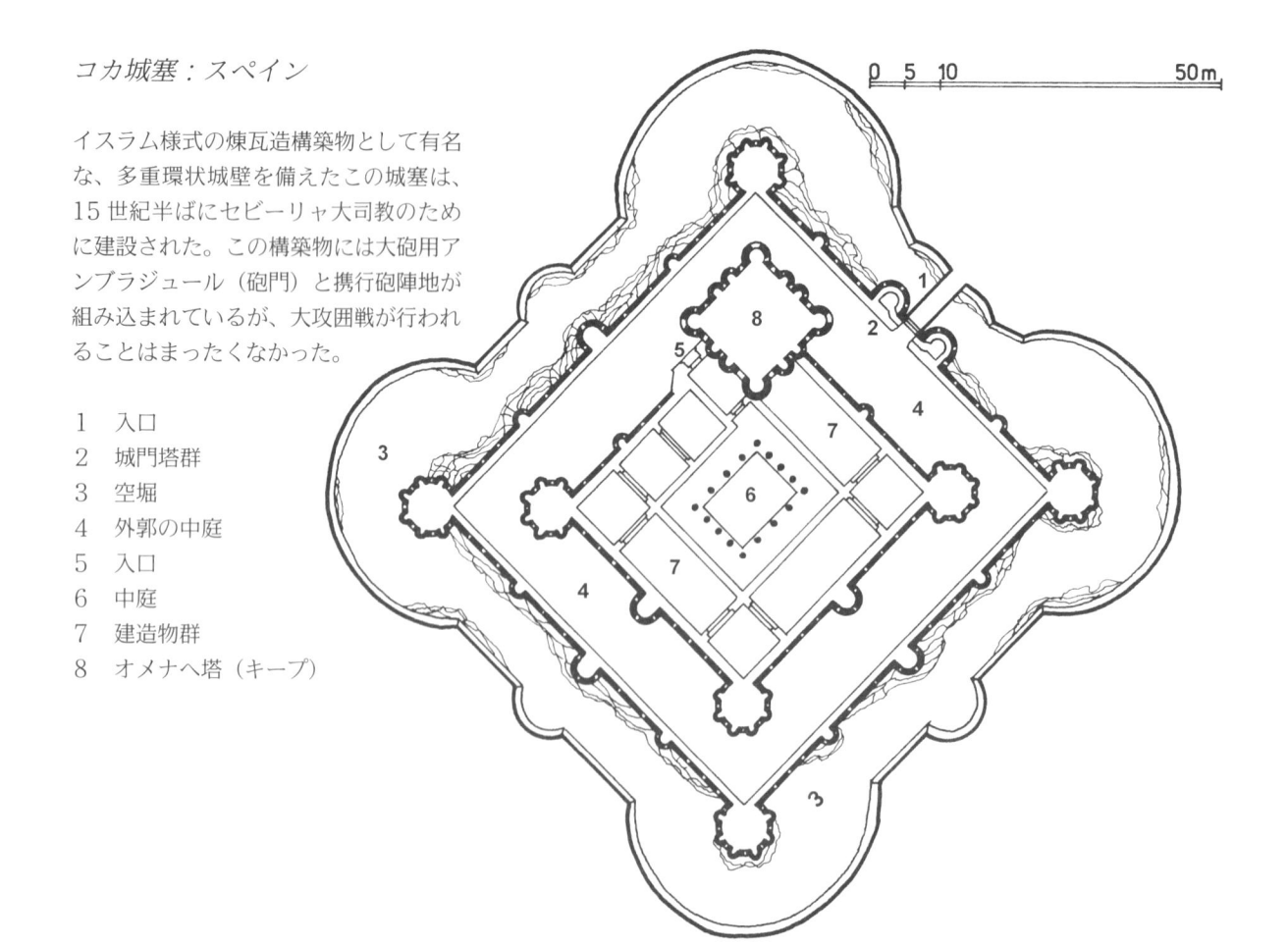

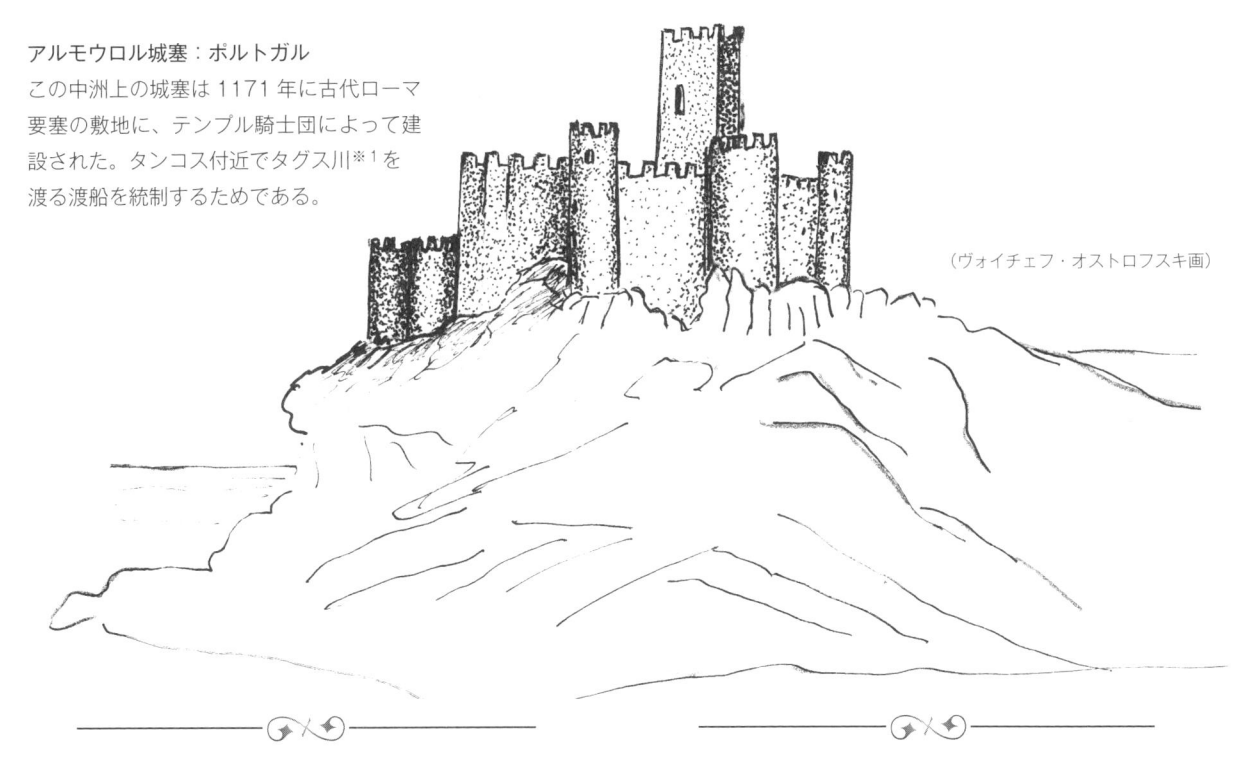

アルモウロル城塞：ポルトガル
この中洲上の城塞は1171年に古代ローマ要塞の敷地に、テンプル騎士団によって建設された。タンコス付近でタグス川※1を渡る渡船を統制するためである。

(ヴォイチェフ・オストロフスキ画)

イベリア半島の築城

　イベリア半島では築城技術の発展がヨーロッパの他の地方よりも速かった。これは、イスラム教勢力とキリスト教勢力の衝突が続いていたためだろう。イベリア半島のキリスト教勢力は10世紀にドゥエロ川方面へと進出したが、共倒れになるような紛争となり、しばらくはレコンキスタに進展はなかった。だが少しずつ前進し、イスラムの築城群を攻略するにつれて、それらを修正し模倣していった。

　一方、アラビア人はイベリア半島で見つけた従来の築城群を占領して運用しながら、改良も行うと同時に、彼ら自身の工学技術も高めた。総合的な知性の開花のおかげであり、これが当時のイスラム世界の特徴でもあった。

　ゴルマス城塞はイベリア半島の城塞の歴史の典型例である。956〜966年当時、カリフ※2だったハーキム3世は麾下の将軍ガリブに、丘上要塞を強力な城塞に改築することを許した。従来の陣営群をめぐるキリスト教勢力とイスラム教勢力の争奪戦が繰り返されるなか、ガリブの計画はイスラム教徒の支配を強化するものとなった。ガリブは丘の上部にカーテン・ウォールを備えた大規模城塞を建設したのである。カーテン・ウォールには26棟の城塔が配され、頂上の周りを約1.2 kmの長さで囲っていた。城壁は大きなブロックで築かれ、高さ10 mに及んだ。この大規模城塞は大兵力の守備隊を維持できた。981年にキリスト教徒たちによって攻略されたが、すぐに取り戻した。

　フランスに石造キープが現れた頃、スペインにはすでにゴルマスのような堂々たる城塞が多数存在していた。レコンキスタが絶え間なく進行し、北方の隣人たちよりもはるか前から、キリスト教徒の王たちがイスラム教徒の城塞を次から次に攻略したり、自らの城塞を建設したりしていたのだ。ノルマンディー公ギョーム（イングランド王ウィリアム征服王）がフランス北西部で封建軍を率いて木造や石造のモット・アンド・ベイリー城塞群に対していた頃の、1060年と1087年、フェルナンド1世のカスティーリャ軍は、ゴルマスの威圧感あふれる城郭を攻撃し占領することに没頭していた。エル・シドの異名を持つロドリゴ・ディアス・デ・ビバールがゴルマスの築城の担当を任されていた。他のヨーロッパ人たちが自らの築城技術を発展させていた一方で、イベリア半島の人々はイスラムの築城建設法を取り入れていったのである。もっともアラビア人も古代ローマやビザンツの築城を単に模倣しただけといえるかもしれない。1095年、教皇ウルバヌス2世の要請で十字架と剣を取ったとき、北方のヨーロッパ人も東方の築城の影響を受けるようになった。教皇はこれを聖戦と称した。

※1 ラテン語表記。ポルトガル語ではテージョ川、スペイン語ではタホ川
※2 イスラム共同体や国家の指導者、最高権威者

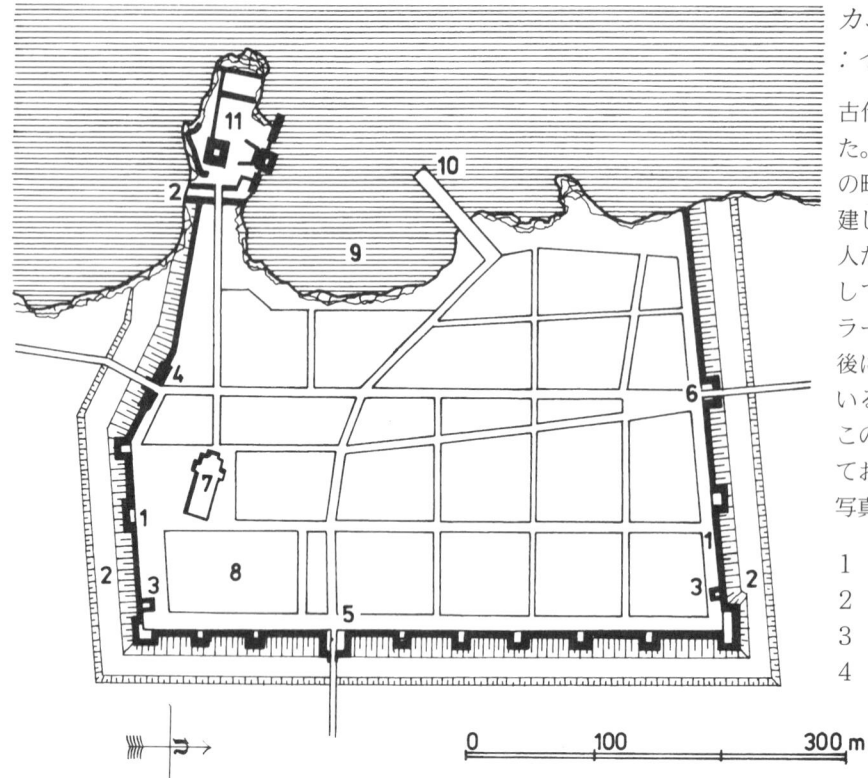

カエサレア（カイサレイア）：イスラエル、12世紀

古代ローマ人たちによって創建された。1101年に十字軍がカエサレアの町を支配下に収め、町と築城を再建し変更を加えているが、アラビア人たちによって建設された城壁は残して改良した。12世紀末に町はサラーフッディーンの手に落ちたが、後にリチャード獅子心王が占領している。13世紀半ばにはルイ9世がこの町やその他の町の築城を改良しており、これらの改良の中には下の写真にみられるものもある。

1　カーテン・ウォールと城塔群
2　堀
3　警備塔　　5　東門
4　海門　　　6　北門

7　サン・ピエール大聖堂
8　西ヨーロッパ人住宅群
9　港
10　埠頭
11　シタデル

カエサレア（カイサレイア）：イスラエル
カエサレアの城門からみたカーテン・ウォールと空堀の眺望。

十字軍の築城

　11世紀に第1次十字軍とともに始まったフランス、イングランドなどのヨーロッパの騎士や巡礼者の波が、ビザンツ帝国を経て聖地への道をたどっていった。彼らが道中に築かれた威風堂々たる築城、とりわけコンスタンティヌポリスを見過ごすことはなかった。彼らはイスラムの城壁都市に遭遇し、新旧の建設技術に感嘆することになる。これらを攻略するにはヨーロッパで経験したよりも大掛かりな攻囲戦が必要だが、石造築城を攻囲した経験のある者はほとんどいなかった。11世紀の西ヨーロッパで攻囲された城塞のほとんどは、いまだ木材と土でできていたのだ。イタリアとイベリア半島の人々だけは東方世界（日出ずる処）で似た石造築城に対処したことがあったものの、十字軍のなかではわずかだった。第1次十字軍は城壁都市群に対する軍事行動を必要としたため、エルサレム陥落をもって終了した。ヨーロッパと同様に、中東でも城塞と城壁都市が勝利への鍵だった。十字軍はイスラムの対抗者たちと戦うために、12世紀から13世紀にかけて、母国で建設したこともないほど大規模な築城を東方世界に建造していった。イスラム教勢力の洗練された攻囲技術に対抗するために、さらに量感あふれる城壁、多重環状城壁、そして円形平面の城塔を運用した。すぐさま中東の風景は、クラック・デ・シュヴァリエやベルヴォワールのような堂々たる十字軍の城塞やエルサレム、カイロ、アンティオキアやアッカーのような城壁都市が点在するものとなった。十字軍はロードス島やマルタ島の港など、多くの港にも築城を施した。十字軍は母国に帰還するとき、建設技術と攻囲技術の双方を持ち帰っている。リシャール（イングランド王リチャード獅子心王）は第3次十字軍のときに遭遇した聖地の築城に影響を受けて、セーヌ川流域に居城シャトー・ガイヤールを建設したといわれている。

エルサレムの市門

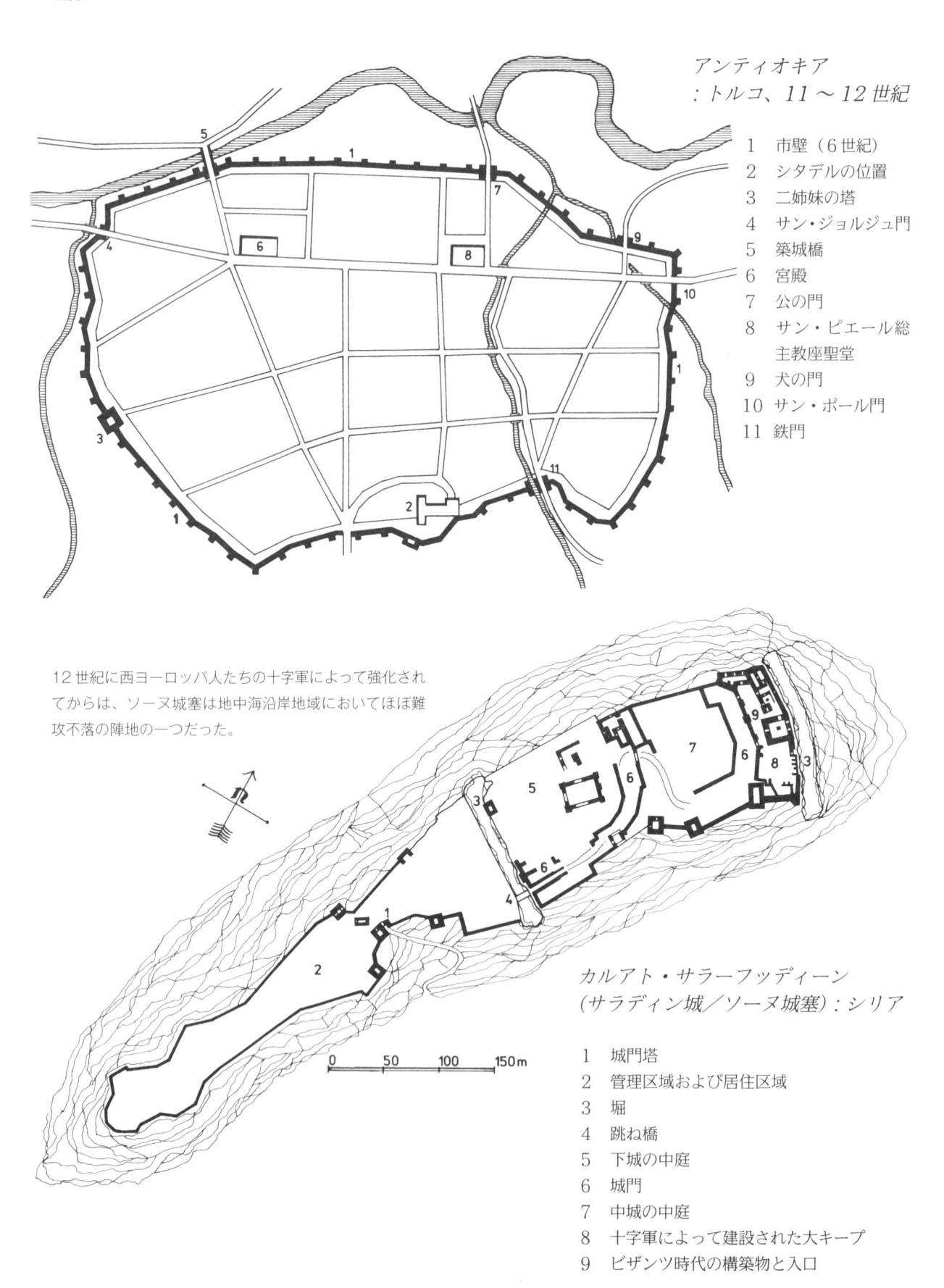

アンティオキア
：トルコ、11〜12世紀

1　市壁（6世紀）
2　シタデルの位置
3　二姉妹の塔
4　サン・ジョルジュ門
5　築城橋
6　宮殿
7　公の門
8　サン・ピエール総主教座聖堂
9　犬の門
10　サン・ポール門
11　鉄門

12世紀に西ヨーロッパ人たちの十字軍によって強化されてからは、ソーヌ城塞は地中海沿岸地域においてほぼ難攻不落の陣地の一つだった。

カルアト・サラーフッディーン
（サラディン城／ソーヌ城塞）：シリア

1　城門塔
2　管理区域および居住区域
3　堀
4　跳ね橋
5　下城の中庭
6　城門
7　中城の中庭
8　十字軍によって建設された大キープ
9　ビザンツ時代の構築物と入口

転機

　12世紀はヨーロッパの軍事史の転機のように思われる。イングランドやフランスのようなヨーロッパの王国は、強力な王に率いられるようになった。これらの王たちは、前任者たちよりも大規模で有力な軍を動かすことができたのである。『十字軍の時代の西方の戦争 1000年から1300年まで』※でジョン・フランスは、城塞が戦略のなかで重要な位置を占めるようになったことを指摘し、ジム・ブラッドバリーと同じく、遠征では実際に大会戦で戦うよりも城塞を攻略することの方が多くなっていたと結論づけている。敵の侵略を阻止できる城塞の数が極めて多かったので、敵の領域への進入は蜘蛛の巣にかかるようなものだった。侵略軍は糧食確保と個々の拠点の包囲に力を分散させなければならず、さらに救援軍が攻囲を解かないようにしなければならなかったのである。このような状況では侵略軍は急襲に対して脆弱になるし、飢える危険にもさらされる。彼らにとっての勝利とはその地域を掠奪し、諸領を飢えさせることを意味した。

　12世紀には有力な君主は、最強といえる築城をも簡単に破壊できる攻城兵器を装備した軍を動員することができた。これらの攻城兵器の多くは古代ローマ時代に発明されたものだが、12世紀以前はあまり運用されていなかった。なぜなら、攻囲戦は時間と費用の面で、負担が非常に大きかったからである。だが、12世紀には行政機構が改善され、経済と農業生産が向上したため、君主の国庫に十分な収入があり、効果的な攻囲戦を遂行することが可能になった。

　こうしてヨーロッパで新たな軍拡競争が始まった。さらに強力な煉瓦造や石造の城塞と城壁都市が建設され、攻城兵器をしのごうとした。東ヨーロッパでだけは重厚な木造城塞が13世紀末まで建造され続けた。

　当時、大規模城塞の多くがさらに豪華になった。城主がもっと快適なくらしを望んだからである。こうして、新たに付け加えられたものには、防御上有利というより、むしろ不利になるようなものもあった。だが、城塞の多くは大規模で、多重環状防御がなされていたので、新たに加えられた贅沢な部分が陣地全体の防御力を著しく損なうことはなかった。とはいえ、多くの場合、中世末期の新たな城塞群は築城というより宮殿だった。

　この当時、城塞の城壁が近隣の町や村をも囲むものとなり始めた。特にフランドルでは顕著で、城塞の城壁に守られながら商業が振興していた。東方世界でも十字軍が、この形が有利であることを認識するようになった。城塞と村落の城壁がつながっている最高の例として、ソーヌが挙げられる。元々は河岸が切り立った2本の河川が合流する峡谷に突き出た支脈に立地する、ビザンツ帝国の要塞だった。12世紀初頭には旧フランク（西ヨーロッパ）諸領の十字軍が、城門を見下ろす位置に重厚なキープを建設した。支脈は岩石を掘削した深さ約30mの壕によって分断された。従来の城壁と城塔群は後に旧フランク諸領の人々によってより高くされた。城門が唯一の出入口である橋を防御している。ソーヌは地中海世界で難攻不落の陣地とみなされていた。

　歴史家には、十字軍が中東から築城についての新たな考え方を母国に持ち帰ったか否かについて議論する者もいるが、西ヨーロッパで重要な変化のほとんどが第1次十字軍の直後に起きはじめていた以上、そうではないと証明するのは難しい。このように、円形平面あるいはD字型平面の城塔が西ヨーロッパでさらに伝播していき、ヨーロッパで古代ローマ時代以降忘れ去られていた兵器や攻城技術が、この時代に再び運用されるようになったのである。カーテン・ウォールは強力になった兵器に対応するためにもっと高くなり、さらに他の工夫も加えられた。

　「聖戦」はヨーロッパや中東の様々な場所で「戦う修道士」による騎士修道会の設立に決定的な役割を果たした。聖ヨハネ騎士団（1070年にエルサレムで設立）、テンプル騎士団（1119年にエルサレムで設立）、および、ドイツ騎士団（1128年にエルサレムで設立）がそれである。また、カラトラバ騎士団（1158年設立）、アビシュ騎士団（1162年にポルトガルで設立）、アルカンタラ騎士団（1220年設立）のようなイベリア半島の騎士修道会も出現していった。これらの騎士修道会の任務は、聖地やイベリア半島において十字軍の作戦基地となる大規模城塞を創建して維持することだった。ドイツ騎士団は13世紀に東ヨーロッパに移転してプロイセンの異教徒たちと戦った。彼らは北東方面、すなわち、バルト海沿岸地域においてリヴォニア帯剣騎士団（1200年にリガで設立）の援助を受けた。東ヨーロッパに移転したドイツ騎士団は、スラヴ人、プロイセ

※原題『Western Warfare in the Age of the Crusades 1000-1300』P315参照

アヴィニョン：中世末期

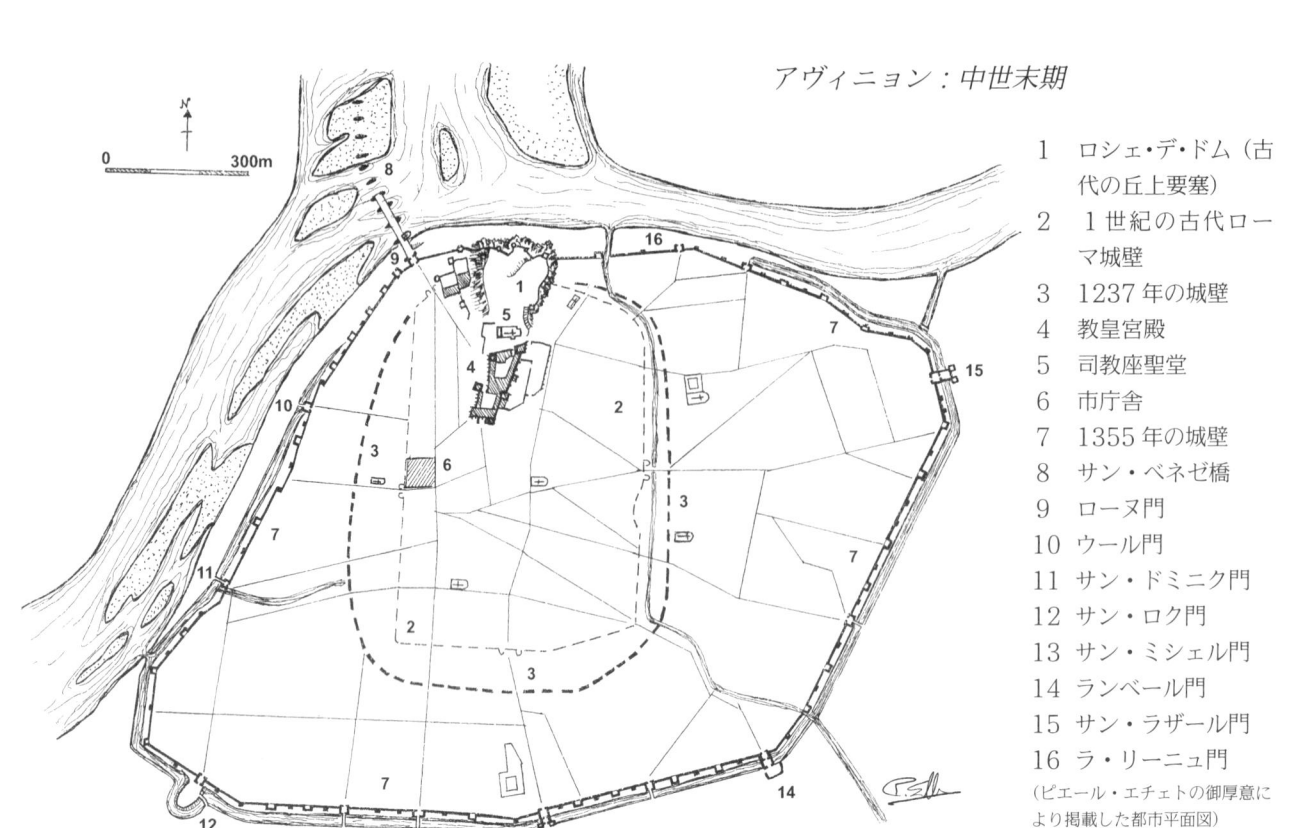

1　ロシェ・デ・ドム（古代の丘上要塞）
2　1世紀の古代ローマ城壁
3　1237年の城壁
4　教皇宮殿
5　司教座聖堂
6　市庁舎
7　1355年の城壁
8　サン・ベネゼ橋
9　ローヌ門
10　ウール門
11　サン・ドミニク門
12　サン・ロク門
13　サン・ミシェル門
14　ランベール門
15　サン・ラザール門
16　ラ・リーニュ門
（ピエール・エチェトの御厚意により掲載した都市平面図）

教皇宮殿：フランス、アヴィニョン

カルカソンヌ：フランス
13世紀から14世紀にかけて発展した
多重環状城壁に囲われた都市の例。

ン人などの集団に対する聖戦でも、中東で用いたのと同じ作戦で戦った。すなわち、主要な石造築城をポーランドからロシアにいたるまで徐々に創建したのである。トルンはドイツ騎士団が東方に造った最初の石造構築物であり、さらに多くのものが築かれた。

　13〜14世紀に著しい発展をとげた他のものは、多重環状城壁をもつ城塞である。この形式の築城では城塞のカーテン・ウォールと城塔が最も高くなり、城門は最も重厚に防御された陣地となる。そして、外城壁は低く、通常は厚みもないが、やはり城門群と城塔群によって防御されている。内城壁に面している場合は、城塔の後ろに壁体を建造しなかった。外城壁よりも高い内城壁が外城壁の露天の上面を見下ろす構造なので、もし外城壁が陥落しても、そこの陣地を攻城軍は使用できない。多重環状城壁を備えた築城の考え方は城塞だけにとどまらず、都市に適用されることもあった。このような配置の最古の例はコンスタンティヌポリスであり、その三重城壁がこの都市の立地する半島を封印していた。フランスではカルカソンヌが多重環状城壁によって周囲を囲われた都市の良い例である。

　多重環状城壁を備えた築城の他、いくつかの形式が中世ヨーロッパで花開いた。築城を施したマナー・ハウスは多くの地域でよくみられ、ヨーロッパ全域の多くの修道院もなんらかの防御施設を備えていた。ギリシアの諸領では修道院は断崖絶壁の上のような接近困難な場所に建設されることも多かった。西方では修道院は城壁都市と同様に城壁と城塔を備えるようになった。教皇でさえアヴィニョンに築城を施された宮殿を構え、周囲を城壁都市で囲んだ。

　モット・アンド・ベイリー、大規模石造キープやスラヴ人たちのグラードを除けば、中世盛期には城塞の標準形式は存在しなかった。円形平面形態はモットとともに西ヨーロッパの風景から姿を消していった。城塞の防御施設は周囲の地形や建設者の経済力に影響された。石造のカーテン・ウォールと城塔、さらに凝っている城門の防御施設、そして中央のキープとベイリーのような工夫はそれぞれ独自のものだった。十字軍はこれらの変化に影響を与えたかもしれないが、決して唯一の要因ではなかったのである。ヨーロッパの社会と経済はこの時代に甚大な変化を経験している。大陸の築城の特徴の変化もその中に含まれるに違いな

サン・ジミニャーノ：イタリア
現存する13世紀に建てられた14棟の塔のうちの4棟。

い。経済と国家の成長のおかげで、大規模な軍と労働力を動員できる君主や有力貴族の数はさらに増えていった。加えて、高度な技術を身につけた工匠階層が各都市で勃興し、諸侯が特殊兵種で編成された軍を運用できるようになった。工匠たちは諸侯の築城を改良し、洗練していくことができた。当然、工匠たちの製品は大量生産による製品のように標準化されていない。もちろんヨーロッパ中に広く伝播した技術や工夫もあったが、このように地域ごとの趣向や条件によって多様化していったのである。フランスとイングランドではモット・アンド・ベイリーが優勢になり、中央ヨーロッパではベルクフリートが主流で、イタリア半島ではジェノヴァやフィレンツェのような都市の有力家系が自身のために高くて細い塔を建設していたのである。イタリアのサン・ジミニャーノでは13世紀の塔72棟のうち14棟がまとまって現存している。1251年には新たな町壁が着工されて拡張した市域を囲むことになった。

13世紀末の西ヨーロッパと中東には、全体的な傾向がいくつかある。ヨーロッパではモットの上の城塔が大キープに取って代わられ、ついには姿を消して同じ機能をもつ強力な城門に道を譲ることになった。石造の城壁と城塔は攻城兵器に対抗するため、さらに高くなっていった。城塔と城壁の頂部はマシクーリ（石落し）によって強化され、その基部にはプリンスが加えられて、敵がそこで作戦行動を実施したり城壁の下に坑道を掘ったりできないようにされた。堀はさらに深く広くされている。13世紀にはやがて都市までも石造城壁で囲われるようになり、上記の革新の多くがその実現を支えた。ヨーロッパ全域でデザインの革新が城塞をめぐって行われ、後に都市防御施設に取り入れられていったことは指摘しておこう。このように、城塞は中世築城の進化と重要性を理解するための要であり続けたのである。

神聖ローマ帝国ではハインリヒ1世の治世下にみられた城壁都市が、帝権の強化を図る皇帝の努力を妨げていた。最も頑強に抵抗した都市はイタリア半島の諸都市である。一方、イングランドでは、神聖ローマ皇帝の軍よりもはるかに規模が小さいプランタジュネ（プランタジネット）朝の軍が、12世紀にイングランドとフランスが築城を施した拠点を、次から次に攻略して行った。13世紀にはカペ王朝が拠点の数を減らし、フランス支配を強化した。13世紀初頭、フランス王ルイ7世はラングドック地方に十字軍を向かわせている。ラングドックでは異端のカタリ派が強力な築城を施した陣地で守りを固めていたが、最終的には増強された王軍が築城に阻まれながらも勝利を収めた。一方、フランス王のドイツの隣人はイタリア諸都市に対する支配権を失いつつあった。エドワード朝の王たちはウェールズとスコットランドに進出して城塞と城壁町を活用し、支配の維持を図った。その頃イベリア半島では、カスティーリャの王たちが占領地に城壁町を設立し、アラビア人の失地回復を阻止している。イベリア半島のキリスト教徒たちは定住して城壁町や城壁都市を創建した。これは征服地を確実に確保するためだけではなく将来の攻勢作戦のための力を蓄えるためでもあった。

この時点のヨーロッパでみられる最新式の築城が、ウェールズから聖地まで、イベリア半島からルーシ諸国まで、広く展開していた。その成功は当時の攻囲軍が長期にわたる攻囲戦をするには小規模すぎたことによるものである。

城塞の時代

カステルノー:フランス
フランス南西部、カステルノーの13世紀の城塞を撮った2枚の写真。13世紀のキープが上にそびえ、13世紀のカーテン・ウォールと接続されている。15世紀のバービカンをカーテン・ウォール入口正面にみることができる。下城壁は16世紀のアンサントを構成するものである。

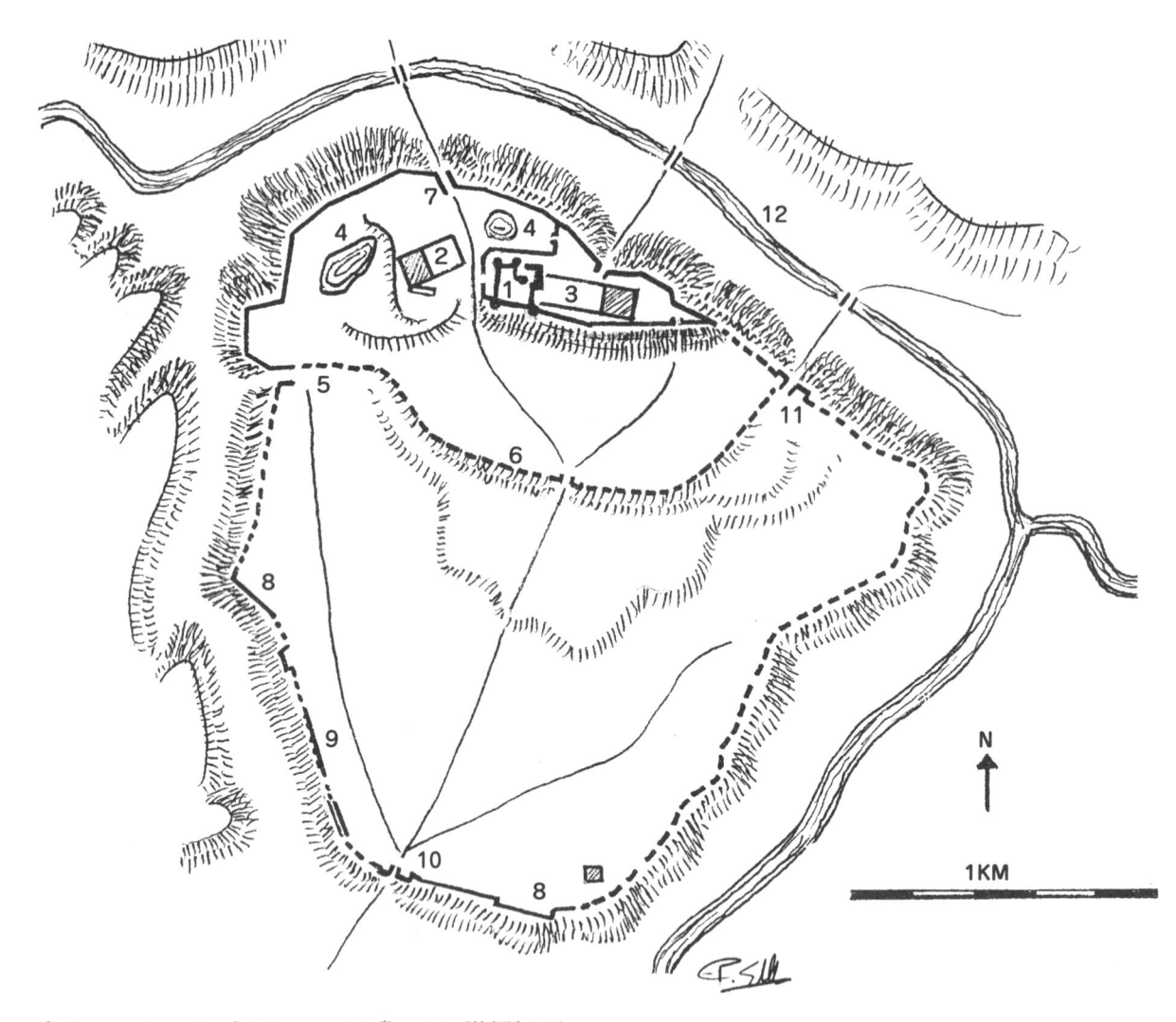

古サマルカンド（アフラシヤブ）：13 世紀初頭

1　シタデル
2　大モスク
3　王宮
4　貯水池
5　ナマズガー門
6　内城壁
7　ブハーラー門
8　再建されたギリシア人たちによる城壁
9　バットレスが施された城壁
10　ケッチ門
11　支那門
12　シヤブ川

（ピエール・エチェトの御厚意により都市平面図掲載）

サマルカンド

中央アジア最古の都市の一つであり、中国西方最大の都市の一つだったが、13世紀初頭にチンギス・ハーン率いるモンゴル軍によって破壊された。14世紀にティムールがその帝国の首都として復活させた。

註釈：南西部分は同じ場所に再建されたもので、いくつかの形式の城壁がみられる。

*ヘレニズム時代あるいはその後の城壁。内部にギャラリー（歩廊）があり、2、3層の正面環孔（ループホール）がある。
*低い前衛城壁が建っている場所もある。おそらくアカイメネス朝時代のもの。
*方形断面のバットレスが施された城壁。カーテン・ウォールとバットレスに正面環孔が設けられている。
*城塔についてはほとんど痕跡がない。あったとしてもきわめて稀である。シタデルは円形平面の城塔群を備えている。モスクと宮殿はアラビア人たちが征服した後のものである。

モンゴル軍に対する築城

　13世紀初頭、東方からの新たな侵略者の波がヨーロッパ中を飲み込んでいった。チンギス・ハーンとその後継者たちに率いられたモンゴルのウルス（遊牧民の集団の意）のことである。すでにヨーロッパの田園地帯に点在していた大きく強力な城塞や城壁都市も、彼らを止めるには非力だということが判明した。東ヨーロッパで急遽編成されたヨーロッパ側の大軍も、モンゴル部隊によって即座に撃破された。

　モンゴル人たちの成功の理由ははるか東方の事情に由来する。幾世紀にもわたって全長2,400kmにもおよぶ万里の長城が、中原支配の外側から来攻する北狄を阻んでいた。※ だが、13世紀初頭には遊牧民の集団がチンギス・ハーンの旗の下に集い、チンギス・ハーンは大規模で組織化された軍を創建した。当時中国南部を支配していた宋朝は専守防衛策をとっており、大規模な城市の城壁によってあらゆる攻撃を撃退できると信じていたのである。チンギス・ハーンの軍は、最初は中国の城市を無視し、代わりにその領土を略奪した。だが、勝利を収めるためには都市は陥落させねばならないことをかなり前から理解しており、攻囲戦の戦術を懸命に磨き続けていたのである。

　チンギス・ハーンとそのウルスは中国を打ち負かすだけでは飽き足らず、中央アジアのイスラム教地域やマーワラーアンナフル（トランスオクシアナ）の大交易都市サマルカンドとブハーラーへも侵攻していった。この地域は古代ペルシアのほとんどを占めるに至ったホラズム・シャー朝によって少し前に占領されたところだった。

　新たに建国されたアラーウッディーン・ムハンマドのホラズム・シャー朝はセルジューク朝トルコ帝国から独立したばかりで、大規模な軍事力（少なくとも記録では）を持っていたので、モンゴル人たちを退けられるはずだった。シャー・ムハンマドの軍はテュルク人とペルシア人からなり、40万以上の大軍で、しかも、サマルカンドやブハーラーのような重厚に防御された都市によって支えられていた。だが、シャー率いる諸族連合の大軍はあまり信頼できないものだった。しかもこの地域の城塞は小規模で、ほとんど軍事的意義のないものだった。これらは、野盗の類から守るために建造されたのであって、大軍に対することは想定外だったのである。チンギス・ハーンの遠征初期には3万のモンゴル軍が、ムハンマドの息子ジャラールッディーン率いる5万の軍によりあえなく撃退された。だが、モンゴル人たちはすぐにチンギス・ハーン指揮する20万の大軍で再来し、二方面からの攻撃を開始した。1219年、モンゴル人たちは重厚な築城が施された境界地帯の都市オトラル（ウトラル）に攻囲戦を仕掛けた。この町はアラル海の東、スィル・ドラガ川流域にあって、8万の兵を抱えていたといわれている。オトラルは5ヶ月後に陥落したが、そのシタデルはなお2ヶ月抗戦した。ムハンマドは5万の兵で南方から進軍する小規模なモンゴル軍を迎撃しようとしたが、この戦いで彼の軍は壊滅した。一方、チンギス・ハーンは麾下の軍の主力の先頭に立ち、帝国の周りを砂漠を通って北方へ進軍し、ブハーラーの門前に立った。1220年初頭にはこの都市に攻囲戦を仕掛けている。2万の守備隊のほとんどがこの都市から逃亡した。入口が市壁に結合されたシタデルも、すぐにモンゴル軍に落とされた。

　そして、威圧感あふれる煉瓦造城壁に囲われたムハンマドの首都サマルカンドは、モンゴルの全ウルスと直面することになったのだ。約10万を数えたこの都市の守備隊は急激に減っていった。モンゴル軍に対するソルティー（突撃）を敢行したときに5万の兵を喪失したからである。防御側の残存兵力5万のうち3万はカンクリ族の兵で、この都市を見捨てて攻城軍に加わった。このような災禍に直面した住民たちはハーンに降伏し、ハーンはカンクリ族の不忠を断じて処刑を命じた。なお2万の兵がこの都市のシタデルに籠城したが、わずか数日しか続かなかった。ムハンマドの帝国は事実上1220年末には消滅し、再建を試みつつもシャーは1221年に病に没した。これらの中央アジアの城壁都市は中国の大都市ほど大きくはなかったが、それでもチンギス・ハーンの行く手に立ちふさがったのは、ヨーロッパのものに比べると大規模だったのである。

　かくしてモンゴル人たちは、彼らの大軍勢に対抗しうる最後の帝国を崩壊させたのである。ここで、マーワラーアンナフルの城壁都市の中はヨーロッパ最大級の都市以上の広さで、大部隊を収容するのに十分だったことも指摘しておかなければなるまい。それでもモンゴル軍を止められなかったのである。さらに、大規模守備隊を抱えたシタデルもひとたび都市が降伏すると極めて脆弱になった。おそら

※実際には結構破られていたはずである

ブハーラーの城門と城壁

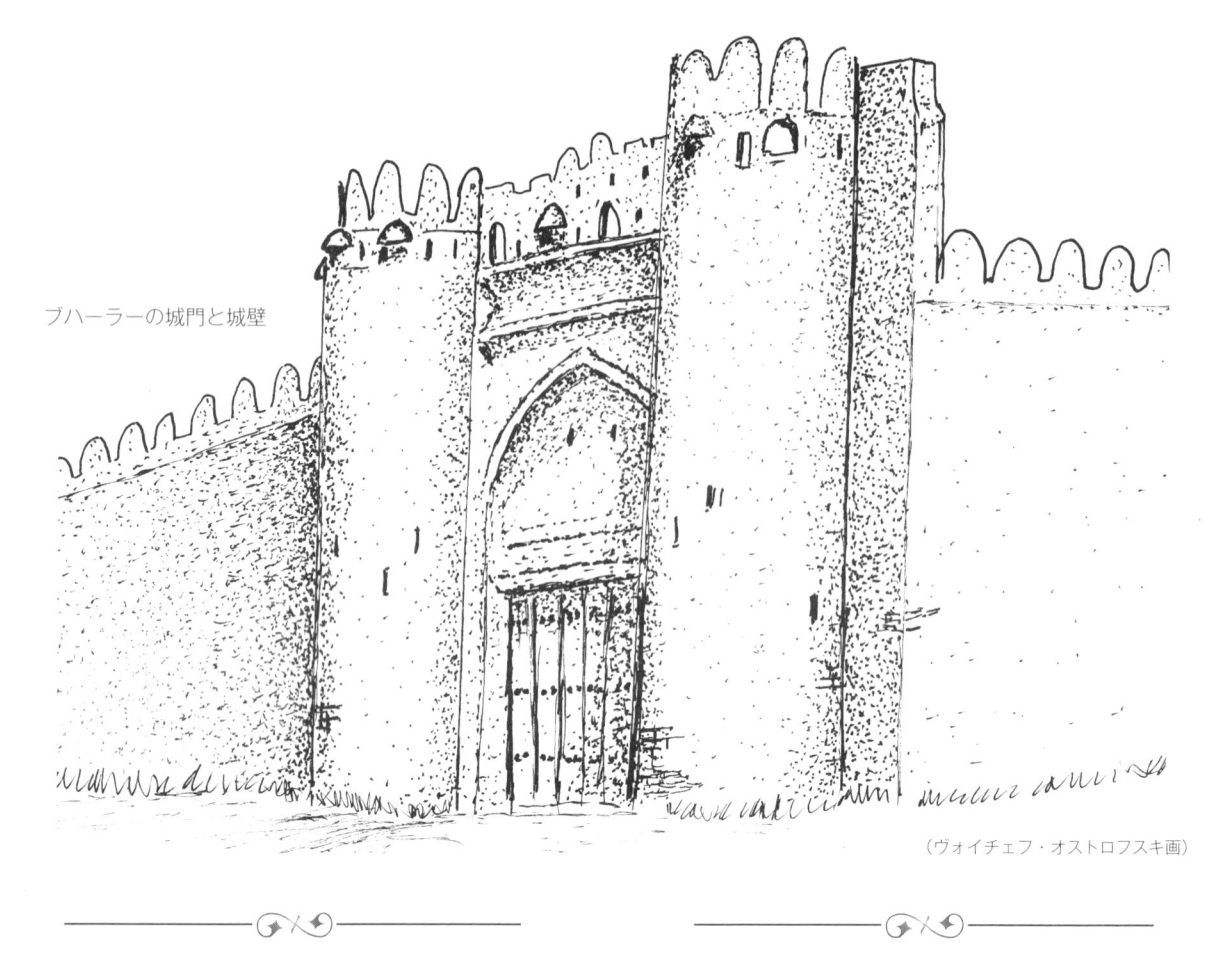

（ヴォイチェフ・オストロフスキ画）

くコンスタンティヌポリスとローマを除けば、ヨーロッパには大規模な守備隊を抱えられるような、サマルカンドやブハーラーに匹敵する規模の築城は存在しなかった。十字軍を除けば、13世紀以前のヨーロッパには万を数えるような大軍は滅多に存在しなかったのである。

1221年初頭、チンギス・ハーンは中央アジアを征服した後に、寵愛する将軍スブタイ率いる約4万の遠征軍をヨーロッパに派遣した。このモンゴル軍はコーカサスへの入口を通るとすぐに、グルジアのキリスト教王国に遭遇した。その王ゲオルギ4世は第6次十字軍に参加すべく、中東へ出発しようと大軍を整えているところだった。王の近衛兵だけでも3万のキプチャク（クマン、ポーロヴェツ）騎兵からなり、これはグルジア北部のステップを占めるモンゴル人と同じ、テュルク系民族の遊牧民だった。加えて、ゲオルギ4世は麾下に、実戦経験豊富な熟練の騎兵と歩兵を抱えていた。しかしグルジア軍は野戦で撃破され、王は築城を施した首都ティフリスへと敗走していった。モンゴル軍はまだ攻囲戦の準備が整っておらず、ヨーロッパの築城陣地との初めての遭遇は短期の威力偵察に終わった。ゲオルギ4世王はモンゴル軍に再び野戦を挑んだが完敗した。中世ヨーロッパの騎兵と戦術は、モンゴル人とその組織化されたウルスに歯が立たなかったのである。

モンゴルの遠征軍はグルジア王国を撃破した後も進軍を続けた。グルジアでは2、3の村落が防御を固めた石造城塔を擁して、孤立した高原で抵抗を続けるのみだった。モンゴル軍は北方のステップへと進軍し、キプチャク（クマン）軍を撃破して、ヴェネツィアの商人たちと同盟を結ぶことになる。ヴェネツィア人たちはヨーロッパの情報を彼らに与えた。一方、収奪者たるキプチャク人はモンゴル人の進軍を恐れ、キエフ（キーウ）とチェルニーヒウの大公ムスティスラフと同盟を締結する。8万のルーシ＝キプチャク連合軍は小さな成功を収め、数日続いた遠征において、モンゴル人をドニエプル川からカルカ川へと追撃したが、残念ながらこの成功は短命だった。1223年、2万を超えるモンゴル軍はこのルーシの軍を粉砕したのである。遠征軍はウラル山脈へと撤退する前に、自らの砦に拠るヴォル

ガ・ブルガール王国（ヴォルガ川とカマ川の合流点付近）を撃つべく、ヴォルガ川方面へ進軍した。土造や木造の築城、また石造築城さえモンゴルの猛攻の前には無力だった。

モンゴルの最初の侵略によってルーシ南部に権力の空白が生じ、モンゴル人はすぐに戻ってその状況を利用した。1236年、通常バトゥ※の指揮下にあるスブタイ率いるモンゴル軍がルーシに再び来攻すると、何者もこれを妨げなかったのである。ヴォルガ川流域のヴォルガ・ブルガール王国の人々は15万以上のタタール（スラヴ語でモンゴルの意）軍によって粉砕された。次はルーシの大公たちの番であり、1237年、ついにスブタイはヴォルガ川を越えた。最初の攻囲戦はリャザン市で勃発した。そこには最初に野戦で敗れた3人のルーシの大公たちが退却していたのである。モンゴル人たちはこの都市を孤立させ、2週間弱の攻囲の末に猛攻を加えて攻略した。ほどなくリャザン公国の都市すべてが降伏し、モンゴル人たちは恐怖の遠征を開始した。スーズダリの大公も直接攻撃によりすぐにモスクワを失陥し、次にスーズダリも陥落している。さらに1238年2月、その首都ウラジーミルも攻囲され、大規模な守備隊が駐屯していたにもかかわらず、ほどなく陥落した。3月にはタタール人たちはノヴゴロドへ進軍していったが、不安定な天候と周囲の湖沼によって、ここだけは救われている。

南部のルーシの大公たちも包囲され、1240年12月、大城壁都市キエフも陥落し、その木造防御施設は荒廃していった。グルジアの山中のように2、3の孤立した砦だけが迂回され、ノヴゴロドのようにその勢力が届かないところもあった。それでもやはりルーシの主だった防御陣地すべてが攻略されたのである。スラヴ人の土と木材による城壁都市の中で、タタール人を凌ぎきった都市はなかった。モンゴル人があきらめてしまった一方で、ノヴゴロドはアレクサンドル・ネフスキーの指導の下、1242年の氷上の決戦で、ドイツ騎士団の小規模な侵略軍を撃退し敗北させている。

一方、1241年、スブタイはポーランドとハンガリーへと10万以上の軍をもって進軍した。ボレスワフ5世率いるポーランド軍はクラクフ付近で粉砕され、その後まもなくこの都市は陥落した。シロンスク公ヘンリクは、ポーランド兵4万、ドイツ騎士団約2万5千およびその他のヨーロッパ兵（以上は控えめな概算）からなる軍をもって、モンゴル軍と交戦した。これは中世ヨーロッパの基準からすると大軍だった。だが、ほとんどの中世の部隊と同じように貧弱な組織と貧弱な練度であり、4月にレグニツァ（リーグニッツ）の戦いで粉砕されている。ほぼ同じころ、ハンガリー王ベーラは10万の兵を動員し、そのなかにはモンゴル軍から敗走してきたキプチャク（クマン）人も含まれていたが、サヨ（モヒ）川の決戦で撃破された。

モンゴルのウルスに挑んだヨーロッパの軍はすべて粉砕され、木造城壁で防御された城塞と都市はすぐに陥落した。なかにはハンガリー王国の2、3の石造城塞のように抗戦したものもあるが、これは、モンゴル人に時間がなかったためだろう。ペシュトの町までも荒廃させられたものの、渡河してブダの城郭を制圧する時間はなかったのである。

ヨーロッパ人に栄光の瞬間はこなかった。タタールのウルスの行くところ、すべての軍と城壁都市が粉砕された。モンゴル軍を凌ぎきる築城はまったくなく、迂回された築城も進軍を阻止することはできなかったのである。彼らが来たるや、どの集団も（ルーシ諸国は別として）すぐに逃げた。彼らは不敗のままであり、1242年に引き上げたが、それはチンギス・ハーンが没したため、呼び戻されただけである。

チンギス・ハーンとそのウルスにとって、中国こそが規模の上でも文化においても、もっとも畏怖すべき敵だった。それでも中国の軍は有力ではなく、防衛を重厚な城市に依存していたのだ。チンギス・ハーンは帝国を打倒するための努力を続け、不可能とも思えることを成し遂げた。遊牧民諸族の同盟を築き上げ、これまでで最高の軍が創建されたのだ。偉大なる天才チンギス・ハーンは比類なき攻囲戦の戦術も発展させている。彼のカリスマが一代で築き上げた広大な帝国を一つにまとめる接着剤だった。彼は中央アジアや東ヨーロッパの諸王国を軍門に下した後、再び関心を中国に向けた。彼の死だけが来るべき惨事からヨーロッパを救ったのである。彼の後継者たちも軍を西方へと差し向け、13世紀末に全ヨーロッパを震え上がらせたが、この時にはモンゴル帝国は政治的に分裂しており、ヨーロッパに対する拡張は終焉を迎えていた。それでもチンギス・ハーンの孫フビライ・ハーンは中国諸都市を制圧し、祖父の一生にわたる夢を実現させた。

※チンギス・ハーンの長男ジョチの次男

ポーランドの武具と甲冑。

社会構成と軍の規模

　人口と社会の構成によって、都市や築城の規模だけでなく軍の規模も決まった。西ヨーロッパでは封建制国家が大多数を占め、軍は総じて小規模で常備ではなかった。当時、イングランド王はまだノルマンディー公領を含むフランスの諸領を有しており、フランスの君主に臣従すべき封臣でもあった。10世紀のフルク・ネッラがフランスで動かした軍はわずか2、3千の兵に過ぎなかった。1066年のヘイスティングズの戦いでは、7千のノルマン軍が7千のアングロ・サクソン軍に対している。1066年以降のフランスとイングランドの王たちは、封建的義務に基づき主力戦闘要素を諸侯に頼った。これらの軍は総じて小規模だが、それは動員できる人数が限られていたからだ。イングランドの部隊のほとんどは、軽騎兵と槍兵（スピアー兵）や弓箭兵など、様々な歩兵で編成されていたと思われる。『ドゥームズデイ・ブック』（最後の審判の書）とよばれるウィリアム1世の検知帳から得られる情報に基づくなら、11世紀末にイングランド王が動員できた軍の兵員は約1万5千と計算される。そのうちの3分の1弱が騎兵だった。1世紀以上後のイングランド王の指揮したのは最大でもわずか8千の騎兵だったと概算され、フランス王はもう少し大規模な軍を動員できたと思われる。君主たちは大規模部隊の招集ができなかった。それは、おそらく麾下の封臣たちは王が拒否するだけでなく、互いに領土をめぐって争っていたからである。1138年、イングランド王ヘンリー1世の崩御後、スコットランド王デイヴィッド1世が1万の軍を動員してイングランド北部を侵略したが、8千のイングランド軍に「軍旗の戦い」で敗れた。

　12世紀にイングランドとフランスの人口はほぼ倍に増えたが、封建制が続いたために軍の兵員は大幅には増えなかった。ヘンリー2世、リチャード1世、ジョンは5千から8千を超える大規模な軍を動員したことはまったくない。一方、フランス王はおそらくその約2倍の軍を動員することができた。1173年から1174年にかけてヘンリ2世は反乱の鎮圧のためにようやく5千の軍を動員している。だが、ヘンリー2世はもっと多数の兵力を運用することができたにもかかわらず、同時に2千以上の騎兵を動員することはなかった。王はエキュアージュ（軍役代納金）を開始していたのである。これによって騎士には、王に金銭を収めるという選択肢もでき、王は彼らの代わりに傭兵を雇った。リチャード1世は1197年にフランスと戦争する際、わずか300騎の動員にとどめたが、野戦軍に編入された歩兵の数は2千から5千まで様々だった。1214年のブーヴィーヌの戦いでジョン王は5千の軍を動員し、神聖ローマ皇帝率いる部隊1万5千と合流してフランスと戦ったが、同数の兵を動員できたフランスが勝利を収めた。エドワード1世のウェールズ遠征では、イングランド軍は1277年に最大で1万5千500、1282～1283年に約2万、1287年に1万1千、そして1294～1295年には3万1千の兵員で構成されていた。当時、イングランド人たちは封建制下のヨーロッパで最大ともいえる軍をどうにか動かしていたのである。14世紀にはイングランドとフランスはついに自軍の拡大の必要性を認識した。ますます多くの中小の城塞や城壁都市が改良され、築城が拡大されたからである。だが、14～15世紀の百年戦争において大規模な軍が編成されても、戦闘のほとんどは攻囲戦であった。

732年、トゥールの戦いで大規模なフランク軍3万がイスラム軍8万と対戦した。10〜12世紀には神聖ローマ皇帝たちは有力な公たちを制圧し、多くの人口を抱えるイタリアの支配を維持して、教皇を影響下におくよう努め、さらに東方からの攻撃を撃退しなければならなかった。だが、皇帝たちは大軍を編成するにあたって、フランスやイングランドの王たちと同様、麾下の封臣たちから権力を剥奪するために戦う必要があった。1158年、フリードリヒ・バルバロッサ（赤髭帝）は約1万5千の騎兵と、5万弱の歩兵でミラノを攻囲した。兵のほとんどはイタリア出身だった。1ヶ月後、住民4万は降伏した。ミラノ攻囲戦は、この規模の都市を制圧するには大規模部隊の動員がいかに重要かを示した。1176年、レニャーノの戦いで、フリードリヒ・バルバロッサのドイツ人騎兵2千500とイタリア人歩兵500は、ロンバルディア同盟軍の騎兵隊4千超に敗北した。これらの戦いにおける兵員の数から、神聖ローマ帝国軍の規模が著しく変動することがわかる。数は皇帝の臣民と同盟者の忠誠心によるのだ。歩兵の多くはイタリアの同盟国からの派兵で、同盟国に対する支配力を失うと野戦軍は急速に数を減らしたのである。だが、12世紀末にフリードリヒ・バルバロッサは第3次十字軍のために、3万以上の軍を動員し指揮することができた。これは宗教的な団結心が地域間の敵対心に優ったからであろう。

イタリア半島には、軍を召集するための多くの手続きが存在した。指導者には、主に田園地帯の場合、封建的な関係に頼る者もいた。人口の多い都市は市民による民兵隊（ミリシャ）を組織した。おそらくこれが当時最も有力な軍だった。ほとんどの市民がこれに参加したからである。これらのイタリアの諸軍は、市壁の防御や敵対する都市の攻囲に、極めて有効だということを証明した。12世紀にはイタリア半島の北半分で、ヨーロッパの他の地域よりも多くの攻囲戦が行われ、多くの兵員を運用していた。個々の城塞よりもむしろ諸都市が攻撃目標となり、築城デザインの革新が進んでいった。

966年、神聖ローマ帝国の東方のスラヴ人の多くが統合され、ポーランドが建国された。ポーランド公ミェシュコ1世がキリスト教に改宗したときである。多くのグラードは木材と土で造られているだけだったが、ドイツ人たちの東方への拡張を阻止した。オドラ（オーダー）川付近の

サン・ドゥニ修道院にみられる紀元後1225年のフランス王子の像。

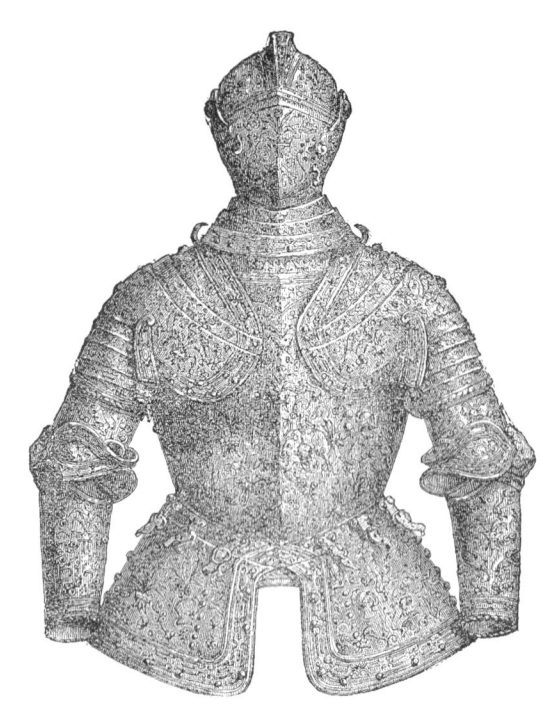

15世紀のスペインの甲冑

ツェディニャで、ミェシュコはザクセン辺境伯と決戦の上、これを撃破した。その息子ボレスワフ勇敢王は約1万7千の兵を抱える大規模な常備軍を運用して戦争を行い、ポーランドを拡張することができた。ボレスワフはこれに在地勢力を加え、グラード網の防衛にも用いた。彼の治世下にすべての町に築城が施された。さらに敵を撃退するために国境地帯に特別な軍用グラードを設立している。ポーランドやルーシの諸王国は西方の封建制の制限を受けていなかった。この二つの王国は初期の部族連合から誕生したため、基本となる社会構成は、諸家系と諸氏族の間の血縁に深く依存していたのである。スラヴ人はすべての頑健な男性が土地を守り、血縁の男子の救援には必ず駆けつける。それゆえ、スラヴの支配者たちは西方の封建制国家よりも大軍を動員することができたのである。そこでは戦士階級も世襲だった。だが、その統率力がますます中央集権化されていったため、スラヴ人の軍は部族社会の典型的な襲撃団よりも常備軍化された。エルベ川からヴィスワ川までのバルト海沿岸では、西スラヴ諸族の連合体であるヴェンド人たちが、ポーランド人やルーシ諸族と同じように、頑健な男性のほとんどを防衛のために動員することができた。だが、

彼らは部族社会の仕組みにこだわり続けたため、中央集権化された統率力を持つことはなかった。プロイセン人とリトアニア人だけがポーランド人のように、比較的有力な軍を統合し創建することができたようだ。だが、12世紀にはポーランド人がさらに組織化され、技術的に優位に立っていたようである。

デンマーク王国は7千～1万の有力な兵士たちからなる軍と大規模な艦隊も動員することができた。1147～1185年、デーン人はザクセン人と連合して、異教のヴェンド人に対し十字軍を出動させた。これは西ヨーロッパに通常みられる小規模軍勢ではなく大規模な軍だったが、ヴェンド人の住む沿岸に襲撃をかけたり、略奪をしたりしたにすぎなかった。なぜならば、ヴェンド人の砦は攻略するのが難しかったからである。

イベリア半島ではレオン、カスティーリャとその他のキリスト教王国の王たちが、野戦においても、城壁都市や城塞の攻囲戦においても、イスラムの対抗者たちと対戦するには大規模な軍が必要だと認識し始めた。11世紀、スペインの封建制はフランスよりもゆるかったので、レオン、

聖王ルイ（1226-1270）

カスティーリャおよびアラゴンの諸王は、イスラムの対抗者たちと戦える大規模な軍を動員することができた。さらに、新たに勝ち取った領域を防衛拠点として使うために、多くの町を占領したり創設したりした。そこの住民には民兵隊（ミリシャ）の設立が求められて、中心市街地を防衛するだけでなく、攻勢作戦において王軍を増強するための部隊の派兵も行った。たとえば1212年のラス・ナバス・デ・トロサの戦いにおいて、カスティーリャ、ナバラ、アラゴン、ポルトガルが、6万〜10万の歩兵および1万の騎兵を動員できたという記録がある。彼らに対したムワッヒド朝軍は10万〜18万5千の騎兵を含む、20万〜60万の兵で構成されていた。これらの数値は誇張されたものかもしれないが、少なくとも6万のキリスト教徒軍が8万〜10万のイスラム教徒部隊と対戦したと思われる。

ビザンツ帝国は比較的大規模な軍を維持することができた数少ない国の一つだった。だが、1071年、ビザンツ軍の精兵4万はマラーズキルド（マンジケルト）の戦いで、セルジューク朝トルコの騎兵7万に粉砕された。大規模軍は中世盛期においてヨーロッパでは稀な存在だったが、中東では違ったのである。ほどなく、アンティオキア、ダマスコスおよびエルサレムのビザンツの砦は一つまた一つと陥落していった。ビザンツ帝国は崩壊の瀬戸際に瀕し、ヨーロッパのキリスト教世界の安全は、セルジューク朝トルコによって脅かされることになった。1095年、教皇ウルバヌス2世がトルコに対する聖戦を呼びかけた後、第1次十字軍を動かすまでに2年かかっている。概算で兵5万というのは、中世ヨーロッパのキリスト教世界で動員された最も大規模な軍の一つだろう。残念ながら指揮官たちには、大軍を意のままに動かした経験がほとんどなかった。それでも1099年、1万5千の兵からなる部隊をもってエルサレムを攻撃し、防御側の兵2万と約4万の都市住民によって堅く守られたこの都市を攻略している。

13世紀にヨーロッパのキリスト教世界は史上最悪の危機的瞬間の一つを迎えることになった。モンゴル人たちが東方の境界地帯に出現し、ヨーロッパを脅かして炎と破壊の奔流へと巻き込んでいったのである。ヨーロッパ人たちの小規模な軍は、大規模で組織化された侵略軍に直面し、敗北に向かっていった。ヨーロッパは運命の渦がモンゴルのハーンを死へと導くことによってのみ救われたのだ。

14世紀になっても多くのヨーロッパの君主たちは、自らの築城と相手の築城を攻略する自分の能力を信じ続け、軍の発展、組織化および熟度の向上に邁進することはなかった。15世紀にヨーロッパは、新たにオスマン朝トルコによって脅かされるのだが、小規模な軍にもかかわらず再び勝利することができた。ルネサンス時代に戦術の新たな発展があったからである。

シャルル豪胆公所有の甲冑一式

ベンジン城塞：ポーランド──キープ

中世ポーランド

今日のポーランドとドイツ東部に住んでいたスラヴ人たちは、10世紀まで部族社会であり、自分たちを支配しようとする神聖ローマ帝国のザクセン人領主たちと頻繁に戦うと同時に、部族同士でも戦った。10世紀には族長の権力を示す大きなグラードが出現しはじめた。族長たちは権威で一族を支配したのだ。この支配は966年に頂点を迎え、ポーランド公ミェシュコ1世によって最初のポーランド国家が出現した。公はキリスト教に改宗し、ポーランドを支配する最初の王朝ピャスト朝を築く。彼の民はポラーニエ族または平原の民とよばれ、木材と土だけで造ったグラード形式の築城を用い、ミェシュコの即位以前からドイツの領主たちを退けていた。967年、北西部（今日のポモージェ〈ポンメルン、ポメラニア〉）でスラヴ人たちを撃破し、972年にオドラ（オーダー）川付近のツェディニャでミェシュコは強力なグラードに籠城し、ザクセン辺境伯を撃破した。これにより他のスラヴ人との統合が急速に進んだ。

ミェシュコの息子ボレスワフ・フローブルィ（勇敢王）は992年に公国を継承し、初代ポーランド王となった。1018年には、領土を主張する神聖ローマ皇帝ハインリヒと和平を結び、西スラヴ人たちの多くの領土を支配した。

ボレスワフの次の遠征はキエフ・ルーシに対するもので、彼の目的はここを征服し、キエフ大公位に即けた無能な義理の息子スヴャトポルクに返還することだった。1018年にキエフを攻略したが、彼の成功はルーシ族の国家を強化したにすぎない。だが、ツェルヴィエニュやプシェミィシルのような強力なグラードを公国に併合することができた。

10世紀半ばにハザル国が滅亡すると、キエフを含む数多くのルーシの大公国が東スラヴ人の地に出現した。キエフを攻略したヤロスラフ大公（賢公）は、民を統合してポーランド人を退け、ポーランドの東に強力なスラヴ人国家を建国したのである。この二つのスラヴ人国家の違いは、ボレスワフの父がローマ・カトリックを国教としたのに対し、キエフ・ルーシは東方正教会の一員となることで大きくなったことである。

ボレスワフのポーランドの領域は、今日のポーランドのほとんどと、1939年時点の国境線の内側も含む。注目すべきは、王は比較的大規模な軍を持っていたことだ。約1万7千の兵からなる常備軍のうち、3千900が鎧を纏った騎兵だったとされる。11世紀初頭においてこの兵力は、フランスやイングランド（アングロ・サクソン）の王たちの軍を上回った可能性が極めて高い。さらに多くのグラードを永久防衛線として用い、在地の共同体が防衛した。また、大規模なグラードから兵を追加召集して、麾下の軍とともに遠征に参加させることもできた。これによって麾下の軍の規模を数百から数千へと増強することができたのである。

ポーランドはボレスワフが崩御して衰退した。次に登場する力強い王は、1102年に即位したボレスワフ3世クシヴォウスティ（曲唇公）である。神聖ローマ皇帝ハインリヒ5世はポーランドを支配しようとボレスワフ3世に臣従を求め、公の兄との共同統治にするよう要求した。1109年、皇帝軍がポーランドを侵略したが、強力なグラード群によって阻止された。これらのグラードは数十年にわたってゲルマニア（ドイツ）からの攻撃を食い止めてきたのだ。

ドイツ部隊はクラクフの強力なグラードに対して攻囲戦を仕掛けたが、すべて失敗に終わった。防御側の主力は市民だがグラードの防衛には精通していた。やがてポーランド側が深刻な状況となり、人質（子供を含む）と引き換えに休戦が宣言された。しかし、防御側はボレスワフ3世が駆けつけていると聞き、抗戦継続を決断した。ドイツ人は人質の返還を拒否して人質を攻城塔に吊るし、再攻撃を始めた。防御側はその攻撃を撃退し、ボレスワフの軍が到着するとドイツ人は退却せざるを得なくなった。皇帝軍はブロツワフ（ブレスラウ）付近で決戦して破れ、ポーランド領からの撤退を余儀なくされている。

ボレスワフ3世は息子たちにポーランドを分割継承させ、長兄に位を継がせて国家の統一を保とうとした。残念ながら彼の計画は失敗し、ブランデンブルク（辺境伯領）の人々がポモジェ（ポメラニア）のポーランド領に侵入してきた。1226年、ポーランド東部のマゾフシェ（マゾヴィア）を支配するボレスワフの孫によって、異教のプロイセン人から領土を守るためのドイツ騎士団が招聘された。14世紀初頭までポーランドが力と威光を取り戻すことはない。

プスコフ城塞：ロシア——外城壁　　（ジョン・スローン撮影）

中世ルーシ（ロシア）

ロシア人、ベラルーシ人、ウクライナ人は東スラヴ人とよばれ、言語や文化の上ではポーランド人、チェコ人、スロヴァキア人のような西スラヴ人と極めて近く、同様の政治組織を持っていた。西スラヴ人と同様に諸部族が連合し、10世紀に組織化された諸大公領になっていった。当時、権力の中心となるグラードはノヴゴロドとキエフ（キーウ）の二つだった。ルーシ諸族の首都は912年までノヴゴロドに置かれ、912年にキエフに遷された。だが、大公はノヴゴロドを引き続き支配下に置き、息子に支配させている。しかし実質、ノヴゴロドは富裕な商人たちの寡頭政によって統治され、大公の支配に長く耐え忍ぶことはなかった。1136年に君主は追放され、共和制は次世紀まで続いた。一方、キエフはヤロスラフ賢公の治世下で絶頂を迎え、ポーランドの東方を支配するスラヴの強国となっている。

ルーシの問題は大公位継承順位決定の方法だった。理論上はキエフ大公が亡くなると次の弟が継承し、他の弟たちは誕生順に継承順位が上がっていく、年長順番制であった。そのため、二人の兄の没後にヤロスラフ賢公が即位した。1036年、彼が没すると長男が大公位を継承し、キエフ、チェルニーヒウ、ペレスラヴリ、ロストフ、ガーリチ、ポロツク、スモレンスク、さらにその他の数多くの諸都市と諸領は継承者たちの間で分割継承された。残念ながら継承者たちは国家の分割に満足せず、キエフ大公になる権利をめぐって内乱を続けたのである。1113年、ウラジーミル2世・モノマフがキエフ奪取に成功し、混沌の時代を終わらせた。他の者は、重要性の低い町の支配に甘んじたのだ。ウラジーミルの没後、これらの大公国は独立していった。

1150年代以降、キエフの重要性は低下していった。若き大公ユーリー・ドルゴルーキー（長手公）が、首都をスーズダリのウラジーミルに遷したからである。彼の父が1125年にユーリーのために特別にスーズダリ公国を築いた。ユーリーはキエフ大公となっても、好んでスーズダリに本拠を構えた。アンドレイ・ボゴリュプスキも大公になっても、ウラジーミルから直接支配していた。こうして権力の中心はキエフからウラジーミルへと移っていった。

1204年、第4次十字軍がビュザンティオン（コンスタンティヌポリスの古名）攻略によって幕を閉じると、キエフの力の最後の拠り所が雲散霧消した。1238年にモンゴルに攻撃されたときは、ウラジーミルが首都でキエフには在地の公もいなかった。さらにウラジーミルの大公の支配は、ルーシの他の町や都市にほとんど及んでいなかった。一方、ノヴゴロド共和国の商人の支配者たちは軍事指揮官としていずれかの公を選んでいたが、市壁の内側に住む権利は認めなかった。大公は抗戦を試みたが、モンゴル人はウラジーミルを攻略し、大公の一族を虐殺している。大公は援助がないまま軍を動員してモンゴル軍と対戦したが、シチ川の戦いで敗れた。モンゴル人は1240年まで居座り、ルーシの地を荒らした挙句、大公まで指名している。

12～13世紀、ルーシ軍は2万以上の兵の動員も可能になり、公はそれぞれドルジーナとよばれる従士団を抱えていた。通常、ドルジーナは100名以下だが、数千名に及ぶこともあり、装甲長槍騎兵の重騎兵隊と、弓箭兵の軽装部隊で構成された。挙兵時もルーシ諸族は封建制の義務を負わず、召集される精強な兵はほとんどが都市出身だった。キエフとチェルニーヒウは兵力を増強するために、キプチャクを含む遊牧民を運用している。これらの兵士たちは長槍（ランス）、大剣や短剣、ハンマー、戦斧（メイス）などの武器を使用し、防御のために軽甲冑も用いている。

1223年のカラカ川の戦いで、モンゴル軍はルーシの大軍8万を優れた戦術と戦略で粉砕した。1240年にはルーシのほとんどがモンゴルの支配下にあり、一方ではノヴゴロドはドイツ騎士団の脅威にさらされていた。1241年、ノヴゴロド公アレクサンドル・ネフスキーがルーシの軍を率いてドイツ騎士団と対戦し、チュード（ペイプス）湖上での氷上の決戦で彼らを撃破した。その後ほどなくネフスキー公はウラジーミル大公となっている。彼の曽孫は権力の座をモスクワに遷した。1328年、モンゴル人に大公として認められた後のことだ。1381年、クリコヴォの戦いでルーシ諸公軍がジョチ・ウルスに勝利し、ようやくルーシの国家は独立することができた。

オー＝クーニグスブール城塞（上ケーニヒスブルク）：アルザス（フランス北東部）

第4章

Decline of the High Castle Walls

―高くそびえる城壁の退場―

　地方によってはもう少し長く続いたものの、中世は15世紀に徐々に終わりを告げていった。1415年、1453年、そして1492年という年は、この時代の終焉を画するのによく用いられる。これらの年に決定的な戦いが行われ、そのうち二つの年は攻囲戦が関わった。1415年のアジャンクールの戦いは百年戦争の転機となり、装甲騎兵の戦場支配を終わらせた。百年戦争は1453年に終わりを迎えている。フランス軍が砲兵隊を援用してイングランド軍を築城陣地から次々に駆逐していったのだ。だが、もっと重要なのはビュザンティオン（コンスタンティヌポリスの古名）がトルコ軍の手に陥ったことである。コンスタンティヌポリスの中世城壁が、トルコ軍の新しい攻囲戦術と巨大な大砲を含む兵器の前に屈したのである。1492年にはついにグラナダのイスラム中世城郭が、カトリックのカスティーリャ女王イサベルとアラゴン王フェルナンドの手に陥ちた。これがレコンキスタを終わらせ、約8世紀間イベリア半島に存在したイスラム教徒たちを完全に追い出すことになった。当時、政治・経済や文化上の諸活動とともに、戦争の様相は大きく変化した。ルネサンスの曙（実際に中世が終わる大分前に始まっていた）において、新たな形式の築城が出現しており、この頃には城塞などの中世築城はもはや役に立たず、衰退の道を歩んでいたといわれている。

　しかし、実は城塞はすべて放棄されたわけではなく、中世が過ぎ去っても長らく運用され続けた。だが、新たな城塞は築かれず、防御的仕掛けを付けた宮殿のような居館に代わったのである。ルネサンス時代には、大砲に対応できる新たな築城が築かれ、一方では従来の中世築城が大砲を搭載できるよう改築された。なかには放棄される中世城塞もあったが、それは旧式すぎて改修の費用がかかりすぎるか、実用的ではないという理由によるものだった。13世紀以降に建造された城塞のほとんどは改装に非常に適していたのである。なかには、町が発展したため城塞の周りを市街地が囲い、戦術・戦略的に城塞として機能しないものもあった。

百年戦争における大砲の運用

　大砲が14世紀に初めて使われたときは、小規模すぎて築城に大きな損害を与えられなかった。野戦においてすらそうだった。1415年、ヘンリー5世がノルマンディーのアルフルールに攻囲戦を仕掛けたときも、わずかな数の大砲が攻囲に大きく役立つことはなかった。セーヌ川の河口に位置する港には、26棟の城塔とマシクーリを備えた大規模城壁を伴う重厚な築城が施され、さらにダムによって作られた利水障害が周囲を囲んでいた。ダムの水門によって低地に水を氾濫させることができたのである。住民は、単独の水路だけで防御されていた南西の城門が、町の三つの入口のなかで唯一、防御が甘いと考えていた。ここも他の城門と同じく木造バービカンによって防御されているが、それはほぼ町壁の高さで、鉄製の帯で束ねられたファシーヌ（柴の束）と木の幹で強化されていた。町の南端に位置する港湾設備へはレザルド川から入ることができ、そこからセーヌ川へと通じていた。そして川側は鉄鎖と河床に突き刺さった先の尖った杭によって封鎖されていた。河川路は北面の城壁に造られた水門を通り町の主要部の周囲をめぐって、町の中心部を西部から隔てていた。町の東部には利水障害はないが、北のモンヴィエ門から南のルーアン門まで続く大きな壕によって防御されている。どちらの城門も木造バービカンがあり、わずか400の武装兵を数えるのみの守備隊が、1万を超える軍に対抗していた。

　ヘンリー5世はアルフルール攻略のために、城壁を突破すべく麾下の大砲群と火薬を使わない投射兵器群を運用しなければならなかった。衝角（破城槌）やベルフリーは役

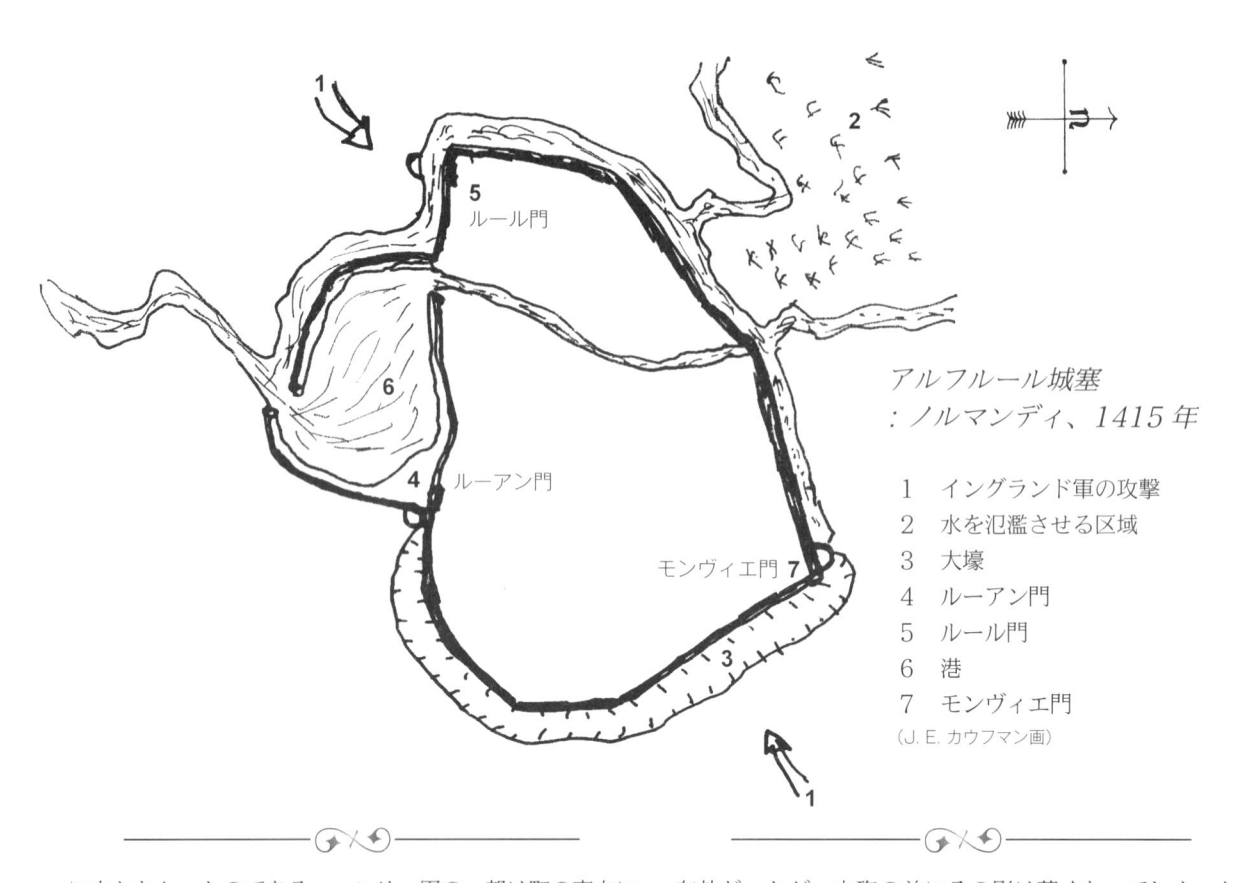

アルフルール城塞
：ノルマンディ、1415年

1　イングランド軍の攻撃
2　水を氾濫させる区域
3　大壕
4　ルーアン門
5　ルール門
6　港
7　モンヴィエ門

（J. E. カウフマン画）

に立たなかったのである。ヘンリー軍の一部は町の東方に野営して、城壁へのトンネルを掘ろうとしたが成功しなかった。ヘンリーはアルフルールの西側に麾下の攻城用投射兵器群を集結させ、ルール門へと攻撃を集中させた。ルール門のバービカンが水路のヘンリー側にあったのである。麾下の兵が築城に向けて塹壕を掘り進めると、フランス人は対壕や対抗坑道によってそれを阻止した。このときヘンリーは、アンブラジュール（砲門）を備えた大規模な移動遮蔽体で重砲を防御しながら前進を試みたが、麾下の砲兵が市民の弩や銃砲で撃退されてしまった。フランス人はイングランド陣地に突撃をもかけてきた。

投射兵器群が目標を射程内に捉えるところまで前進すれば、石造城塔を容易に破壊し木造バービカンの堡塁を粉砕することができた、ともいわれる。大砲の弾丸にはタールを塗って点火してから木造バービカンに向けて発射し、命中すると炎上させるようになっていた。砲撃は1週間絶え間なく続き、500ポンド（約227kg）以上の発射体が城壁に打撃を与えている。カタパルトやトレビュシェには大砲よりも射程距離が長いものもあり、様々な形式のものが攻撃に使われた。従来の兵器も築城に打撃を与えるのに

有効だったが、火砲の前にその影は薄くなってしまった。火砲は兵の心にいつまでも轟音と煙の印象を残し、防御側の士気をくじいたからである。だが、この深刻な打撃がアルフルール攻囲戦の幕を閉じることはなかった。砲撃が続く間も防御側は、イングランド軍から受けた損害を修理していった。フランス側の襲撃行動が陸に海に続行され、守備隊は城壁に搭載された投射兵器によってイングランド軍に対抗射撃を加えている。かなり前から疫病がイングランド軍野営地で蔓延しはじめていたが、この攻囲戦の間、フランス軍はルーアンでのんびりし、攻囲を解く努力をしなかった。1ヶ月ほど過ぎた9月16日、南西の城門のバービカンは数週間の砲撃を受けた末、崩壊の瀬戸際に瀕したものの、フランス側がイングランド軍陣地を襲撃することで持ちこたえた。だがその翌日、イングランド軍はバービカンを攻略し、銃砲を陣地に移設する準備を整えた。そこからは主な城壁を直接射撃できたのである。その砲撃がさらに効果を見せ、イングランド軍が梯子を用意してエスカラード（城壁登攀）による最終攻撃に備えると、アルフルールの籠城軍は救援の希望を絶たれてついに降伏した。

チャールズ・オーマンは『中世の戦争術』[※1]で、この

※1 原題『A History of the Art of War in the Middle Ages』P317参照

攻囲戦は大砲の勝利だったと主張しているが、伝統的な攻城兵器や攻城法も、この戦いのなかで重要な役割を果たしたことは間違いない。ヘンリーの勝利は高くついた。侵略軍の兵力の約5分の1を喪失(そうしつ)したのである。アルフルール攻囲戦は大砲の優位性を証明したというよりも、籠城軍と攻囲軍の決意と根性を示したのである。アルフルール制圧の後、損耗(そんもう)したイングランド軍はアジャンクールの戦いに勝利し、運命に流されるままに戦いの道を進むことになる。

ヘンリー5世がノルマンディーに戻った1417年も戦争は続いており、フランス王はブルゴーニュ公との内戦に巻き込まれていった。ヘンリー5世は有利になった状況を利用してノルマンディー征服を遂行した。まずは厚い城壁とシタデルで防御された城壁都市カンを攻撃している。ここでも麾下(きか)の砲兵隊のおかげで、2週間で市壁を突破することができた。城塞の方はその後2週間持ちこたえている。カン掠奪(りゃくだつ)はフランス王が来援する能力に欠けていることを露呈し、フランス人たちの士気をくじいた。結果としてイングランド軍はアランソンを含む城壁町を、短時間で攻略できたのである。強力な城壁町ファレーズは1418年初頭まで抗戦した。ヘンリーの遠征は、ノルマンディーの首都であり築城港を持つルーアン攻囲戦で、頂点を迎える。

ルーアン：フランス
ジャンヌ・ダルクが収監されていた城塔。

その城壁には60棟の城塔と、バービカンで防御された6棟の城門が配され、砲撃に対抗するために背後は傾斜した大規模な土手で強化されていた。デズモンド・スアードは『百年戦争』※2で、それぞれの城塔に大砲3門ずつ、城塔と城塔の間のカーテン・ウォールには大砲1門と小火器8門が搭載されていたと述べている。多少の誇張はあるとしても、200門以上の大砲と4千の武装兵が都市を守っていたということだろう。

ヘンリー5世はルーアン攻囲戦の実行に際し、塹壕(ざんごう)でつながった築城野営地4カ所を設営して、鉄鎖でセーヌ川を封鎖した。2ヶ月半後、フランス軍は餓死する寸前にまで追い込まれ、救援の望みもなかった。1419年1月末にルーアンは降伏したが、これは砲撃の結果ではない。中世の遠征の典型として、ほとんどが野戦ではなく攻囲戦で、勝利は攻撃よりも飢餓によってもたらされた。ヘンリーが攻略に失敗したノルマンディー唯一の築城拠点はモン・サン・ミシェルであり、イングランド軍の侵攻を拒み続けた。

イングランド軍の遠征は、拠点を一つずつ攻撃目標として攻囲戦を行うという、典型的な中世のやり方で続行された。城壁町ムランは2万の兵からなる軍に攻囲された。防御側はわずか700のみで、町はセーヌ川によって三つの築城部分に分割されていた。中洲に城塞が立地していたのである。坑道戦と対抗坑道戦が、恐ろしいまでに最高潮に達した。イングランド軍の重厚なる火砲群が城壁部分を粉砕するも、迅速に修復されて塞がれた。ちょうど4ヶ月を過ぎたころ、防御側が飢餓に陥って町は降伏する。パリ攻略後、ヘンリーはさらに2、3回の攻囲戦を行ったが、大規模な野戦はなく、大砲だけが勝利を導いたのではない。

ベッドフォード公とソールズベリー伯はヘンリー5世崩御後もフランス王の築城陣地を攻略し続け、1424年にはヴェルヌイユの戦いでフランス軍を再び野戦にて撃破した。1426年、ソールズベリー伯は約4千の兵からなる軍を率いて遠征し、数多くの町や築城陣地を攻略して、1428年、オルレアンにまで軍を進めた。この都市は王太子領に残された大規模な最後の砦の一つだった。5千を超える兵が防御し、城壁には71門の大砲が搭載された上、イングランド軍の兵力はフランス軍よりも少数だった。市壁の高さは約10mに及び、総延長が長いので完全包囲はできなかった。イングランド軍はロワール川南岸のフラ

※2 原題『The Hundred Years War: The English in France, 1337-1453』P318 参照

カン：ノルマンディ、15 世紀

1　城塞
2　キープ
3　城塞の堀
4　旧市街
5　新市街
6　旧市街のカーテン・ウォール
7　新市街のカーテン・ウォール
8　オルヌ川
9　町の堀
10　ポルト・デ・シャン（城門棟）

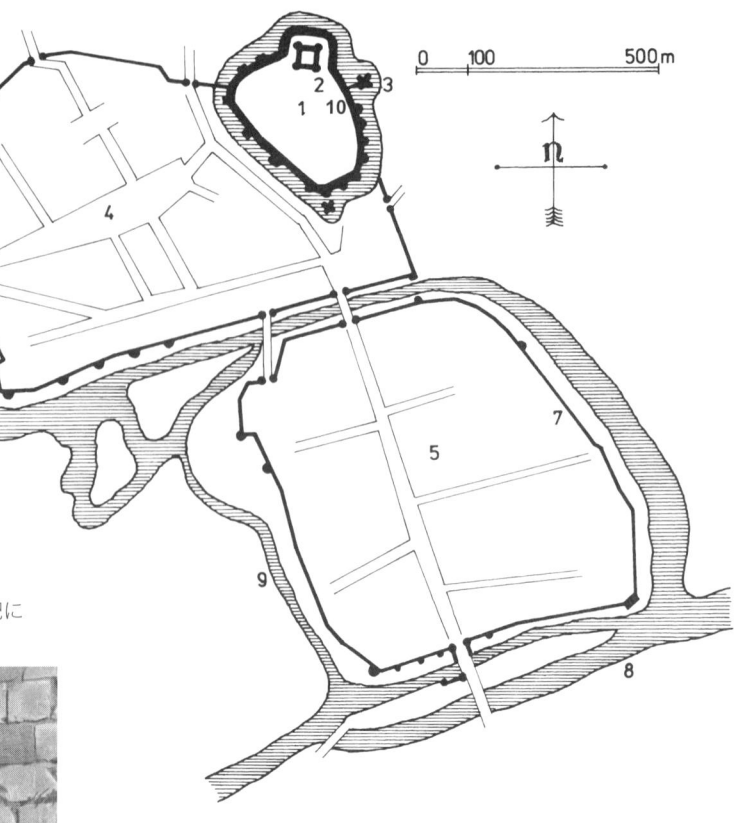

カン：ノルマンディ
矢狭間の付いた城壁のニッチ（壁龕(へきがん)）。11 世紀にさかのぼる。

カン：ノルマンディ
ポルト・デ・シャン（城門棟）。

パリのバスティーユ城塞。

ンス側の築城橋頭堡を攻撃した。これが市中に通じる橋を防御していたのである。橋の南岸から一番目のアーチ上に跳ね橋を備えた城門を形成する2棟の大規模な城塔があった。これらの城塔はトゥーレルとよばれ、土と木材でできた小規模な陣地（おそらくバービカン）が城塔正面の岸に築かれていた。イングランド軍は砲撃でトゥーレル攻略を試みたが成功はしなかった。シャトレの守備隊は、イングランドの坑道兵が自陣の真下にいると信じて退避した。トゥーレルは攻略されたが、ほどなくトゥーレル内部にいたソールズベリー伯がオルレアン側砲弾によって戦死した。攻囲戦は翌年の春末までズルズルと続いた。イングランド軍はこの都市を孤立させるために、いくつかのバスティーユ（小規模な木造要塞）を建造した。なかにはブールヴァールそのもの、あるいはブールヴァールを含むものもあった。ブールヴァールとは城壁か城門の正面に築かれた低めの土塁のことであり、大砲を設置するために設計されていた。翌年の5月、イングランド軍の攻囲線は破られ、ジャンヌ・ダルクがフランス側の救援軍を率いて、いくつかのバスティーユを攻略している。このとき、籠城軍は500のイングランド兵が守るトゥーレルを、北岸から修復された橋を渡って強襲し、城塔群を再攻略して攻囲戦を終わらせた。ここでも大砲は決定的な役割を果たさず、双方とも大砲によって勝利をつかむことはなかった。

1435年、フランスはアラス条約によってブルゴーニュ公国と再統合されたものの、最終的な勝利をつかむにはさらに18年を要す。大砲が果たした役割は一定に過ぎない。イングランド側の手にあったパリは1436年に陥落した。飢餓や兵の脱走があり、在地の民兵（ミリシャ）は都市防衛を拒否、さらに住民たちが城壁に梯子を下ろして攻囲軍を市内に入れたためである。パリ市民の支持を欠いた上、真っ向からの反乱が生じて、イングランド軍はバスティーユ城塞に退避せざるを得なくなり、最終的には降伏へと追い込まれた。パリ降伏に続いて城壁町や城塞は次々に所有者を変えたが、カレ、ルーアンやボルドーなどの砦は堅く防御され、フランス軍が取り戻すことはできなかった。

1441年、最初の大砲の発展がみられる。フランス軍が三つの攻囲戦に失敗した後、大砲とビュロー兄弟の指導によって、ようやくポントワズを攻略したときである。後にビュロー兄弟はフランス軍のために砲兵科の鍛錬に尽くすことになり、砲兵隊の規模と威力は増していった。チャールズ・オーマンによると、ビュロー兄弟によって発展を遂げた砲兵隊は1449年から1450年にかけて60の攻

フージェール城塞：ブルターニュ

11世紀の境界地帯の城塞は破壊され、13世紀にそれを更新すべく新たな城塞が建設された。13世紀の城塞は大砲に対応すべく15世紀に改修されている。

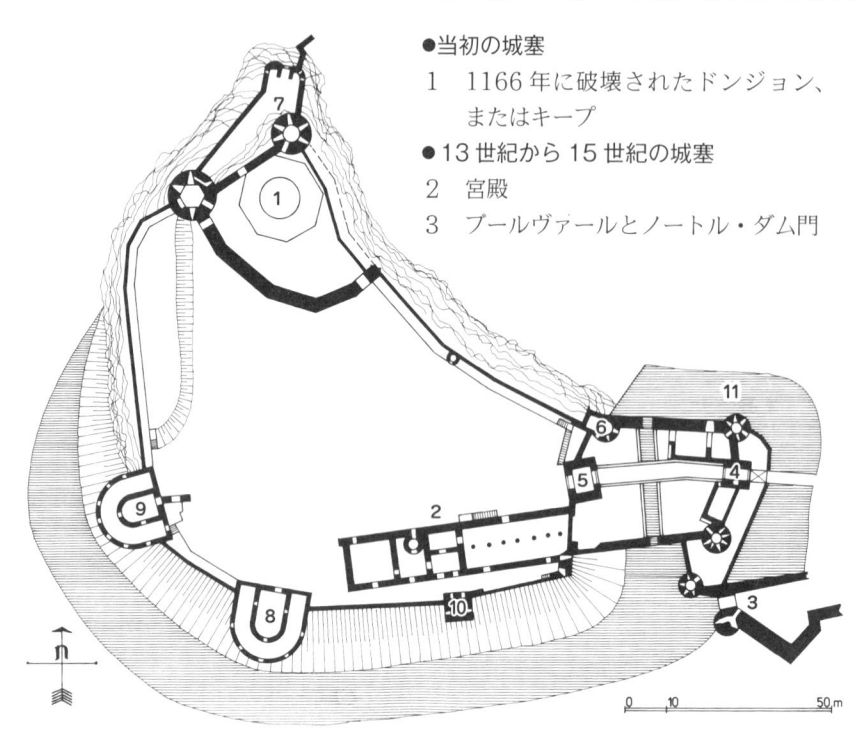

- ●当初の城塞
1　1166年に破壊されたドンジョン、またはキープ
- ●13世紀から15世紀の城塞
2　宮殿
3　ブールヴァールとノートル・ダム門
4　エー＝サン＝イレール城門塔
5　クートロゴン城門塔
6　コワニー塔
7　13世紀のゴブラン塔
8　15世紀のラウール塔
9　15世紀のシュリエンヌ塔
10　15世紀のトイレ塔——カドラン塔
11　湖

下：外城門棟（13世紀のエー＝サン＝イレール塔）。2棟の側防城塔を備える。
右下：15世紀のラウール塔。大砲を搭載できるようになっている。
右：15世紀のシュリエンヌ塔。マシクーリと矢狭間を備える。

ジゾール城塞：フランス

1　下中庭（下郭）
2　12世紀のアンサント
3　上中庭（上郭）
4　モット
5　キープへの接近路
6　シュミーズを備えたキープ

ジゾール：フランス

ジゾールにおける11世紀のモット・アンド・ベイリー城塞のこの写真は、外城壁から撮影されたものである。

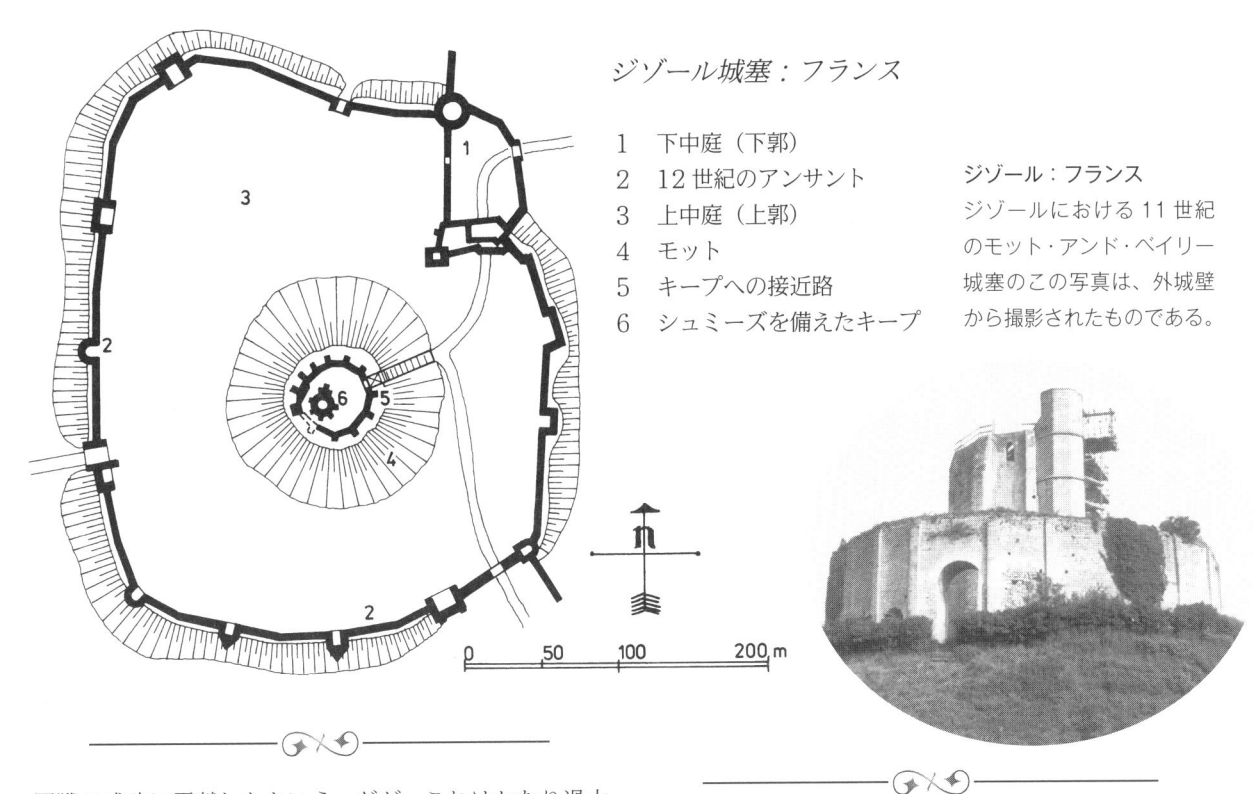

囲戦の成功に貢献したという。だが、これはかなり過大評価で、実際はフランス軍を勝利に導いたのは、兵器よりも兵力と在地の支援体制である。以前もヘンリー5世は、多くの陣地を少ない投射兵器で速やかに攻略しており、1440年代末と状況が大きく変わったわけでもない。さらに1440年代にはフランスにおけるイングランドの築城陣地守備隊は小規模で、脱走兵や軍資金の枯渇にも悩まされていた。

　たとえば、1448年のジゾールの守備隊はわずか43の兵だった。1449年、6千の兵からなるイングランドの遠征軍はフージェール城塞を電撃的に攻略したが、これはイングランドにとって最後の勝利の一つだった。1449年、フランス軍3万がノルマンディーへ前進し次から次へと陣地を攻略していった。抵抗は、あっても最小限だった。ルーアンは無抵抗でフランス軍の城壁内への入市を認めることを条件に攻囲を免れ、イングランドの守備隊はシタデルへ退避したものの結局は降伏せざるを得なくなったのである。アルフルールとオンフルールではフランス軍砲兵隊が城壁に文字通り突破口を開き、この2都市を陥落へと導いた。だが、イングランドの守備隊が、先年のフランス市民のような固い決意で防衛にあたっていたわけではないことも指摘しておこう。カンは3週間の砲撃の末に降伏したが、

守備隊の士気の低さが砲兵射撃と同じくらい降伏の原因だったのである。イングランドのノルマンディーにおける最後の砦シェルブールは、ビュロー兄弟の大砲群による攻撃にさらされ、甚大な損害を与えられた。だが、何十年も前のアルフルールでのヘンリー5世の軍と同じように、フランスの攻囲軍も大きな損耗を被っている。

　1450年のフォルミニーの戦いの後、ノルマンディーを追われたイングランド軍は、フランス南西部のギュイエンヌ支配を維持するために戦うこととなった。ボルドーとバイヨンヌは1451年夏に降伏した。ジョン・タルボットはイングランド部隊の先頭に立ってボルドーへ向かい、1452年10月に市民たちによって城門の内に招き入れられた。だが、フランス軍が大挙してこの地方へ戻り、カスティヨンの町は1453年に攻囲された。この際、フランス軍は塹壕を築いて、兵と火砲群を囲っている。タルボットはカスティヨンを救援すべく、懸命にフランス軍の陣地に攻撃をかけたが、彼の部隊は敵の銃砲によって損耗してしまった。この後すぐイングランド軍の抗戦は止み、戦争は終結を迎えたのである。

　中世築城は防御の役には立っていたが、火砲は軍事建築に著しい変化と修正をもたらすだけの影響を与えたのだ。

タラスコン城塞：フランス

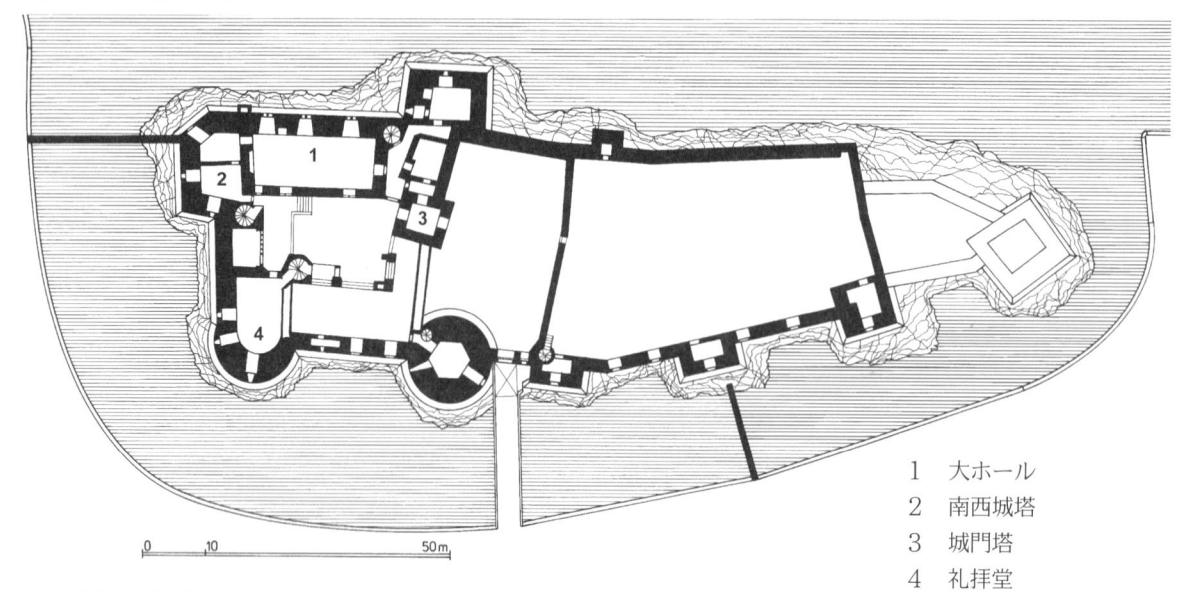

1 大ホール
2 南西城塔
3 城門塔
4 礼拝堂

タラスコン城塞：フランス
この14世紀末の城塞はパリのバスティーユ城塞と類似した平面で建設された。

ローヌ川側からのタラスコン城塞の眺望。

高くそびえる城壁の退場　　155

ナジャック城塞：フランス

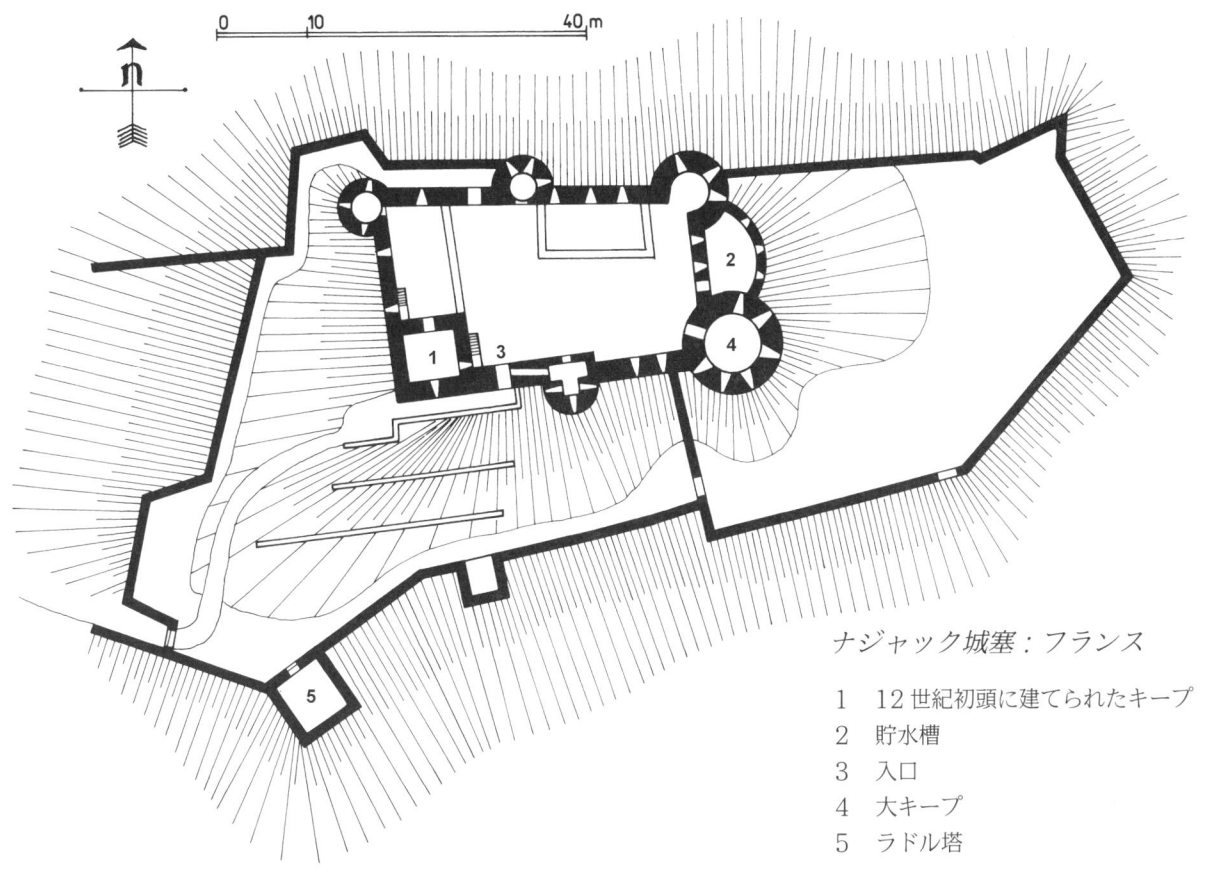

1　12世紀初頭に建てられたキープ
2　貯水槽
3　入口
4　大キープ
5　ラドル塔

ナジャック城塞はトゥールーズ伯によって建設された。この拠点における最初の城塞は11世紀末に建設され、聖王ルイの治世下に拡張されている。13世紀半ばに、従来のキープ（1）を更新するために大キープ（4）が増築され、従来のキープはこのときに居住区域となった。城塞は周辺地域とナジャックの町を見下ろす丘の頂上に立地している。

フランス、ナジャック城塞の遺構。入口側から撮影。

ピエルフォン：フランス

ピエルフォン城塞：フランス

ヴァロワ朝の王弟オルレアン公ルイによって14世紀末に着工されたこの大規模複合建造物群は、宗教戦争時の幾度かの攻囲戦をくぐり抜けてきたが、後に甚大な損害を受けている。19世紀、ナポレオン3世が建築家ヴィオレ＝ル＝デュクにこの拠点の修復をさせたが、彼の事業の多くは事実に則した復元というよりも、ロマン主義的なファンタジーに基づくものだった。写真にみる多くの部分は彼の再建になり、ゴシックとよぶべきものというよりもネオ・ゴシックとよぶべきものかもしれない。

ピエルフォン城塞：フランス

1 堀
2 跳ね橋
3 城門
4 中庭
5 領主の部屋
6 大ホール
7 城門塔
8 礼拝堂
9 建造物群

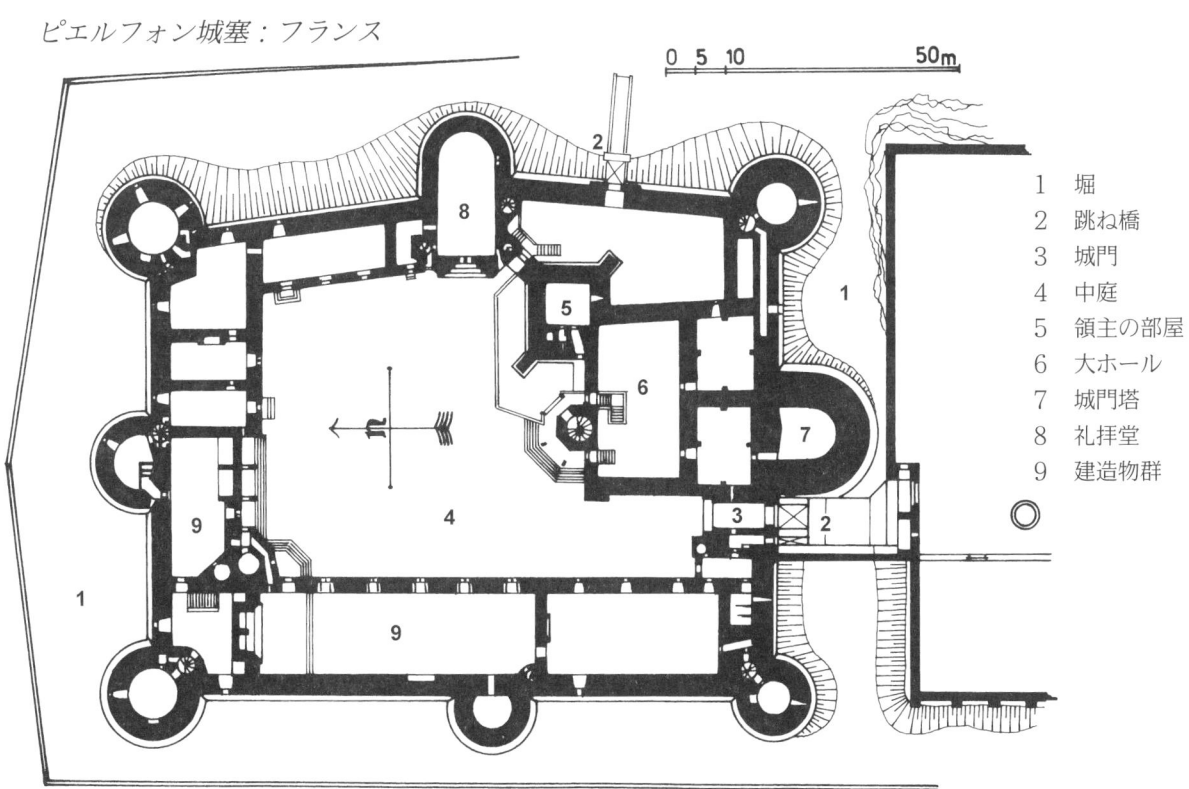

ルメリ・ヒサル

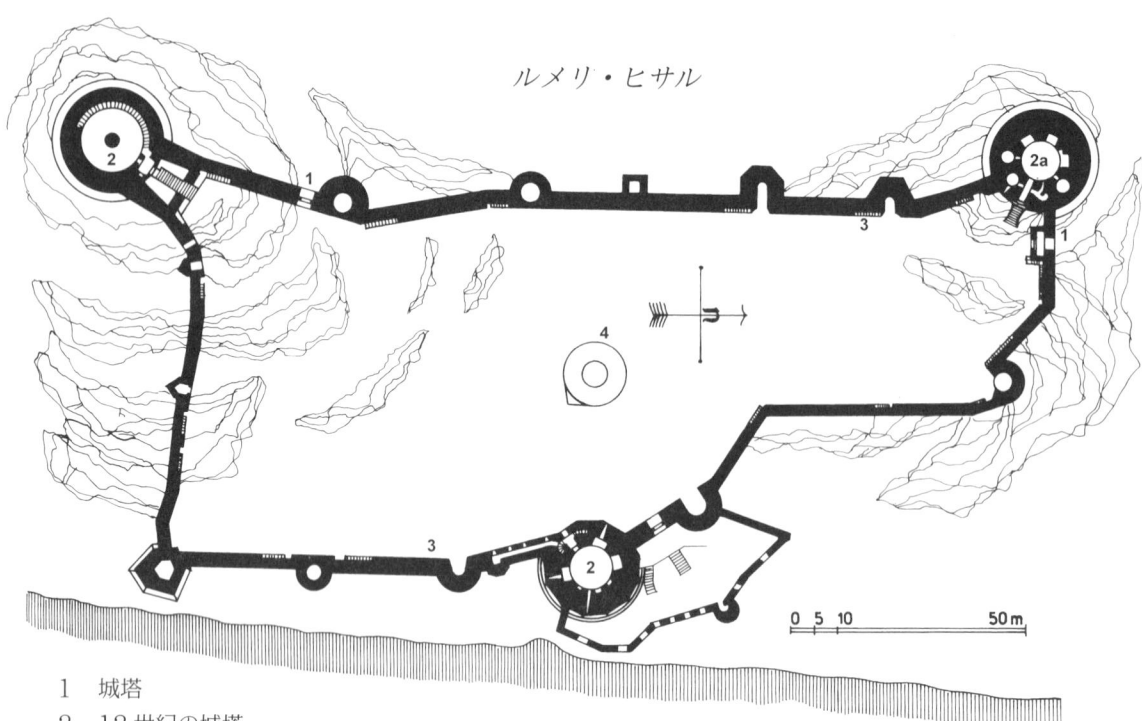

1　城塔
2　12世紀の城塔
2a　「黒の塔」
3　15世紀半ば以来のカーテン・ウォール
4　キープ

ルメリ・ヒサル城塞はボスフォロス海峡のヨーロッパ側に立地している。1452年、スルタン・メフメット2世によって再建され「黒の塔」に重砲群が配備された。
(©Francesco Venturi; Kea Publishing Services Ltd.／CORBIS)

コンスタンティヌポリスの陥落

1453年は百年戦争が終結したというだけではなく、偉大なるコンスタンティヌポリスの都が陥落し、ビザンツ帝国が滅亡したという点でも重要な年だ。第4次十字軍のキリスト教徒たちを除く、あらゆる勢力から千年ものあいだ難攻不落を誇ってきたこの都の陥落は、部分的には、火砲の運用に起因するだろう。幾年にもわたってバルカン半島で戦火を拡大してきたトルコ人たちも、時間の不足と攻城準備の不備により1422年にコンスタンティヌポリスから退いている。トルコ軍は市壁に甚大な損害を与えたものの1453年までには修復されていた。新たなスルタン、メフメト2世はボスフォロス海峡のヨーロッパ側に、ルメリ・ヒサル城塞（ルメリとはオスマン朝トルコのバルカン半島側領土、ヒサルとは城塞のこと）を再建した。当時、この城塞はボアズ＝ケセン、あるいは「のどもとのカッター」とよばれており、海峡のアジア側の古いトルコの城塞アナドル・ヒサル（アナドルとはアナトリアのこと）の対岸に建っていた。ルメリ・ヒサルの「黒の塔」には、さらに2層増築された。工事は1452年8月、5ヶ月を経ずして完了している。スルタンは塔の上に3門の重砲を据え付けて海峡ににらみを利かせつつ、ヴェネツィア船を攻撃した。

翌年、メフメト2世は8万とも15万ともいわれる軍をコンスタンティヌポリスに進めた。スルタンの攻城用兵器には約100門の大砲が含まれ、なかにはかなり巨大なものもあった。最大の巨砲は「バシリカ」（古代ローマの集会ホール、または由緒ある教会堂のこと）と呼ばれるもので、ハンガリー人のオルバンが建造し配備した。この巨大な兵器については様々な記述があるが、砲身長は9mにも及び、600〜1200ポンド（約272〜544kg）の砲弾を1.5km以上離れた目標に発射することができたであろう、という点においてはほぼ意見が一致している。とはいえ、射程距離は50mに過ぎないという史料もある。この巨大な大砲の次弾装填には2時間を要し、1日に7発くらいしか発射できなかった。チャールズ・オーマンは『中世の戦争術』※で、砲弾は800ポンド（約363kg）に満たなかったと主張している。彼はまた、オルバンはこの攻囲戦のために70門の大砲を鋳造し、そのうちの11門は500ポンド（約227kg）の石弾を、50門は200ポンド（約91kg）の石弾を発射できる大きさだったとも指摘している。さらにオルバンは、海峡封鎖のためにボスフォロス海峡沿岸に再建した城塞群で、スルタンが使用した銃砲も設計している。皮肉なことに、彼はビザンツ帝国にも自分を売り込んだが、法外な報酬を求めたために、ビザンツ皇帝に拒絶された。

トルコ軍ではいくつかの砲兵隊が組まれ、そのうちの9隊は4門の小火器、5隊は中規模兵器を保有し、速射を可能とした。攻囲戦の開始から数日たっても、トルコ軍の砲兵隊はコンスタンティヌポリスに到着しなかった。しかし、いくつかの銃砲はルメリ・ヒサルのような遠方からコンスタンティヌポリスに発砲できたものと思われる。

トルコ軍はコンスタンティヌポリスの対地防御城壁（西の城壁）の前面にあたる岬の根元に達し、1453年4月5日に攻囲戦を開始した。ビザンツ帝国軍はわずか5千、ジェノヴァ人とヴェネツィア人を主力とする外人志願兵部隊も2千程度だった。彼らの火砲群は数も大きさも弱体で、1世紀前のイングランド王ヘンリー5世によるアルフルール攻囲戦時の、フランス側籠城軍の火器にも劣った。

トルコ軍は、すべての火砲群が配置につく前から対地防御城壁に向けて射撃を開始した。特に、北端に位置し金角湾に面したブラケルナイ地区を囲む部分に、攻撃を集中させた。対地防御城壁の中で、この部分だけは城壁が多重になっていなかったからだ。また、メソテイキオンと呼ばれる部分にも猛攻をかけた。ここはリュコス渓谷の低地部分を三重城壁がめぐり、ブラケルナイの城壁につながっていた。2日間の砲撃でトルコ軍の大砲はブラケルナイの城壁の一部を破壊したが、その夜には再建されてしまう。砲兵隊主力の到達を待つ間、スルタンは坑道作戦と堀を埋め立てる作戦を指令した。同時に陸軍は付近の小城塞2ヵ所を攻撃し、一方は2日間、他方はわずか数時間で陥落した。

4月12日、火砲群が陣地に配備されると射撃が再開され、中断なく6週間以上も続けられた。オルバンの巨砲「バシリカ」は、まずはブラケルナイ、さらにはメソテイキオンの外城壁に対して火を噴いた。だが、不幸なことにこの作戦中、砲身の暴発によりオルバンは戦死している。防御側は獣皮のシートや羊毛の梱を城壁前面に吊るして、城壁を守ろうとした。この方法は他の攻囲戦でもトレビュシ

※原題『A History of the Art of War in the Middle Ages』P317参照

修復されたコンスタンティヌポリスの城壁の遺構。
(スティーヴン・ウィリーの御厚意により掲載)

ェや弩、衝角（破城槌）に対して用いられていたが、トルコ軍の大砲に対してはあまり効果がなかった。スティーヴン・ランチマンは『コンスタンティヌポリスの陥落』※で、外城壁のほとんどは最初の1週間で破壊されたと述べているが、これは誇張だと思われる。それでもやはり、防御側は夜の闇に乗じてトルコ軍の大砲によって穿たれた突破口を、土や木材で埋めなければならなかった。

以上のような地上作戦遂行中、トルコ艦隊は金角湾を封鎖していた鎖による障壁を突破しようとしていた。海兵を上陸させて倉庫に隠れながら、金角湾に沿った一重城壁を攻撃するという作戦である。この部分が弱いことは1204年の第4次十字軍の際に判明した。十字軍騎士たちはここを攻めてようやく都市を陥落させることができたのである。主攻撃第一波は、4月18日、スルタンのエリート軍団イエニチェリによって、弱点であるメソテイキオンに対して敢行された。攻撃に先立ってトルコ人たちは堀の埋め立てを試みたが、夜間、防御側が出撃し土を取り除こうとした。トルコ軍は松明で仮設の防御施設を焼き払おうとし、さらに梯子でエスカラード（城壁登攀/P53参照）を試みた。激烈な戦闘は4時間続き、攻撃側は撃退され、砲撃が再開された。ランチマンによると砲撃は絶え間なく続き、特にブラケルナイに火力が集中した。だが、市民たちは被害を受けた築城を毎夜修理し続け、トルコ軍の火砲による攻撃が有効なのか疑問が出てきた。幾日砲撃し続けても、城壁のわずかな部分すら完全に破壊できなかったからである。4月21日には城塔1棟を含む外城壁の一部が破壊されたといわれているが、同じ晩、防御側は瓦礫の上に新しいパリサードを建設している。この間、トルコ艦隊艦艇の半数を金角湾目指して、陸上を牽引していた。トルコ軍の海陸にわたる攻撃の失敗により防御側の士気は大いに奮ったが、兵糧の欠如が士気を萎えさせはじめていた。5月の第1週を通じて三重城壁への砲撃は継続され、5月6日には破損していたオルバンの巨砲が戦場に復帰した。5月7日、トルコ軍はついにメソテイキオンへの総攻撃を開始した。埋めた堀を越えて突撃し、城壁の廃墟の上に建設された防御柵を登攀するための梯子を立てかけた。戦闘は3時間続いたがトルコ軍はまたも失敗した。三重城壁とブラケルナイの接するところへの攻撃は翌日もまた失敗した。城壁が強力すぎたのである。

5月16日、トルコ軍砲兵隊はメソテイキオンへの射撃を実施し、さらに一晩で外城壁と同じ高さの攻城塔を組み立てた。5月18日、攻城塔を前進させ、その塔で防御しながら堀を埋め立て、攻城塔が堀を渡れるようにした。夜間に防御側は堀に火薬を詰めた樽を置き、攻城塔と堀を渡る土手を爆破した。翌朝、ビザンツ帝国軍が被害を受けた防御柵を修復する一方で、トルコ軍はさらに攻城塔を建設し、坑道兵たちは城壁に向けて坑道を掘り進めた。ブラケルナイが重点目標だった。しかし、ビザンツ帝国側の坑道兵がトルコ側の坑道兵を燻りだし、堀の水を坑道に流し込んだ。防御側は敵のトンネルの位置をすべて把握していた

※原題『The Fall of Constantinople 1453』P318参照

のである。なぜなら、以前の対抗坑道戦の際、何人かの捕虜をとって拷問し、坑道の位置を白状させていたからである。その結果、トルコ軍はすべての坑道戦を中止した。城壁が甚大な損害を被ったにもかかわらず、ランチマンは「壮麗なる軍備をもってしてもトルコの大軍が顕著な戦功をあげることはなかった」と述べている。

　5月25日から26日にかけて対地防御城壁に対する砲撃は増していったが、目立った効果はなかった。修復が速く、仮設の防御柵も強化されたからである。5月26日夜、トルコ軍は砲兵隊を前進させ、堀を埋め立てるための材料を運んだ。5月27日にはメソテイキオンの防御柵を砲撃し、さらに堀の埋め立てを開始した。5月28日、射撃を停止してトルコ軍は休息をとった。その晩、堀の残りの部分を埋め立てはじめ、兵員や装備を前進させた。そして、払暁、攻撃開始。トルコ軍は対地防御城壁の全面にわたって陽動攻撃を繰り広げつつ、メソテイキオンに主攻撃をかけた。未明、最初のエスカラードの試みは撃退されたが、すぐに第二派攻撃が続いた。トルコ軍は甚大な損害を被りながらも、かの巨砲によって開けられた突破口から防御柵を突破したが、防御側によって駆逐されている。金角湾沿いの城壁に対するトルコ海軍の海上攻撃も失敗に終わった。メソテイキオンに対する第三派攻撃はイエニチェリ軍団によって敢行され、朝から続く5時間の戦闘に疲弊していた防御側に打撃を与えている。

　このとき、ブラケルナイ付近のトルコ軍集団は城壁から出撃していた籠城軍集団を追撃していた。出撃口から撤退する際、ギリシア兵が扉に施錠するのを忘れてしまったので、トルコ兵50がそこから突入し、すぐに他の兵も続いた。防御側は混乱し、その優れた指揮官の一人、ジェノヴァ人ジョヴァンニ・ジュスティニアーニが城壁防戦の際に負傷した。そのため、内城壁の城門を通って戦闘撤収しなければならなかったが、指揮官の後送を目にしたジェノヴァ人部隊は混乱に陥り、同じ城門から潰走していったのである。このとき、イエニチェリ軍団はスルタンの叱咤で再攻撃をかけ、兵力の差で防御側の残兵を圧倒していった。ほとんど防御されていない内城壁に到達すると、彼らはまだ外城壁上にいた籠城軍の背後に散らばり、優位に立った。

　つまり、コンスタンティヌポリス防御戦の転回点は、城門を施錠し忘れたことと、優れた指揮官が負傷し、部下たちの目の前で後方に移送されたところにあるだろう。大砲が勝利に貢献したのはほぼ間違いないが、二つの予期せぬ事件と兵員数が最終的に勝利の日を呼び込んだのである。

　このようにコンスタンティヌポリスの三重城壁はかつてよくいわれていたように時代遅れだったわけでも、機能しなかったわけでもなかった。なぜならば、攻囲戦の技術の変化に合わせて三重城壁は改良されてきたからである。ルネサンスの先駆けとなった改良点の一つは堀の内岸壁を形成する城壁下部の形状である。それはフォス・ブレの形をしており、主城壁の前方に突出した戦闘陣地となって、城壁の基礎を火砲などの攻撃から防御するのに役立った。トルコ軍は火力の集中によって外城壁の一部を破壊することはできたが、防御側はその瓦礫の上に新たなパリサードを築くことができたし、なおも陣地防御が可能だったのである。コンスタンティヌポリス防衛計画の大きな弱点はほぼ兵員不足に帰せられ、それゆえ、内城壁まで防御することができなかった。ひとたびトルコ軍に外城壁の突破を許すと、内城壁で彼らを止めるすべは何もなかったのである。もし、内城壁にも兵員が配置されていたならば、トルコ軍が勝利の日を迎えていたかどうか、疑わしいだろう。

コンスタンティヌポリスの城壁の別の遺構。
（スティーヴン・ウィリーの御厚意により掲載）

アルハンブラ宮殿：スペイン、グラナダ
要石付きアーチ

レコンキスタ時代の築城に対する攻囲戦

　大砲は15世紀の新兵器ではない。14世紀から用いられていたが、大きな成功を収めてこなかっただけだ。築城に対して大砲を用いた最古の記録は、レコンキスタ時代にまでさかのぼる。アルバート・マクジョイントは自身が編纂した『スペインの戦争術』※の序文で、グラナダのナスル朝のスルタンだったイスマーイール1世は、大砲（形式不明）を1324年のウエスカール攻囲戦と後年のバエサ攻囲戦で使用したと述べている。大砲の効果についての言及はないが、その轟音と煙は防御側の士気をくじく効果があったかもしれない。なにしろ、ハンガリーの大砲製造家オルバンでさえ、その大砲1門の実演射撃の際に轟音と煙でパニックを起こさないよう、トルコ人たちに注意したほどである。

　1407年、接近できないほどの高所に立地する小規模な城壁町サハラを守るイスラム教徒たちが、攻囲軍の大砲から発射された2、3発の砲弾による損害を目の当たりにし、降伏した。サハラの損害がコンスタンティノポリスほど広範に及ぶものではなかったことは確かである。コンスタンティノポリスは半世紀ほど後に、もっと大規模な火砲群によって数週間砲撃され続けたのだから。

　レコンキスタの最終段階は、イサベルとフェルナンドを先頭にしてグラナダのイスラム王国に対して行われた。15世紀後半のことである。1482年2月末、スペイン軍はカリフ領奥深く、マラガとグラナダの間に位置する城壁町アルハマへと急襲をかけた。この攻撃はオルテガ隊長（オルテガ・デ・プラド）が30人からなるエスカラード部隊の先頭に立って実行した。スペイン人たちは、防御側がイスラム教徒の領地奥深く、高くそびえる頂上にいることで油断し、警戒を緩めていることを期待していた。オルテガと麾下の兵は闇に乗じて山とシタデルの城壁を梯子で登り、守備隊を一掃することに成功した。オルテガの兵たちがスペイン軍に対して城門を開いた後も、町の市民たちは抗戦したが徒労に終わっている。町は掠奪され荒らされた。2、3日後にグラナダ王国軍の兵5万3千が救援に駆けつけている。だが、ウィリアム・プレスコットは『スペインの戦争術』※で、グラナダ軍は火砲を携行してなかったと述べている。この間、スペイン軍は町の築城にできた亀裂を修復し、戦利品を防衛する準備をした。グラナダ軍は無益な攻撃で2千以上の兵力を喪失し、長期にわたる攻囲戦に備えて駐屯して川をせき止めた。この川が町に水を供給していたのである。スペインの救援軍は3週間後に攻囲から町を解放したが、彼らがアルハマを国境地帯の民兵（ミリシャ）の手に託して離れるやいなや、グラナダ軍が今度は火砲を携行して戻ってきた。フェルナンドは改めて救援軍を派兵して、5月半ばに再び町を攻囲から解放した。こうしてみるとイスラム教徒の火砲群は、結果にほとんど影響しなかったように思われる。

　これに続く攻囲戦はもっと大きな規模で、9万近いスペイン軍がグラナダを領内で孤立させようとした。ロンダ市は1485年に攻撃された。大規模火力による弾幕射撃で火を放ち、城壁に突破口を開くと、フェルナンドはこの都市に降伏を勧告して受け入れられた。スペイン軍は半島の再征服すべき残りの部分についても同様の政略を貫き、長期にわたる攻囲戦か潔い降伏かの選択を迫った。ほとんどの町は降伏を選んだので、費用のかかる戦闘を避けることができた。ロンダ陥落の翌年に、スペイン軍は5万以上の兵力を動員してレコンキスタを続行した。

　プレスコットは、当時、グラナダ王国はまだ対抗する力を持っていたと指摘している。険しい山と、重厚な築城が施された町々によって防衛され、10万以上の兵を抱えた軍を動かすことができたのである。約1万の兵を擁する主要な地方守備隊は、ロンダ、マラガ、グアディクスの3カ所に配備されていた。グラナダのアルハンブラだけでもその城壁の内に4万の兵を収容することができた。それにもかかわらず、イスラム教徒たちはキリスト教徒軍の容赦ない進撃を支えることができなかったのである。グラナダの西に位置するロンダとマラガがまず陥落した。その後、キリスト教徒軍は、残った王国の港湾を封鎖していった。

　これらの攻囲戦でスペイン軍は火砲を使用したが、これが最終的な勝利に十分な役割を果たしたか否かは定かでない。一般的にイスラム教徒の築城は城壁町とその内側のアルカサバとよばれる防御拠点で構成され、アルカサバは築城域のなかで、最も強力で堂々たる部分だった。一方、町壁はアルカサバの城壁ほど強力でも、分厚くもなく高くもなかった。さらに、町壁の大部分は山上や丘上のような接近しにくい部分を防御しているため、あまり分厚く築くこ

※原題『The Art of War in Spain: The Conquest of Granada 1481-1492』P318参照

マラガ：アンダルシーア

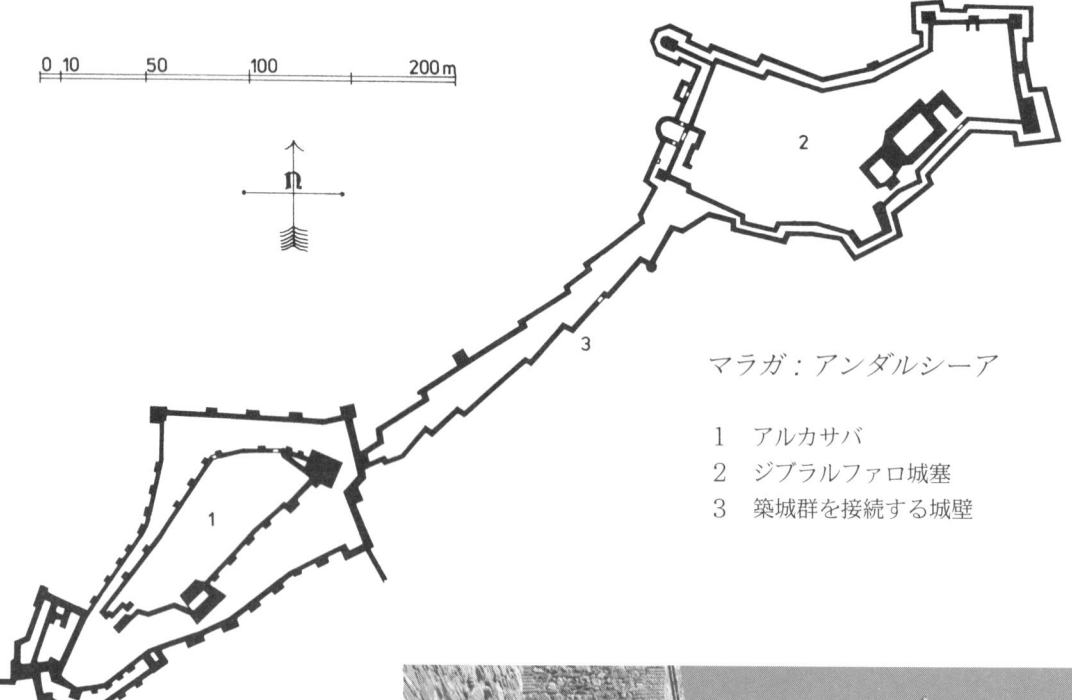

1　アルカサバ
2　ジブラルファロ城塞
3　築城群を接続する城壁

マラガ・アルカサバ
レコンキスタ時代のイベリア半島最強の城壁都市の一つだったマラガは、2棟の大規模城塞から見下ろされる位置にあった。
(©Fernando Alda/CORBIS)

グラナダの宮殿の遺構：スペイン

ともなかったのである。プレスコットによると「彼らの都市を囲む城壁は非常に高かったが、長期にわたってスペインの重砲群による攻撃に耐えうるだけの厚みをもっていなかった」という。プレスコットはまた、イスラム教徒たちがスペイン軍を寄せ付けない同様の兵器を持っていなかったとも述べている。実際には、彼らもその築城においては同じような砲兵隊を雇っていたのだが。

プレスコットはさらに、イサベルとフェルナンドはイスラム教徒たちの最後の砦グラナダを制圧するには火砲が絶対に必要であると確信しており、ポルトガル、シチリアおよびフランドルから大量の火薬と弾丸を輸入したのだ、と主張している。だが、彼らが入手した武器が、コンスタンティヌポリス攻囲戦でトルコ軍が使ったものぐらい大規模で、効果的かつ数も多かったとは思えない。1489年のバエサ攻囲戦でスペイン軍は、わずか20門のやや旧式の大砲を装備していたにすぎない。彼らが発射した弾丸は鉄製の場合もあったが、通常は大理石製だった。プレスコットによると、大理石弾はバエサ周辺で採石された材料から製造され、重量は175ポンド（約79 kg）にも及んだ。この石弾が城壁に大きな損害を与えたはずはないが、城壁の内側で炸裂して破片が飛散すると、20世紀の小型対人爆弾のようで、士気をくじく効果は確かにあっただろう。

マラガは王国のなかで最も強力な城壁都市であり、港は威圧感あふれる一連の城壁で囲われていた。2棟の城塞が城壁を睥睨し、そのうちの1棟がアルカサバだった。マラガのアルカサバはこの都市を一望できる山の麓に寄り添うように建てられ、二重城壁が周りを囲んでいた。11世紀後半に増築された宮殿もあり、連続する城壁によって山頂のジブラルファロ城塞とつながっていた。この複合建造物は110棟の大規模城塔、22棟の小規模城塔および12棟の築城を施した城門で構成されていた。城塔はカーテン・ウォールよりも少しだけ高くなり、砲兵陣地を備えていた。

イサベルとフェルナンドの軍は1487年5月にマラガに遠征し、彼らを迎撃に来たグラナダ軍を撃破して城郭へと退けた。キリスト教徒たちは自分たちの防御陣地を構築して、イスラム教徒たちを彼らの防御施設内に孤立させ続けようとした。海軍は港を封鎖した。火砲が城壁に突破口を開き、スペイン軍部隊はそこから急襲を試みたが阻止されている。イスラム教徒たちは東側からこの都市の救援を試みたが、突破できなかった。フェルナンドはもはや都市内の建造物を破壊しないように気遣うことなく、初めて重砲群の射撃を開始させて、弾薬が尽きるまでこの都市を破壊している。一方、イスラム教徒たちも安閑としていたわけではなく、火砲で応射し、キリスト教徒たちの野営地に

対して絶え間なく襲撃をかけたのである。スペイン軍は何ヶ月も攻囲したが勝利は得られなかった。しかし、このころにはイスラム教徒たちは食料の欠乏に悩まされるようになっていた。8月にはフェルナンド王が麾下の工兵フランシスコ・ラミレスに、ベルフリーの建造と市壁へのトンネル掘削を要請している。城壁を抜けるための坑道以外は、城壁を倒壊させるためのものだった。イスラム教徒たちもさらなる襲撃と対抗坑道戦で応戦し、スペイン軍に大損害を与えている。

ついにラミレスの坑道の一つが市壁の城塔のうちの1棟に到達して、火薬が充填され爆破された。プレスコットによれば、これが坑道で火薬が使用された最古の記録である。イスラム教徒たちは爆発によって撤退を余儀なくされ、都市へと続く橋を渡っていった。一方、スペイン軍は、この橋を睥睨（へいげい）する位置にある大砲が設置された城塔を攻略した。この被害を受けてほどなく、市長はジブラルファロへ退去し、市民から要求されていた協定締結を許可した。スペイン軍は8月半ばにこの都市とアルカサバの降伏を、そして、都市を占領した日にはジブラルファロの降伏を受諾した。スペイン軍の火砲はおそらく築城よりも都市に大きな損害を与えただろう。さらに、補給の欠乏と坑道戦による要となる城塔の失陥（しっかん）が、間違いなく守備隊の士気をくじき、降伏に至らせたのである。

イスラム教徒たちが抑えていた沿岸地方を掃討した後の1489年に、スペイン軍は2万の兵が守るバエサ市を攻囲した。弾薬が底をついたバエサ市は半年の攻囲の末、12月に降伏している。この攻囲戦の結果、アルメリアとグアディクスは好条件の協定に同意し、抗戦を断念した。1491年春、フェルナンドはいよいよグラナダへ軍を進めて、最終決戦に臨む。攻囲戦の初期にグラナダ軍が敢行した突撃はキリスト教徒軍によって粉砕された。フェルナンドとイサベルは冬を耐え忍ぶために大規模で快適な軍野営地の建設に着手している。そしてついに、状況に希望が見出せないことを悟ったイスラム教徒の王は降伏し、1492年1月にスペイン人たちがこの町を支配したのである。

築城と攻囲戦の歴史に関する限り、グラナダ王国の陥落はコンスタンティヌポリスの陥落よりも重大事だった。コンスタンティヌポリスではトルコの大軍が直面したのは数千の籠城軍にすぎず、また、この都市を攻略するためにあらゆる形式の攻囲技術を使うことができた。弱い部分に火力を集中して効果をあげ、幾日にもわたって砲撃を行い、さらに城塔と城壁部分を破壊したにもかかわらず、二つの予期せぬ事件が起きるまで、最終的な勝利をトルコ軍が手にすることはできなかった。すなわち、扉を閉め忘れたことと指揮官が負傷したことである。一方、グラナダ王国の陥落は想定外のことは起きなかった。レコンキスタ末期には両勢力とも比較的大規模な軍を動員することができ、防御側はコンスタンティヌポリスのビザンツ人よりも城壁都市に大きな戦力を備えていた。さらにスペインのイスラム教徒たちは火砲技術に定評があり、築城で火砲を使用し大きな効果をあげた。だが、コンスタンティヌポリスと同様、火砲群が攻囲軍に特に有利に働くこともなかったし、イスラム教徒たちの偉大なる都市マラガ、バエサ、そして最終的にグラナダを屈服させるのに重要な要因となったわけでもなかった。マラガにおいてのみスペイン軍の主攻撃は要となる足場を築くことに成功したが、その勝利は火砲よりも坑道内での火薬の革新的使用に帰せられるだろう。コンスタンティヌポリス同様、銃砲で城壁に突破口を開くことが勝利をもたらしたわけではない。スペインの軍事行動によって、築城を防衛するには、守備隊を大規模にする必要があることが明らかとなった。もはや数百の兵では城壁町や城壁都市を防衛できないだけでなく、小規模な攻囲軍がトレビュシェや大砲あるいは地雷を使って突破口を開くことで、陣地攻略することも期待できなくなっていたのである。

グラナダの宮殿からイスラム城郭への眺望：スペイン

ロードス攻囲戦とその陥落

　1480年のロードス攻囲戦は築城の歴史において、もう一つの重要な出来事である。1453年にビザンツ帝国を滅亡させてバルカン半島へ進出したオスマン朝トルコは、攻囲戦に精通するようになっていた。だが、地中海にはまだ多くの要となる島嶼（大小の島々）拠点があり、中世末期も十字軍の支配下にあった。とりわけ、聖ヨハネ騎士団はこれらの島々のいくつかに築城と監視塔を建設して、地中海東部のロードス島にある本拠地を防衛しようとした。ロードス島は、要となる陣地を構成する港湾と都市に加えて、聖ヨハネ騎士団が維持する城塞30棟を誇った。1453年以降、これらの島々はトルコ人たちの襲撃にさらされていたものの、ロードス島は騎士団の手中に揺るぎなく握られていた。トルコ軍は怪物のような大砲群を海上輸送することはできなかったが、この都市を攻囲するために大規模な軍と適切な攻城装置群を輸送することはできた。

　1309年に聖ヨハネ騎士団がロードスを攻略したときには、この都市はビザンツの築城によって防御されていた。これは高い城壁と規則的な間隔で城壁に設置された方形平面の城塔と、幅の広い堀によって構成されていた。この防御施設は古かったが、まだ十分威圧感あふれるものだった。1450年以前にほとんどの市壁が再建されて2～4mの厚みになり、コンスタンティヌポリスの外城壁と同様の低い城壁も内岸壁（堀の内側の壁面）に沿って増築された。15世紀半ばには、さらに多角形平面の堡塁が方形平面の城塔に増築されている。2カ所の人工の港湾は入口の防波堤の端に位置する城塔によって防御されていた。聖ニコラオス（アギオス・ニコラオス）塔は1361年に「ガレー港」とよばれる港の入口を防護するために建設され、サンタンジェロ塔は1436年に東の防波堤の端に建造されて、「商港」とされる港の入口の安全を守っていた。市壁、城塔および築城を施した市門の頂部にはマシクーリと櫓が設けられている。騎士団は城壁をいくつかの持ち場に分けて、様々な国籍の兵たちに防衛を割り当てた。それぞれの持ち場は防衛にあたった兵たちの出身国や出身地にちなんだ名が付けられ、今日にいたるまでもその名でよばれている。『第一次・第二次ロードス攻囲戦』[※]を著したエリック・ブロックマンによると、ロードスの築城には初めて砲門が設けられたということだが、証明するのは困難だろう。トルコ軍が遠征を開始する前に3棟の新たな城塔が建設され、商港防備のために長大な鎖が設置された。寝返った者たちがトルコ軍に流した都市防御施設の情報には、間違ったものも大量に含まれていたが、この都市の西面中央部分のオーヴェルニュ区域が老朽化していることは、正確に伝えられていた。

　1479年冬に遠征は開始され、トルコ軍の偵察部隊が島を襲撃した。1480年春にはトルコ軍が全力で攻撃しに戻ってくることが徐々に明らかとなり、島民は都市内に避難して防衛準備を進めた。防御側の軍は総計約4千の兵力からなり、そのうちの600が聖ヨハネ騎士団の騎士たち、1千500が傭兵、残りが民兵（ミリシャ）だった。5月末にトルコ艦隊が姿を現わして部隊を岸に上陸させたが、防御側の抵抗はなかった。トルコ軍はミサク・パシャに指揮されており、コンスタンティヌポリス攻囲戦ではキリスト教徒たちに仕えた砲手ゲオルギオス師の助けを借りていた。聖ニコラオス塔を砲撃するために、3門の大規模火砲の砲列を都市の北方に設置したのは、港が艦隊に対して開かれるのを期待してのことである。

　聖ニコラオス塔は直径17m以上の円形平面の建築物で、周囲を他の築城で囲まれており、2層にわたって大砲を搭載していた。この小規模要塞はトルコ軍の銃砲が放つ石弾によって大きな打撃を受け、損害が大きかったにもかかわらず、守備隊によって修復された。トルコ軍は6月に10日間の砲撃をした後、海陸にわたる攻撃を開始したが失敗に終わり、甚大な損耗人員を出してしまった。この攻撃と同時にトルコ軍は、市壁のイタリア区域とよばれる南東部分に対する作戦も開始した。

　トルコ軍は何種類かの大きさの大砲やトレビュシェを含む、使用可能なあらゆる兵器を運用して城壁を打倒しようとした。防御施設の最も脆弱な部分であるマシクーリ付き胸壁や城壁の多くの部分が大きな打撃を受けている。9棟の城塔が打倒され、騎士団長の宮殿も破壊された。トルコ軍の兵器は城壁の内側の構築物に大損害を与えたのである。6月7日には重砲兵隊がユダヤ人地区付近の城壁部分の方へと進出した。騎士団長ピエール・ドービュソンはこの地域からの退避を命じて、突破口に対抗するための新たな陣地を準備している。トルコ軍はジグザグに塹壕を掘り

※原題『The Two Sieges of Rhodes: The Knights of St. John at War 1480-1522』P313参照

ロードス：1480～1522年

1　聖ニコラオス要塞
2　ナイヤック塔
3　サンタンジェロ塔
4　工廠(こうしょう)
5　騎士団長の宮殿
G.P.　ガレー港（軍港）
C.P.　商港

出身国・地域による防御区域
P.C.　カスティーリャ区域
P.I.　イタリア区域
P.P.　プロヴァンス区域
P.E.　イングランド区域
P.Ar.　アラゴン区域
P.Au.　オーヴェルニュ区域
P.G.　ドイツ区域
P.F.　フランス区域
（J. E. カウフマン画）

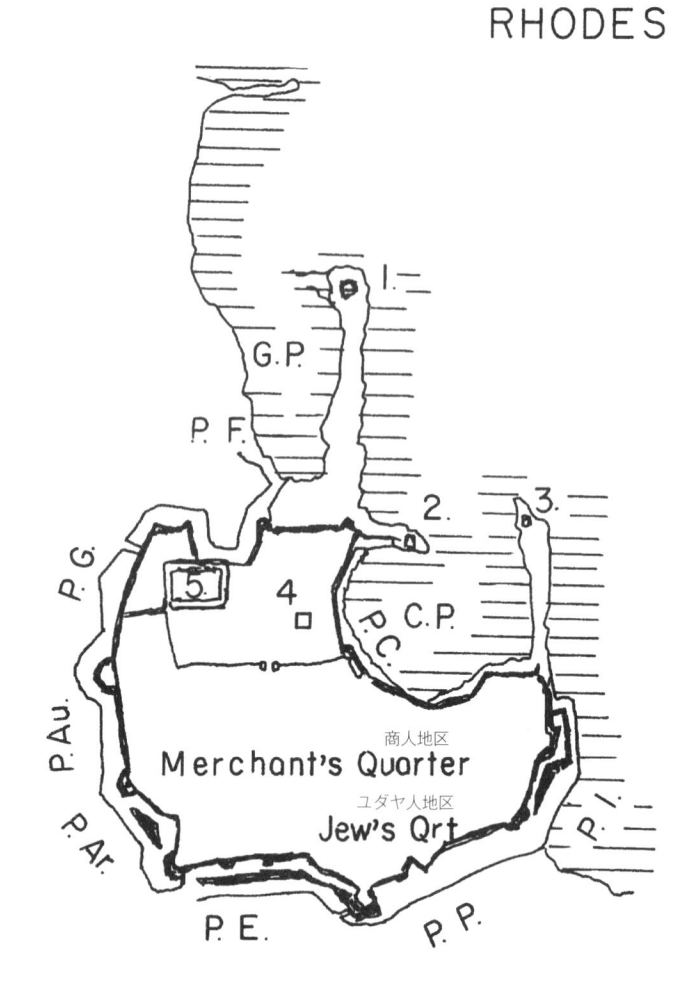

聖ニコラオス要塞：ギリシア、ロードス

進めて堀に接近し、イタリア区域付近の堀を埋め立てようとした。イタリア人たちは堀の方へ自らの坑道を掘削してトルコ人たちが設置した石材を除去し、それらを都市の方へ持ち帰って新たな陣地構築を支援している。

6月13日、トルコ軍は防波堤と聖ニコラオス要塞に対して重厚な砲撃を開始した。同時にベルフリーから飛翔体兵器と携行砲をもって工兵部隊の進撃を援護し、工兵たちは港を横断するように聖ニコラオス要塞に向けて浮橋を架けるべく奮闘している。6月18日夕刻、海陸から夜襲をかけたが、浮橋が完成するや否や城塔の守備隊によって破壊されてしまった。トルコ軍は午前半ばに数時間の戦闘をおこなった後に甚大な喪失をこうむって、またも撃退されている。

6月24日、トルコ軍はようやくイタリア区域へと接近して堀付近に火砲群を設置し、城壁が瓦礫と化すような打撃を与えはじめた。イタリア人たちは堀のトンネルからソルティ（突撃）をかけて対抗し、トルコ軍陣地に損害を与えて何門かの銃砲を破壊している。7月末には城壁のイタリア区域はほとんど廃墟と化したが、内部の防御施設は運用可能な状態にあった。7月27日、トルコ軍は攻撃に出た。コンスタンティヌポリスと同様に不正規兵たち、続いてエリート部隊イエニチェリが突破口を開いていき、城壁の廃墟の上に築かれた防衛柵の破壊を試みている。トルコ軍はイタリア塔を攻略して複郭（陣地内部の防御施設）に進撃したが、ここは防御側が仕掛けた罠の一部であり、またも甚大な喪失を被った。トルコ軍はこの攻囲戦で約9千の兵を喪失し、残る7万の兵の半数は負傷した。8月に攻囲は解けて侵略軍は撤退している。トルコ軍が保有する最新式の兵器による攻撃にもかかわらず、ロードスの中世築城が勝利を収めたのである。

攻囲戦の後、ドービュソンはロードスの築城の近代化改修に着手した。聖ニコラオス要塞の2棟の塔の周囲には火砲を搭載するよう設計された厚みのあるカズマート（砲郭）が築かれている。1480年以降、ナイヤックの塔にも改良が施された。これは15世紀のもっと早い時期に商港のもう一方の端部を封鎖するために建造されたものである。この城塔の壁体の厚さは3.7m、高さは37mだった。それぞれの場所で2本の堀が防御施設の一部をなして

いて、トゥナイユ、すなわち、カーテン・ウォール前面に配置された築城と、ルネサンス築城の特徴となる他の工夫も加えて増築された。従来のビザンツの城壁の内側では、いくつかの城塔が拡張され壁の厚みを増している。フォス・ブレの薄い城壁の何カ所かはトゥナイユで防備された。初期形態のバスティヨン（稜堡）とカポニエール（側防窖室/侵入した敵を掃射するための銃眼を備えた部屋）が出現した。そこから縦射を繰り出すためである。アタナシオス・ミゴスの『フォート・マガジン』※誌上のこれらの築城についての論文によると、これらの防御施設に関わったイタリア人工兵ファブリツィオ・デル・カッレットは、城壁の一部に湾曲した胸壁メルロンもデザインしたという。この形態は後にディールのようなイングランドの沿岸要塞にもみられるようになる。

1522年7月、トルコ軍は再びロードスを攻撃し、5百名の騎士、千の傭兵および5百の民兵といった小規模な軍と対戦するのに大軍を催した（一方で、実は防御側は6千を超えていたという説もある）。トルコ軍は近代化改修された城郭への砲撃を開始したが、その重砲列は聖ニコラオス要塞に対して大きな損害を与えることはできず、逆に、要塞の砲手から猛烈な対砲射撃で反撃された。9月にはトルコ軍砲兵隊が市壁に突破口を開き、破壊工作員たちが城壁に向けて50以上の坑道を掘削していたが、防御側も対抗坑道を掘って立ち向かった。9月4日にはイングランド区域直下で地雷を爆破し、さらに地上からの突撃によって足場を築いたが、激しい抵抗を受けた。続けて地雷爆破を行ったものの、それほど成功せず、9月を通じてさらに攻撃を続けた。攻囲戦は12月まで続いたが、騎士団の銃砲の弾薬が底をつき、開けられた突破口を守る兵員がいなくなったため、ついに騎士団長は降伏した。しかし、10万の兵からなるトルコの侵略軍の50％以上が損耗したのである。

1480年の時点よりも最新式の築城と大規模な守備隊を擁していたにもかかわらず、ロードスはトルコの大軍を支えることができなかった。問題点として、築城は新しければ新しいほど防衛に多くの籠城兵を必要とするのだが、必要な数を動員できなかったことがあげられるだろう。城塞の時代は終焉を迎えつつあったのである。

※雑誌『FORT 18』P317 参照

サヘのアルカサバ：スペイン

一つの時代の終焉、城壁は消え去るのみ

　中世のほとんどの間、高い城壁は少数の兵で十分守ることができ、城壁はカタパルトのような古代以来の兵器の攻撃に耐えることができた。13世紀に重投射兵器の主力となったトレビュシェは、とりわけ大型だった場合、高いカーテン・ウォールや城塔の胸壁を容易に粉砕することができた。また、城壁の直下に掘削されたトンネルや坑道も、城壁の基礎を壊すことができた。13世紀に重厚で分厚い城壁が建造された理由の一つに、坑道戦とトレビュシェによる複合的な攻撃があげられるだろう。13世紀の城壁は、坑道戦、および、トレビュシェと重砲による砲撃に対してなお脆弱だったが、倒壊するまでかなり酷使された。

　11世紀から12世紀の多くの攻囲戦は、大勢の戦闘員が参加するものではなかった。突破口が開けられると、通常、防御側は攻撃部隊と対決して打開を図った。しかし攻囲軍が大規模になると、突破口は一つ開くだけで十分だったのである。そのため、城壁は突破口を開かれないよう、さらに厚くなり、改良も施されていった。すると今度は、攻囲戦の技術と装備の開発が進み、坑道兵や破壊工作員、工兵のような攻囲戦特技者も登場している。この攻囲術の成長と専門化はそれに対応する防御術の発展と分化を促した。城壁が高すぎると倒壊したときに瓦礫の山ができ、防御側はそこに登って安全に確保することは難しくなる。一方、攻城軍はなんとかして瓦礫の上に陣地を構えることができれば、防御側を見下ろす立場となり、攻城軍の思いのままということになった。防御側の解決案は内城壁によって防衛線を構築し、カーテン・ウォールの高さを低くすることだった。その結果築かれた多重環状城壁のおかげで、防御側は外城壁に開けられたどんな突破口にも部隊を突撃させることが可能となった。だが、これには大規模な守備隊が必要なため、この方法が常に使えたわけではなかった。他の解決法として、城壁と堀に沿った縦射を可能とするような様々な建築デザインが考案されている。これらのデザインはロードスでみることができる。そこには1480年～1522年になされた一連の改修事例があり、中世からルネサンスまでの軍事建築の発展を一覧することができる。

　中世の高い城壁が退場したのは単に投射兵器に対して脆弱だったからではなく、16世紀に造られたさらに大規模で有効な投射兵器をうまく収容できるような設計ではなかったからでもある。一般的に、大砲を使うと城壁が弱くなるので、コンスタンティヌポリスのような中世築城では有効利用されることはなかったといわれているが、実際は使用されていた。たとえば、イスラム教徒の都市マラガ、ロンダ、バエサ、グラナダでは、火砲群が防御施設に統合されていた。

　中世のカーテン・ウォールの多くは、単にその頂部に大砲を搭載する十分な場所がなかっただけであり、もし搭載しても、おそらく射撃の反動で胸壁から滑落してしまっただろう。場合によっては、特に城塔内には、火砲を収容するための特別な砲床が準備された。さらに、小規模な大砲や銃砲のために大きな留金が城壁に増設されている。じつは中砲や重砲は守備隊によるソルティ（突撃）よりも敵の火砲群に対して有効であり、たとえ攻囲軍がマントレや壕で火砲群を保護していたとしても効果があった。普通、中世城壁の上に設置した銃砲と地上に置いた大砲の射程距離はほぼ同じであり、攻城側に甚大な損害を与えることができたのである。

　だが、城壁を低くする主因は二つあった。一つは攻囲軍が坑道およびトレビュシュと大砲を活用して胸壁に開けた突破口を確保するために、防御側はそこに大部隊を突撃させる必要があったからだ。重要なのは城壁そのものよりも胸壁である。なぜなら、ひとたび胸壁が破壊されると、残った城壁は状態が良くても意味をなさなくなるからだ。城壁を低くする第二の理由は火砲を収容するためである。普通、城壁が高くなればなるほど基部がいかに厚くても、胸壁のある層に大砲を設置する場所がなくなる。城壁が低いほど銃砲のための空間が広くなるのである。さらに重要なのは城壁上の高所では火砲の射程距離が短くなり、効果が下がることである。なぜならば、比較的狭い範囲にしか射撃できず、低弾道射撃の利点がなくなるからである。もっと低い層に設置された銃砲は地をかすめるような弾道で射撃されるので、銃砲と標的の間に広がる範囲に着弾することになる。このように低層に火砲を設置すると、標的だけではなく、標的までの間にある人員や物体にも命中する確率が上がることとなる。また、多数の攻撃部隊から守るために、銃砲をより有効に使うことができるようになった。

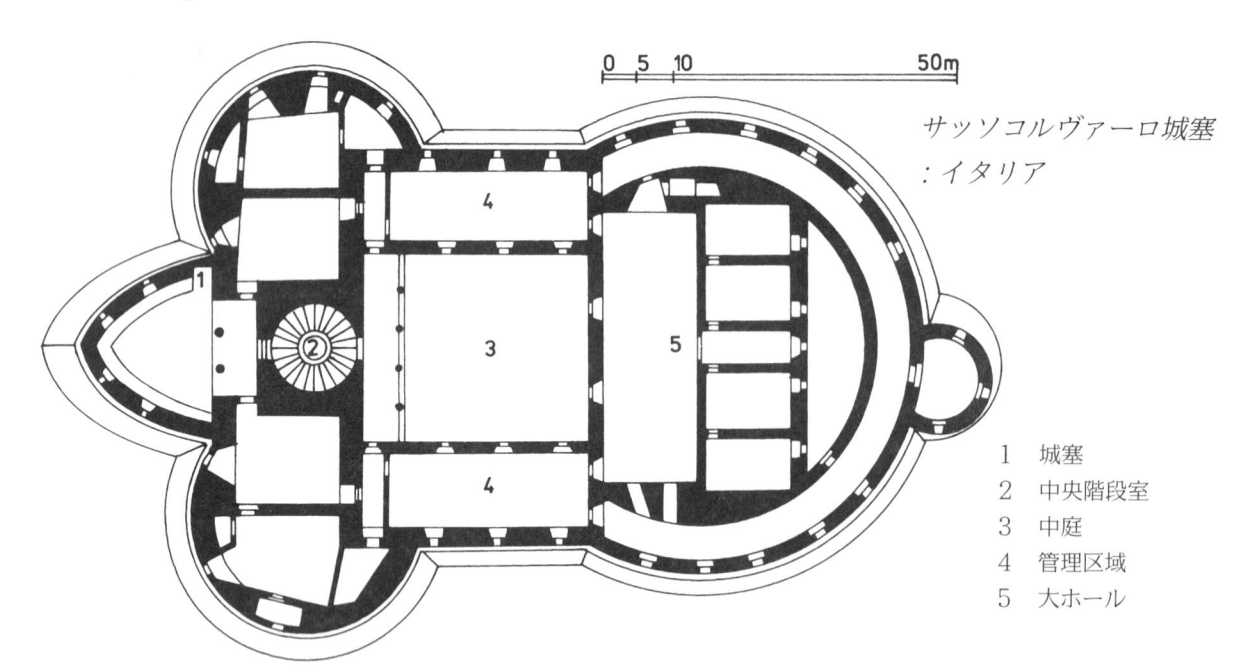

サッソコルヴァーロ城塞：イタリア

1 城塞
2 中央階段室
3 中庭
4 管理区域
5 大ホール

サッソコルヴァーロ城塞はイタリア・ウルビーノの町壁の端部に、15世紀最後の四半世紀に建設された過渡期の城塞＝要塞だった。火砲を搭載して新たな火器にも抗戦できるように設計された。その結果として、高くて厚みのある円弧状の城壁と城塔群を備えた実質上のシタデルとなった。

中世がある日終わりを告げて、次の日からルネサンスが始まったのではないのと同様に、築城も中世築城からルネサンス築城へと一朝一夕に変貌したわけではない。百年以上の時間をかけて徐々に変化していったのである。中世築城（少なくとも13世紀以降に建設されたほとんどの築城）は、何か特別な新兵器が登場したから時代遅れになったわけではない。ほとんどは改修されながら、多年にわたって運用され続けたのである。フランス、エグ・モルトのコンスタンスの塔がこの例であり、16世紀に大砲に適応させるべく、クレノー付き胸壁をロードスと同様の湾曲したメルロンを備えた分厚いものに換装されている。さらに、台形平面のアンブラジュールが設けられて火砲の射界がもっと広くなった。この形式の改装は15世紀末から16世紀に至るまで、フランスを含め多くの国々で大規模城塔に施された。イングランドの多くの城塞では同様に火砲への対応がなされたが、ウェールズに立地する城塞のほとんどは荒廃するにまかされていた。

しかし、17世紀にイングランドで内乱が勃発すると、これらのウェールズの城塞の多くが修復され現役復帰した。マスケット銃兵や大砲のための砲床が増築され、場合によっては土塁がさらなる防御のために急造された。中世末期でも城塞はいまだ強力であり、長期にわたる攻囲を行わずに直接攻撃で攻略することはできなかったのである。これらの攻囲戦で使われた技術は中世末期の数世紀によく用いられたものと同じであり、その結果も同様だった。だが、17世紀には攻囲戦での直接攻撃はほとんど遂行されなくなる。砦を落とすために行われたのは兵糧攻めと坑道戦だった。わずかにある攻撃例も重砲が城壁に突破口を開いた後にのみ敢行された。城塞は新しく有効性が高い重砲群が登場したにもかかわらず、最低3ヶ月の攻囲を経なければ陥落することはなかった。『攻囲下の国民』※でピーター・ガウントは、エドワード1世によってウェールズ北部に建設された城塞をはじめとする多くの城塞が、長期にわたる重厚な砲撃を受けてもほとんど損害を被らなかったと述べている。たとえばハルレフ城塞は9ヶ月も抗戦している。ウェールズの城塞群が受けた損害のほとんどは、内乱終結後の勝者による意図的な取り壊しによるものである。

ウェールズの城塞やフランスの城塔では、既存の構築物に大掛かりでない改修を施して対応しようとしていた過程がわかるのに対して、ロードスの築城では広範にわたる再

※原題『A Nation Under Siege: The Civil War in Wales 1642-48』P315参照

オスティア城塞：イタリア

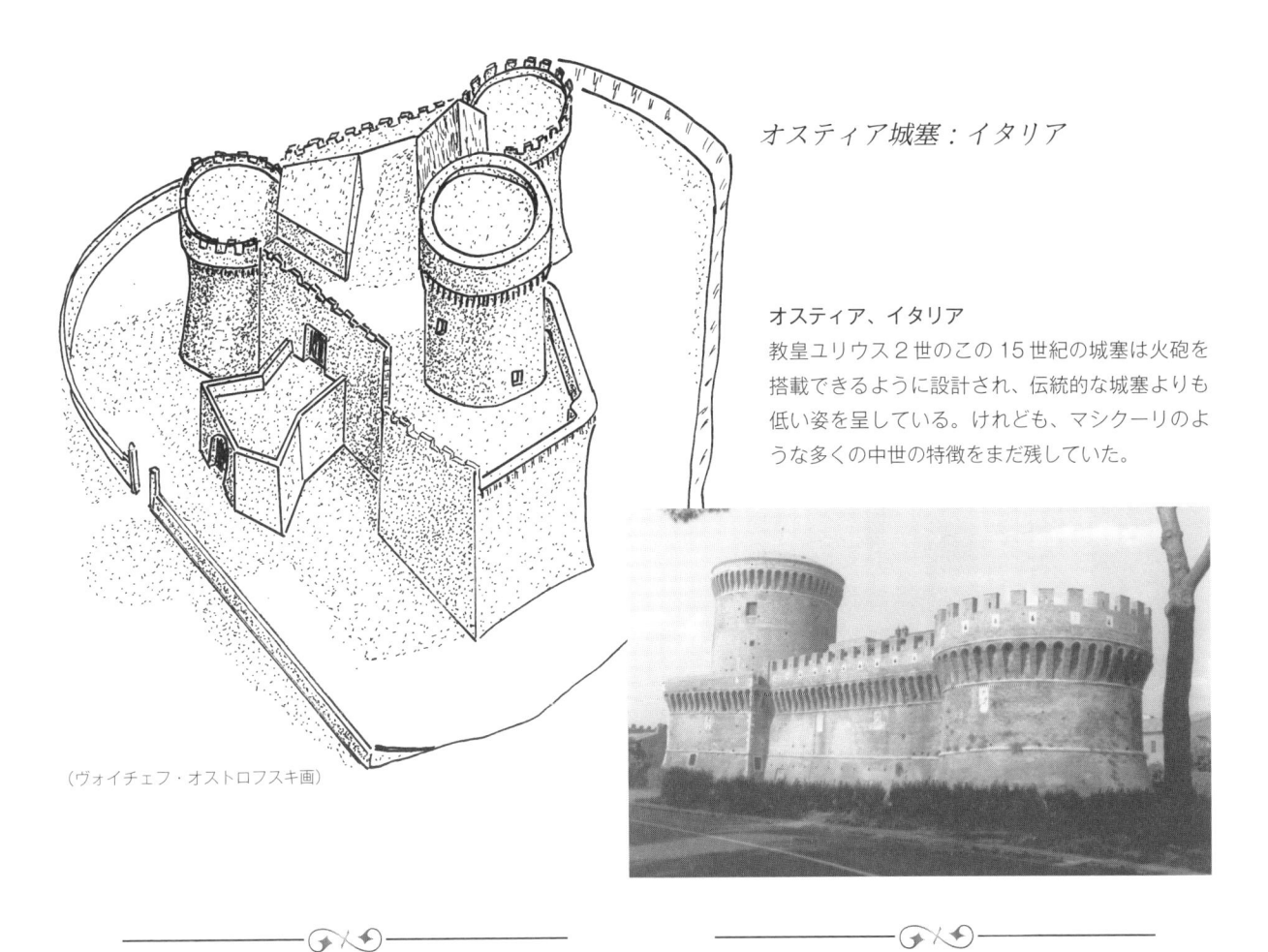

オスティア、イタリア
教皇ユリウス2世のこの15世紀の城塞は火砲を搭載できるように設計され、伝統的な城塞よりも低い姿を呈している。けれども、マシクーリのような多くの中世の特徴をまだ残していた。

（ヴォイチェフ・オストロフスキ画）

建と改修によって中世築城からルネサンス築城へと変遷していった様を窺うことができる。一方、15～16世紀に建設されたイタリアのサルツァネッロ、フランスのサルス、イングランドのディールといった城塞は中世城塞と近世要塞の間の過渡的な姿をみせている。イタリアの長く続くことになる建築家の家系の創始者フランチェスコ・ジャンベルティ・ダ・サンガッロは、14世紀にサルツァネッロを設計したが、上記のような適応の道を歩んだ最初の人物ではない。彼より少し前に、フランチェスコ・ディ・ジョルジョ・マルティーニがサッソコルヴァーロを設計した。サッソコルヴァーロは初期のバスティヨンのような特徴を備えていた。このバスティヨンのデザインに改良を重ねてサルツァネッロに取り入れたのである。サルツァネッロの低い城壁はマシクーリを備えているにもかかわらず、外観はルネサンス風にみえる。要塞は不定形の三角形平面に配置され、火砲がカーテン・ウォール前面に沿って縦射できるように各隅部に3棟の大規模な円筒形城塔が置かれた。こ

のデザインは後に西ヨーロッパ中の数多くの小規模築城に採用された。1497年、サルツァネッロ前面に入口防備のための三角形平面外塁が建設された。これが初めて建設されたラヴラン（外堡(がいほ)）の一つになったのである。その機能はバービカンと同様で、橋で要塞とつながっていた。サルツァネッロの円筒形城塔のうちの2棟には、火砲を布置するための分厚い胸壁が新たに設けられている。丘上に立地し、陣地全体が大規模な空堀に囲まれていた。

オスティアの城塞はジャンベルティの息子の一人によって、教皇ユリウス2世のために建設されている。ここでも隅部に大規模な城塔があった。カステル・サンタンジェロに増築された角張ったバスティヨンは、ジャンベルティの別の息子によって建設されている。ジャンベルティ家による革新は世紀を通じて次第に一般的になっていき、他の改良も行われたが、もはや中世築城に改修を施すだけでは追いつかなくなり、単純に新たな築城によって更新されるようになった。

サルツァネッロ城塞：イタリア

この三角形平面の城塞は14世紀にフランチェスコ・ジャンベルティ・ダ・サンガッロによって設計された。中世城塞から要塞へといたる過渡期の軍事築城の作例である。マシクーリのある城塔がみられる（右の写真）。三角形平面形態のバスティヨン（下の写真）はラヴラン（外堡(かいほ)）最古の作例の一つで、入口の防護のために建設された。入口へは堀を渡る橋を通って入ることができる（上の写真）。別の橋が要塞からラヴランに架かっていてラヴランへの唯一の接近路となっている。

高くそびえる城壁の退場　　175

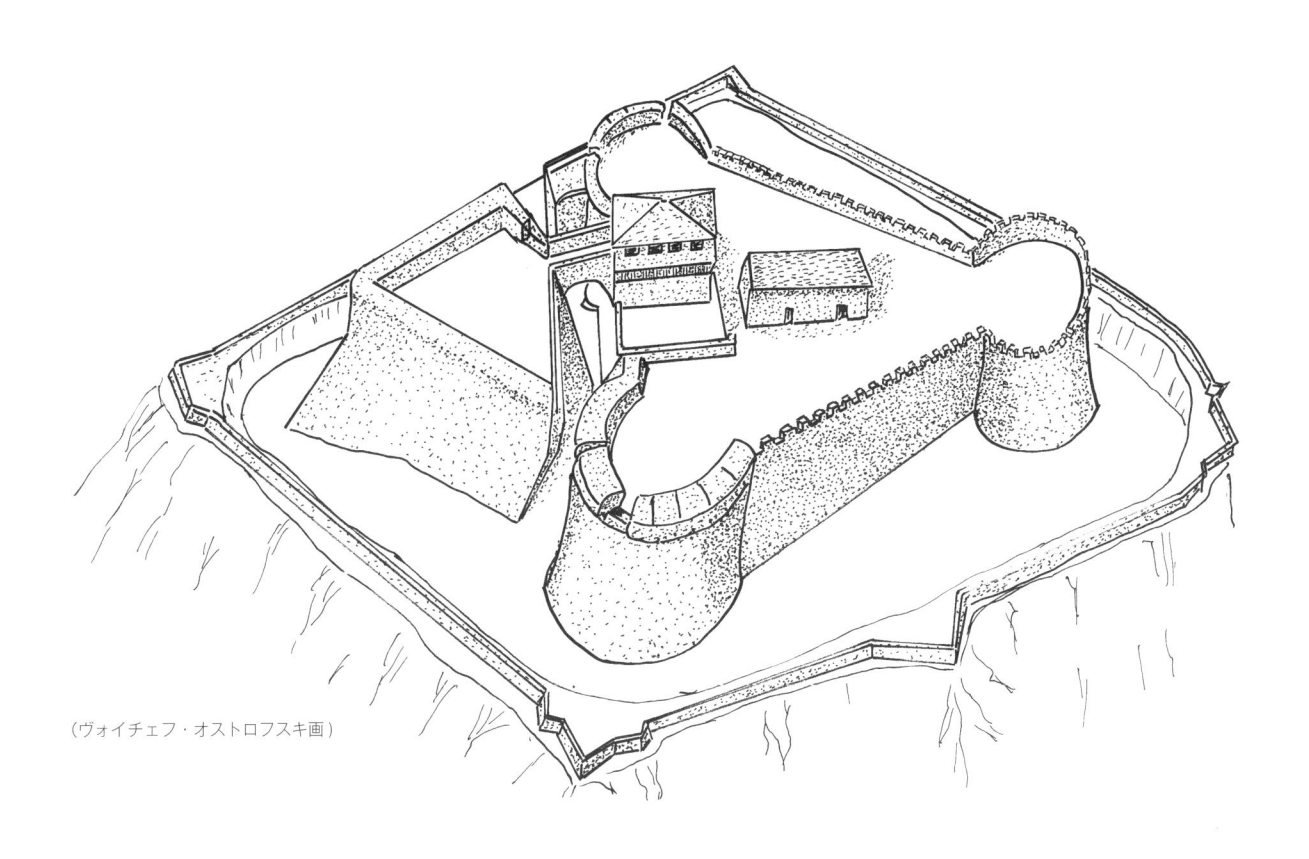

（ヴォイチェフ・オストロフスキ画）

サルツァネッロ城塞：イタリア

1　入口
2　警備哨
3　空堀
4　外堡──ラヴラン
5　跳ね橋
6　キープ
7　宿営
8　ルネサンス築城の
　　胸壁と掩体道

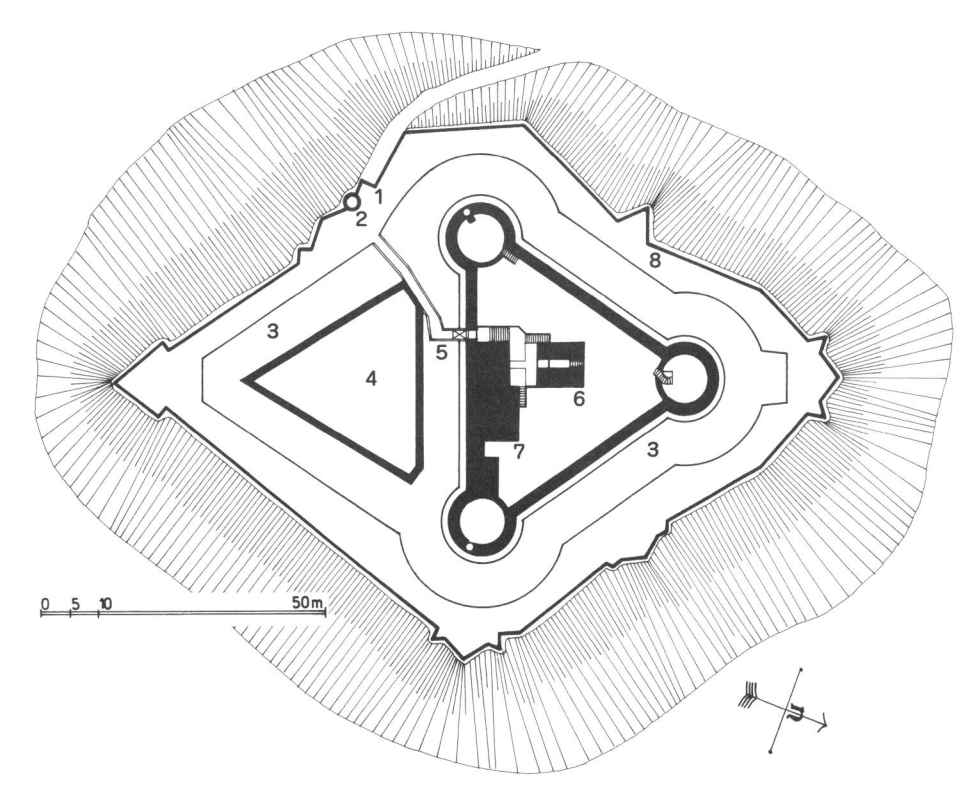

サルス要塞：フランス

1　堀
2　跳ね橋が設けられたシャトレ
2a　跳ね橋
3　火砲陣地が設けられたドゥミ＝リューヌ（半月堡）
4　主城門
5　中庭
6　井戸
7　キープ

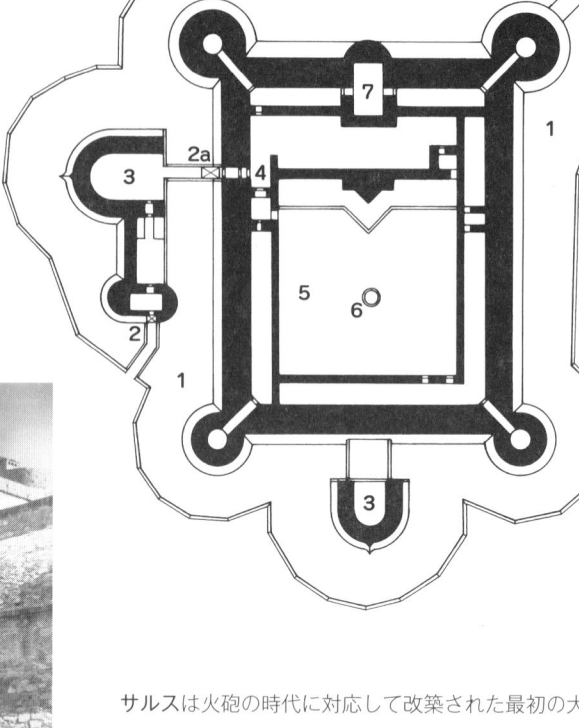

サルスは火砲の時代に対応して改築された最初の大規模城塞の一つである。堀が深いので全体は低くみえる。堀は城壁の一部をなし、主城塔の高さを減じている。

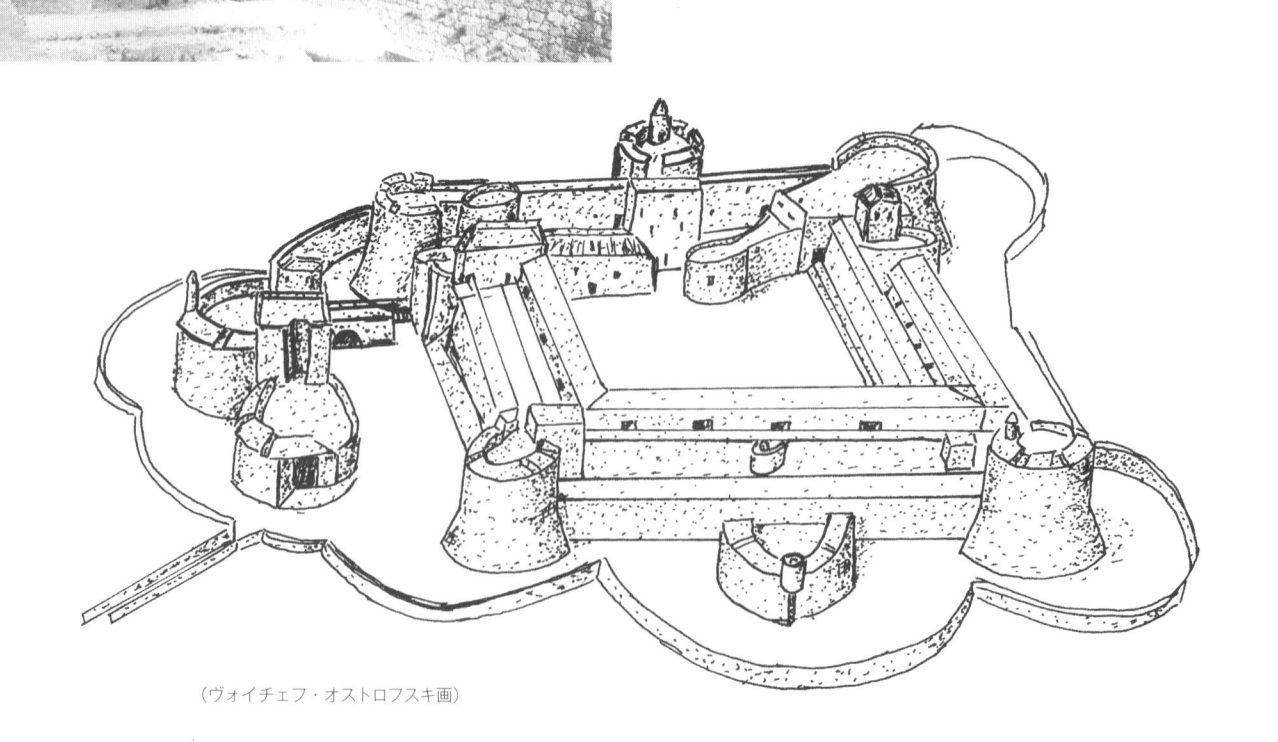

（ヴォイチェフ・オストロフスキ画）

セウタ——北アフリカ沿岸地帯に15世紀末に建設されたポルトガルのこの前哨拠点は、火砲のために設計されたバスティヨン群を備える、さらに新世代の築城の代表である。

　ピレネー山脈の北側のルーションのサルス要塞は、この地に以前からあった城塞と城壁村がフランス軍の襲撃で破壊された後、スペインの工兵ラミロ・ロペスによって設計され建設された（1497年着工、1503年竣工）。ロペスはこの新たな要塞を、鉛直方向よりも水平方向の防御を充実させて設計した。この要塞はフランス王フランソワ1世によって攻囲され、フランス軍砲兵隊によって胸壁が破壊されたため、要塞と上部構築物に改修が施されたが規模は小さくなった。ロペスは隅部に大規模な円筒形城塔を設置するようデザインし、そこに火砲のための砲門を設けてカーテン・ウォール前面に沿って縦射ができるようにした。胸壁も飛翔体や発射体をそらすように湾曲させた。大規模な5層のキープの隅部は中庭へと突出していて、カーテン・ウォールと一体化して建設された。その中庭側の正面には防御壁が建てられた。全体としては長方形平面の要塞であり、規模は115×90m、幅12mで、深さ7mの堀に囲われていた。敵の砲火にさらされるのはカーテン・ウォールと4棟の中世風の円筒形城塔の胸壁だけである。堀は近隣する天然の泉の水で満たすことができた。城壁はもともと10mの厚みがあったが、低いところをタルス（ラテン語で踵の意）またはバッターによって強化されている。上部胸壁の厚さは5m弱だった。1503年の攻囲戦の後、城壁の厚みは14mに増強されている。カーテン・ウォール付属の方形平面の城塔2棟には大砲が搭載された。ラヴランまたはドゥミ＝リューヌ（フランス語で半月堡の意）がカーテン・ウォール防備のために増築され、そのうちの一つは入口となる至近のシャトレ（要塞への通路入口に建造された構築物）へとつながっていた。それぞれの半月堡はヴォールト（石や煉瓦で築かれた立体的な天井）を持つ通路で要塞とつながり、内部には内室1室と複数の銃砲室がある。銃砲室には上部の火砲設置台に据えられた銃砲に弾薬を運搬するための昇降機が設けられていた。

　サルス要塞の内部建造物は三辺に沿って一直線上に配列されており、下層がギャラリー（歩廊）、上層がテラスを形成するアーケード（アーチの連続体）建造物だった。地下は百頭の馬を収容できる厩舎と対抗坑道戦のための弾薬庫およびギャラリーとなっていた。この要塞は約千5百もの兵からなる守備隊によって守られるように造られており（武器の威力によって開かれたいかなる突破口をも封鎖するに十分な兵力だった）、いくつかの軍事行動の際に3度この兵力を収容したことがある。この要塞には中世城塞と共通する特徴はほとんどなかった。

　1538年、フランスの侵略を恐れたイングランド王ヘンリー8世は「ザ・ダウンズ」（草丘）とよばれる地域に一群の沿岸要塞の建設を下命した。王はそれらの設計に大きく関わっており、その建設の監督にベーメン（ボヘミア）の工兵シュテファン・フォン・ハーシェンペルクを任命している。いわゆる「城塞」が1539年から1540年にかけて建設され、ディール、ウォルマーおよびサンダウンの他、コーンウォールにはなお2棟が築かれた。これらは中央にキープを内包した最後の築城であり、キープには火兵や火砲に適応した設計がなされた。ディールが3要塞のな

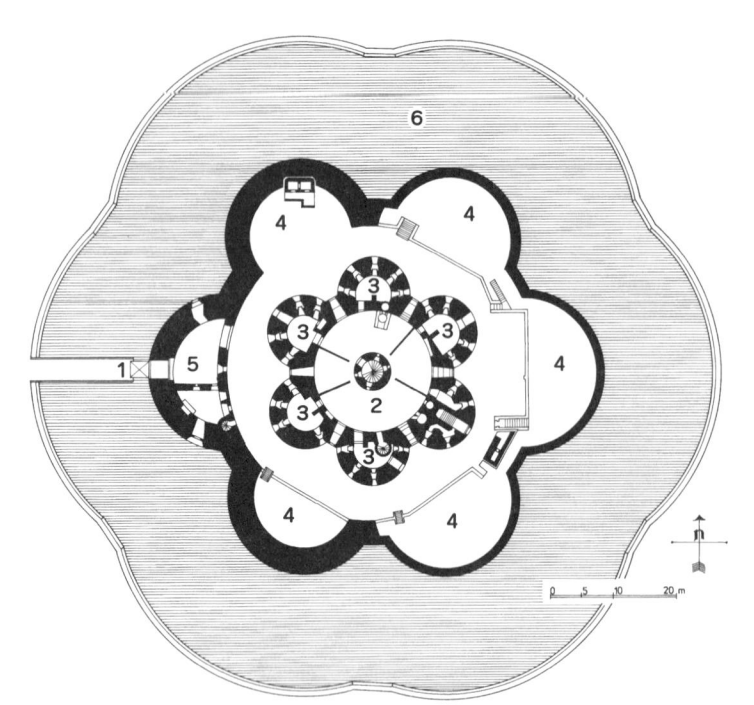

ディール城塞：イングランド

1 跳ね橋
2 中央キープ——約30の兵からなる守備隊を収容
3 砲門を備えたバスティヨン。屋上にも火砲を搭載していた
4 地上層バスティヨン。屋上に火砲を搭載し、堀と同じ層にマスケット銃兵のための銃眼（図版ではみえない）を備える
5 入口を備えた地上層バスティヨン
6 空堀

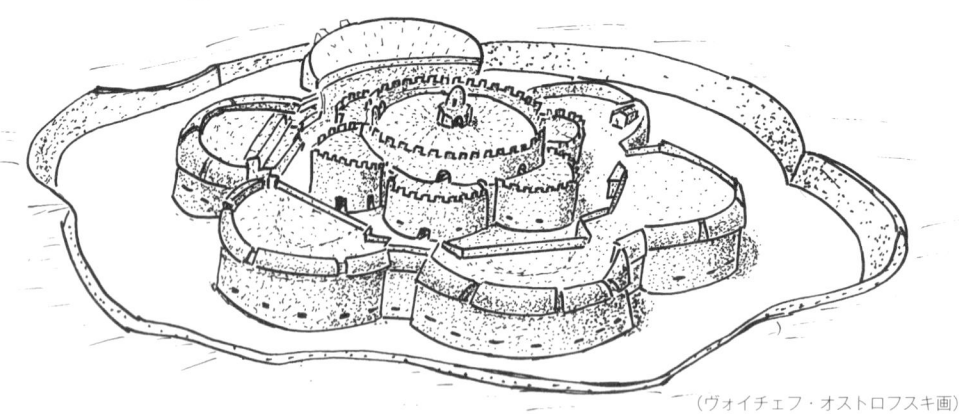

（ヴォイチェフ・オストロフスキ画）

ディール城塞は火砲の時代に対応して建設された初めての築城の一つだった。ヘンリー8世によって建設された他の沿岸陣地と同じく、16世紀の事実上の「要塞」であり「城塞」ではない。

かで最大であり、145の火兵用アンブラジュール、バスティヨンと城塔の上に火砲陣地が設けられた。サルツァネッロやサルスと同様に胸壁は発射体をそらすために湾曲している。中央のキープと周りの6棟の半円形平面バスティヨンは空堀に囲まれている。バスティヨンの一つには城門が設けられて、外塁はさらに6つのバスティヨンで構成されて外郭のカーテン・ウォールを形成し、海岸近くで幅広い堀に囲まれていた。キープにはわずか25名の守備隊の宿舎があった。バスティヨンや城塔の上、城壁内の主力火砲陣地は海の方へ向けられていた。中央のキープは中世築城とはほとんど関係がない。キープは城塞の中で最後の、最強の防御拠点であるという考え方は何世紀も前になくなったからである。ヘンリー8世の「城塞」群は最初の真の火砲要塞であり、中世築城の要素がわからないほど変化し、防御側が大砲を完全に活用できるように設計されていた。

16世紀初頭のヨーロッパでは城塞建造物の時代が終わろうとしていたが、その後間もなくアフリカ東部で短期間だけ復活した。15世紀、ポルトガル人たちが東方への新航路を求めてアフリカ沿岸に沿って航海していき、まず、モロッコ沿岸に築城群を建設している。これらのポルトガルの築城群は中世よりもルネサンスの特徴を備えており、北方ではセウタ、東方ではインド洋に面したモンバサのような拠点でみることができた。

1557年、ポルトガルは最初の遠征でアビシニア（エチオピア）に到達した。伝説のプレスター・ジョン※の想像上の後継者とアラビア人の将軍アマンド・「グラン」（左利き）のイスラム軍の闘争において、前者を援護しようという努力の一環だったのだ。次世紀を通じてポルトガル人たちはキリスト教徒のエチオピア皇帝を援助して、帝都ゴンダールに量感あふれ城壁が高くそびえる城塞を建設した。

これらの城塞の最初のものはファシリダス帝のために建造され、4棟の大規模な円形平面の隅部城塔、カーテン・ウォール、キープで構成されていた。キープは2棟の城塔の間の城壁1枚に対面して建ち、皇居として用いられていた。ファシリダスの城塞とその子孫たちの城塞群は、ほとんどが17世紀中に建設されたにもかかわらず、ルネサンスというよりも中世のデザインだったのである。

新世界ではヨーロッパからの定住者たちが内陸に進出するにしたがって、城塔と木造の防御柵を備えた築城を建造していった。それらは中世前半の築城に似ていたが、沿岸にはもっと新式の構築物を築いている。この違いは想定される敵によるものだ。内陸のネイティヴ・アメリカンには武器が発達していないので単純な築城で十分だったが、沿岸では武装したヨーロッパの敵対勢力と戦わねばならなかったのである。

このように城塞の時代は15世紀の終わりとともに終焉を迎え、火砲要塞の時代への道が開かれた。しかし築城の新時代が幕を開けても支配力を保ち続けた城塞もあり、続く2、3世紀間は近世築城と城塞がともに戦争で重要な役割を果たし続けたのである。

ゴンダール城塞
：エチオピア

※東方からイスラム教徒を蹴散らす援軍がくることを願って、東方にキリスト教国があるという噂が広まった。プレスター・ジョンはその国の君主とされた。

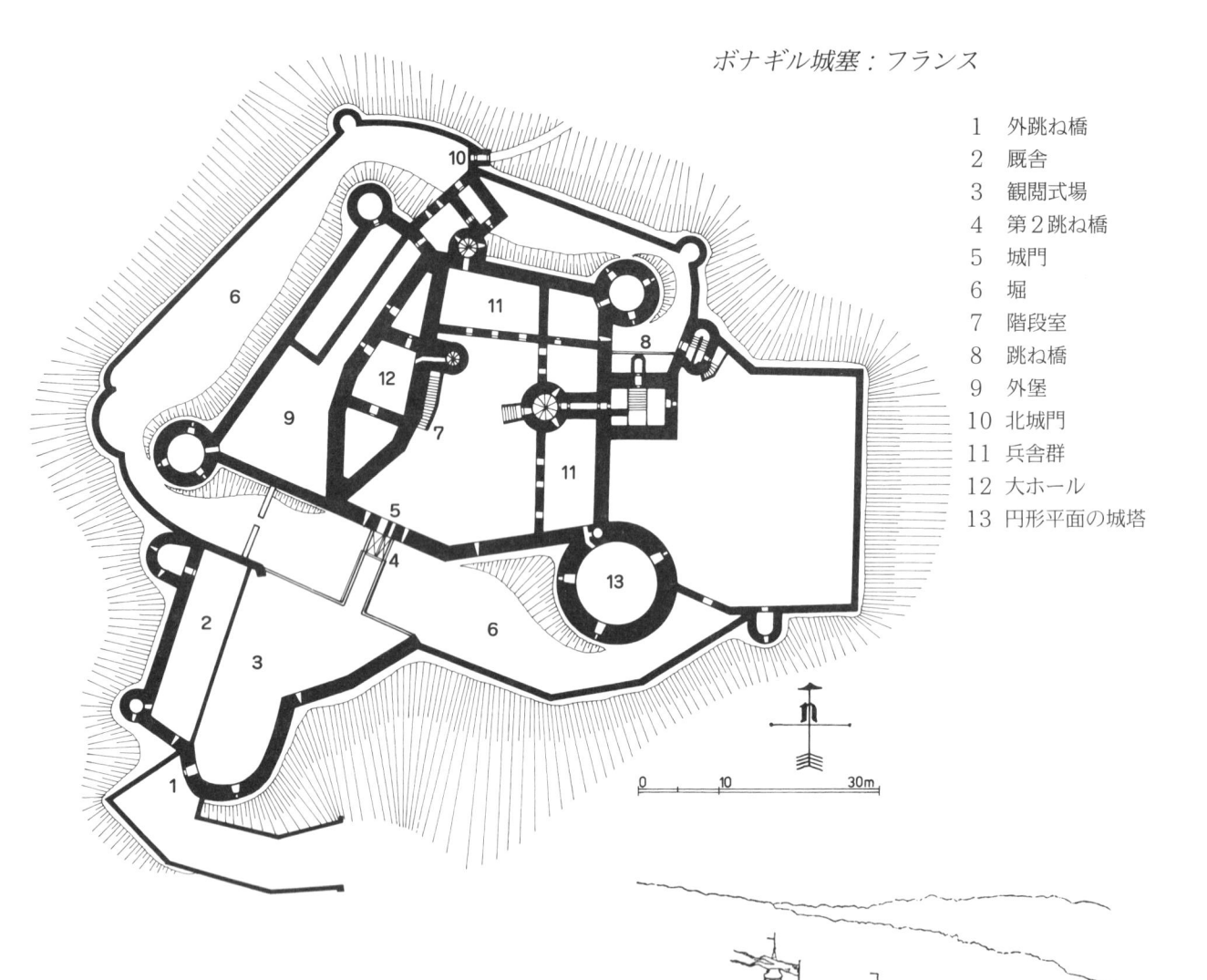

ボナギル城塞：フランス

1 外跳ね橋
2 廐舎
3 観閲式場
4 第2跳ね橋
5 城門
6 堀
7 階段室
8 跳ね橋
9 外堡
10 北城門
11 兵舎群
12 大ホール
13 円形平面の城塔

ボナギル城塞
最後の中世城塞と目されるボナギル城塞は13世紀に建設され、15世紀に大砲に対応して改修された。

（グリーンヒル・ブックスの御厚意により図版掲載）

中世の攻囲戦のトップ・ランキング

中世の戦争で最も恐れられた実戦的な攻撃者

　カタパルトを使って築城の中へ捕虜の首を投射したり、その地域の子供たちを攻城装置の人間の盾として使ったりして守備隊の士気をくじき、極めつけの恐怖をもたらした際立つ集団がいる。モンゴル人である。彼らはいかなる民族集団よりも多くの城塞や城壁都市を降伏に追い込んだ。虐殺と残虐さの分野において他の追随を許さない。対抗できるのは、おそらく古代アッシリア人くらいだろう。

　第2位の座はヴラド串刺し公（ヴラド・ツェペシュ）のものである。ドラキュラ伯爵としての方がよく知られているワラキア公である。ヴラドのあだ名はトルコ人であろうとキリスト教徒であろうと、敵をまとめて串刺しにしたことからきている。その脅迫に満ちた軍事行動は敵を寄せ付けなかった。

　まったく意外だが、ヨーロッパのほとんどの沿岸地帯と北アフリカまでも震え上がらせたヴァイキングは、虐殺と恐怖においては他と比べて高得点というわけではない。だが、その略奪行為の数々は彼らの行くところに恐怖を撒き散らし、多くの人々の記憶にきわめて深く焼き付けられることとなった。

攻囲戦において最大の破滅をもたらした要素

❖ 疫病：それは攻囲軍と籠城軍双方に敗北をもたらした。
❖ 飢餓：通常、攻城側よりも防御側に大きく影響を及ぼした。
❖ 水の欠乏：これが最強の築城拠点を速やかに降伏へと追い込んだ。籠城軍の給水システムに毒を盛ったり、切断したりする戦術は攻囲軍に共通するものだった。多くの築城拠点は井戸、貯水池を持っているか、あるいは城壁が水源まで伸びていた。
❖ 時間：攻囲戦が長引くほど、攻囲軍が攻囲戦をあきらめる傾向が強かった。しかし、籠城軍の補給が尽きると降伏の方が先に立った。

最も有効な攻囲兵器

❖ トレビュシェ：いろいろな発射体を射出するのに用いられ、胸壁とその背後を激しく破壊した。
❖ 弩（クロスボウ）と長弓（ロング・ボウ）：遮蔽陣地から敵を狙い撃てるため、攻城側よりも防御側に有利だった。
❖ ベルフリー：ベルフリーによって攻囲軍は胸壁に到達することができ、ベルフリーが城壁よりも高い場合には、胸壁の上手を取ることが可能となった。大きな問題はベルフリーを移送して位置に付けることである。
❖ 坑道戦：城壁や城塔を打倒する最も有効な手段ではあったが、多くの時間を必要とし、また、対抗坑道によって撃破されることもあった。
❖ 大砲：中世最後の世紀には大きな心理的効果を発揮し、弱い城壁を破壊することもできた。

セゴビアのアルカサル：スペイン

第5章

Medieval Castles and Fortifications

―中世の城塞と築城―

　ヨーロッパ中にあまりにも多くの中世城塞と中世築城が遍在(へんざい)していたので、1冊の書物のなかですべて取り上げることはできない。それゆえ、本章では一部を選んで焦点を当てることになる。ここではかなり有名な城塞だけではなく、あまり知られていない、しかし興味深い城塞も取り上げている。フランスとイングランドの城塞群が西ヨーロッパでは最もよく知られているが、読者には城塞と都市築城は中世ヨーロッパのいたるところで建設されていたことに注目してほしい。たとえば、オランダにはもともと2千以上の築城拠点があり、そのうちの200がなお現存している。ベルギーは3千以上の城塞を抱えており、フランスには3万にものぼる多くの城塞があった。そしてそのうちの1万が現存していて、かなり保存状態が良いものもあれば廃墟になっているものもある。

　ヨーロッパの各地域について、それぞれ個別の研究が必要だろう。西ヨーロッパの伝統的な城塞の最も良い例はフランス、イングランドおよびウェールズにある。聖地にある多くの城塞はデザインにおいては古典的だが、中世城郭に含まれるだろう。本書ではスラヴ人地域の東ヨーロッパの多くの城塞の特徴についても論じてきたが、それらは他の異なる伝統に由来するものだと思われる。だが、スラヴ人たちの築城が文化の伝播を通じて西ヨーロッパの伝統に影響を与えたと考えられる根拠はいくつかあげられる。おそらく東ヨーロッパと西ヨーロッパ双方と大きな関わりを持っていたノルド人たちを媒介したのではないだろうか。

　ビザンツ帝国の築城はもっと前の古代ローマ時代に由来し、独自の伝統を作り上げていた。そして、ヨーロッパ南部、ヨーロッパ南東部および中東といった地域では西ヨーロッパの伝統とも融合していった。さらに、築城の分野におけるイスラムの伝統が中東と北アフリカを席巻してイベリア半島にまで伝播していった。それはこれらの地域の既存の構築物へと適用されていき、他とは異なる独自の特徴となっていった。このような傾向はイベリア半島に顕著にみられ、とりわけ、多くのアルカサバとアルカサル、また、後のこの地域のキリスト教徒たちの城塞がそれにあたるだろう。

　ブリテン諸島を代表としたヨーロッパの周縁地域の中には、もっと古い伝統に基づいたものが多くみられるところもある。アイルランドの環状構築物もその一例であり、多くはノルマン・コンケスト時代に建造されて、そのときにモット・アンド・ベイリーを包含するものとなった。環状構築物はアイルランドでは東方のスラヴ諸国と同じくらい長く存続し続けたように思われる。結果として中世末期の多くの城塞が様々に異なる発展段階を歩んだこと、あるいは発展段階に時間差がみられることを示しているのである。非常に多様で相異なる諸地域の様式があり、本章で取り上げるわずかな例だけでは、中世ヨーロッパの城塞建設術についてすべて語ることはできないが、その記述と図面によって、読者がこれらの築城について正しく理解し、さらなる関心をお持ちくださると幸いである。

ハルレフ城塞：ウェールズ

グレート・ブリテンおよびアイルランド

1 アランデル	9 ビウマレス（ビューマリス）	17 カーラヴァロック
2 ボディアム	10 カイルナルヴォン（カーナーフォン）	18 トリム
3 ディール	11 カイルフィリー（カーフィリー）	19 リムリック
4 ケニルワース	12 コンウィ	20 デューングラ
5 オーフォード	13 ヴリント（フリント）	21 ケアル
6 ポートチェスター	14 ハルレフ（ハーレフ）	22 ダナマス
7 ロチェスター	15 リスラン	
8 ウィンザー	16 エディンバラ	

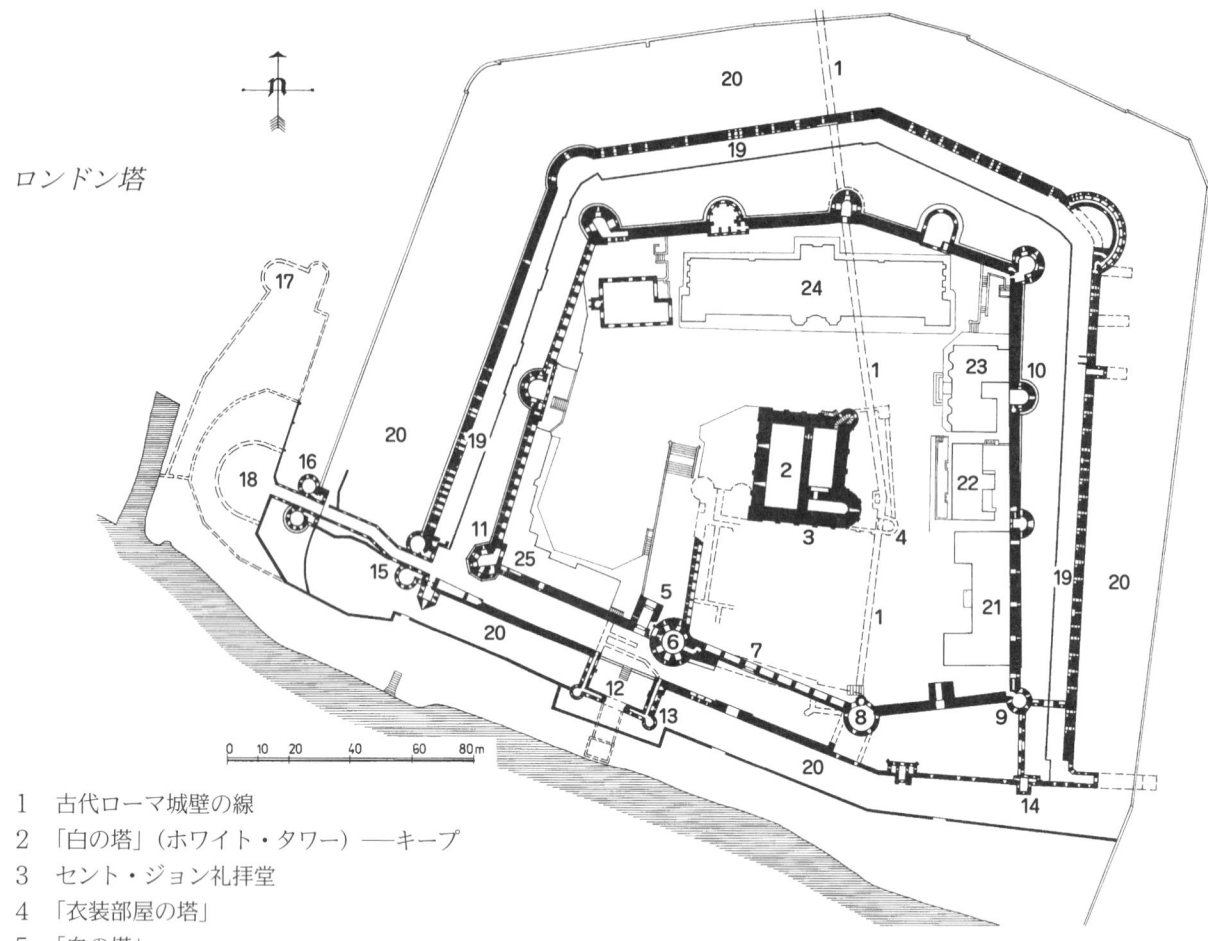

ロンドン塔

1　古代ローマ城壁の線
2　「白の塔」（ホワイト・タワー）─キープ
3　セント・ジョン礼拝堂
4　「衣装部屋の塔」
5　「血の塔」
6　ウェイクフィールド塔
7　大ホール跡地
8　ランソム塔
9　「塩の塔」
10　「カンスタブル塔」
11　「鐘楼」（ベル・タワー）
12　「裏切り者の門」
13　セント・トマス塔
14　「井戸の塔」（ウェル・タワー）
15　バイワード塔
16　「中の塔」（ミドル・タワー）
17　堡塁門跡地
18　「獅子の塔」のバービカン跡地
19　砲郭（カズマート）群
20　堀
21〜25　新しい建造物群

ロンドン塔の図版
（グリーンヒル・ブックスの御厚意により掲載）

グレート・ブリテン

1066年のヘイスティングズの戦いの後、新たなイングランドの主となったノルマン人は、イングランド支配を確立するために築城群建設を急いだ。木材と土でできた防御施設を用いて最初は囲郭（エンクロージャー）を創建し、後にモットやキープも建設していった。その後の数世紀の間に木材と土は徐々に石造に替わっていった。シェル・キープのいくつかは現在もイギリスに残っている。なかでもレストーメル、カーディフ、ロンドン塔、ウィンザー、アランデルは代表的な建築物である。

イングランド

有名な**ロンドン塔**、そして、とりわけドーヴァー城塞のキープ、これら2棟が島内最大のキープであり、またそれ以上に、数世紀にわたって数々の修復、改築や近代化改修を施されてきたモット・アンド・ベイリー城塞の作例でもある。ウィリアム征服王は古代ローマ市壁の南東隅にロンドンの最初の防御施設を創建し、後日、この築城の内側に「白の塔」（ホワイト・タワー）あるいはロンドン塔を増築した。この大キープが完成したのはウィリアム赤王（ルーフス）の治世である。このキープは完全な長方形平面ではなく、直角になっていたのは一つの隅部だけだった。各辺の長さは30m強だが、完全に同じ長さの辺は存在しない。一般的なキープと同様に、入口のある地上階から外階段と前棟を通って2階に登るようになっていた。この巨大な築城の低い方の城壁の厚さは4.5m、キープは4層構成で高さは27mに及ぶ。仕切り壁がキープを大小二つの部分に分けている。一般的な石造キープと同様、一つまたは複数の円形平面の階段室が隅部に設置され、上階へ登ることができるようになっていた。キープの床は木造で、東側の壁体の内部に礼拝堂がある。1241年、ヘンリー2世は構築物に白漆喰を塗り礼拝堂にステンド・グラスを入れた。

内郭は13世紀のヘンリー3世治世下に建設されたもので、13棟の城塔を備えた城壁で囲われていた。その継承者エドワード1世が外郭を増築したので、多重環状城壁をもつ築城となった。このアンサントは大規模な堀によって囲まれており、堀によってテムズ川からも隔てられている。また、エドワード1世はメインとなる堀から遠い場所に、独自の跳ね橋と堀を備えたバービカンを建設した。堀を越える土手への通路は幾世紀にもわたって数多くの改修を受けてきた。「白の塔」は何世紀もの間、王宮の一部として機能し、この形式としてはヨーロッパ最大級である。

ロンドン塔

ドーヴァー城塞はロンドン塔とほぼ同じ頃、「古代ローマの灯台」と、ノルマン人の侵略前にハロルド王によって築かれた「バラ」の付近に建設された。1066年のノルマン・コンクエスト直後に築かれた従来の城塞を取り壊して新たに建設したのである。今日、ウィリアムの治世下に造られた構築物は何一つ残っていない。現在この場所に建っている大キープは1180年代のヘンリー2世の治世に建設された。ヘンリー2世は内ベイリーのカーテン・ウォールと外側のアンサントの大部分の建設にも関わっている。

ドーヴァーの大キープは12世紀最強のものの一つとみてよいだろう。その高さは約29mに及び、壁体の厚みは0.8〜6.5mまで様々で、プリンスによって強化されていた。各辺の長さは30m以上あり、四隅には小塔（ターレット）が設けられている。入口は当時のイングランドで最大の前棟によって守られていて、そこにはキープへと続く屋外階段に向かって射撃できる3棟の城塔が付いていた。「白の塔」と同じようにドーヴァーのキープも内壁によって二つに分割されている。3層構成で隅部小塔内に設けられた二つの螺旋階段を通って上階へ登ることができた。キープの周囲を囲む内城壁には14棟の長方形平面の城塔があって城壁から前面に突き出ている。その背面には壁体がなかった。2棟の城門は北と南のバービカンによって防衛されていた。外城壁には城壁から突出した数多くの城塔と大規模なカンスタブル塔およびカンスタブル門※が設けられていた。これらの陣地の多くが次世紀にヘンリー3世によって改良されている。1216年、領主たちがジョン王に対してなおも反乱を起こしたときに、フィリップ尊厳王の息子ルイ（ルイ8世）はドーヴァーを攻囲した。ルイ王は外城壁の北の城門を防備するバービカンを攻略して城門を攻撃している。地雷が城門の2棟の城塔のうちの1棟に損害を与えたが、防御側は突破口をかろうじて塞ぎ、陣地を確保してドーヴァー城塞の陥落を防いだ。この遠征の後、損害を受けた城門の代わりにノーフォーク塔が建設され、さらなる防御施設が増築されている。ドーヴァー城塞は19世紀にいたるまで定期的に改築・改修されたので様々な建築様式が複雑に混ざりあった複合建物となっている。13世紀にマシュー・オヴ・パリスはこの城塞を「イングランドの鍵」だと述べた。

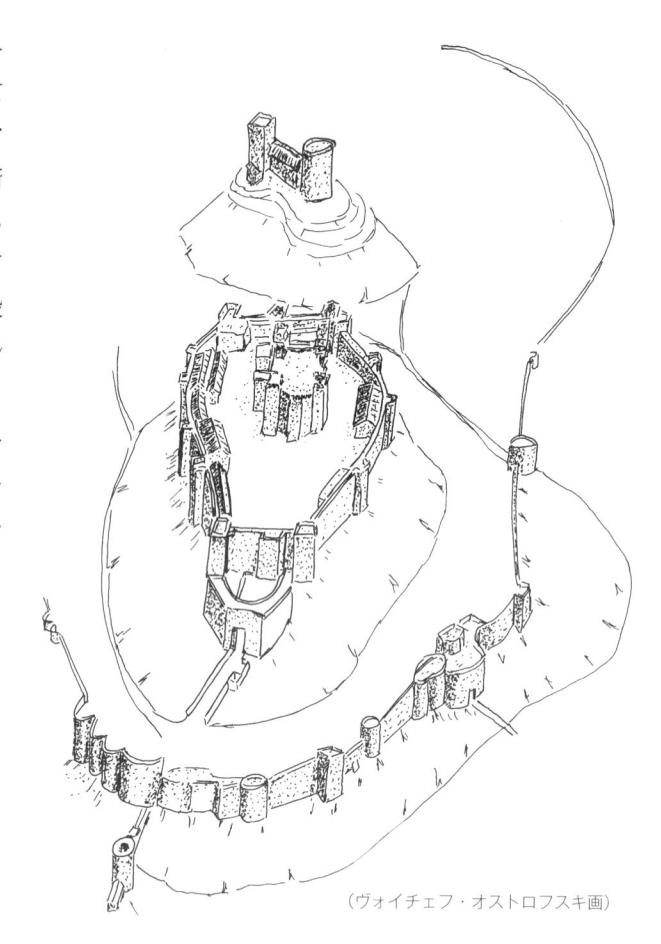

（ヴォイチェフ・オストロフスキ画）

ドーヴァー城塞
断崖とイギリス海峡方向への眺望。

ドーヴァー城塞の大キープを囲む城壁の一部。

※カンスタブルはフランスのコネターブル＝大元帥にあたる

ドーヴァー城塞

1 キープ
2 アーサー・ホール
3 北バービカン
4 「王の門」
5 「宮殿の門」
6 南バービカン
7 貯水槽

ドーヴァー：イングランド

1 大キープ
2 内ベイリー
3 「宮殿の門」
4 「王の門」
5 北バービカン
6 「井戸の塔」
　（ウェル・タワー）
7 アルクール塔
8 「武具師の塔」
9 ペンチェスター塔
10 アヴランシュ塔
11 フィッツウィリアム門
12 ノーフォーク塔群
13 セント・ジョン塔
14 地下通路
15 「カンスタブルの門と塔」
16 ファロス（灯台）
17 セント・メアリー・イン・
　カストロ教会堂
18 テューダー堡塁
19 堀の堡塁

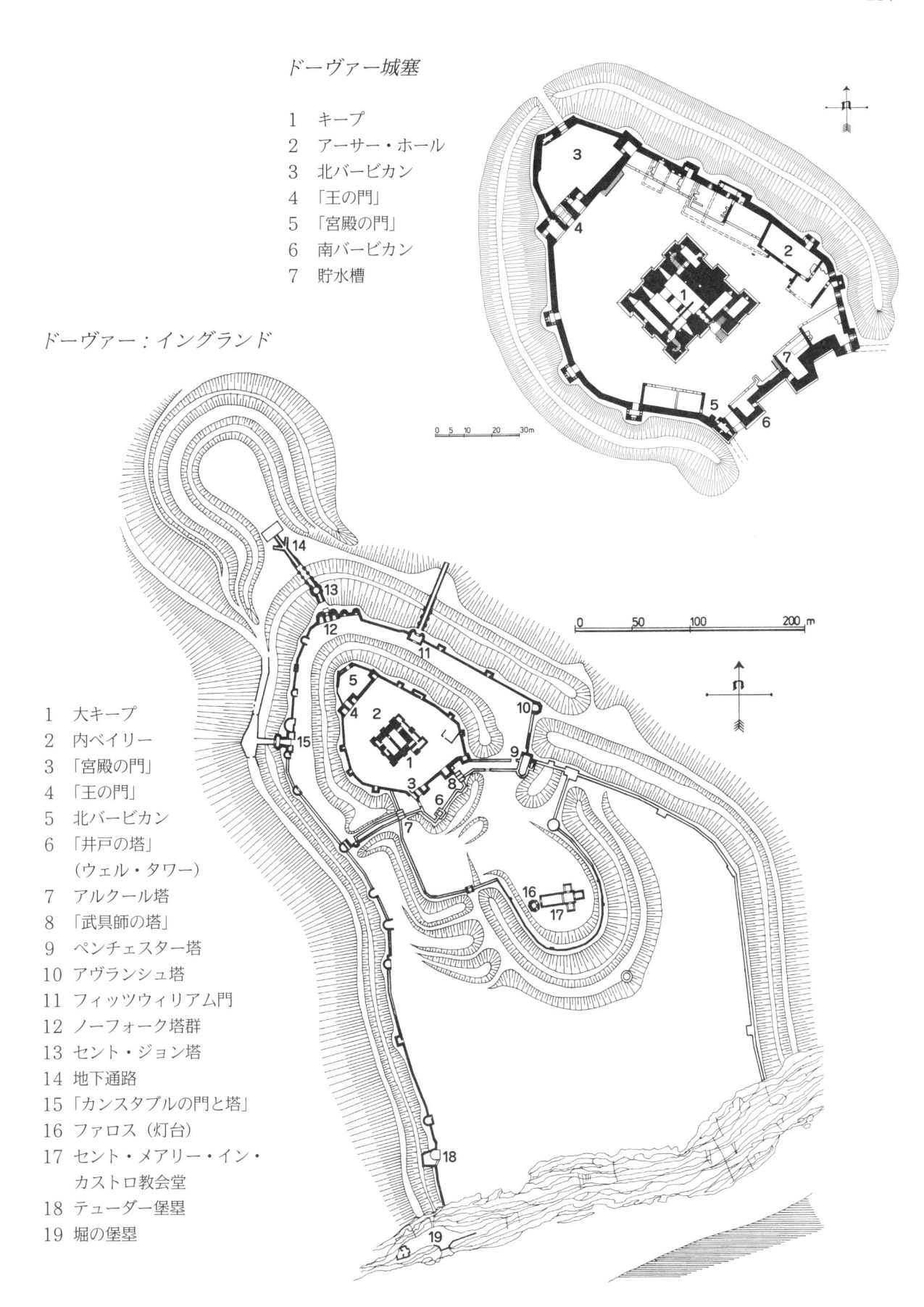

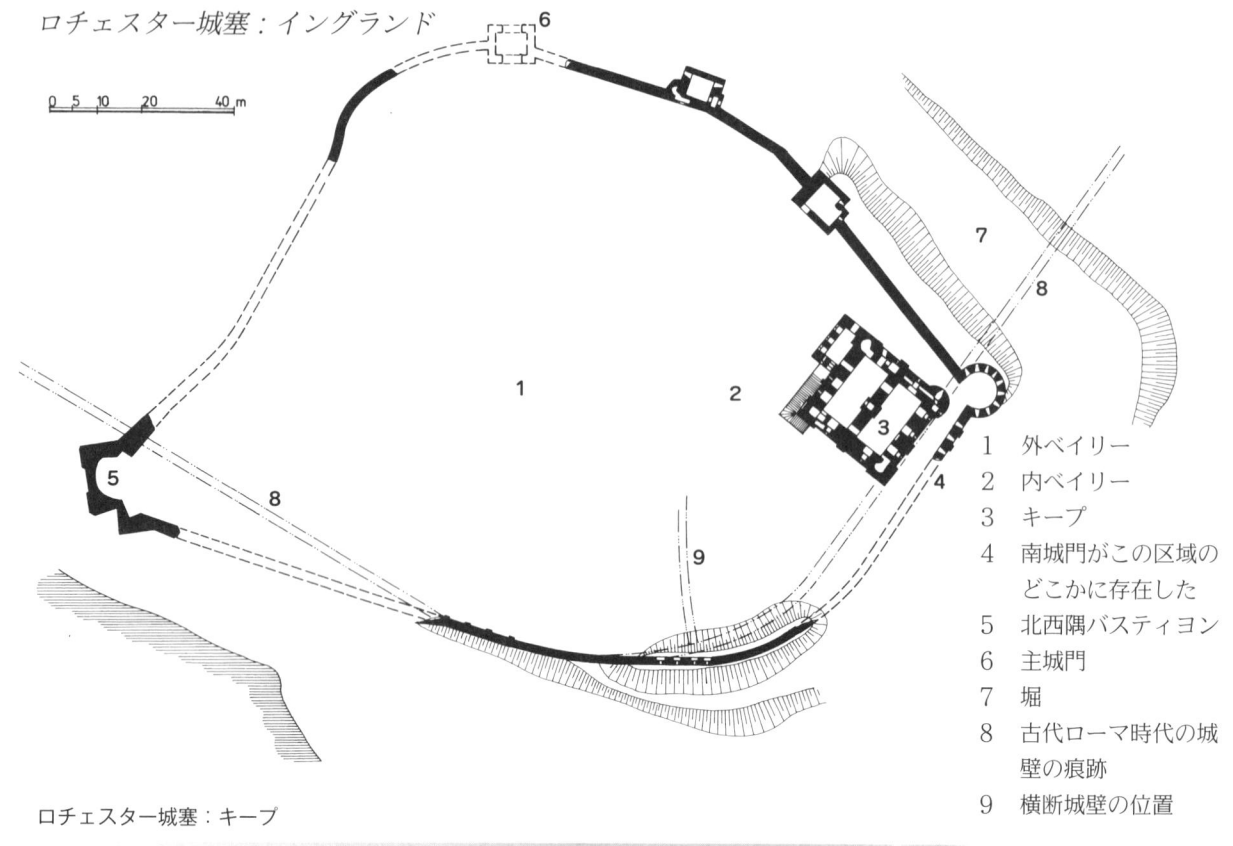

ロチェスター城塞：イングランド

1　外ベイリー
2　内ベイリー
3　キープ
4　南城門がこの区域のどこかに存在した
5　北西隅バスティヨン
6　主城門
7　堀
8　古代ローマ時代の城壁の痕跡
9　横断城壁の位置

ロチェスター城塞：キープ

ロチェスター城塞もウィリアム征服王の治世にまでさかのぼる。ノルマン・コンクェストの直後、まずはボリー・ヒル上にモット・アンド・ベイリー城塞が建設された。12世紀にカンタベリー大司教ギョーム・ドゥ・コルベイユがボリー・ヒル上の従来拠点の100 mほど北方、ベイリーの南の隅部に大城塔を建造している。キープの形態はほぼ方形平面で各辺約27 m、高さは約35 mにも及び、壁体の厚みは基部で約3.6 mだった。キープ壁体の隅部と中央にはバットレスが設けられてその巨大な重量を支持しており、プリンスが壁体基部を坑道戦による攻撃から守っていた。

　キープは4層構成で、横断する内壁によって二分割されている。胸壁には木造櫓のための支持材が設けられ、4棟の隅部小塔（ぐぶ）が防御施設として加えられている。また、3層構成の前棟が小さな跳ね橋によって入口へと接続されていた。入口そのものは前棟の前に建てられた小規模城塔にあり、奥行きのない階段室を通って入るようになっていた。城門は落とし扉によって守られていた。

　階段が地上階から地下へと通じていて、そこには地下汚物槽があった。キープのガルドローブからの排泄物はここに溜められたのである。この汚物槽は年に2回空にされたようだ。井戸は横断壁の中央にあり、すべての階で水を汲むことができた。上部3層にはそれぞれ2基の暖炉があり、二つの円形平面の階段でつながっている。2階（第3層）には吟遊詩人（ミンストレル）のためのギャラリー（歩廊）があって、横断壁の内部に支柱で支えられたアーチの連なるアーケードを形成していた。すべての階に採光窓があった。礼拝堂は前棟の2階（3階のこと）に位置していた。3階（4階のこと）には主に領主一族の居室群（アパートメント）が設けられている。3階直上の屋根はおそらく鉛製だった。

　城塞の囲郭（いかく）（エンクロージャー）を横切る城壁が内ベイリーを形成しており、その規模は外ベイリーの4分の1程度だった。アンサントの周囲は堀、おそらくは水堀と北西側はメドウェイ川によって囲われていた。外城壁の規模と位置は12世紀と14世紀の間、すなわち、古代ローマの城壁の一部が防御施設に組み込まれたときに変化している。新たなカーテン・ウォールには東側に跳ね橋を備え、2棟の城塔が付いた城門棟が設けられた。エドワード1世の治世以降にはさらに変遷を重ねていった。

　ロチェスターの城塞はドーヴァーの城塞と同じく、多くの反乱に見舞われたジョン王の治世下に、大規模な攻囲戦を経験している。シャトー・ガイヤール陥落後の1206年にノルマンディーを失陥すると、ジョン王は教皇インノケンティウス3世との紛争に突入し、教皇はイングランドに聖務禁止令を出した。ジョン王が賢明にも屈服することを決めたとき、フィリップ尊厳王がインノケンティウス3世の支持を得て、イングランドを侵略せんとしているところだった。ジョン王は後に大陸へ遠征して、1214年にブーヴィーヌの戦いで大敗北を喫している（きか）。さらに麾下の領主たちに対する支配権を喪失して、1215年にはマグナ・カルタへの署名を強いられた。続いて領主たちと対決するために王が雇った傭兵軍が寝返ってしまい、ロチェスター城塞が奪取されている。ジョン王は城塞へと進軍したが、年代記作家によると、わずか140の騎兵と弓箭兵（きゅうせん）によって守られていたにすぎない。奇襲によって町はあっという間に攻略され、ジョン王の兵は城塞の攻囲を始めた。年代記作家たちは、外城壁に突破口を開いたのがジョン王の攻城装置なのか坑道兵たちなのか明らかにしていないが、守備隊が大城塔に退却せねばならなくなったのは確かである。次に坑道兵たちはキープの南東隅の下に坑道を掘削し、首尾よくその大きな部分を倒壊させた。防御側はキープの横断壁に拠って抗戦を続けたが、消耗と飢餓により壊滅してついには降伏を余儀なくされた。

　キープの損害を受けた部分は新王ヘンリー3世によって約2年後に再建されている。外城壁は拡張され、円筒形城塔がキープの損害を受けた部分の近くの南東隅に配置された。1264年、城塞はまた別の領主たちの反乱の際に再び攻囲されている。またもベイリーは陥落して防御側はキープに退避し、キープに対しておよそ1週間カタパルトによる射撃が続いた。その間、坑道が城壁の方へとじわじわと掘り進められている。攻囲軍が退却したのはひとえに国王軍がタイミングよく到着したためである。この攻囲戦で損害を被った箇所が修復され改良が施されたのは次世紀のことであり、エドワード3世の指示によるものだった。

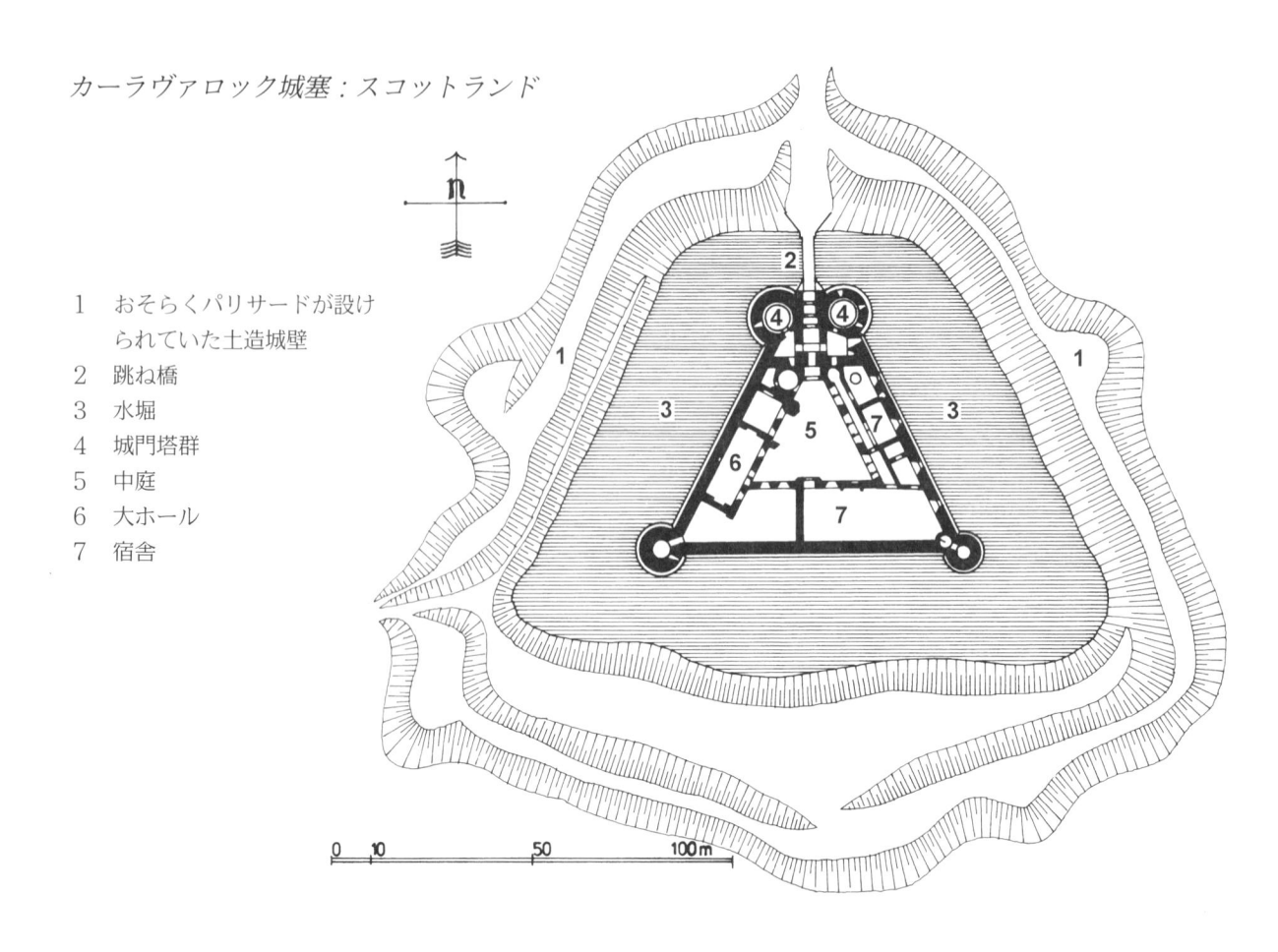

カーラヴァロック城塞：スコットランド

1　おそらくパリサードが設けられていた土造城壁
2　跳ね橋
3　水堀
4　城門塔群
5　中庭
6　大ホール
7　宿舎

カーラヴァロック城塞：スコットランド
最初に建設された多重環状城壁城塞の一つ。

スコットランド

スコットランドも城塞群で有名であり、最も素晴らしい城塞の一つがエディンバラ城塞である。この城塞は11世紀に建造され、幾世紀にもわたって多くの改修を受けながらスコットランド王によって運用されてきた。1296年に攻囲され、1314年には破壊されている。中世の後もさらに数度、攻撃された。

その他にスコットランドで著名な城塞といえば、1290～1300年にかけて建設された**カーラヴァロック城塞**である。最初にこの城塞を建てたのがスコットランド人かイングランド人かは定かではないが、それがスコットランドの土壌に建っていることは確かである。カーラヴァロック城塞は史上初めて建設された多重環状城壁を持つ城塞であるという栄誉を担っている。一般的にフランスの様式で建設されたといわれるこの三角形平面の城塞は、岩石層の上に建っている。三角形の頂点には巨大な城門棟が建っていて、キープとして機能する2棟の円筒形城塔によって構成されていた。これらの城門の城塔頂部にはマシクーリが設けられている。これら2棟の城塔に加えて、他の隅部には円形平面の城塔が配置された。

水で満たされた堀は土でできた土手で囲われ、さらなる防衛線として機能した。カーラヴァロックは幾世紀にもわたって数回の解体・再建を経ている。

ウェールズ

ウェールズには、ヨーロッパの中でも堂々とした印象で有名な城塞がいくつかある。カイルフィリー（カーフィリー）、ヴリント、リーズラン、コンウィ、カイルナルヴォン（カーナーヴォン）、ハルレフ、ビウマレス（フランス語のボー・マレに由来）である。これらはウェールズ諸領の支配を維持するために、13世紀にエドワード1世によってウェールズ北部に建設された。カイルフィリーを除き、設計はマスター・ジェイムズの名で知られる石工棟梁あるいは建築師の手によるという。これらの城塞はキープを伴う重厚に築城を施した城塞から、正しく多重環状城壁を備えた城塞へと徐々に発展していった。後者ではキープの機能は大城門棟へと引き継がれている。ウェールズに造られた、エドワード朝の複雑な構成の城門を備えた城塞は、ヨーロッパでは威圧感あふれた贅沢なものと考えられ、特にハルレフとビウマレスは模倣された。

エディンバラ城塞：スコットランド

カイルフィリー城塞：ウェールズ

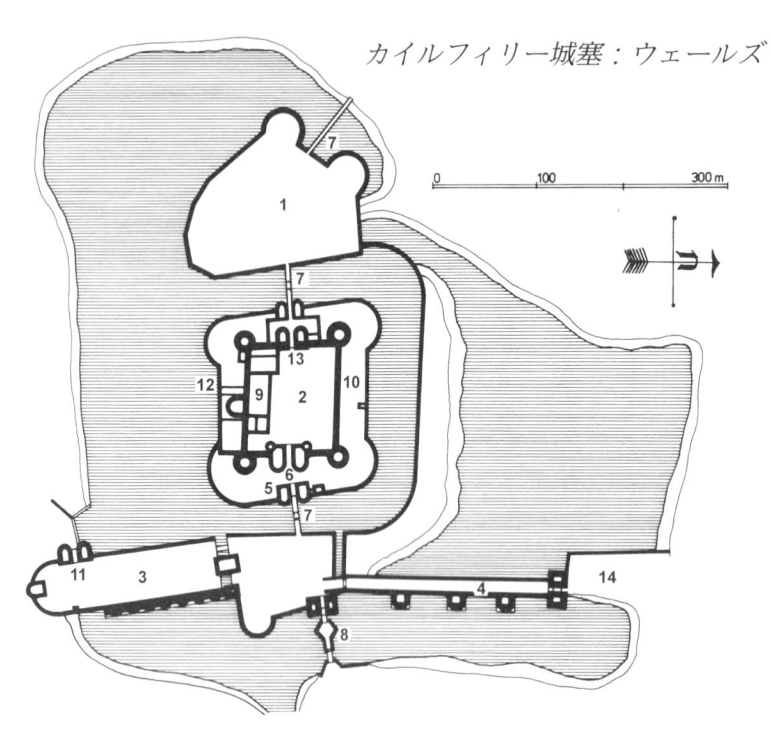

1 　角堡（ホーン・ワーク）
2 　内郭
3 　南プラットホーム
4 　北プラットホーム
5 　中郭へ通じる東城門棟
6 　内郭へ通じる東城門棟
7 　跳ね橋群
8 　バービカンと2カ所の跳ね橋
9 　大ホール
10　中郭
11　城門棟
12　水門
13　西城門
14　城門

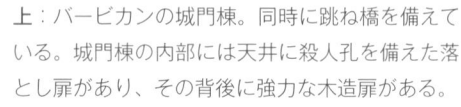

上：バービカンの城門棟。同時に跳ね橋を備えている。城門棟の内部には天井に殺人孔を備えた落とし扉があり、その背後に強力な木造扉がある。

中央：内郭南方からの眺望。内城壁には量感あふれる東城門棟が接し、中郭には小規模な東城門棟が接している。

左：内城壁の東城門。城門左方の城塔はイングランド内乱時に部分的に破壊された。

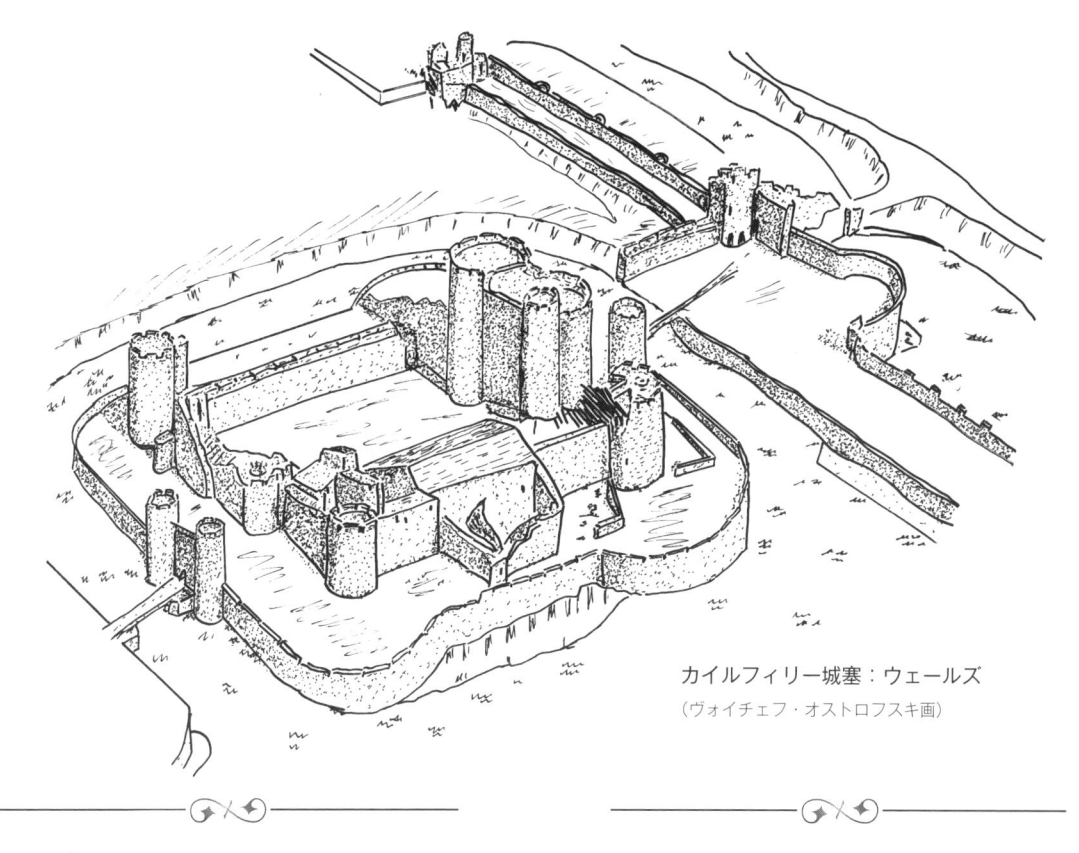

カイルフィリー城塞：ウェールズ
（ヴォイチェフ・オストロフスキ画）

　ウェールズ北部の強力な城塞群に対抗できる南部の城塞は、ジルベール・ドゥ・クラールによって建造された領主居城**カイルフィリー城塞**だけである。ウェールズ北部にあるエドワード朝の有名な城塞群の6年前にあたる1271年に創建され、おそらくウェールズ南部最強の築城拠点だった。築いた場所は、1268年にジルベールが建設した従来城塞の敷地の近くである。従来城塞は1270年にスラウェリン・アプ・グリフィズ公（スラウェリン末代公）によって焼かれたのだ。そこはおそらくさらに古い古代ローマ時代の要塞が建っていた場所でもあっただろう。カイルフィリーの建設が始まるや否やスラウェリンはここを攻囲した。幸い彼の気が変わったので、城塞駐留部隊は降伏を迫られることはなく、1295年、ジルベールはこの城塞を竣工させた。

　その後に築かれたエドワード朝の城塞と同じように、カイルフィリーには堂々たる多重防御施設があり、キープではなくて城門群を擁していた。また、ヨーロッパで最も堂々たる利水防御施設もあった。外郭東側のカーテン・ウォールは沼や付近の小川をせき止めるのに用いられ、砦の周囲を取り巻く二つの湖を形成した。これらの湖が幅400m以上の障壁を北側と南側に作り上げている。内郭の周囲には円筒形の隅部城塔4棟と2棟の大規模城塔の間に位置する、堅く防御された城門2棟を備えたカーテン・ウォールがめぐっている。大ホールなどの構築物は内郭の南側の城壁に寄せて配置され、そこには水門もあった。中郭は内郭の周りを囲み、それぞれ2棟の半円形平面の城塔からなる門2棟を備えていた。この二つの入口のうち大きな方は東城門棟であり、3層構成で、最上階は城主の居住区となっていた。陣地全体は内堀と南湖に囲われている。重厚に防御された城門から東面城壁あるいは大カーテン・ウォールへは跳ね橋を渡って行くことになる。大カーテン・ウォールは約400mの長さがあった。東面城壁は南プラットフォームと北プラットフォームからなり、それぞれ水門が設けられていて、中央の大規模な城門棟付近の防御遮掩壁によって分割されている。ポテルヌ（埋み門）がそれぞれのプラットフォーム端部に設けられていた。城門棟には衛兵詰所、跳ね橋を動かす装置類、重厚な二重扉および落とし扉があった。東面城壁の前面には外堀が配置されている。中郭の西城門棟はわずかに2層構成で角型堡塁（ホーンワーク）として機能する島へと通じていた。

コンウィ城塞：ウェールズ

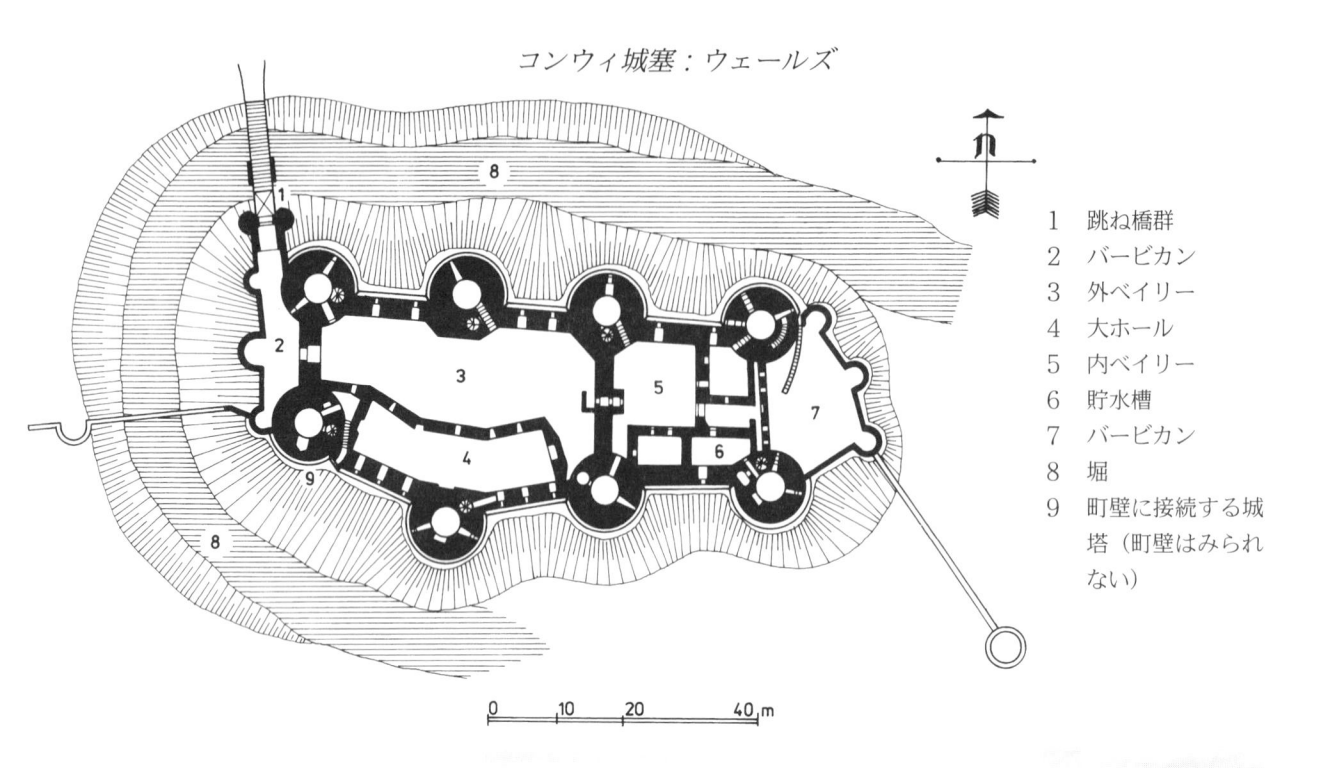

1　跳ね橋群
2　バービカン
3　外ベイリー
4　大ホール
5　内ベイリー
6　貯水槽
7　バービカン
8　堀
9　町壁に接続する城塔（町壁はみられない）

上：内郭への眺望。右方に大ホールがある。
左：外郭の城塔群と西バービカン。
（双方の写真ともバーナード・ロウリーの御厚意により掲載）

1316年、ウェールズ在地の一君主スラウェリン・ブレンが1万の兵からなる軍をもってカイルフィリー城塞を攻撃したが、小兵力の警備隊はこの奇襲を撃退した。水の障壁が坑道戦を不可能にし、さらに利水障壁によって城壁が攻囲軍のカタパルトの射程外になっていたのである。王妃イザベラが王に対して麾下の軍を動かした1326年に、エドワード2世がカイルフィリーに司令部を置いている。1326年11月、王妃はこの城塞を攻囲し、翌年の1月、2月にかけて続いた。2月に守備隊が好条件の勧告を受諾して城塞はついに降伏した。抗戦をあきらめたとき、防御側にはまだ十分に糧食(りょうしょく)が残っていた。この間、エドワード2世は捕虜となり1327年1月に息子へ譲位している。

1403年にウェールズ人指導者オーウェン・グリンドゥールによって攻略・占領されたとき、この城塞は再び鍵となる重要な役割を果たした。17世紀にイングランドで内戦が勃発したときには、議会派がカイルフィリー城塞の破壊および解体にできうる限りの手を尽くした。

13世紀のウェールズで最新式の城塞は以下のエドワード朝の城塞群である。すなわち1283〜1287年に建設されたコンウィ城塞、1285〜1322年に建設されたカイルナルヴォン城塞、1285〜1290年に建設されたハルレフ城塞、1295〜1320年に建設されたビウマレス城塞（未完成）である。**ヴリント城塞**はこれらのウェールズの城塞のなかで最初のもので、唯一キープを備えていた。その他の城塞は付近の町の築城の中に組み込まれていたのである。コンウィとカイルナルヴォンは立地している岩盤の等高線に沿って築かれている。

コンウィ城塞は円筒形城塔と、城塔2棟の間に位置する2棟の門を備えていた。門は城塞で最も狭い辺となる東端と西端にそれぞれ設けられた。どちらの城門もバービカンで防御されている。かつて城塔の胸壁に木造櫓が設置されたことがあったが、後にマシクーリに換えられた。門の一部もマシクーリ付き胸壁によって防備されている。さらにいくつかの城塔には観測のための高い小塔が設けられた。大ホールと守備隊区域は外ベイリーに立地しており、城塞の西側3分の2を占めている。王のアパートメント（居室群）とサーヴィス棟は内ベイリーの東側にあった。縄梯子(なわばしご)で通るポテルヌ（埋(うず)み門）が外ベイリーの南側城壁に設けられ、城塞はすべて城壁上の通路でつながっていた。町壁が二つのベイリーを仕切る北側の円筒形城塔につながっている。コンウィ川が城塞の東端の先に、ジフィンの小川が南面の眼下を流れている。城塞の残りの部分は幅の広い堀で囲われていた。町壁は1km以上、厚さ約1.7m、高さ9mに達する。21棟の城塔といくつかの城門を備え、城塞の防御施設と合わせて防御力を著しく高めている。1284年には守備隊はわずか30名だったが、1401年には75名に増員されている。コンウィ城塞は史上2回攻囲された。最初は1401年でこのときはウェールズ人たちに降伏した。2度目は内乱中の1646年である。

ヴリント城塞：ウェールズ

カイルナルヴォン城塞：ウェールズ

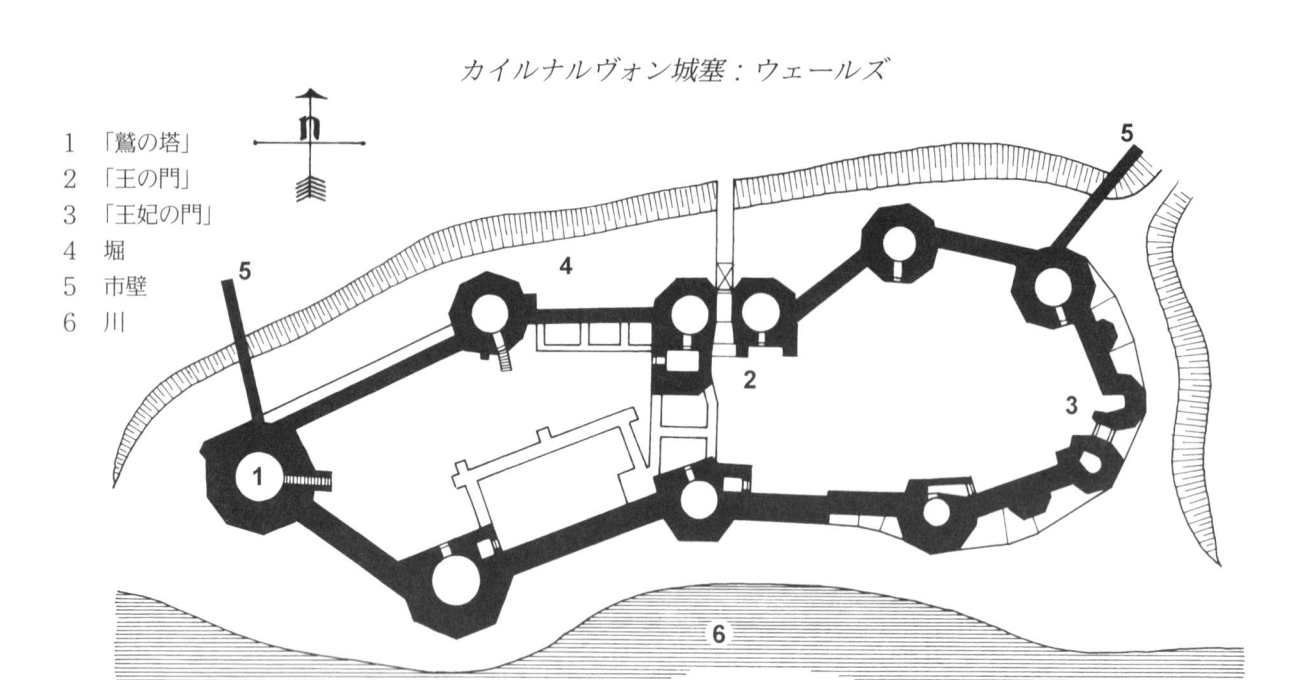

1　「鷲の塔」
2　「王の門」
3　「王妃の門」
4　堀
5　市壁
6　川

(© Corel)

カイルナルヴォン城塞はコンウィほど高所に建っているわけではないが、川と町の間に位置する古代ローマ要塞とノルマン人のモット・アンド・ベイリーの敷地に建設された。新式のエドワード朝の城塞と同様に、その防御拠点はキープではなく城門棟だった。北側を守る水堀は城塞南側の障害となる川とつながり、「王の門」(キングズ・ゲート)とよばれる大規模な城門は城塞の北側、町を望む城塔群へと通じていた。マスター・ジェイムズはこの城門に落とし扉6か所、扉5か所、内部には矢狭間と殺人孔を計画したが完工しなかった。

町壁はカイルナルヴォン城塞の西端、多角形平面の「鷲の塔」(イーグル・タワー)に接続している。この城塔はキープに似ており、高さは36mに及んだ。北東側の城塔で城塞と町壁のもう一方の端がつながっている。町壁の長さは約1kmに及び、堅く防御された門2棟を備えている。メナイ海峡が町と城塞の北側を、カドナント川が南側を防備している。第二の城門棟は東側にあり「王妃の門」(クイーンズ・ゲート)とよばれた。落とし扉2か所と殺人孔を備え、背後には古いモットがある。アリュール(歩廊)がカルカソンヌのように多角形平面の城塔を通っており、カーテン・ウォールのどこを攻略されても阻止できるようになっていた。城塔群はコンスタンティノポリスの築城を模倣して帯状模様で装飾されていた。それはイングランド人が、この場所で発見された人骨がコンスタンティヌス帝の父のものだと信じていたからである。王は新たな城塞を帝政ローマの城塞群と結びつけようと考え、鷲の塔のために鷲の彫り物を所望するほどだった。いくつかの城塔には観測のための高い小塔があり、鷲の塔にも3棟設けられた。カイルナルヴォン城塞が1284年に収容した40名の王の守備隊は、1401年には200名となった。1403年以降、城塞はウェールズ人に数度攻囲されたが、攻略されることは決してなかった。

⁌⁌⁍

ハルレフとビウマレスはカイルナルヴォンと似ていたが、もっと規則的な長方形平面になるように配置計画がなされて、強力な城門棟を備えた多重防御施設となっている。**ハルレフ城塞**(P108-109参照)は同名の町を望む高い丘の上にあり、大規模な堀で守られている。他のエドワード朝の城塞群とは違って、町の防御施設の一部として建設されたわけではない。城壁から突出した4棟の大規模な円筒形城塔が内城壁の各隅部に設けられ、そのうちの2棟には小塔が付いていた。東の城壁の城門棟は、間に入口を配した大規模なD字型平面の城塔2棟と内側隅部のもっと小規模な城塔2棟によって形成されている。これはキープとしても機能し、城壁の東側部分の厚さは2.6〜3.5mである。内城壁のカーテン・ウォールは高さ24mに達し、城塞背後の60mの断崖絶壁の上にそびえ立っている。中ベイリーは周囲にめぐる低い外城壁と、城門棟へ続く外城門で隔てられている。外ベイリーは城塞の北側と西側をめぐる城壁によって囲われている。この方面は堀で守られておらず、丘の斜面が最も険しいところで約50mも下まで続いている。外ベイリーの城壁は丘の麓へと下りながら外ベイリーを囲っており、大きなボールとそれを囲む紐のような印象を与えている。城塞は、たとえ外ベイリーの城壁が陥落しても攻囲軍に有利にならないように設計された。ハルレフ城塞は1283年に着工し、1290年に竣工している。1401年には城塞に40名の守備隊が駐屯していた。1294年にウェールズ人たちに攻撃されたが、それはほとんど成功せず、イングランドの救援軍によって駆逐された。1401年にはオーウェン・グリンドゥールがフランス軍の支援を得てこの城塞を再び攻囲し海から孤立させ、ついに小規模な守備隊に屈服を強いたのである。彼はこの城塞を1403年から1409年まで確保したが、1409年にイングランドが千の兵力で再攻略している。またハルレフ城塞は薔薇戦争のときに長期にわたる攻囲にさらされ、ランカスター朝の守備隊は2年の抗戦の後、1468年に好条件の下に降伏した。

⁌⁌⁍

ビウマレス城塞は海岸近くに位置し、他のエドワード朝の城塞群よりも大規模である。多重環状城壁を備えているが、外城壁の城門群は内城壁の城門群と一直線上に並んでいない。外城壁が陥落しても攻城軍が内城壁の城門群に直接近づくことができないようになっているのだ。2棟の強力な城門棟が北側城壁と南側城壁に配されており、そこから城塞に入ることができた。城塞は水堀に囲まれて、海へ通ずるドックを備えている。ビウマレス城塞でもハルレフ城塞と同様に4棟の円筒形城塔が隅部から突出していて、城門棟がない側の城壁2面の中央には城塔がそれぞれ1棟

配置された。1316年になって初めて増築された低い外城壁には、数多くの小規模城塔が突出している。だが、ビウマレス城塞が完成することはもうなかった。なぜならば、スコットランドで騒乱が起き、エドワード王の関心が薄れて資金をつぎ込まなくなったからである。イングランドで内戦が起きるまでビウマレス城塞が攻囲戦に直面することはなかった。

ビウマレス城塞：ウェールズ

1　水堀
2　外岸壁
3　跳ね橋
4　馬場
5　礼拝堂の入った城塔
6　城門棟複合建造物群
7　内中庭

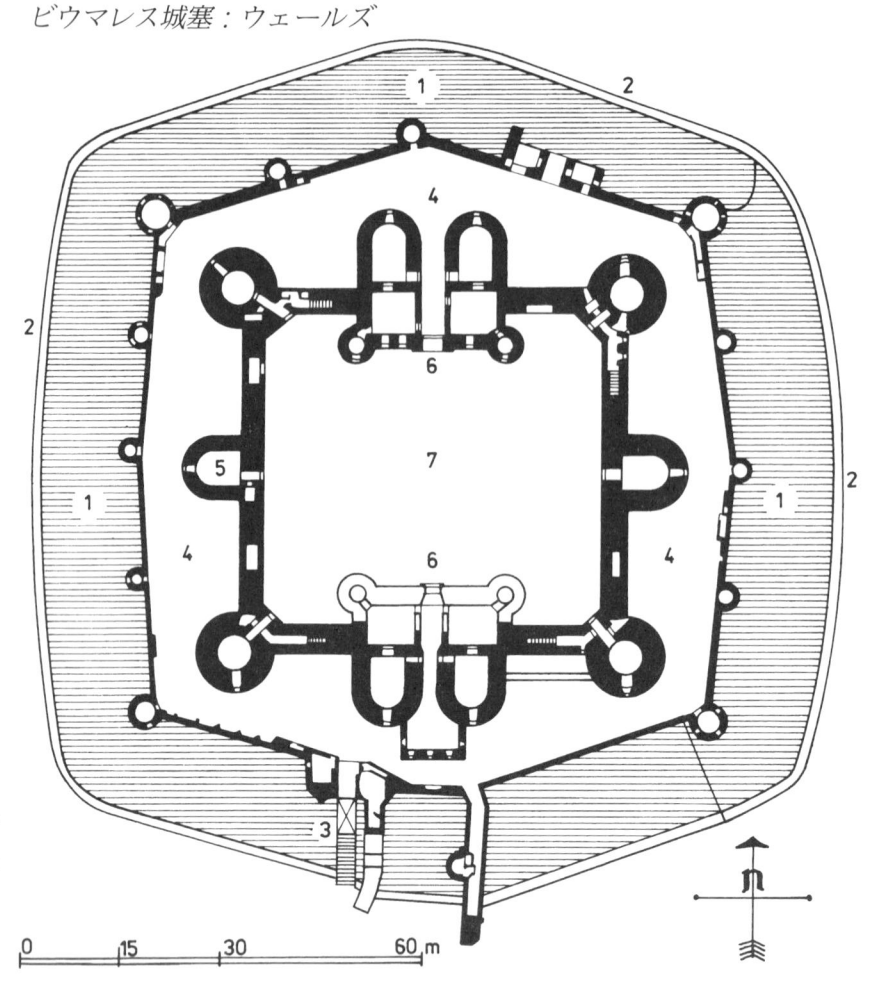

ビウマレス城塞空から見た廃墟群。

(© Corel)

ウェールズの**カーディフ城塞**はまだモット・アンド・ベイリーを備えていて、その他にも幾世紀にもわたって徐々に工夫が加えられていった。こうして、防御構築物としても居館としても、新式のものに更新されていったのである。1090年、ウェールズを侵略したロベール・フィスアモン（フィッツハモン）が古代ローマ要塞の遺構の北西隅にモットを急造した。モットの頂上に建てられたフィッツハモンの木製キープは次世紀末に多角形平面の石造シェル・キープへ改築された。フィスアモンは古代ローマ時代の城壁を再建し、城塔群および居住区を増築した。アンサントは後に石造に改築され、南側に大規模な城門棟が設けられている。カーディフ城塞はこうして大規模な築城構築物へと変貌し、12世紀から14世紀までの城塞の良い例となった。

カーディフ城塞：ウェールズ
当初のモット・アンド・ベイリー城塞。新たな城壁の内側からの眺望。

ビウマレス城塞：ウェールズ
城門棟。

(© Corel)

ドゥーリン塔：アイルランド

ドゥーナゴア城塞ともよばれる。アイルランド西岸で大西洋を望むこの中世後の構築物は、1580年代にオコナー家によって中世様式の居館として建設された。

アイルランド

アイルランドにおける築城建設の伝統は極めて古く、ラース（円形土砦）あるいは環状石壁築城にまでさかのぼる。多くの族長たちがこういったものを維持していたのである。島に居住していたケルト諸族もタラ（聖地となる丘陵）のような壮大な土塁を建設した。後の暗黒時代には田園地帯に環状構築物が点在するようになっている。これらの土塁は囲われた区域よりもかなり広大な堀を備えていた。その遺構は今日でもみることができる。最も著名な環状構築物はカヴァン州のカースルラハニン、ウィクロウ州のキルパイプ、メース州のロッホクルー、オファリー州ダンガーでみることができる。

12世紀ごろ、ヘンリー2世率いるアングロ・ノルマン人たちが到来して政治闘争が勃発した。彼らは環状構築物をモット・アンド・ベイリー城塞に更新していった。多くの場合、モットは既存の環状構築要塞の中央に築かれ、その頂上にキープが建造されている。環状構築物の外縁の土塁はベイリー防備のために保存された。アイルランドのモット・アンド・ベイリー城塞は、他のヨーロッパ地域に比べて保存状態が良い。その著名な例として、ウィックロウ州ディアパークのラースタートル堀、ミース州ミルタウンのモット、キルデア州クロンカリー、そして、オファリー州クロンマクノイズがある。アイルランドでは13世紀までモット・アンド・ベイリー城塞がよく建設された。

地域によっては建設直後にほとんどが石造に代わったモット・アンド・ベイリー城塞もある。アイルランドのアングロ・ノルマン城塞のなかで最も重要なものの一つはミース州の**トリム城塞**である。この城塞はユーグ・ドゥ・ラシーによって創建された。彼はヘンリー2世によって征服地の運営と、ペンブローク伯「強弓（ストロングボウ）」リシャール※のような対立者たちの抑えを託されたのである。1173年、ドゥ・ラシーがトリム城塞を建設したのはボイン川南岸の古い環状構築要塞のある場所だった。ユーグ・ドゥ・ラシーのささやかなモット・アンド・ベイリーは、焼失したため、1220年から1224年にかけて量感あふれる石塁に更新された。トリム城塞の量感あふれるキープは従来の環状構築物の土塁が以前囲っていた区域のほぼ全体を占め、堀に囲まれて長らく水で満たされており、北東方面は前棟とマントレ壁によって防御されていた。堀を越して築かれた土手が低郭からキープへの通路として確保されている。おおむね三角形平面の低郭の周囲は、ユーグ・ドゥ・ラシーの孫ジョフレ・ドゥ・ジョワンヴィルによって同時に建造された城壁によって完全に囲われている。南側の城壁はボイン川から南東隅へとめぐらされており、2棟の隅部城塔を含む4棟の半円形平面の城塔によっていまだに防備された形になっている。東側のカーテン・ウォールはボイン川を望む位置にあり、2棟の長方形平面の城塔によって守備されている。城壁のこの部分は現存していない。北西側の城壁には北東隅部城塔をのぞいて城塔は設けられていなかった。この城塔は城塞建造物群全体のなかで最も大きく、大ホールが隣接していた。城塞へは3棟の城門から入ることができた。南城門あるいはダブリン門はバービカンによって防備されていた。北西城門は方形平面の城門棟によって防備されていた。第3の城門は水門であり川から城塞へと通じていた。おそらく城門上部に設けられた櫓によって防御されていたものと思われる。

トリム城塞：アイルランド、ミース州

（リズベス・ナウタ画）

※リシャール・ドゥ・クラール。1169-1170年までほぼアイルランド全体を支配した。強弓の名手であったことからこの愛称をもつ。

ティペラリー州**ケアル城塞**はシュール川の真ん中の中洲を形成する岩礁の上に建っている。この城塞を建設したバトラー家は、1192年にこの地域における領土を認められたフィリップ・オヴ・ウースターの子孫である。13世紀までさかのぼる城塞最古の部分は方形平面に近い内郭で、カーテン・ウォール、3棟の方形平面隅部城塔および南東の円形平面隅部城塔によって防備されていた。城塞への入口は量感あふれる城門棟によって守備されていた。ソーラー（領主一族の主要居館）は内郭北西隅の大規模な方形平面城塔のなかに設けられている。ソーラーへの入口は地上階の1層構成の大ホールに設置された。15世紀に、内郭に通じる城門に城壁が設けられ、城門棟がキープ、すなわち一族の主要居館となっている。新たな城門が南東側カーテン・ウォールのキープと円形平面の隅部城塔の間に開通した。13世紀の落とし扉とその装置はこの新たな城門に移設されている。15世紀には城塞に長方形平面の外郭も増築された。外郭の東側の入口を守備するためにバービカンも築かれている。外郭のカーテン・ウォールは2棟の円形平面の隅部城塔によって防備されていた。中洲東側のバービカンに通じる土手も防御壁によって守られている。16世紀にはキープの南の方へ内城壁が建設されて外郭が二分割され、中郭と外郭となった。1580年の火砲を伴った大規模な攻囲戦の後、17世紀に城壁から突出した円形平面のバスティヨンが北東城塔付近に増築されている。

リーシュ州**ダナマス城塞**は、この地域一帯を見晴らす印象的な場所に建設された。アイルランドの多くの城塞と同じように既存築城の敷地に建設されている。12世紀末に強弓伯（ストロングボウ）によって占拠された。13世紀にメイラー・フィスアンリが堂々たる防御施設を建設し、後にウィリアム・マーシャルによって拡張された。マーシャルはこの拠点を自らの本拠地として運用したのである。大規模なキープは大ホールとして機能しており、上ベイリーと下ベイリーの間の陣地内の最高点たる中央部に位置していた。城塞建築群全体はカーテン・ウォールに囲われており、その2カ所に城門が開けられている。南城門はおそらくポテルヌ（埋み門）として機能していた。東城門が主要入口で城門棟を備えていた。この廃墟は今日も建ち続けている。バービカンを備えた外側の城壁は東側のカーテン・ウォールのほぼ全体にわたって展開していた。外縁の防御施設として幅の広い堀や、おそらくその他にも障害があった。廃墟ではあるが、この量感あふれる城館の現存する構築物には往時の威厳を窺うことができる。

ケアル城塞：アイルランド

(© Corel)

塔状住居（タワー・ハウス）はアイルランドのもう一つの重要な特徴である。これらの城塔は主として15世紀にイングランド王が奨励したために増殖していったように思われる。なかでも非常に興味深い城塔はキドケニー州のクララ・アッパーである。これは5層構成の長方形平面の構築物で、入口を防備する小規模ベイリーを備えていた。最上階のブレテーシュがなお地上階の入口直上に突出していた。これらの塔状住居の2方面あるいはそれ以上の面に強化された低い防御壁がめぐらされることが多く、たいていの場合は小規模な隅部城塔を備えていた。この形式の城壁をめぐらされた囲郭（エンクロージャー）は「バウン」とよばれていた。ゴールウェイ州アーナウア城塞の塔状住居は複雑なシステムの防御施設に周囲を囲われている。元々は二重の城壁に囲われており、内城壁が外郭と内郭を隔てていた。内郭の北側ではドリムネーン川が堀として機能し、内郭へは東側の跳ね橋を渡って入るようになっていた。外郭ははるかに広い範囲を囲っていて、南側と西側の城壁の中央には方形平面の城塔、南西隅に円形平面の城塔1棟、そして北西隅には方形平面の隅部城塔が設けられていた。外郭には祝宴ホールがあったが取り壊されて現在は存在しない。これらの塔状住居の多数は方形平面あるいは長方形平面だったが、キルケニー州ベイリーフの塔状住居やクレア州ドゥーリンの中世後の塔状住居のように、円形平面の例がいくつか存在している。

デューングラ城塞は中世初頭に築城を施された拠点に立地している。コノートにいた7世紀のアイルランド王が、最初に記録されているこの岩礁の居住者である。岩礁からはシャノンのキンヴァラ付近のゴールウェイ湾を望むことができる。オヘインズ家の一員が今日の城塞を建設した1520年以前にここに建設された構築物の細部については何もわかっていない。今日の構築物はアイルランドの塔状住居と、もっと古いキープ形式の砦双方の特徴を備えているようにみえる。主城塔あるいはキープの高さは20m以上にも及び、多くの塔状住居と同様にバウンを備えていた。城塔各面の入口と窓は胸壁上に設けられたブレテーシュによって防備されている。バウンの囲壁と城塔の屋根には胸壁とアリュール（歩廊）が設けられた。バウンの城門の横には小規模な隅部城塔が設けられている。この城塞はほぼ中世のものといってよい特徴をとどめた中世後の構築物であり、このような特徴はヨーロッパの周縁地域に共通してみられるものである。

デューングラ城塞：アイルランド、シャノン

コヒェム城塞：ドイツ

この城塞は 12 世紀に建設され 14 世紀に拡張された。城塔の高い円錐形の屋根はヨーロッパ北部に典型的なもので、重い降雪に耐えられるように作られている。

中世の城塞と築城──フランス

西ヨーロッパ

1 エグ・モルト	16 ソーミュール	31 ベールセル
2 アヌシー	17 ラストゥール	32 ブイヨン
3 シルミオーネ	18 モン・サン・ミシェル	33 フラーヴェンステーン
4 ボナギル	19 フォワ	34 シャトー・ガイヤール
5 ナジャック	20 テルム	35 カウプ
6 ランジェ	21 ピエルフォン	36 ドラヒェンフェルス
7 クーシー	22 プロヴァン	37 エルツ
8 ディナン	23 ピュイローラン	38 マルクスブルク
9 ドンフロン	24 ペールペルテューズ	39 グーテンフェルス
10 ファレーズ	25 ケリビュス	40 ラインフェルス
11 フージェール	26 コヒェム	41 アジール
12 ジゾール	27 サルス	42 シヨン
13 アルフルール	28 シノン	43 グランソン
14 シュトラスブルク（ストラスブール）	29 タラスコン	
15 エタンプ	30 ヴァンセンヌ	

ヴァンセンヌ城塞：フランス

フランス

　ほとんど廃墟ではあるが、フランスには数多くのモット・アンド・ベイリー城塞が今も残っている。ヨーロッパ最古のこの形式の石造城塞2棟のうちの一つはランジェ城塞でみることができる（P102・104参照）。新たに建設された城塞から遠くないところに、当初の城壁の大部分が今日も建っているのである。

ジゾール城塞（P153参照）では、保存状態が良く、うまく修復されたモット・アンド・ベイリー上のシェル・キープをみることができる。元々はノルマン人たちによって11世紀末に建設された。多角形平面のキープの石造壁は、この形式の構造物において「シュミーズ」（シャツの意）とよばれ、1160年に再建されている。キープには礼拝堂、井戸および厨房が収容されていた。陣地全体は高さ20mの急峻（きゅうしゅん）なモット上に築かれている。モットは角の丸いほぼ方形平面のベイリーの中央に位置していた。当初のモットは1096年にウィリアム赤王によって築造され、王はそこに最初のキープも増築している。堀を形成している小川が城塞の三方を守っている。残りの一方は町へと下っていく斜面となり、大規模なバービカンによって守られた城門が設けられていた。1123年、イングランド王ヘンリー1世が周囲を取り囲む城壁と、城壁から突出させた側防城塔群を建設している。これらは中世フランスではじめて建設された側防城塔だった。これらの城塔の背面には壁体は築かれなかった。攻略された場合に利用されないようにするためである。1193年にリチャード獅子心王からこの城塞を攻略したフランスのフィリップ尊厳王は、南東隅（町壁がバービカンや城塞のベイリー城壁と接合しているところ）に大規模な円形平面のトゥール・デュ・プリゾニエ、すなわち「捕虜の塔」を建設した。

千名の部隊を収容することができるほど大規模なベイリーを備えたジゾール城塞は百年戦争を通じて重要な戦略拠点であり続けた。1438年にわずか90のイングランド兵で守られ1448年には兵は43となった。結果として、守備隊が配置されたノルマンディーの他のイングランド側城塞と同様、戦争末期に速やかにフランス軍の手に陥ちている。

ジゾールの他、イングランド王ヘンリー1世はノルマンディーの25棟以上の石造城塞の建設に関わっている。これらがフランスの君主からの圧力に対して、ヘンリー1世のフランス側所領の安全を保障する助けとなっていた。

◇◆◇

1195年、イングランド王リチャード1世はフランスのフィリップ尊厳王にジゾール城塞を割譲すると、ノルマンディーの境界地帯の安全保障のために**シャトー・ガイヤール**を建設した。この新たな城塞はリチャードの代表作であり、セーヌ川が蛇行する中、グランとプティタンドリの町の上方ほぼ90mの支脈の上に建設されている。ここからこの地域全体を見晴らすことができた。城塞は3年で竣工し、多くの新たなる防御上の工夫を取り入れていったのである。城塞は3つのベイリーによって構成されていた。

シャトー・ガイヤールの内郭は断崖付近の支脈の端部に配置され、居住区と大キープがあった。キープは円形平面であり、衝角が唯一攻撃可能な側へと突き出して設置されていた。キープの壁体の厚みは約2.5mで、発射体をそらすために壁体表面は斜めに傾けられ、坑道戦に対抗するために堂々たるプリンスが設けられた。キープには設備がまったく設けられておらず暖炉さえなかった。おそらくは最後に拠るためだけに建設されたのだろう。下階は倉庫で、上階には衛兵の間が設けられていた。今日は衛兵の間の上の胸壁は残っていない。シャトー・ガイヤールのマシクーリは「マシクーリ・アン・アルシュ」とよばれ、アーチ構法によって支えられており、アヴィニョンの教皇宮殿のものに類似していた。キープはベイリーの城壁のうちの一枚に寄せて建設されており、城壁の厚みは2.5mでバットレスによって支持が強化されている。

中郭には入口を防備する大規模城塔2棟、大規模な礼拝堂、屋外便所、その他の城壁付属城塔群があった。同時代の史料をみると、城壁上にはキープにみられるマシクーリではなく木造櫓が設けられていたことがわかる。三角形平面の外郭は、唯一、城塞に接近しやすい側に築かれ、バービカンとして機能していた。中郭とは幅9m、深さ6mの空堀によって隔てられ、空堀には固定橋がかかっている。

シャトー・ガイヤールはおそらくフランスで初めてマシクーリを伴って建設された城塞であり、ジゾール城塞と同様に城壁から突出していて、そこから側射可能となっていた。城塔の壁体の厚みは3.5m弱で、プリンスで強化されたカーテン・ウォールの高さは9mに及んでいる。敵の来攻に直面する側の城壁の厚みは3.5m、その他は約2.5mだった。リチャードはこの城塞に加えてセーヌ川の中洲にも築城を施し、攻撃されたときに川を閉塞することができるようにした。中洲は小さな半島を占めるプティタンドリの城壁町と接続されていた。防御柵が町の少し上流で川を閉塞し、シャトー・ガイヤールから断崖へと下ってくる城壁と接続されていた。

シャトー・ガイヤール：ノルマンディ

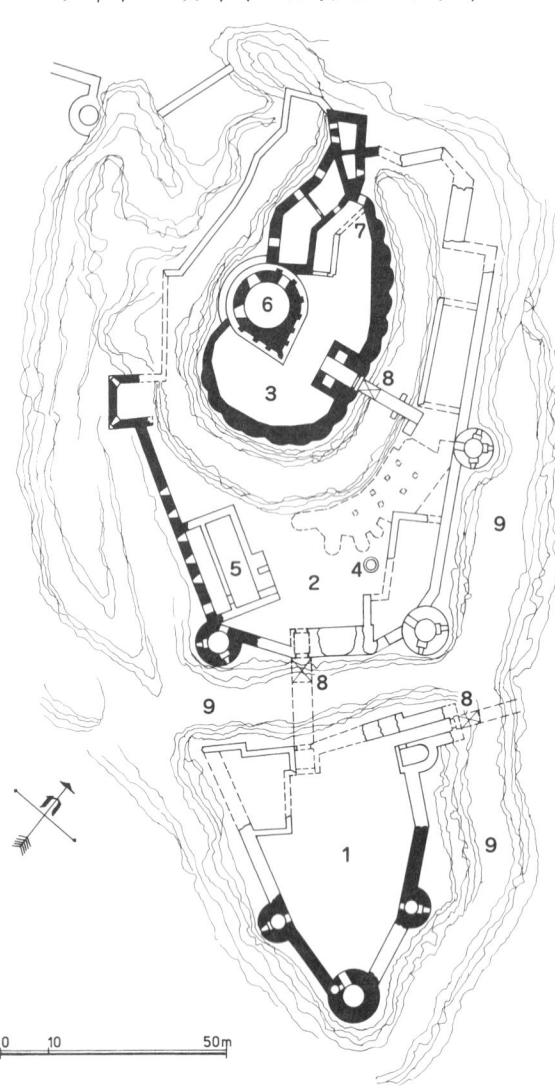

1 外ベイリーまたはバービカン
2 中ベイリーまたは下中庭
3 内ベイリーまたは上中庭
4 井戸
5 礼拝堂
6 キープ
7 ポテルヌ門（埋み門）または突撃口
8 跳ね橋
9 堀

シャトー・ガイヤール

上：外ベイリーが左側、内ベイリーが右側にある。中ベイリーの城壁はほとんど残っていない。

中央：眼下のプティタンドリの町からの城塞の眺望。

左：断崖の下からの眺望。キープの円弧状平面になっている側がみえる。

シャトー・ガイヤールのキープ。
(グリーンヒル・ブックスの御厚意により『軍事建築（Military Architecture）』から掲載)

　1203年、フランスのフィリップ尊厳王はシャトー・ガイヤールの攻囲を開始した。防御された中洲と川を閉塞していた防御柵が最初に陥落させるべき陣地だった。城塞守備隊を指揮するロジェ・ドゥ・ラシーは糧食の備蓄を節約するために老人、女性と子供を退去させざるを得なくなった。フランス軍は避難者第2陣退去の許可を拒否し、フィリップが最終的に態度を軟化させるまで、冬の間、壕のなかで過ごすことを余儀なくされた。中世においては「役立たずの口減らし」は広く行われていた。それゆえ、攻囲軍は避難民たちの安全通行の許可を拒否したのである。シャトー・ガイヤールに対するフランス軍の攻撃は1204年春に開始された。ベルフリーとカタパルトが防御側に対して発射体を投射し、破壊工作員たちは壕を少しずつ埋めはじめ、マントレに防備されつつ大規模な城塔の基部へ隠密攻撃を行っている。ある史料によると城塔1棟が倒壊したといい、別の史料によると倒れたのはカーテン・ウォールの一部だったという。いずれにせよ、外郭に開けられた突破口は速やかに攻略されて防御側は中郭に退却した。フランス軍は断崖側に守備されていないガルドローブの立て坑を発見して這っていったり、あるいは封鎖されていなかった礼拝堂の窓から城塞に侵入している。フランス軍が礼拝堂を攻略すると守備隊は内郭へ撤退していった。外郭の城壁にはほとんど損害を与えられなかった大規模なトレビュシェが、内郭のもっと薄い城壁に対して力を発揮する時がきたのである。破壊工作員たちは城壁直下へ坑道を掘削していったが、対抗坑道によって阻止されただけに終わった。坑道戦が城塞の下部構築物を弱体化し、トレビュシェがついに城壁の一部を倒壊させたことによって、守備隊は、難攻不落だった城塞の降伏を余儀なくされている。残存の籠城軍140は捕虜となった。シャトー・ガイヤールは他の多くの城塞と同じように修復が続けられたが、1603年にブルボン王朝初代の王（アンリ4世）がその防御施設部分の解体を命じることとなった。

モン・サン・ミシェル：ブルターニュ

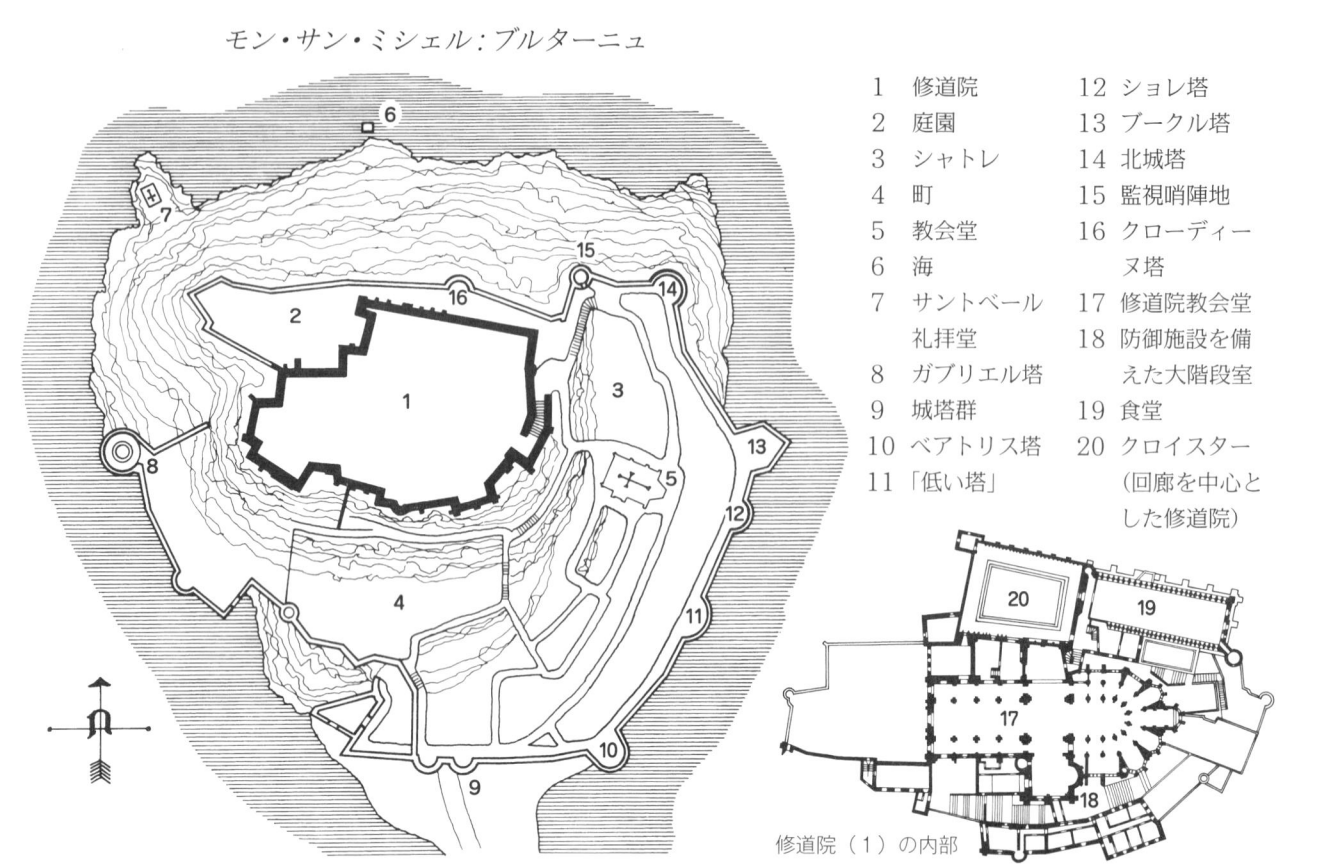

1 修道院	12 ショレ塔
2 庭園	13 ブークル塔
3 シャトレ	14 北城塔
4 町	15 監視哨陣地
5 教会堂	16 クローディーヌ塔
6 海	17 修道院教会堂
7 サントベール礼拝堂	18 防御施設を備えた大階段室
8 ガブリエル塔	19 食堂
9 城塔群	20 クロイスター（回廊を中心とした修道院）
10 ベアトリス塔	
11 「低い塔」	

修道院（1）の内部

モン・サン・ミシェル：ブルターニュ
修道院は島の頂上に位置し、町壁は麓をめぐっている。島は満潮時だけ水で周囲を囲われる。

中世の城塞と築城──フランス　　　　　　213

モン・サン・ミシェル
修道院と教会堂への築城を施した接近路。前ページの平面図上（3）から西をみたときの眺望。

ブルターニュとノルマンディーの境界地帯には、10世紀に岩石島の頂上に建設された**モン・サン・ミシェル**とよばれるベネディクトゥス会の修道院があった。11～12世紀にイングランド王の管轄下において従来の修道院がロマネスク様式の修道院に更新されている。次世紀にはフランス王の下でゴシック様式の付属建造物が建設された。修道院にはクレノー付き胸壁を伴った築城が施され、島の麓の町はアンサントと幾棟かの城塔によって周囲を囲われており、城塔は上の修道院とつながっていた。町壁にはマシクーリがほぼ途切れないように設けられている。3棟の築城を施した城門から、修道院への接近路に射撃できるようになっていた。修道院への曲がりくねった小道を登り切った先にはフランス語で「シャトレ」とよばれる構築物が建っている。これは接近路の至った先に位置する小規模構築物で、入口を防備するためのものである。1434年にはわずか119のフランス騎兵がこの地点でイングランド軍の攻撃を撃退することができた。干潮時には砂の干潟を通って容易にモン・サン・ミシェル島に渡ることができたが、満潮時には完全に孤島になるのである。

モン・サン・ミシェル：ブルターニュ
前ページの平面図上（9）から撮影した望遠写真。

クーシー=ル=シャトー（クーシー城塞）：フランス

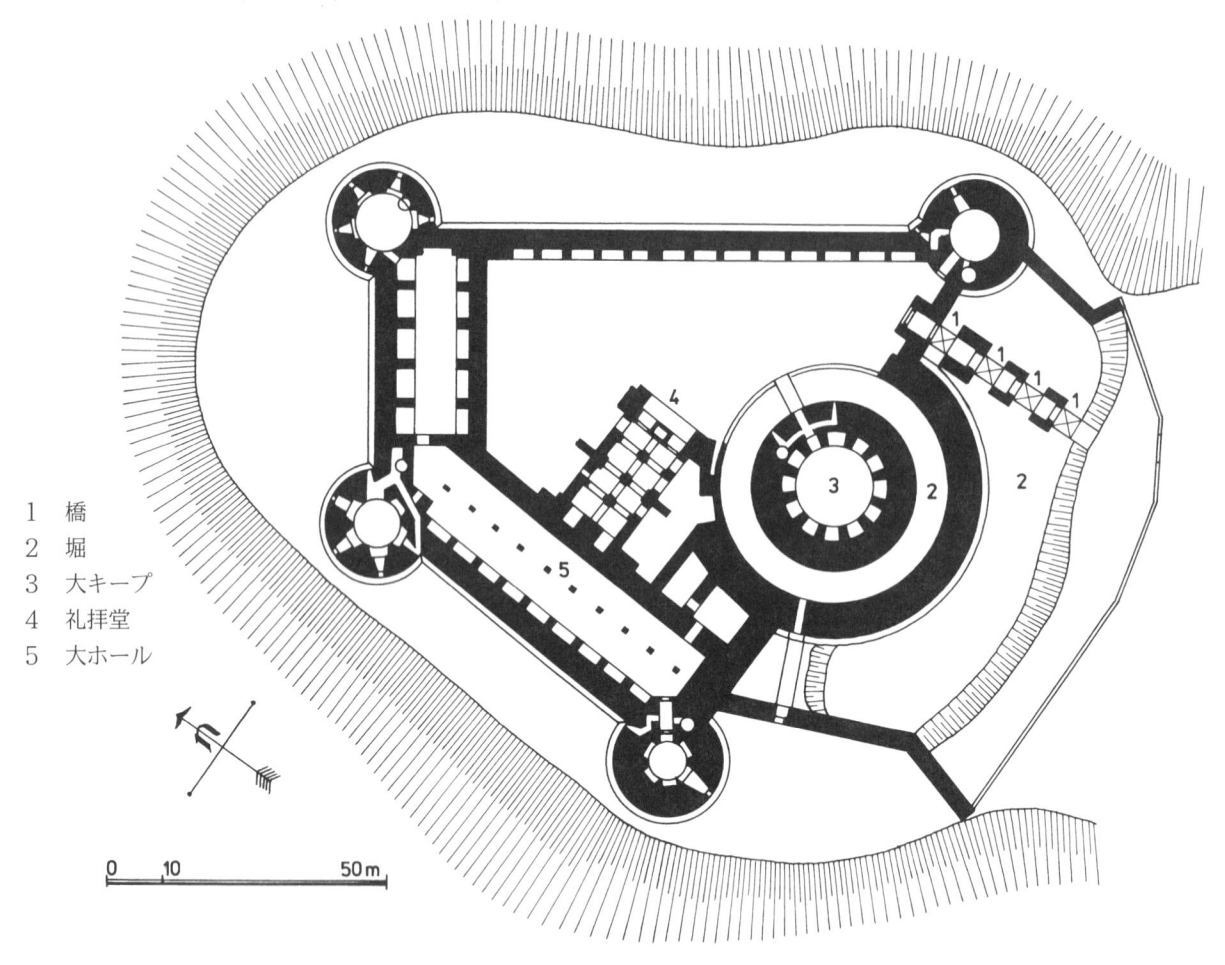

1　橋
2　堀
3　大キープ
4　礼拝堂
5　大ホール

クーシー=ル=シャトーの遺構。左方に大キープの残存物がみえる。第1次世界大戦時にドイツ軍によって破壊されたのである。

フランスのその他の堂々たる築城拠点に**クーシー＝ル＝シャトー**がある。ここにはそれまでに建設された最大のキープの一つがあった。クーシーの町と城塞は急峻な丘の上に立地していた。城壁町は小塔を備えた城壁によって囲われ、城壁は城塞とつながっていた。クーシー領主アンゲラン3世は1220年頃に大ドンジョンの建設に着手し、1225〜1240年に町と城塞からなる32棟の城塔群を含む複合築城群が竣工した。ほとんどの城塔から城壁への側射ができ、4棟は城塞の大規模な隅部城塔である。アンゲラン3世とその子孫たちはエレット川とオワーズ川の流域を望むこの拠点から周辺地域全体を治め、同時に北方からパリへいたる街道をも多年にわたって支配した。

城塞と町の間には広大な下ベイリーが配置され、城塞と町とは城門の付いた城壁で仕切られていた。中庭には厩舎、2棟の兵舎、守備隊のための教会堂、管理棟などの施設があった。後の世紀にはここはプラス・ダルム（閲兵式場）となっている。下ベイリーは13棟の城塔を備えたアンサントで防備され、いくつかの突撃口が設けられた。

クーシー城塞は四角形平面で4棟の量感あふれる隅部城塔を備えていた。唯一の入口には、大規模な外堀を渡る跳ね橋と長い土手を通って入る。量感あふれるキープすなわち「トゥール・メートレス」は下ベイリーに面した城壁に寄せて建設され、下郭とは堀と半円形状に連なる「シュミーズ」とよばれる高さ約20mの防御城壁によって分かたれ、上ベイリーとも内堀によって隔てられていた。キープの高さは54mに及び、直径は31m、下層の壁体の厚さは約7.5mだった。専用の跳ね橋、落とし扉、2カ所の扉、鉄格子、階段室およびガルドローブへの通路を備えていた。深さ約64mの井戸もあり、これによって下層で駐留軍に新鮮な水を供給した。第2層には跳ね橋をもう一つ装備したポテルヌ（埋み門）があり、そこからシュミーズのアリュール（歩廊）へと行くことができた。第3層には大ホールがあり、床面から約3m上に周囲をめぐるギャラリー（歩廊）と木造バルコニーが設けられていた。ここには1,500以上の兵からなる守備隊の全員を収容したといわれている。第4層が最上階で、そこから胸壁と大規模な2層構成の木造櫓へ行くことができた。キープの内部は素晴らしい彫り物で装飾され、堂々たるゴシック様式のヴォールトが架けられている。クーシーのキープは間違いなく中世フランスで最も素晴らしい領主の住居の一つだった。城塞へはキープに隣接した一重城門から入るようになっていた。城塞の内部の城壁は北西側の居住棟と一線上に揃えられている。居住棟には大ホールと領主のアパルトマン（居室群）が配され、アンゲラン7世によって改修された。内側の中庭に突き出した礼拝堂から大ホールの一つに入ることができた。城塞には地下構築物も築かれている。

クーシー城塞への最初の大規模な攻囲戦は、百年戦争中の1411年に勃発した、アルマニャック派とブルゴーニュ派による内戦である。次の攻囲戦は17世紀まで行われない。フロンドの乱の参加者たちが基地にしようとしたが、1652年に城塞の防御施設は解体されている。その後修復され1917年まではなんとか残っていたが、ドイツ軍が城塞付近にパリ・ゲシュッツ（パリ砲撃のために用いられた大砲）を設置し、撤退前に大キープを爆破した。

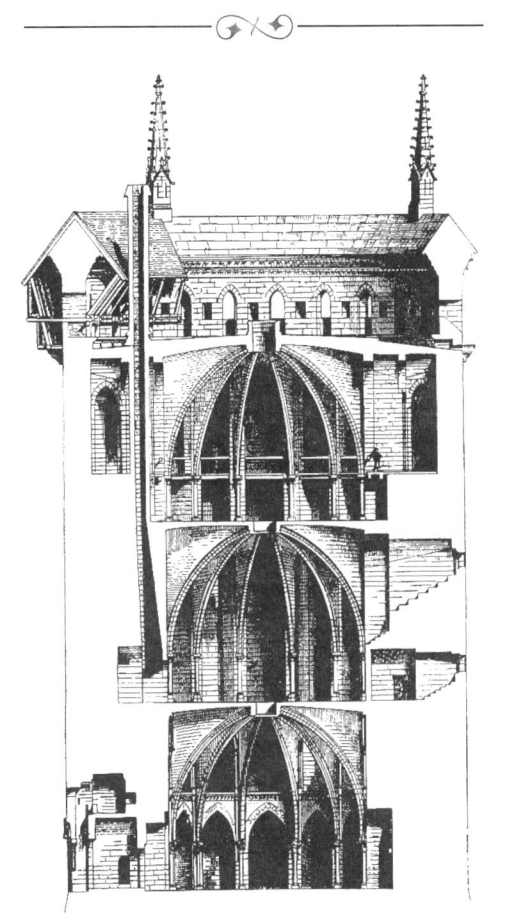

クーシー城塞のキープの断面図
（グリーンヒル・ブックスの御厚意により『軍事建築（Military Architecture）』から掲載）

ヴァンセンヌ城塞：フランス

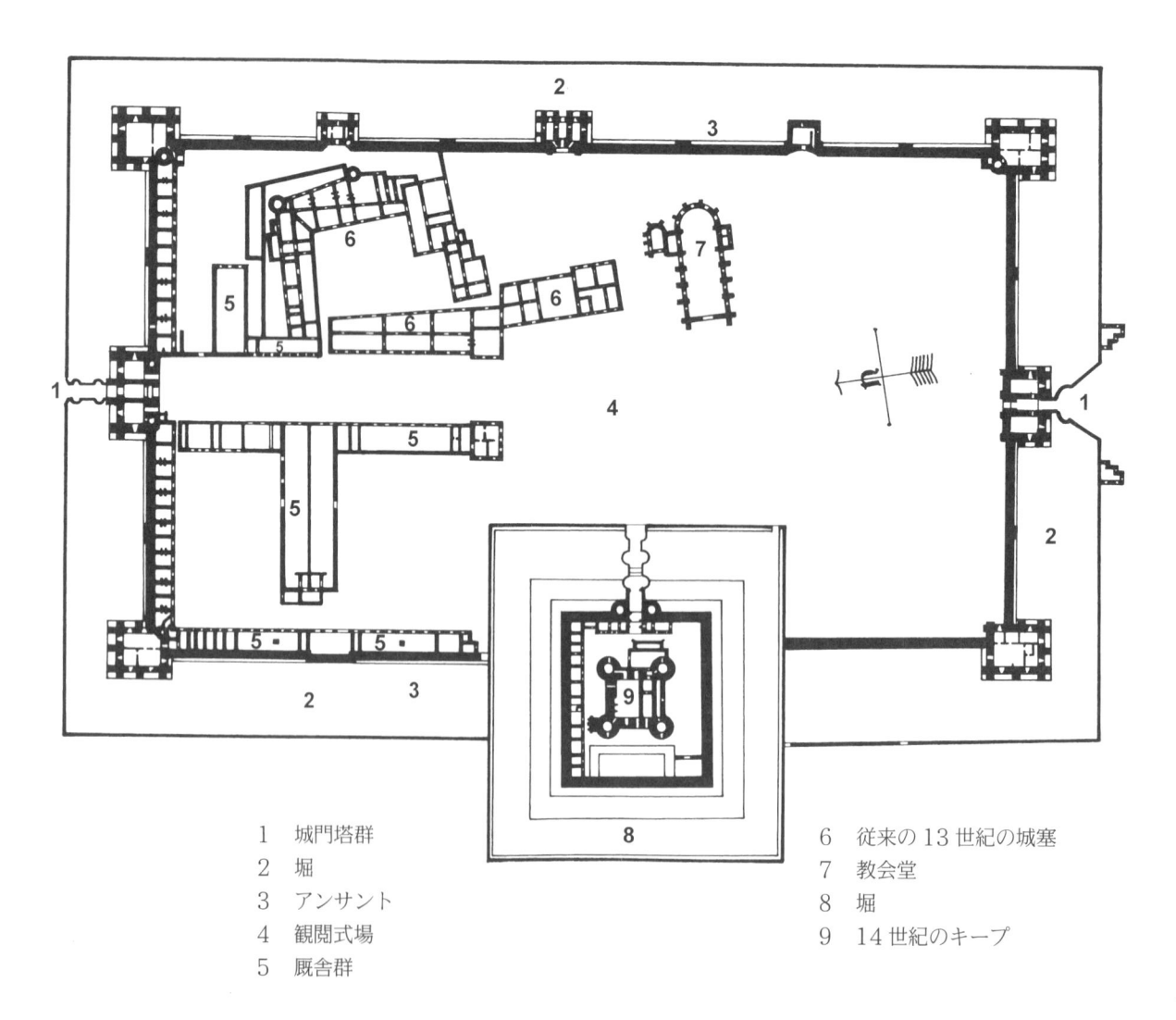

1　城門塔群
2　堀
3　アンサント
4　観閲式場
5　厩舎群
6　従来の13世紀の城塞
7　教会堂
8　堀
9　14世紀のキープ

もう一つの輝かしい中世軍事建築は王城たる**ヴァンセンヌ城塞**であり、フランスの最重要拠点の一つとなった。もともと12世紀にはパリの森のここに、フランス王の小さな狩猟館があった。13世紀にルイ9世がキープを、フィリップ美王（フィリップ4世）が中庭を増設した。フィリップ6世は従来のキープの約50m西側に現在の大キープを建設（1337年着工、完成まで30年以上）した。高さ66mのキープは5層構成で、4棟の円形平面の隅部城塔と良好に防備された入口を備えていた。シャルル5世はこのキープとその周りの広大な区域をアンサントで囲んだ。アンサントには9棟の長方形平面の城塔があり、そのうちの4棟が隅部城塔、3棟には入口が設けられた。大キープと当初の囲郭（エンクロージャー）は新たなカーテン・ウォールの片側にある。巨大な水堀がアンサントの周囲をめぐっていたが、ルネサンス時代に空堀となった。

ヴァンセンヌ城塞は14世紀最大級の王宮で、アヴィニョンの教皇宮殿に匹敵する規模だった。これを上回るのはクーシー城塞のキープのみだ。キープを囲むシュミーズにはプリンスと連続したマシクーリが、各隅部にはバルティザンか監視塔があった。独自の堀に囲われたバービカンが王の区画への入口がある2棟の大規模城塔を守っていた。

ヴァンセンヌは百年戦争の多くの事件の舞台となった。イングランド王ヘンリー5世はフランス王との停戦協定に合意した後の1422年にここで崩御している。1430年にイングランド軍によって再占領されイングランド王ヘンリー6世の居館となったが、1432年にフランス軍によって再攻略された。城塞はやがて牢獄に転用されたが、フランス王によって修復され、再び城塞として使われた。

フランス南西部は中世築城が多く、**カルカソンヌ**（P111～113参照）の都市以外に、13世紀にカタリ派によって占拠された城塞群もある。これらは1208年の教皇インノケンティウス3世によるアルビジョワ十字軍で重要な役割を果たした。フランス王はフランス十字軍の指揮官としてシモン・ドゥ・モンフォールを派遣し、北からこの地域を侵略している。トゥールーズ伯レモン6世はラングドックにおいてこの教派に寛容であり、侵略軍に対して自領の防衛を試みたが1213年にシモンによって撃破された。伯の敗北後、フランス十字軍はカタリ派の虐殺を続けている。1218年、トゥールーズ攻囲戦の最中にシモンはトレビュシェから投射された石弾により戦死した。ここにいたってルイ8世は1220年代に新たな十字軍を率いて親征している。最後の抗戦は1244年のモンセギュール城塞陥落と1255年のケリビュス城塞陥落で幕を閉じた。

カルカソンヌの城塞都市はカルカソンヌ副伯レモン＝ロジェ・トランカヴェルが支配しており、この十字軍初期の攻略目標だった。当時は古代ローマ時代以来の城壁のみで守られていた。1209年に攻囲戦が開始されたとき、この都市の人口4千人のうち約2千が戦闘員だったのに対し、攻囲軍の兵力は2万を数えた。1209年8月、わずか15日後には給水が滞りはじめたため副伯レモン＝ロジェは停戦の旗を掲げ、捕虜として捕えられた。結果として町は降伏し、シモン・ドゥ・モンフォールが自ら副伯となってカルカソンヌを支配した。この地位は後にその息子が継承している。ルイ8世はこの都市を王直轄の城郭へと転用した。トランカヴェル家の最後の一人がその一族の領土を取り戻そうと1240年にカルカソンヌを攻撃している。だが、ルイ9世の軍が救援に駆けつけると攻囲を解かざるを得なくなり、その野心に終止符が打たれた。王はこの都市の住民をオード川の反対側に移し、そこに新たな町を創建している。このとき王は従来の都市の強化に取り掛かり、内城壁よりも低い外城壁の建設を下命した。新たな城壁には背面に壁体がほとんどない城塔15棟とバービカン2カ所が設けられた。だが、従来の防御施設の取り壊しではなく、再建を下命している。事業は1285年に竣工し、この都市は「ラングドックの乙女」とよばれるようになった。

百年戦争ではイングランドの黒太子はカルカソンヌ攻撃を避けたが、17世紀にはスペインとの国境地帯がはるか南へ下がり、この都市は戦略的に重要ではなくなった。

山のなかに高くそびえる**カタリ派の城塞群**にはミネルヴ、テルム、**ラストゥール**、ペールペルテューズ、モンセギュール、ピュイローラン、ケリビュスがある。カルカソンヌの北方に位置するラストゥール城塞群は岩山の頂上に沿って建設された4棟の城塞群で構成されている。4棟のうちで最も古いのはカバレ城塞で、1063年まで遡る。キープと城壁で囲われた囲郭（エンクロージャー）を備えたフルール＝エスピーヌ城塞は1153年に、岩の上に建っ

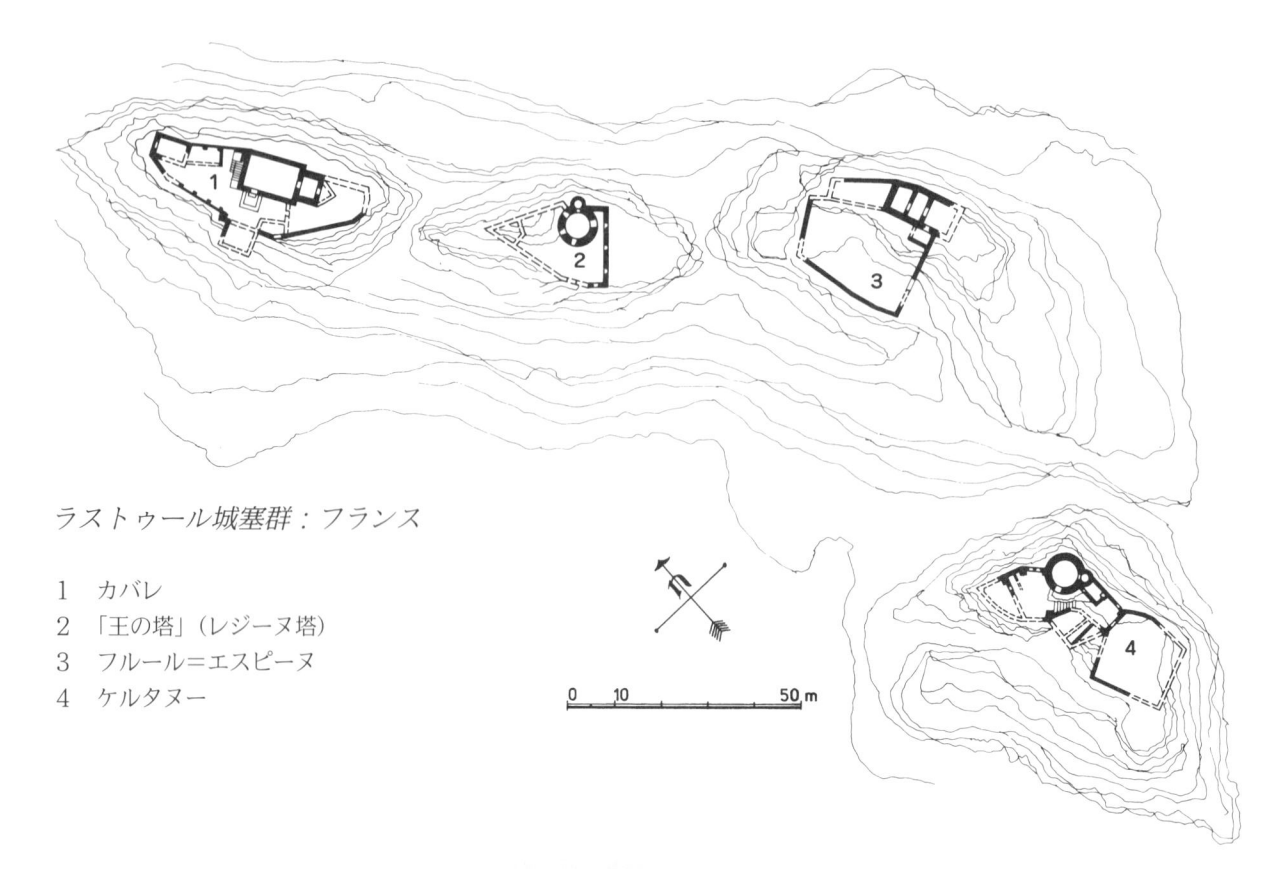

ラストゥール城塞群：フランス

1　カバレ
2　「王の塔」（レジーヌ塔）
3　フルール＝エスピーヌ
4　ケルタヌー

カバレ城塞：ラストゥール
甚大な損害を被ったキープ。

ケルタヌー城塞
ラストゥールの城塞4棟の内の1棟。王がこの城塞、「王の塔」、フルール＝エスピーヌの3棟を所持していた。これらの城塞はカバレ城塞を監視し、接近路を封鎖するための対抗城塞として建設された。

ているケルタヌー城塞は少し後に建設された。その後にカタリ派からこの拠点を攻略し、国王軍によって、レジーヌ塔（「王の塔」）がケルタヌー付近に増築された。1209年にカルカソンヌが陥落したとき、町の人々が地下道を通ってラストゥールへ脱出した、という伝説がある。1209年、シモン・ドゥ・モンフォールはカバレを攻囲したが攻略に失敗した。カタリ派は1211年にこの城塞を放棄した。

城壁村**ミネルヴ**はカルカソンヌの北東、ナルボンヌの北西に位置し、二つの渓谷に囲まれた支脈の上に建っている。ここはミネルヴ副伯ギレームの保護の下でカタリ派の人々の避難所となり、アンサントは断崖側を除く村全体を守っていた。1210年7月にシモン・ドゥ・モンフォールはこの都市を攻囲し、4基のカタパルトによる射撃を加えた。そのうちの1基は「マルヴォワジーヌ」（悪い隣人）と名付けられていた。おそらくトレビュシェだろう。その重厚な発射体は城塞に大きな損害をもたらしたので、それを破壊すべく小規模なソルティ（突撃）が行われたが失敗した。攻囲戦が始まって約7週間たつと死者数が増え、岩がちな支脈の上には埋葬する場所もなくなってきて、城塞内の状況は堪え難いものとなっていた。副伯ギレームは降伏し、捕虜となったカタリ派の人々は、棄教を拒むと虐殺された。

ペールペルテューズ城塞は標高730m以上の山頂に建ち、近づくのが困難だ。この拠点には古代ローマ時代から築城を施されていた。この城塞についての言及は1020年が最初で、大規模な方形平面のキープと教会堂が建っていた。1240年に城塞が聖ルイ（ルイ9世）の手に陥ちた後、1245年に大規模な円形平面の城塔がキープに隣接して増築された。約100mにわたって続く12世紀の城壁の拡張もこのときで、山のこの部分を囲む大規模な中庭が設けられた。城壁は北東方面に沿って最も高くなっている。ここが唯一接近可能な場所であり、限られてはいたが城壁攻撃のための部隊を集結させるスペースがあった。もう1棟の城塞がペールペルテューズ城塞を望む山頂に建設された。これがサン・ジョルディ城塞で、キープ、大規模な礼拝堂、キープから断崖の北端へめぐる城壁を備えていた。建設は1245年から1280年にかけてのことである。

ピュイローラン城塞は岩山の絶壁の頂上に建ち、建設は10世紀までさかのぼる。シカーヌ（ジグザグにめぐらされた防御壁）を形成する一連の城壁が、城塞の入口にいたる通路の急峻な登り坂を防備しているが、これが建設されたのは17世紀になってからである。城塞の各隅部の円形平面の城塔は、1244年にフランス王がカタリ派からピュイローラン城塞を攻略した後に王によって増築された。入口付近の方形平面のキープは円形平面の城塔の一つから見下ろす位置にあり、カタリ派による当初の構築物のなかで唯一残っている部分である。

ペールペルテューズ下城のキープ。

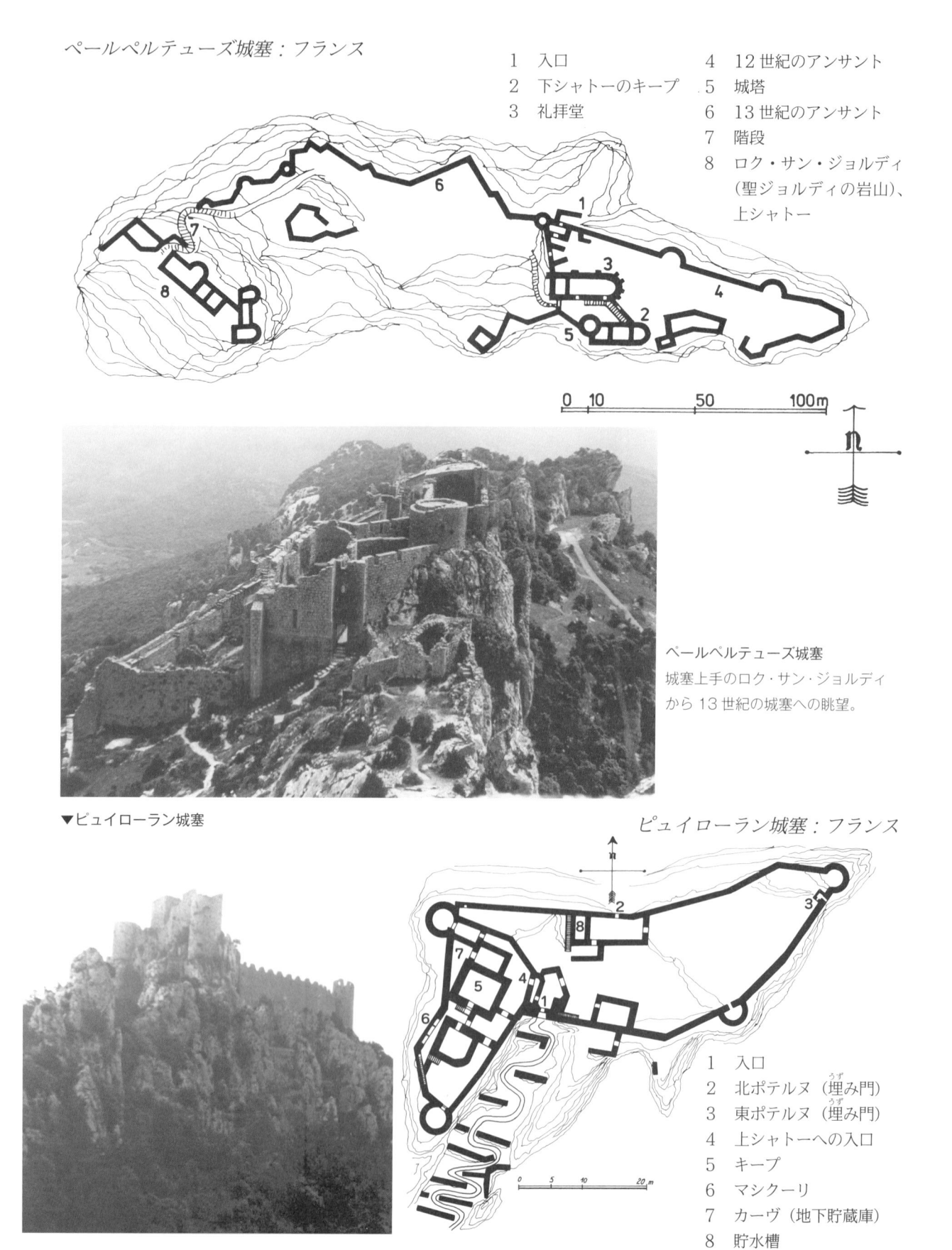

ペールペルテューズ城塞：フランス

1 入口
2 下シャトーのキープ
3 礼拝堂
4 12世紀のアンサント
5 城塔
6 13世紀のアンサント
7 階段
8 ロク・サン・ジョルディ（聖ジョルディの岩山）、上シャトー

ペールペルテューズ城塞
城塞上手のロク・サン・ジョルディから13世紀の城塞への眺望。

▼ピュイローラン城塞

ピュイローラン城塞：フランス

1 入口
2 北ポテルヌ（埋み門）
3 東ポテルヌ（埋み門）
4 上シャトーへの入口
5 キープ
6 マシクーリ
7 カーヴ（地下貯蔵庫）
8 貯水槽

モンセギュール城塞も標高1,200ｍの山頂に建設され、他のカタリ派の城塞と同様、接近路は限定されていた。一端に大規模なキープがあり、アンサントは三角形を描いていて、最も長い辺は40ｍ以上ある。カタリ派が占拠していたとき、このアンサントは明らかに低くて弱体な城壁であり、カタリ派が撃破された後に王によって高く強化された。城塞の建設は1204年初頭である。カタリ派にとっては、宗教上の中心地であった。1243年、ルイ9世はこの城塞に派兵した。曲がりくねった小道を登っていくのは困難な道のりだった。十字軍兵士たちは山上に密かにカタパルトの部品を運搬して城塞の反対側でそれを組み立てた。城塞に対して効果的に射撃するためである。だが、彼らの攻城装置は防御側によって粉砕された。カタリ派の人々が降伏するまでに9ヶ月かかっている。最終的に彼らが降伏すると、魔女や異端派への定めに従い、速やかに虐殺され、その遺体は燃やされた。

　ケリビュス城塞はまた別の岩山の頂上に建っている。大規模なキープがあり、地下の広間から急峻な接近路を望む小陣地への通路が設けられていた。ただ、急峻ではあっても攻囲軍が投射兵器群を設置する余地はあった。城塞の入口はキープから約40ｍ離れた低いところにあり、一連の城壁からは接近路に向けて射撃できた。ケリビュス城塞は1255年まで十字軍に抗戦し、カタリ派最後の砦として機能している。王の兵たちは苦労してトレビュシェを城塞の背後に運び、城壁の一部と櫓を粉砕したものの、坑道兵たちが城壁に対して動けるだけの十分な損害は与えられなかった。この攻撃によって投射された数多くの発射体がいまもなお防御施設にめりこんでいるのをみることができる。

　概してカタリ派の城塞には円形平面で城壁から突出した城塔はない。この形式の城塔があるカタリ派の築城は、通常ルイ9世王が関わっている。王はルーションの城塞のいくつかを強化してアラゴンに対する境界地帯の前哨として運用した。ピュイローラン、ペールペルテューズ、アギラール、テルム、ケリビュスはこの地域の約50棟の城塞のなかから選ばれた数少ない例なのである。モンセギュールとピュイヴェールもこの地域を支配するために強化された。十字軍の後も住民の忠誠心が疑わしかったからである。

モンセギュールの廃墟。

モンセギュール城塞：フランス

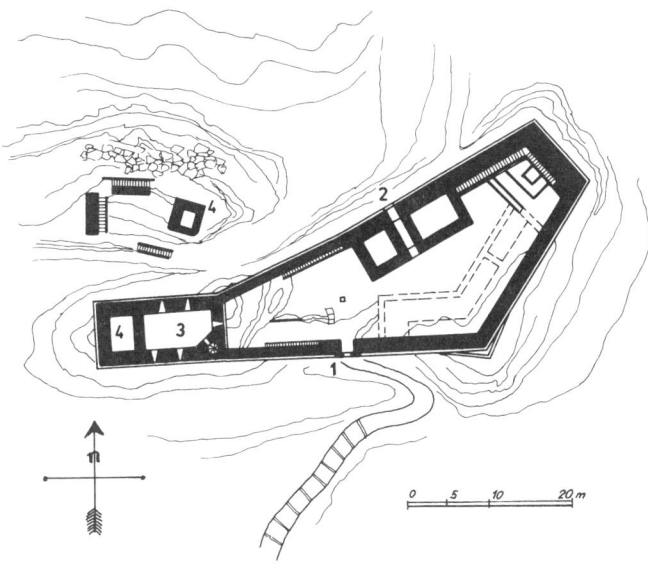

1　正門
2　北ポテルヌ（埋み門）
3　キープ
4　貯水槽

ケリビュス城塞：フランス

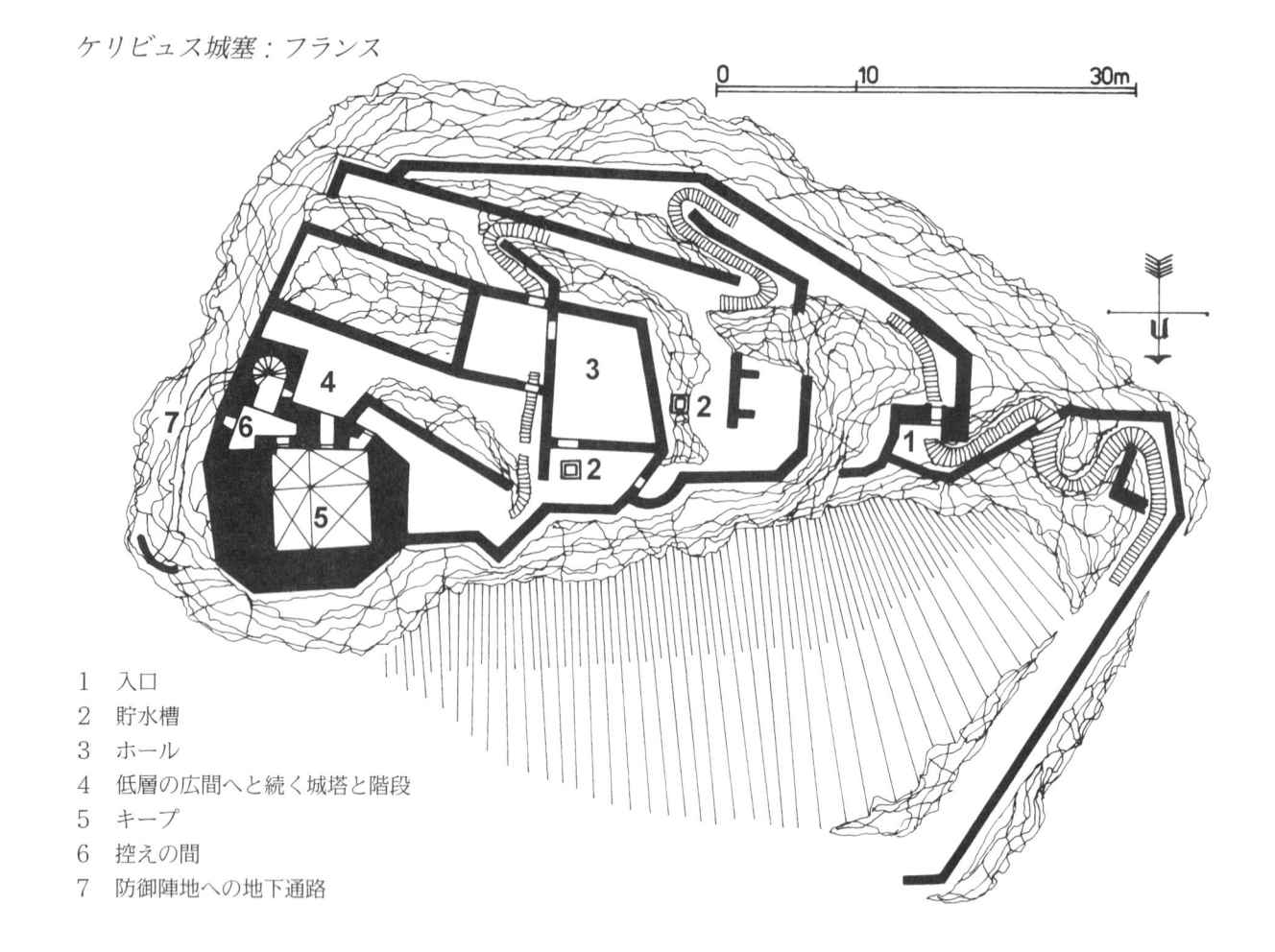

1 入口
2 貯水槽
3 ホール
4 低層の広間へと続く城塔と階段
5 キープ
6 控えの間
7 防御陣地への地下通路

ケリビュス
城塞の遺構。城塞への接近路は右方にあるが、攻撃されている間、防御側は左方に布陣することができるような設計となっていた。

ルイ9世はイスラムに対する十字軍の準備のために、1240〜1250年に、ローヌ川三角州の湖沼地帯に大規模な築城港**エグ・モルト**も建設した。聖王ルイがまず建てたのは円形平面の大キープ（「コンスタンス塔」）で、壁体の厚さは約6mあり、周囲を堀が巡っていた。この城塔は町壁の外側に建ち、アーチ橋で町壁につながっていた。アーチ橋からは第2層（ヨーロッパでは「1階」という）に入ることができた。コンスタンス塔には上階を除いて環孔（ループホール）はなく、胸壁は中世末期に火砲のために改修された。町壁はフィリップ3世剛勇王とフィリップ4世美王によって1295年に最終的に竣工し、堀に囲われた総延長約1.7kmの長方形平面のアンサントを形成することになった。それぞれ2棟の大規模な半円形平面の城塔を備えたシャトレからなる城門5棟と、いくつかのポテルヌ（埋み門）から町へ入ることができた。カルボニエール塔とよばれる前衛構築物が町から約3km離れたところに建設され、湖沼地帯を経て町に通じる道路を管理下に置いていた。これも後に火砲のために改修された。その軍事的意義は早々に失われてしまったが、この築城港はルイ9世の最も堂々たる成果だと考えられていた。

エグ・モルト：フランス

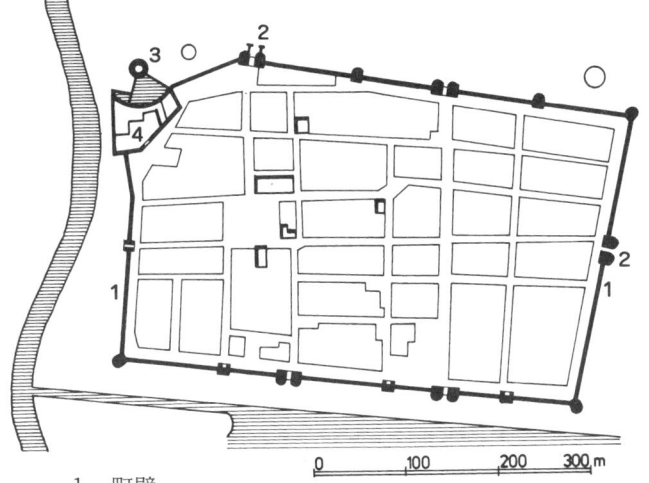

1　町壁
2　シャトレ
3　キープ
4　城塞の地下通路

エグ・モルト
町壁の城門の一つ。城門両側に設けられたガルドローブに注目のこと。

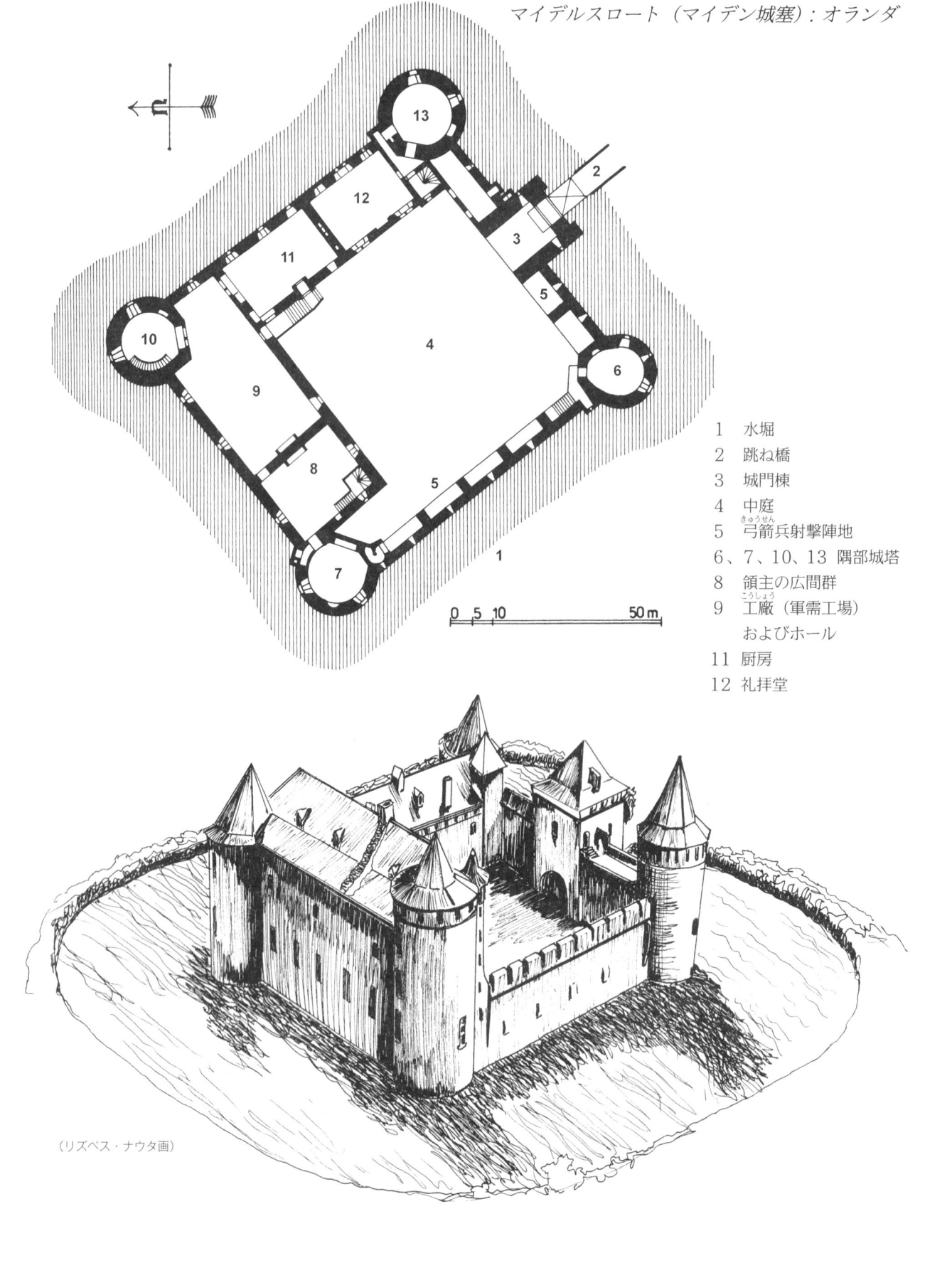

マイデルスロート（マイデン城塞）：オランダ

1 水堀
2 跳ね橋
3 城門棟
4 中庭
5 弓箭兵射撃陣地
6、7、10、13 隅部城塔
8 領主の広間群
9 工廠（軍需工場）およびホール
11 厨房
12 礼拝堂

（リズベス・ナウタ画）

低地地方

　ベルギー、オランダ、ルクセンブルクは神聖ローマ帝国の一部だが、その築城は西ヨーロッパのデザインに大きく影響を受けている。オランダは標高が総じて低かったため、ほとんどの城塞は水を使った防御施設を伴っていた。

❧

　オランダの最も素晴らしい城塞の一つに、マイデルスロート（スロートは城塞の意）すなわち**マイデン城塞**がある。ここはウェールズのエドワード朝の城塞の影響がはっきりみられる。伯フロリス5世がフェヒト川の真ん中に建設を下命して1280年ごろに建設された。他のオランダの城塞と同様に煉瓦造で、長方形平面、4棟の大規模な円筒形城塔がカーテン・ウォールから突出している。方形平面の城門棟にはブレテーシュと跳ね橋が設けられ、大ホールは城塞背後の城壁のなかにある。1296年に伯フロリスが暗殺された後に大部分が解体されたため、ほとんどは14世紀末に再建されたものである。新たな城塞はホラント伯兼バイエルン公によって1370年に廃墟の上に建設された。大ホールは最後に増築された建造物の一つだ。この城塞は15、16世紀までは軍事行動と無縁だった。

❧

　ベルギーで最も重要な城塞の一つは**シャトー・デ・コント**あるいは**フラーヴェンステーン**（伯たちの城塞の意）ともよばれる城塞で、フランドル伯が運用していた。創建は1180年で、伯フィリップ・ダルザスがヘントの前世紀にさかのぼる従来の城塞の敷地に大キープを建設している。そのデザインは伯が十字軍の際に東方世界で見てきた築城に基づいていた。外カーテン・ウォール正面から約20m離れたところに建っているバービカンは二重の城壁によって城門棟と接続され、城門の入口はブレテーシュによって守られている。キープは大規模な長方形平面の構築物であり、壁体の厚さは1.7m、1180年に建設され、ベイリーの中央に建っている。環孔（ループホール）は床面から1.8m上に設置され、足場を伝って行くことができる。現在のキープは3階建てで、そのうちの2つの階には射撃口が設けられている。従来の城塞の2階まではこのキープに統合されており、基礎を形成していた。城塞のその他の構築物はキープの正面および側面に沿って配置され、シャトラン（城代）の居館と厨房が配されていた。伯の宮殿はキープの背後のカーテン・ウォールに沿って建設されている。

　ベイリーの城壁にはバットレスで支えられた24棟の半円形平面の小塔群が設けられた。それぞれが2層構成で、下層には矢狭間、上層の頂部にはメルロン、木造シャッターで防護されたアンブラジュール、マシクーリ付き胸壁が設けられている。このなかに大規模な城塔が1棟あり、壁体にアンブラジュールが設けられ小規模な屋根で覆われていた。城壁上通路が小塔の下層を貫通している。城塞のカーテン・ウォールを水で満たされた堀が囲んでいた。

　ヘントの市民たちは1301年と1338年にフラーヴェンステーンを攻囲して攻略した。2度目のときはカーテン・ウォールに突破口が開かれている。以降の世紀には城門棟とキープが牢獄として運用されるようになり、歴代伯は1708年まで宮殿を法廷として用いていた。

❧

　今日の首都ブリュッセルから遠くないブラバン地方に、水の城塞**ベールセル城塞**が建っている。この拠点における最初の築城は13世紀にブラバン公アンリ1世によって建設された。この地方には、この城塞を含む3棟の類似する城塞があり、防御施設に水を容易に取り込むことができる地形に建っていた。もともとベールセルは石造城壁で囲われた単純な囲郭（エンクロージャー）だったが、構築物が増築され、次第に城塞へと変貌した。堀は小さな湖で形成され、D字型平面の城塔群は火器に対抗できるよう設計されている。城塔のなかの1棟の上層は守備隊常設区画として用いられていたが、戦時には他の城塔も同じように使うことができた。中世末期には傭兵が重用されたので、傭兵が信頼できない場合、他の城塔から隔てられた城塔に在地の守備隊を宿営させるために備蓄が行われたのである。マシクーリがカーテン・ウォールと城塔の頂部に施され、城門塔には跳ね橋、落とし扉、殺人孔が設けられている。兵器類は城塞の中で維持管理され、この城塞を守るのは50人の守備隊で十分だと考えられていた。最も特異な特徴はフランドル様式の階段状破風であり、これが城塔群に加えられたのは17世紀のことである。ベールセル城塞は2度攻囲によって攻略され、1491年に再建されている。現在の城塔3棟が建造されたのはこの時である。

❧

修復された東側城壁に沿った眺望。外城壁背後に伯邸宅の上層階がみえる。

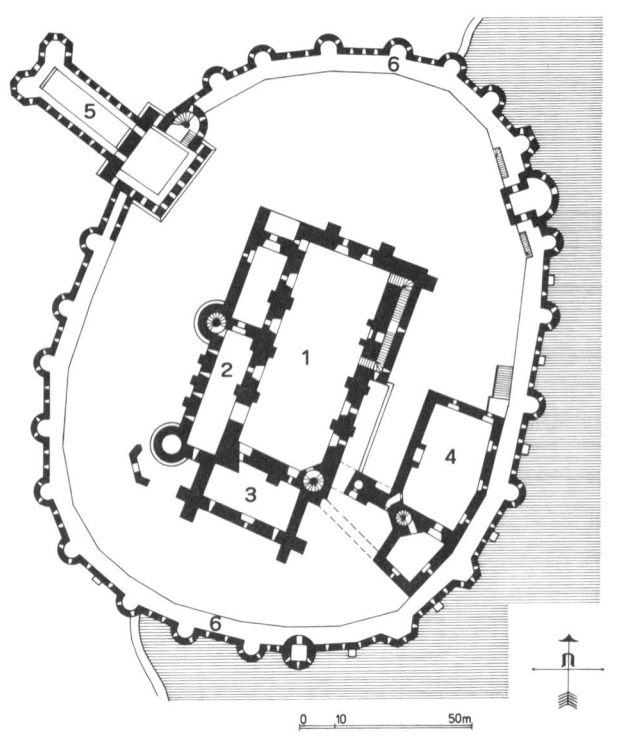

1　キープ　　　　　　4　伯邸宅
2　キープ付属建造物　5　入口
3　両層に厨房群　　　6　入口

フラーヴェンステーン
（フラーフェンステーン）
：ベルギー、ヘント

半円形平面のバルティザン北東からの眺望。
背後にあるのは修復されたキープ。

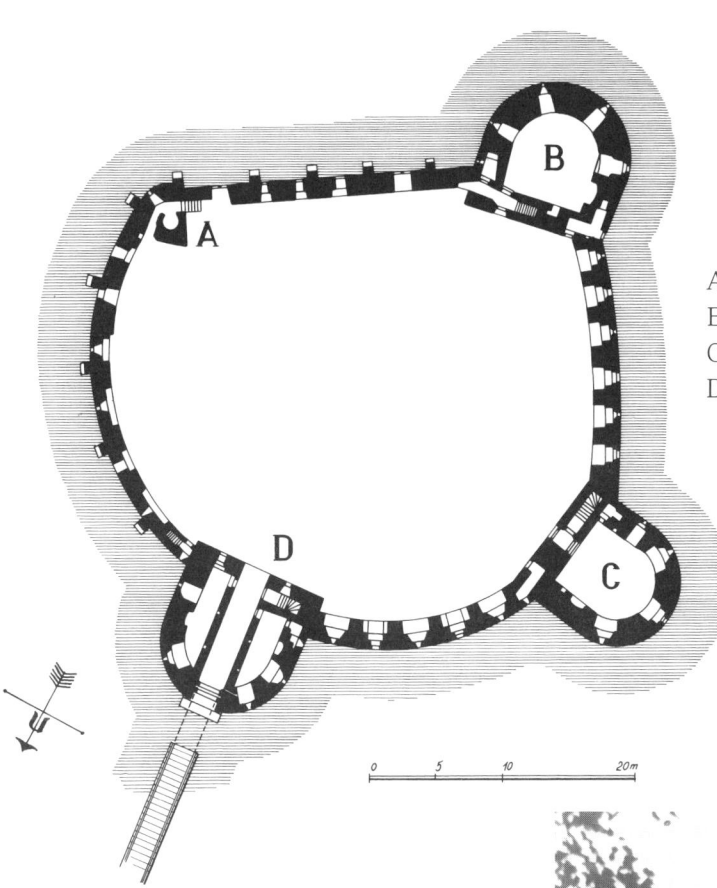

中世の城塞と築城――低地地方　　227

ベールセル城塞：ベルギー

A　オーストカンド（東棟）
B　南城塔
C　西城塔
D　北城塔と入口

ベールセル城塞
この城塞の城塔群は15世紀に建設されたが、湖の真ん中のこの敷地に初めて築城が建設されたのは13世紀のことだった。これは西城塔からの眺望。

ヴィアンデン城塞：ルクセンブルク

1　城門
2　城塞外側の築城
3　主城門
4　大ホール
5　管理棟群
6　中庭
7　キープ
8　小宮殿

ヴィアンデン城塞

町を望む丘の頂上に位置するこの城塞＝宮殿はヨーロッパ最大の城塞複合建造物群の一つである。北西から撮影したこの写真には、平面図上の（1）に近接する城塔がみえる。

ベルギーのアルデンヌ地方では城塞は標高の高いところに建てられている。**ブイヨン城塞**がそれにあたる。ここは第1次十字軍を指揮したゴドフロワの本拠地だった。この11世紀の城塞は、スモワ川の湾曲によって形成された半島部根本の岩山の尾根沿いに伸びている。そのため、この岩がちな陣地から川の湾曲部の両側を望むことができる一方、入口にはなお深い空堀が設けられていた。ブイヨン城塞は17世紀にヴォーバンによって著しく改修され拡張された。この城塞を火砲に対応させたのである。こうしてブイヨン城塞は、城塞から近世要塞へといたる築城の発展を見事に示している。

　ルクセンブルクの**ヴィアンデン城塞**は城塞と宮殿の複合建造物である。その創建は11世紀にさかのぼり、古代ローマ時代の要塞と9世紀のカロリング朝時代の宮殿の上に建設された。この城塞は町と川を望む丘の頂上に立地しており、歴代ヴィアンデン伯が、この地方を通る水運と陸運の通行税を徴収するために、この城塞を運用していたことは明らかである。11世紀のこの城塞には方形平面のキープ、その反対側のアンサントの方に円形平面の礼拝堂、そしてその間に大規模な宮殿があった。12世紀には第2の宮殿ともっと大規模なキープが増築されている。中庭中央付近にある13世紀の八角形平面の城塔の遺構をみればその機能が通行税の徴収だったことは明らかだろう。この城塞の初期の石造部分はロマネスク様式であり、この時代の典型的なヘリンボン紋様（ジグザグ紋様）がみられる。この複合建造物群の13世紀の構造体は明らかにゴシック期に属するものである。新たな大宮殿もそこに含まれ、内部には500名収容可能な巨大な大ホールがあった。城塞に近づくと、連続した3棟の城門が立ちふさがることになる。これらの城門が、新たなアンサントに沿って通っている、城塞城壁直下の小道を進む敵から城塞を守っていたのである。13世紀から15世紀にかけて様々な構築物が増築され、城塞の高いカーテン・ウォールは城壁から突出した円形平面の城塔によって防備されるようになった。丘の麓の周りの町は川と橋の方へ拡張していき、やはり城壁によって防備されている。ヴィアンデン城塞はヨーロッパ最大の城塞複合築城群の一つとなった。

ブイヨン城塞
ベルギー・ブイヨン城塞は第1次十字軍の指揮官で、エルサレム王となったゴドフロワによって建設された。サモワ川の湾曲部の尾根の頂に立地している。

シヨン城塞：スイス

1 堀
2 橋付属中庭
3 跳ね橋
4 入口
5 側防城塔
6 外中庭
7 内中庭
8 大ホール
9 管理棟群
10 キープ
11 城壁の間の開放空間

シヨン城塞
レマン湖畔の城塞。写真の中で最も高い構築物がキープである。

スイス

スイスはドイツ、イタリア、フランスの伝統の合流点であり、その城塞群はこれら3地域すべての影響を受けている。スイス北部にある13世紀のハプスブルク家の居城**ハプスブルク城塞**はドイツ風の城塞の一つに数えることができるだろう。現存するベルクフリートは11世紀にさかのぼり、幾世紀にもわたって増築がなされた。スイス西部には**グランソン城塞**があり、ヌーシャテル湖畔に高くそびえ立っている。その高きカーテン・ウォール、3棟の大規模な円形平面の隅部城塔、2棟の小規模な半円形平面の城塔は13世紀のものである。城塞のその他の部分は、シャロン伯の支配下に置かれた15世紀に、大幅に再建された。フォス・ブレもこの時代に設けられた。

スイスで最も有名な城塞は間違いなく**シヨン城塞**である。レマン湖（別名ジェネーヴ湖）上の島に、歴代シオン司教によって少なくともその一部は建設された。シヨン城塞で最古の城塔は10世紀にまでさかのぼるともいう。シヨン城塞中央の大規模な長方形平面の城塔はおそらくかつてのベルクフリートだろう。だが、現在ある構築物のほとんどは13世紀に建造されたものであり、サヴォイア伯ピエトロ2世に帰することができる。この部分は外城壁、城塔群などからなっている。4棟の大規模な城塔と陸地に面した側のカーテン・ウォールはマシクーリで強化されている。14～15世紀に城壁と城塔の高さが増強され、城門が再建された。この間、サヴォイア家の領有が続いたが、ベルン人に攻略されて1536年には湖上の小艦隊の工廠として使われ、後には短期間だが牢獄としても用いられた。

グランソン城塞：スイス

1 シャトレ
2 アンサント
3 オトン塔
4 ユーグ塔
5 アダルベール塔
6 エバル塔
7 ピエール塔
8 ブルギニョン塔（ブルゴーニュ人たちの塔）
9 シャロン塔
10、11 居館
12 中庭
13 井戸
14 旧迎賓館
15 旧守備隊区域
16 厨房

グランソン城塞 1476年、同名の大会戦が城塞近傍で行われた。グランソン城塞は13世紀に建設され、15世紀に再建された。半円形平面の高い城塔2棟がこの写真に写っている。カーテン・ウォールが城塔の高さにほぼ達していることに注目してほしい。

プファルツ城塞：ドイツ
この城塞は「石船」とよばれていた。

グーテンフェルス城塞
前面の円形平面の城塔群の一つから
ライン川を望むことができる。

マウス城塞
方形平面で建設されたこの城塞は、
ライン川流域の14世紀の城塞群の
中で、最も優れた設計の一つである。

神聖ローマ帝国

　神聖ローマ帝国内を流れる川の流域のなかで城塞が最も集中しているのは、ライン川流域のマインツとボンの間だった。ドイツの領主たちは交易路を管理下に置くためにこの大河に沿って城塞を建設した。マインツとケルンの間だけで、通行税の徴収のために30棟が設置されたのだ。これらの城塞はマインツ、プファルツ、トリア、ケルンの選帝侯たちの支配下に落ちた。城塞の例として、エルトヴィル、クロップ、エーレンフェルス、「ネズミの塔」、ラインシュタイン、ゾーネク、ハイムブルク、ヒュルステンベルク、シュターレク、グーテンフェルス、プファルツ、ショーンブルク、マルクスブルク、マウス、ボパルト、シュトールツェンフェルス、エーレンブライトシュタイン、ラーネク、マルティンスブルク、ハマーシュタイン、アーレンフェルス、ライネク、ドラーヒェンフェルス、ゴーデスブルクがあった。

　ライン川沿いの城塞の多くは渓谷の上の岩盤に建ち、そこから川を見下ろすことができた。ほとんどは周辺を見渡せる城塔を1棟以上備えていたが、じつは2、3の城塞は川沿いに建設され、**プファルツ城塞**とよばれる1棟は川の中に立地していた。プファルツ城塞は1327年にルートヴィヒ・デア・バイエル王（ドイツ王兼神聖ローマ皇帝ルートヴィヒ4世）によって通行税徴収所として建設され、「石船」とよばれるようになった。そして、幾世紀にもわたって改修された。大規模な中庭の中央に建っていた五角形平面のキープが城塞の中に堂々とそびえている。これが最初に建設され、通行税徴収所となった。10年後には中央の城塔は八角形平面の構築物に囲われた。この城塞はライン川東岸の上に建つ**グーテンフェルス城塞**から見下ろされる位置にある。グーテンフェルス城塞は高さ35 mのベルクフリート、地上3層構成の大ホール、強力なカーテン・ウォールを備えた、典型的な中世ドイツの城塞である。

　ライン川の城塞群の多くは悪名高き「泥棒男爵」たちが管理し、13世紀には制御不能になったので、1254年、ライン都市同盟によって領主たちの支配に立ち向かった。ルドルフ帝は1272年に彼らの権力を粉砕し、ラインシュタイン、ライヒセンシュタイン、ゾーネク、ライネクの城塞群を破壊したが、ラインフェルスは攻略できなかった。多くの城塞は三十年戦争時、あるいはその後も使われた。

　ライン川の城塞群のなかで最も保存状態の良い例の一つが**マルクスブルク城塞**である。川を望む高き絶壁の上に建つこの城塞は、13世紀初頭にエーベルハルト2世・フォン・エプシュタイン伯によって建設され、特異な三角形平面の中庭をもつ。最大の建物は最も接近しづらい側にある宮殿だ。ラインバウ※とよばれる構築物が中庭の西側を占め、ノルトバウ※が北側にある。宮殿とラインバウの間には大規模なカイザー塔、ラインバウの他方の端にはもう1棟小規模な円形平面の城塔が建つ。中庭中央の4層構成のベルクフリートは高さ40 m、その小塔は城塞を望んでそびえ、この地域を見渡す。15世紀に外カーテン・ウォールが下に増築され、高くそびえる城塞を囲い、やがて火砲に対応するようになった。マルクスブルクは17世紀の三十年戦争のときに陥落しなかった唯一のライン川の城塞である。

ラインシュタイン城塞

※ラインバウはライン川に面した側の棟、ノルトバウは北側の棟。

マルクスブルク城塞：ドイツ

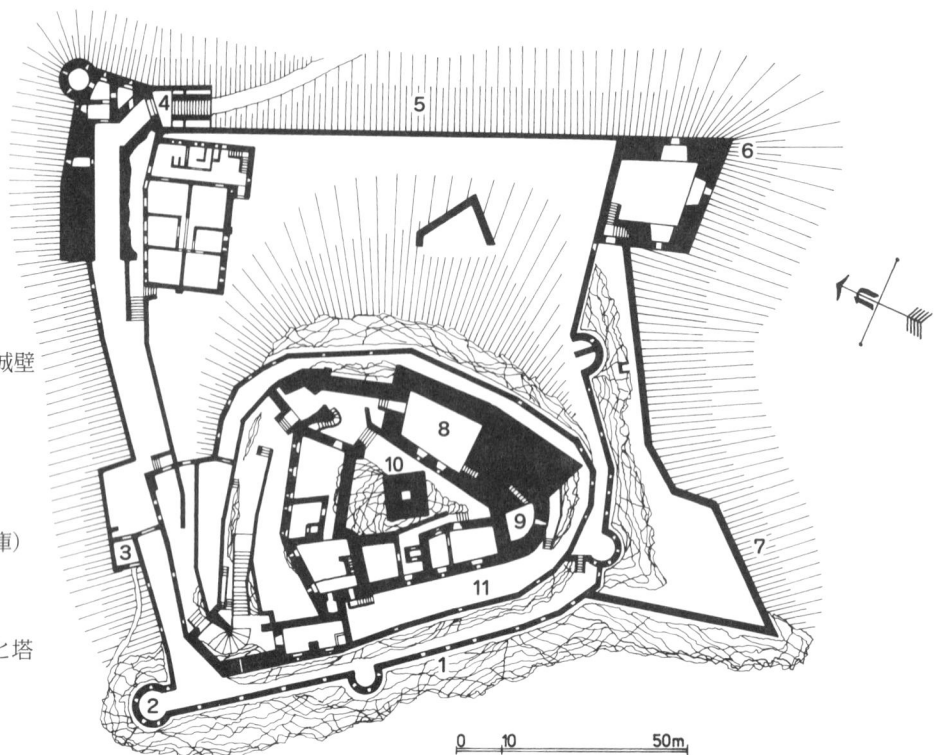

1 ライン川に面した下城壁
2 「城主の塔」
3 入口
4 橋塔
5 城壁
6 プルフェレク（火薬庫）
7 「鋭角」
8 宮殿
9 カイザー・ハインリヒ塔
10 ベルクフリート
11 ラインバウ

マルクスブルク城塞
ライン川の上方に高くそびえ、高さ40mのベルクフリートからは、この地域を一望の下に収めることができる。

中世の城塞と築城――神聖ローマ帝国

オツベルク城塞はベルクフリートから派生したドイツの丘上城塞の古典的な例で、丘の頂上から町を見下ろす位置にある。この円形平面の城塔は、純粋に観測と防御の目的で建てられたため収容設備はなく、城塞の内郭の中央に建ち高い城壁に囲まれている。城塞の他の構築物はこの城壁に寄せて建てられている。外郭が内郭を囲い込み、外郭は大規模な堀によって囲まれている。この拠点についての詳細な情報はあまりわかっていないが、13世紀に建設されたのではないかと思われる。

オーデンヴァルトの**ブロイベルク城塞**は12世紀に着工した、フルダ帝国修道院の財産だった。ノイシュタットの町を望む大きな丘の頂上に建つ。アンサントは高さ10〜14mで、ほぼ長方形平面の形をしており、約55×38mの郭を囲っていた。高くそびえた方形平面のベルクフリートは1160年までさかのぼるもので、中庭の中央に建っている。この内郭の建造物のいくつかとロマネスク様式の入城門、北東側の城壁上の礼拝堂は1350年に増築された。宮殿を含むその他の建造物のほとんどは1475〜1510年に、2棟の城門が付加された外城塞は15世紀に建設された。大規模な堀が城塞複合建造物群全体を囲っている。火砲に対応して設計された4棟の円形平面の城塔は1482〜1507年に建設された。ブロイベルク城塞は16世紀の火薬の時代に適応した城塞の良き例である。

オツベルク城塞：ドイツ

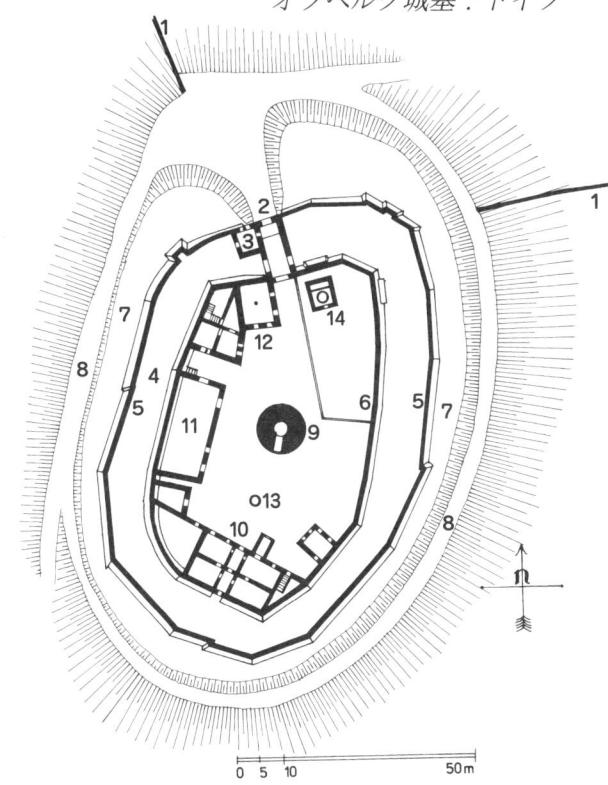

1　城壁	8　土塁
2　城門	9　ベルクフリート
3　警衛所	10　宮殿
4　馬場	11　建造物群
5　外カーテン・ウォール	12　司令官邸宅
6　内カーテン・ウォール	13　井戸
7　堀	14　建造物内部の井戸

オツベルク城塞：ドイツ
アンサントの遺構の一部。胸壁は失われた。

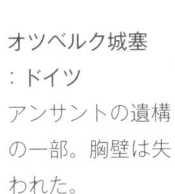

ブロイベルク城塞：ドイツ

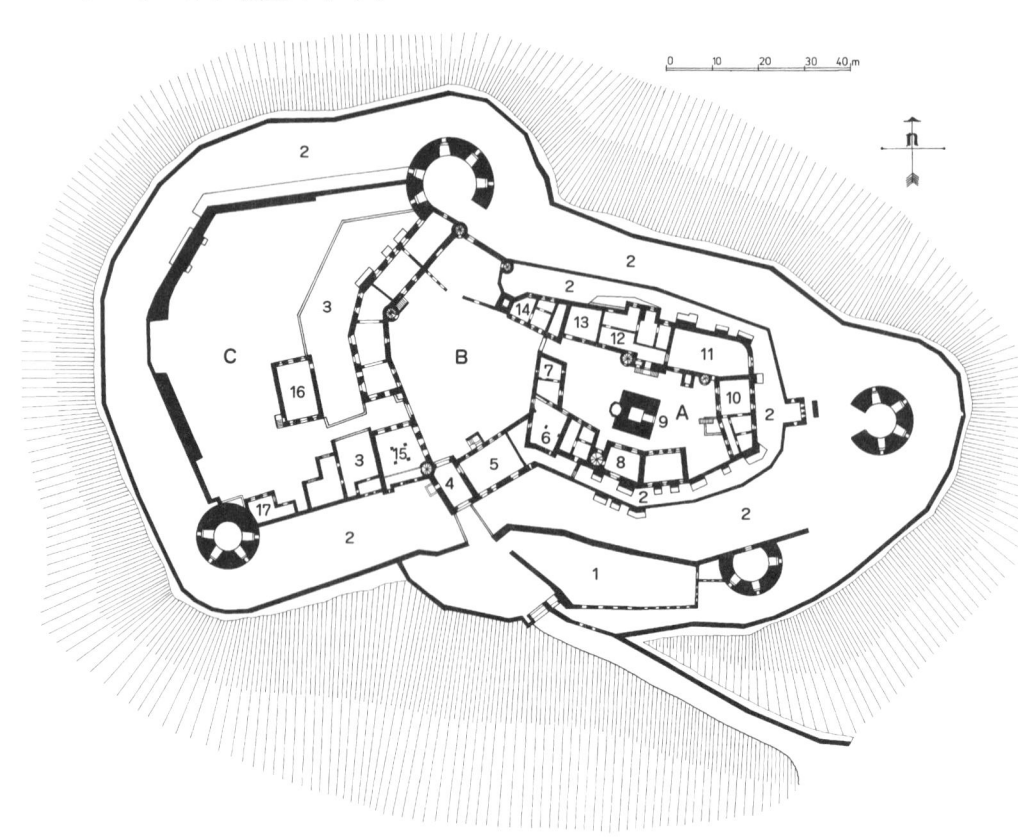

- A　上町
- B　下町
- C　下ベイリー
- 1　庭園
- 2　町の堀
- 3　堀
- 4　主城門
- 5　城門塔の部分
- 6　厨房
- 7　ホール
- 8　宮殿
- 9　ベルクフリート
- 10　正ホール
- 11　礼拝堂
- 12　旧厨房
- 13　井戸
- 14　旧パン屋
- 15　ヨーハン・カジミール棟
- 16　工廠(こうしょう)
- 17　厩舎

ブロイベルク城塞

この城塞からドイツ・ノイシュタットを望むことができる。左の写真は西方への眺望であり、背景中央に主城門、平面図上の（4）がみえる。右の写真には前面に正ホール（10）、左方に宮殿（8）が写っている。

ドイツの城塞建設技術は帝国の枠を超えてプロイセンにまで広がっていった。そこではドイツ騎士団が自らの司令部を設立していた。その最も重要で大規模な城塞は**マリエンブルク城塞**である（現在はポーランドに位置し、マルボルク城塞とよばれている）。ここは騎士団長の根拠地であり修道院城塞に分類されうる。1280年、ドイツ騎士団はその修道院をヴィスワ川とノガト川の合流点付近のザムティルからノガト川を高所より望む新たな立地に移設した。新たな拠点はズワヴィ沼に突き出た半島上のところに建っており、この地点で川の両岸にまたがっている。じつはこの拠点の構築物は2年前に着工しており、10 kmも伸びた運河によってダブルフカ湖とつながっていた堀が最初に掘削されている。この拠点の南側に最初に建設された構築物のなかに「上城」とよばれる大規模な方形平面の構築物があり、礼拝堂と防御のための隅部小塔が設けられていた。ほどなくグダニスク塔とよばれる城塔が上城の南東に増築されている。次に建てられたのが「中城」で、ここには騎士団長の宮殿があった。上城も中城も堀で囲まれ、さらに多重環状城壁によって堅く守られている。この複合築城群には中城の北側にある高い城門塔を通って入るようになっていた。中城の正面の区域は「前城」とよばれ、城塞駐留兵たちが用いる厩舎、作業場や武器庫のような諸設備があった。この区域は築城によって囲まれて「下城」となった。城塞が建設されて後に隣接して町が発展している。1365年に城塞の防御施設は町壁と一体化した。城塔群と城壁にはマシクーリとギャラリー（歩廊）が設けられ、城塔群はゴシック様式で建設されている。防御施設から同時に射撃可能な範囲は長さ800 m、幅250 m以上にも及んだ。

　1280年、マリエンブルク城塞は騎士団司令官ハインリヒ・フォン・ヴィルノーヴェの指揮下に置かれていた。1309年に騎士団長ジークフリート・フォン・フォイヒトヴァンゲンはここに司令部を移している。1320年～1350年に新たな建設事業が行われ、城塞の三つの部分が創建された。1410年、この城塞はポーランド人たちに2ヶ月間攻囲されたが攻略には失敗した。その後、ドイツ騎士団はこの城塞を火器に対応させ、この世紀のさらに後にポーランド人がしかけた攻勢にも首尾よく抗戦することができた。そしてついに1454年、ポーランド王カジミェシュはマリエンブルクを攻略したのである。17世紀にはスウェーデン人が改修を施していったが、その後放棄され、第2次世界大戦後まで修復されることはなかった。今日では世界最大の煉瓦造城郭の一つだと考えられている。

マリエンブルク（マルボルク）：ポーランド次のページの町の平面図上の橋門（5）の眺望。

マリエンブルク城塞（マルボルク）：ポーランド

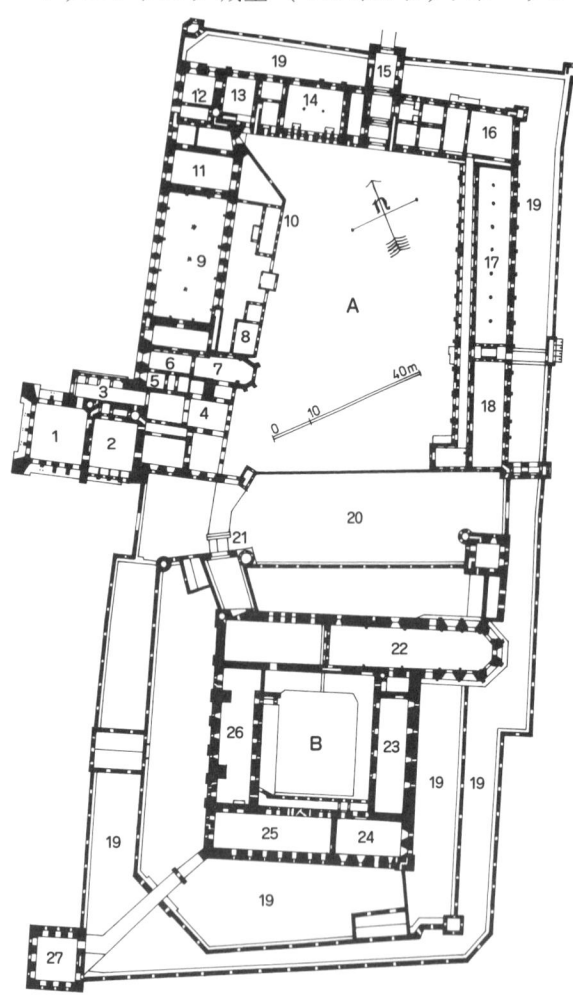

- A　中城
- B　上城
- 1～14・16～18　騎士団長の宮殿
- 15　入城門と跳ね橋
- 19　馬場
- 20　堀
- 21　跳ね橋
- 22　聖母マリア教会堂
- 23　騎士のホール
- 24　修道院の広間
- 25　修道院食堂
- 26　大ホール
- 27　グダニスコ塔

マリエンブルクの町：ポーランド

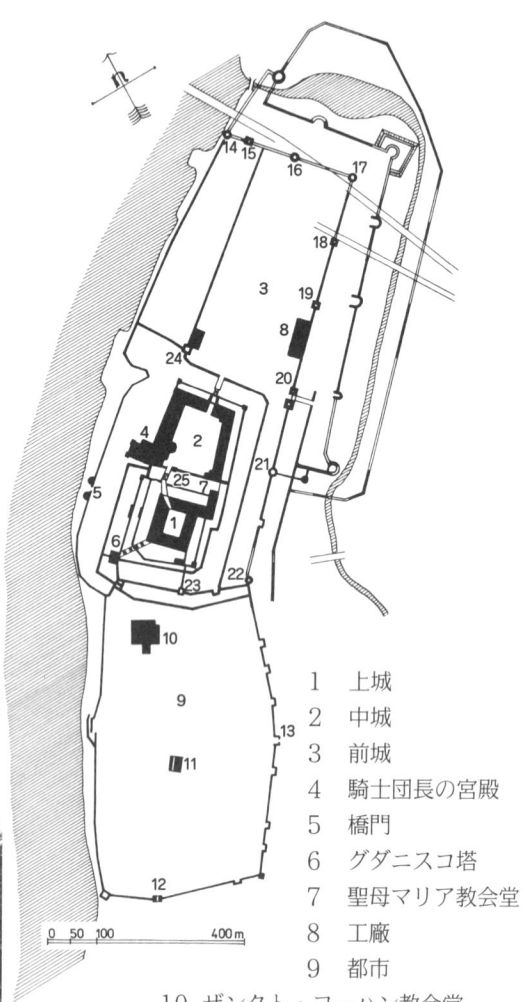

- 1　上城
- 2　中城
- 3　前城
- 4　騎士団長の宮殿
- 5　橋門
- 6　グダニスコ塔
- 7　聖母マリア教会堂
- 8　工廠
- 9　都市
- 10　ザンクト・ヨーハン教会堂
- 11　市庁舎
- 12、13　城門バスティヨン
- 14～22　バスティヨン群
- 23　ポテルヌ（埋み門）
- 24　バスティヨンおよびザンクト・ローレンツ教会堂
- 25　堀

マリエンブルクは世界最大のレンガ城郭の一つである。

バルト海沿岸地方

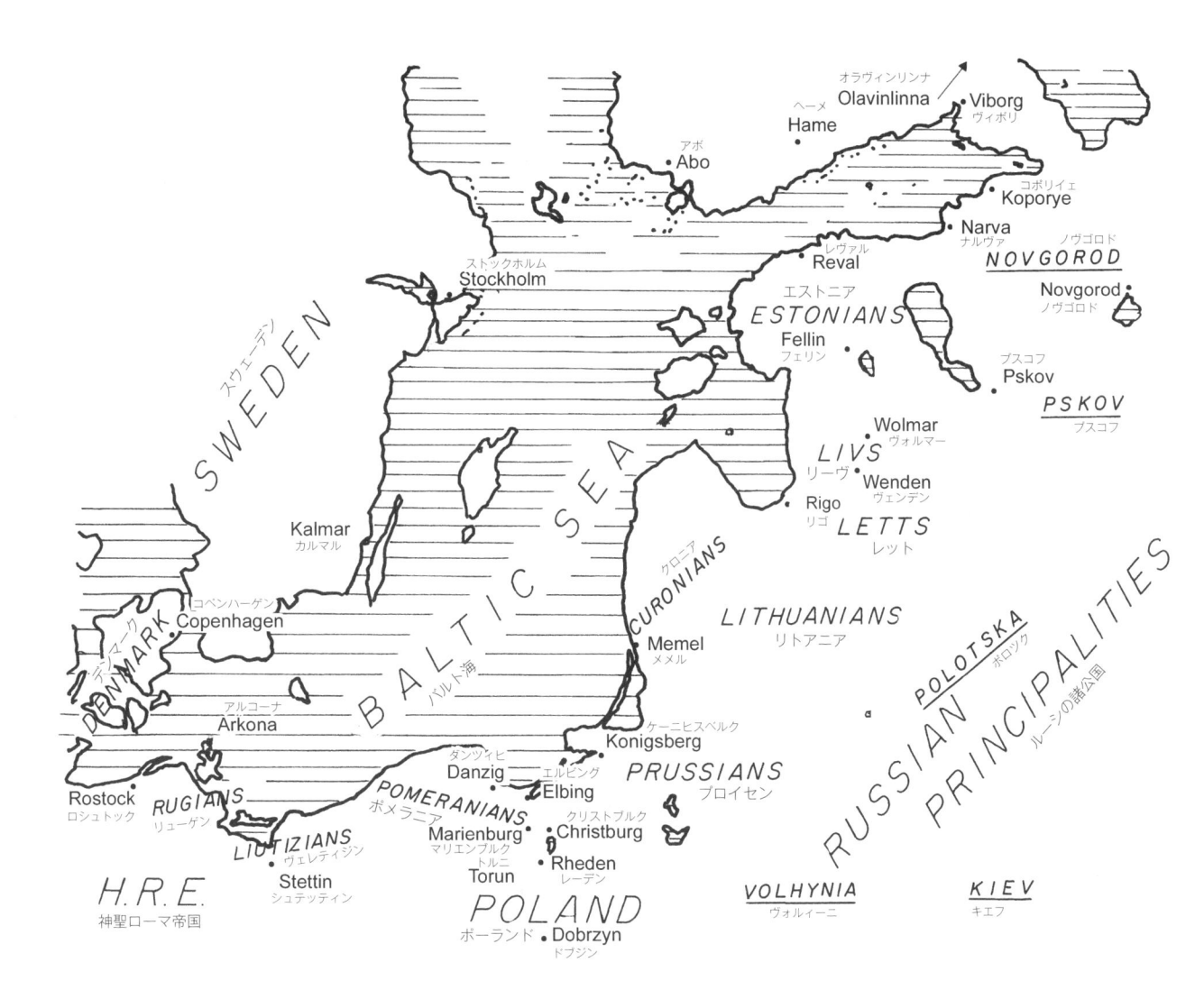

地図: バルト海沿岸地方の中世の都市と地域

- Olavinlinna オラヴィンリンナ
- Viborg ヴィボリ
- Hame ヘーメ
- Abo アボ
- Koporye コポリィェ
- Narva ナルヴァ
- Reval レヴァル
- Stockholm ストックホルム
- NOVGOROD ノヴゴロド
- Novgorod ノヴゴロド
- ESTONIANS エストニア
- Fellin フェリン
- Pskov プスコフ
- PSKOV プスコフ
- Wolmar ヴォルマー
- LIVS リーヴ
- Wenden ヴェンデン
- Rigo リゴ
- LETTS レット
- SWEDEN スウェーデン
- Kalmar カルマル
- BALTIC SEA バルト海
- CURONIANS クロニア
- LITHUANIANS リトアニア
- POLOTSKA ポロツク
- Copenhagen コペンハーゲン
- DENMARK デンマーク
- Arkona アルコーナ
- Memel メメル
- RUSSIAN PRINCIPALITIES ルーシの諸公国
- Rostock ロシュトック
- RUGIANS リューゲン
- LIUTIZIANS ヴェレティシン
- POMERANIANS ポメラニア
- Danzig ダンツィヒ
- Elbing エルビング
- Konigsberg ケーニヒスベルク
- PRUSSIANS プロイセン
- H.R.E. 神聖ローマ帝国
- Stettin シュテッティン
- Marienburg マリエンブルク
- Christburg クリストブルク
- Rheden レーデン
- Torun トルニ
- VOLHYNIA ヴォルィーニ
- KIEV キエフ
- POLAND ポーランド
- Dobrzyn ドブジン

カルマル城塞

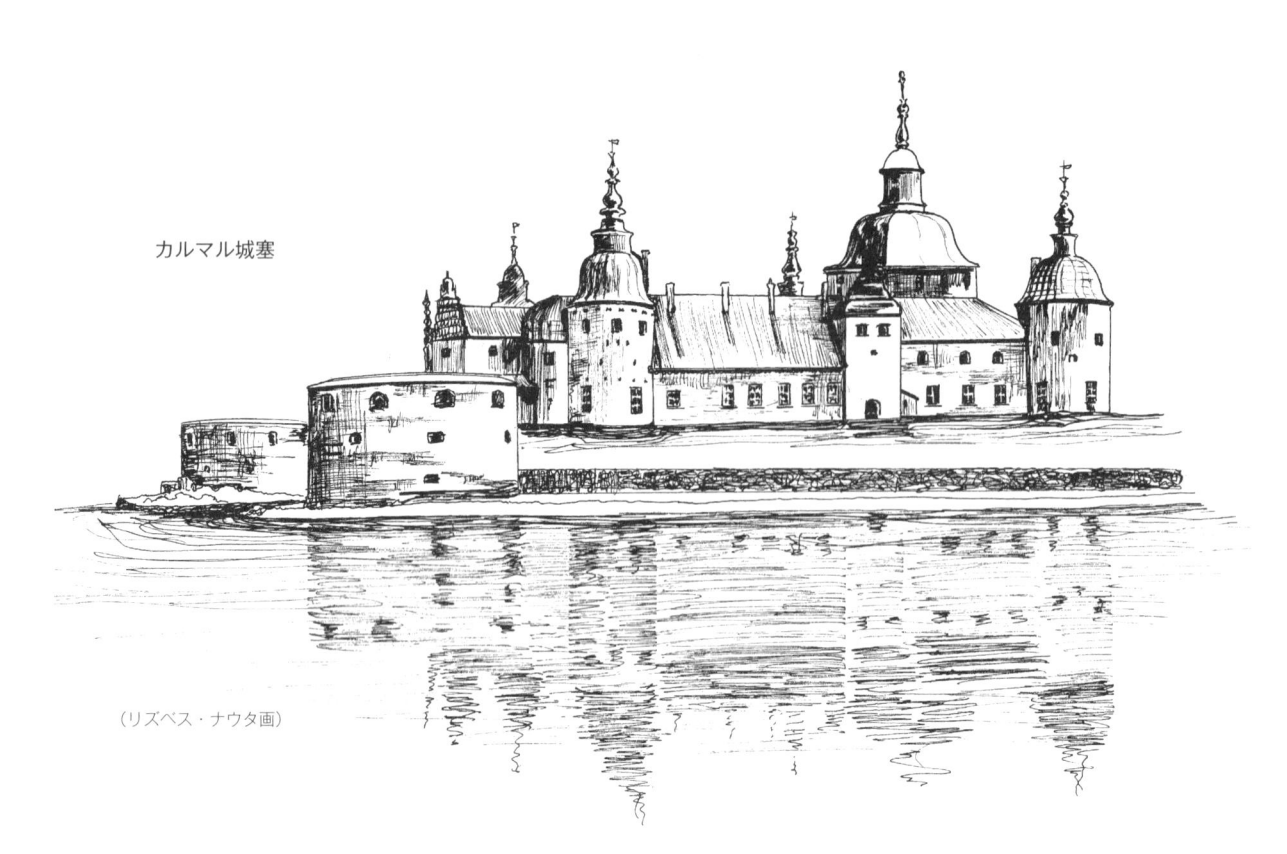

(リズベス・ナウタ画)

カルマル城塞：スウェーデン

12世紀末の城塞は13世紀に再建され、16世紀に大きな変更が加えられた。

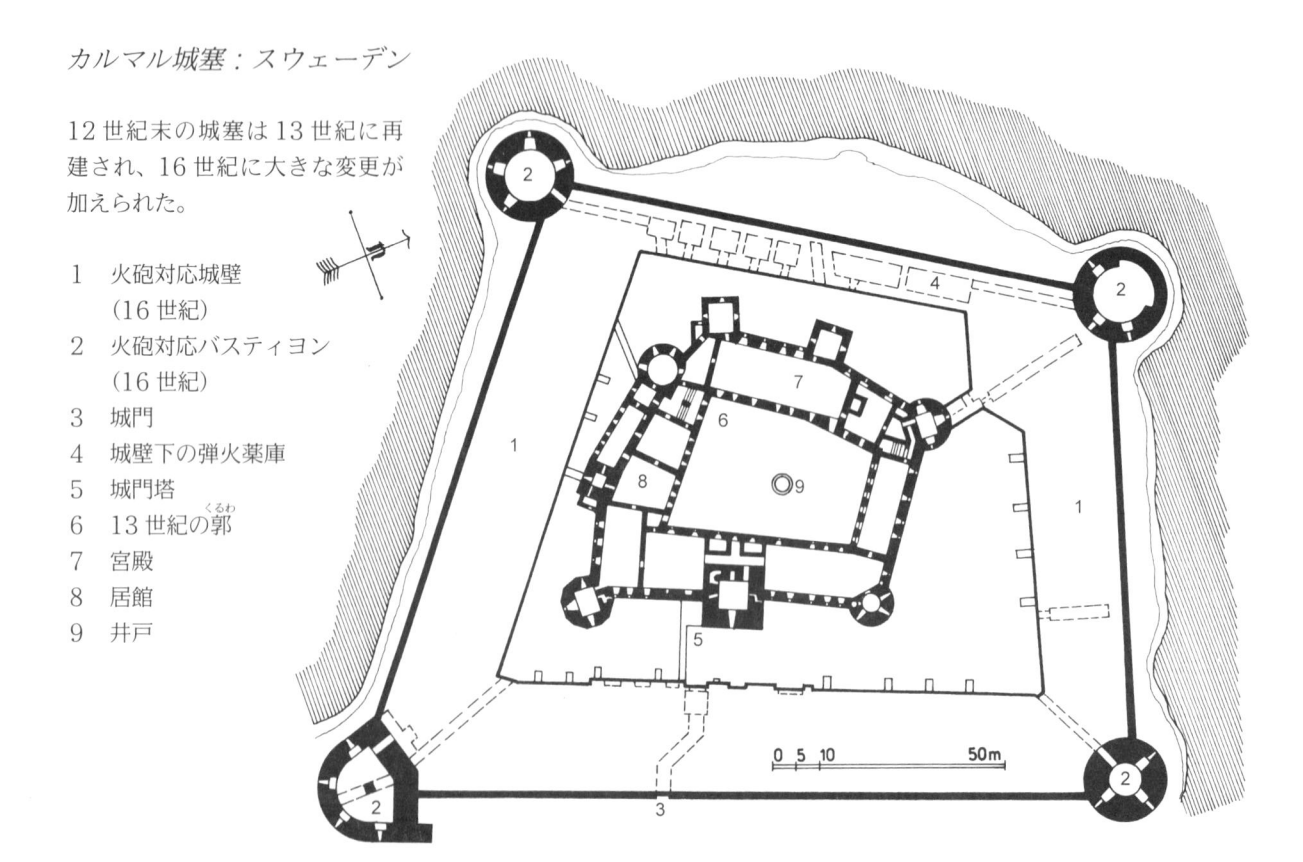

1　火砲対応城壁
　　（16世紀）
2　火砲対応バスティヨン
　　（16世紀）
3　城門
4　城壁下の弾火薬庫
5　城門塔
6　13世紀の郭（くるわ）
7　宮殿
8　居館
9　井戸

スカンディナヴィア諸国とフィンランド

　この地域の築城の歴史はもつれにもつれ混乱している。中世盛期の初期にはデーン人が支配し、スウェーデン人は14世紀まで強力な王国を建国していなかった。1397年、デンマークの君主マルグレーテ女王（実権は握ったが「女王」だったわけではない）が主導したカルマル連合によりノルウェー、スウェーデン、デンマークの諸王国が統合された。同じ頃、メクレンブルク公の息子がストックホルムを確保し、スウェーデン王位継承を主張した。このときに城塞の数が増加し、その多くは私的に建設された。スウェーデン南西部の海岸地帯で狭い海峡のデンマークの通行税徴収所として使われたのは12世紀の築城の廃墟群だった。1370年、デンマーク王ヴァルデマー4世は煉瓦造陣地を再建し、そこに厚い城壁を設けたが、スウェーデンで本格的に城塞建設が始まったのは1250年以降である。

　スウェーデン最古の城塞の一つは**カルマル**の13世紀の築城で、南東部の海岸に立地している。1250年代くらいに建設されたものと思われる。最古の構築物は円形平面の城塔であり、現在はもう残っていない他のいくつかの建造物と同じころに建設された。

　当初、この城塞はスラヴ人の海賊活動を阻止するために使われていた。世紀末にはアンサントとそこから突出した円形平面の側防城塔が竣工し、西側城壁に城門棟が増築された。城塞は独自の堀に囲まれ、城塞が建つ島のほとんどを占めている。デザインはエドワード朝の城塞群の影響を受けたものと思われ、他のスウェーデンの城塞群と同様、カルマル城塞も城壁町の近くに建っている。町の築城は14世紀初頭に建設された。小塔群の城塞側には壁体がなく、小塔から町のカーテン・ウォール前面に沿って側射が可能だった。

　海峡を渡ったエーランド島にはカルマル城塞と同じ形式で建設された**ボリホルム城塞**が建つ。だが、ここでは大規模な円形平面の城塔はカーテン・ウォールの内側にそびえたち、大規模な隅部城塔1棟がほぼ方形平面のアンサントから突出している。「スウェーデンへの鍵」とよばれるボリホルム城塞は多くの攻囲戦にみまわれ、多くの改修を施された。城塔を火砲に対応させたのもその一環である。興味深いことに、13世紀半ばに建てられた円形平面の城塔と同じ形式のアンサントを備えた同様の築城がストックホルムにも建設されたが、この城塞は煉瓦造だった。ボリホルム城塞と同様、**ストックホルム城塞**も島の上に建っていた。ストックホルムは1250年代に城塞と町壁を備えるにいたったのである。

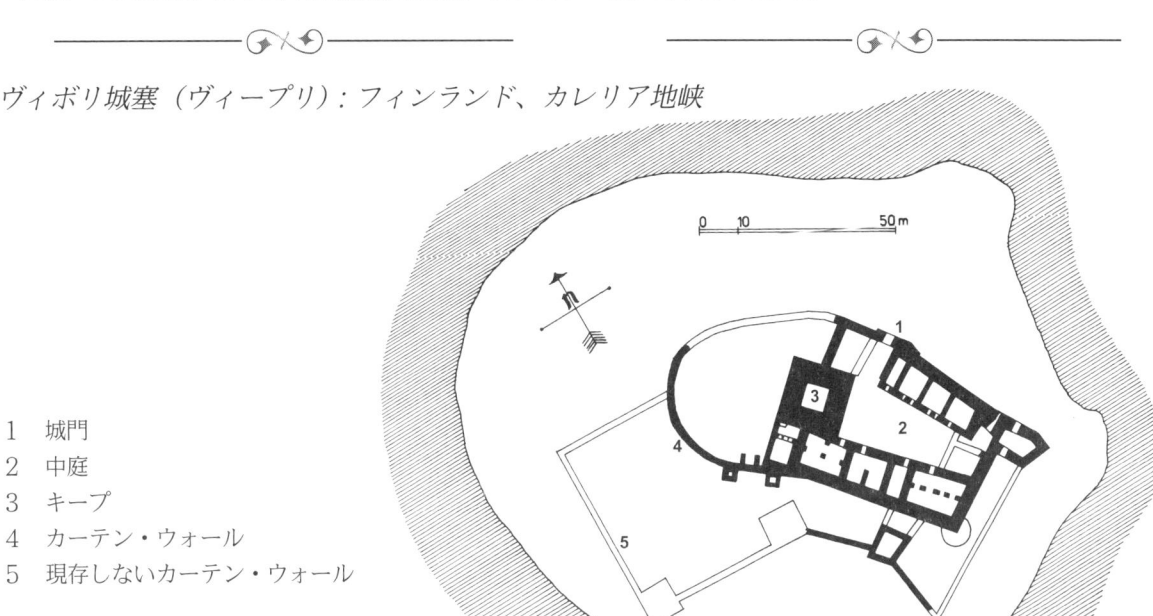

ヴィボリ城塞（ヴィープリ）：フィンランド、カレリア地峡

1　城門
2　中庭
3　キープ
4　カーテン・ウォール
5　現存しないカーテン・ウォール

ローセボリ城塞：フィンランド

ローセボリ城塞：フィンランド
1374年に建設された大規模な方形平面の花崗岩(かこうがん)の城塞で、スウェーデン王の代理官がフィンランド南部を統治するために使用した。（ヤロスラフ・ホルゼバの御厚意により写真掲載）

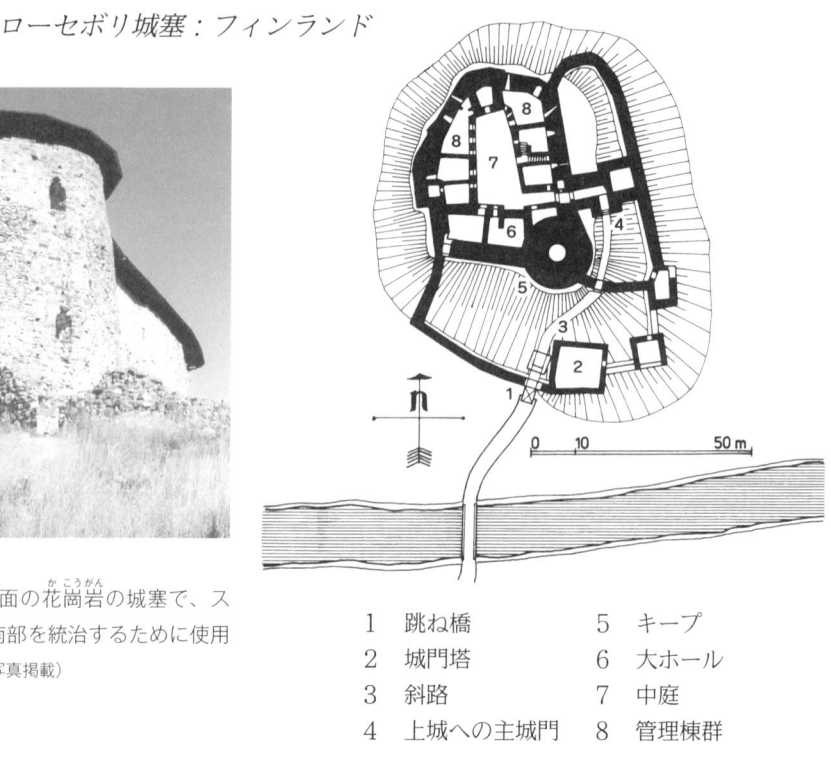

1　跳ね橋　　　　　5　キープ
2　城門塔　　　　　6　大ホール
3　斜路　　　　　　7　中庭
4　上城への主城門　8　管理棟群

ここで触れた3棟のスウェーデンの城塞の中で、カルマル城塞だけが今日でも当初の防御施設を残している。

スウェーデン人はフィンランドを征服したとき、築城によってその支配力を強くした。カレリア地峡の鍵となる交易地点である**ヴィボリ**（フィンランド語でヴィープリ）にて、1293年にスウェーデン人たちは小さな島の上に強力な城塞を建設している。当初のカーテン・ウォールは長方形平面のベイリーを囲っていた。後に4層構成で高さ約20mの大規模な方形平面の城塔が建設されている。城塔の壁体の厚さは約3m、幅は約15mだった。14世紀には交易が増大してヴィボリの町が創設されるにいたっているが、その城壁は次世紀後半にようやく建造された。

ローセボリ城塞は14世紀後半に建設された沿岸城塞である。ヘルシンキ西方に位置し、当時は水に囲われていた小さな岩山の上に建っていた。スウェーデン人たちはこの陣地からハンザ同盟の海港都市レヴァル（現在のエストニアの首都タリン）の支配に挑戦することが可能になったのである。スウェーデン人たち、デーン人たち、そして海賊たちは皆16世紀初頭まで、この鍵となる陣地を確保しようと試みたのだった。

ヘーメ城塞はフィンランドに建設されたもう一つのスウェーデンの城塞であり、フィン人たちに対して13世紀初頭に十字軍遠征が行われた際に、ある伯によって建てられた。1260年にこの城塞が初めて創建されたときには、高さ7m、各辺約33mの城壁がめぐり、3棟の城塔を備えた築城野営地だった。1270年から1300年にかけてグレイストーン要塞、すなわち、アンサント内部の複合広間群が増築されている。1300年から1350年にかけてキープとして機能した城門塔が建造された。この城塔は煉瓦造だったが上階だけは木造だった。1330年から1500年にかけて、城塞全体がゴシック様式の煉瓦造に改築されている。また、拡張され、火器への対応も図られた。

オラヴィンリンナ、すなわちオローフの城塞は1475年にエーリク・アクセルソン・トットによって、フィンランドに建設されている。彼はデンマークの騎士であり、ヴィープリ（ヴィボリ）城塞の総督で、モスクワ大公国との係争地帯においてスウェーデンの東部境界地帯を防衛することが目的だった。エーリクはヴィープリ（ヴィボリ）の都市の周囲に石造城壁を建設しはじめ、その総延長は約2kmにも及び、城塔も備えていた。次にキュレンサルミの小さな岩島の上にオローフ城塞を建造している。建設者たちは木造防御施設に防護されながら作業した。この城塞はルーシ族たちの敵意に満ちた急襲を抑止するために建造されたのである。オローフ城塞は中世の戦争と火薬を使った戦争の間の過渡期の例であり、円形平面の城塔は大砲に適応している。1481年にエーリクが没すると、彼の弟が跡を継いで城塞の工事を継続し、1490年代には構築物の大部分が竣工した。城塞の海側には3基の大バスティヨンが並び、その他の側では高さ20mの中世の城壁城塔が3棟、胸壁の層の上にそびえたっている。バスティヨンおよび城塔にも多年を経て大砲が搭載された。中世の城壁は高さ10m以上もそびえたち城塔群を相互に連結していた。島に立地しているために坑道戦は不可能であり、城壁は中世の戦闘装置の射程外となっていた。城塞に対して効果的に戦いを挑むことができた唯一の兵器は、大砲だったのである。

1495年、スウェーデン人たちが聖オローフの引き渡しを拒否した後に戦争が勃発し、ヴィープリ（ヴォボリ）がルーシ人たちよって包囲された。オローフ城塞では司教ピエタリ・キュリエイネンが農民部隊を含む約150の兵からなる守備隊を指揮下に置いていた。城壁に対するルーシ軍の大規模な攻撃が失敗に終わった後、司教は麾下の兵を用いてヴィープリ（ヴィボリ）を攻囲しているルーシ軍に長駆してソルティ（突撃）をかけて攻撃し、ついには攻囲の放棄を余儀なくさせている。ルーシ軍は1496年初頭に再び来攻し、退却する前に城塞に派兵された救援軍を全滅させた。ルーシ軍は夏にまたも来攻し、城塞攻略のための本格的な努力をなおも重ねたが失敗している。次世紀にオローフ城塞はさらなる改修が施され、境界地帯の陣地として重要な役割を果たし続けた。

オローフ城塞：フィンランド

（ヴォイチェフ・オストロフスキ画）

カルルシュテイン城塞：ボヘミア

1　城塞の最初の入口として機能した「ウルスラ会士の門」
2　中庭
3　中庭
4　大城塔
5　中庭
6　小城塔
7　皇宮
8　中庭
9　城門塔
10　井戸の塔

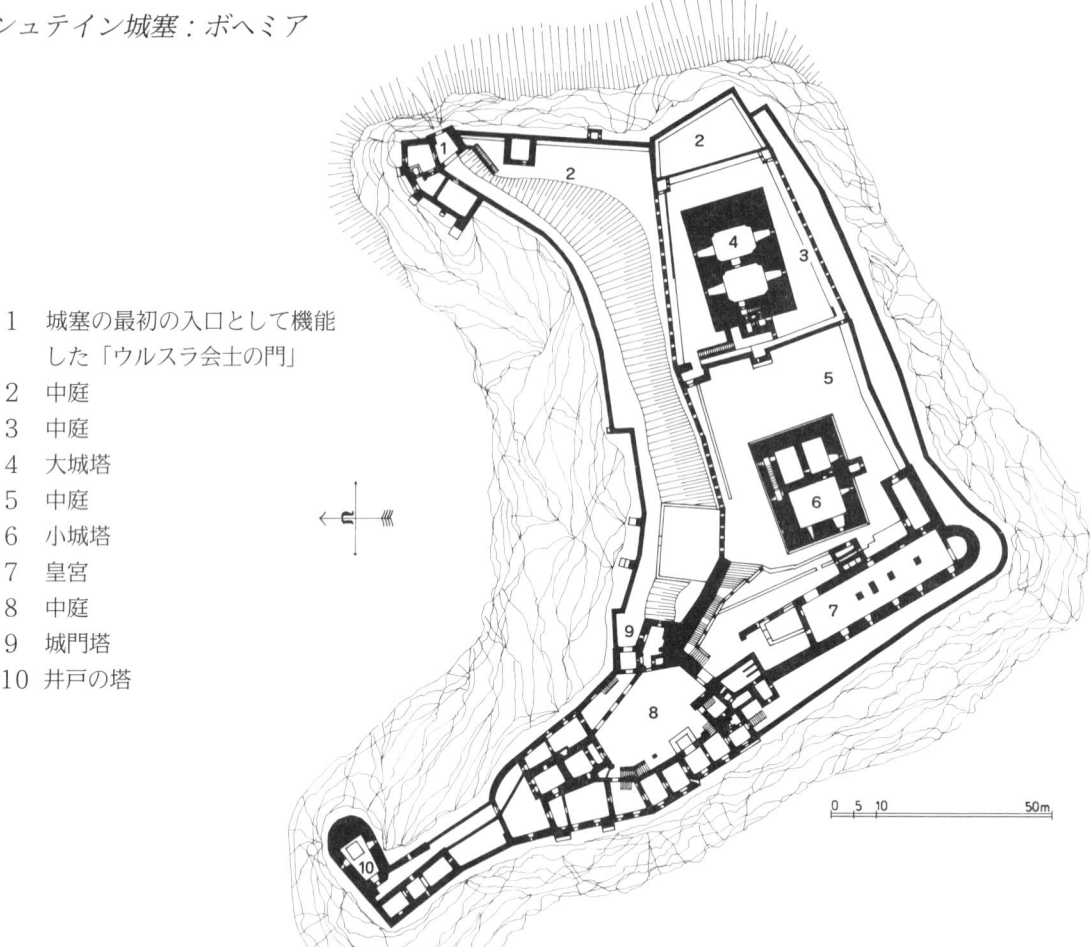

カルルシュテイン：ボヘミア（下・右）

この丘上城塞は14世紀半ばにハンガリー王によって着工された。写真の左方には円形平面の城塔を備えた皇宮、右方には聖母マリア教会堂とともに小城塔がみえる。

中庭の方から内城門への眺望。右後方には小城塔、左後方には大城塔がみえる。

中央ヨーロッパ

今日のチェコ共和国とスロヴァキアの領域には多くの城塞があったが、ほとんどは大きく改修されたり廃墟と化したりしており、当時のままの姿はほとんど残っていない。

ボヘミアの**カルルシュテイン城塞**はチェコ共和国内最大級の城塞として傑出している。この城塞は 1348～1357 年に、神聖ローマ皇帝カール 4 世でもあったボヘミア王カレル 1 世によって建設された。城塞の目的は主要街道を防護し、皇帝の宝物と宗教上の聖遺物を防備することである。山頂に位置し、高さ 37 m に及ぶ量感あふれる 4 層構成の「大城塔」と、その名とは裏腹にやはり量感あふれる「小城塔」があった。皇宮は城塞の南側城壁に沿って建ち、伝説によれば城塞の南西隅にある円形平面の井戸内蔵の城塔は、川に通じる地下通路とつながっているという。4 番目の円形平面の城塔は皇宮の隅部にそびえたち、5 番目の城塔は、南側城壁に沿って建つ司令官の居館付近にある。カルルシュテイン城塞の防御施設には一時は木造櫓も含まれていて、典型的なドイツ中央部の城塞だと考えられる。フス戦争で攻囲されたが、首尾よく持ちこたえた。

カルルシュテイン城塞

スロヴァキアで最も興味深い中世城塞の一つは**スピシュスキー・フラド（スピシュ城塞）**であり、ハンガリーとバルト海を結ぶ交易路を望む高所に位置している。この拠点に最初に防御陣地を建設したのはハンガリー人で、大規模な石造城塔が海抜 634 m となる最高点に建っていた。城塔は木造パリサードに周囲を囲われていた。これらの築城は 12 世紀の地震によって倒壊したので、13 世紀にこの拠点に大規模な石造城塞とロマネスク様式の宮殿が建造されている。1242 年にモンゴル人たちがポーランド王国とハンガリー王国を駆け抜けて行ってもスピシュスキー・フラドは無傷のまま残されていたが、王は城塞防御施設の改良のためにイタリアの工匠たちを招聘した。14 世紀には最初の城塞付近に第 2 の城塞が建設され、これは現在「下

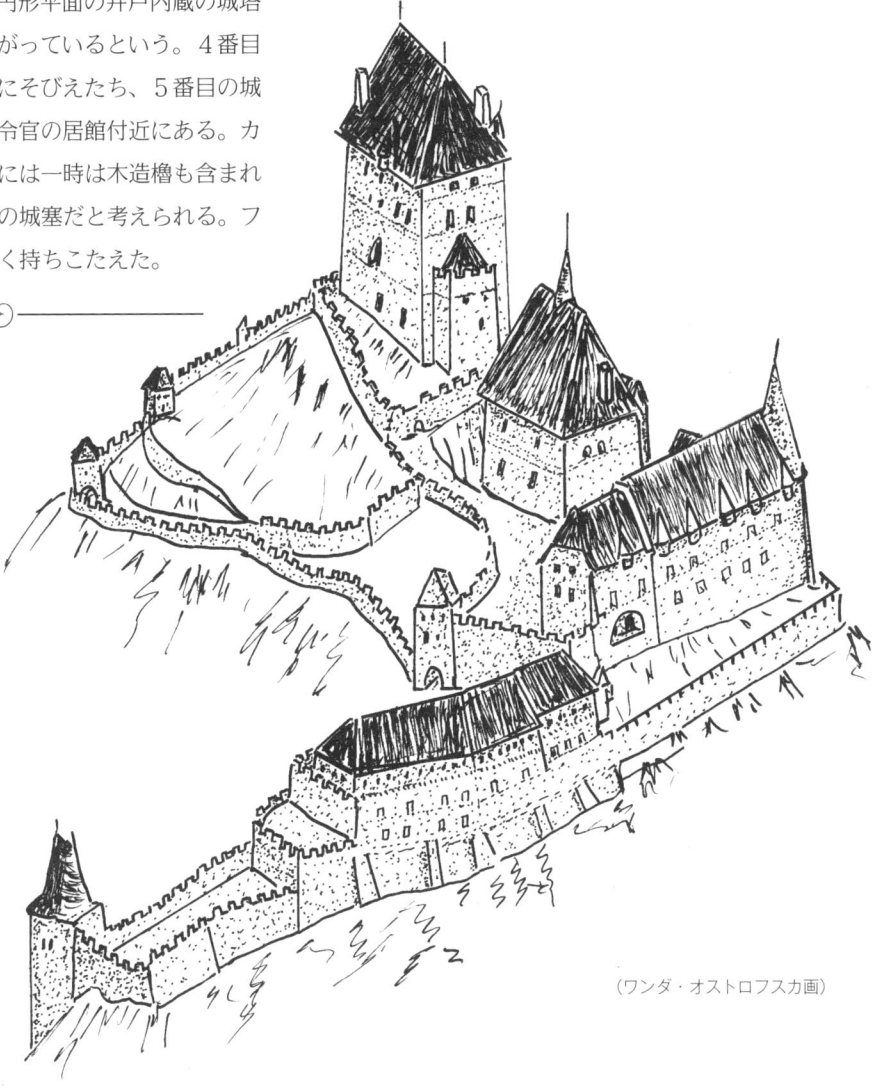

（ワンダ・オストロフスカ画）

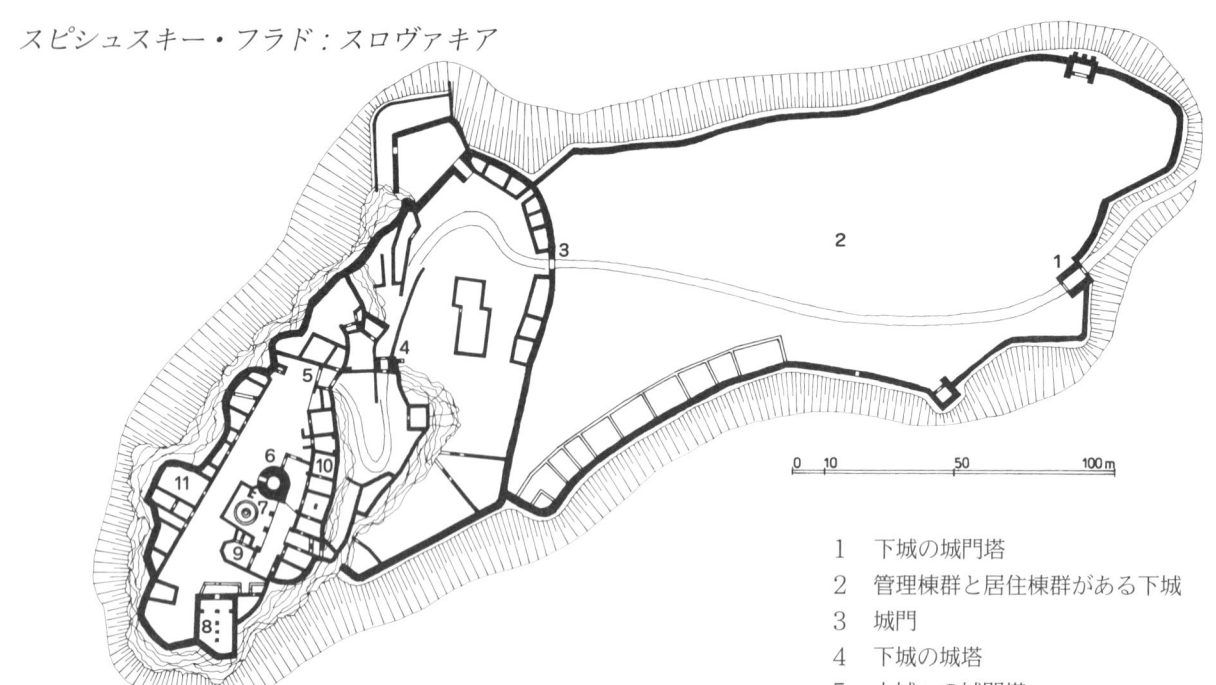

スピシュスキー・フラド：スロヴァキア

1　下城の城門塔
2　管理棟群と居住棟群がある下城
3　城門
4　下城の城塔
5　上城への城門塔
6　キープ
7　貯水槽
8　大住居
9　礼拝堂
10　居住棟群
11　管理棟群

スピシュスキー・フラド
廃墟内側の眺望。
(© Carmen Redondo/CORBIS)

城」とよばれている。2棟の方形平面の城塔と1棟の城門棟が設けられたカーテン・ウォールによって、広大な区域が囲われた。15世紀末には「上城」が再建され、フス派の中心拠点として使われている。次世紀には城塞複合建造物群全体がさらに改良され、火砲への対応が図られた。また、宮殿は工廠(こうしょう)に転用されている。

ハンガリーも城塞が豊富で、中世末期にその多くがトルコの猛攻に対して抗戦している。ブダペシュト北方のドナウ川に面した**エステルゴム城塞**は10世紀に古代ローマ要塞の敷地に建設され、12世紀にはベーラ3世王の下で堂々たる複合建造物群となった。創建当初から歴代ハンガリー王の王宮として用いられ、1000年に聖王イシュトヴァーンの戴冠式の舞台となっている。「城塞の丘」の頂上に位置し、川を望む大規模な多角形平面の城塔、城壁に囲われた囲郭(エンクロージャー)、いくつかの大規模な建造物群と城塔群を備えていた。中世後も増築を重ね、15世紀半ばには真の宮殿複合建造物群へと変貌していた。

ブダ城塞はペシュトの古い市街地からドナウ川を渡ったところにある「城塞の丘」の上に立地しており、モンゴル人たちの侵略の後にベーラ4世王によって建設された。14〜15世紀にゴシック様式の宮殿が増築されたが、17世紀にトルコ軍によって破壊され、その後に再建している。中世城壁の何箇所かは修復されている。

その他のハンガリーの著名な城塞としては11世紀の**ヴィシェグラード城塞**がある。14世紀に王宮として用いられ15世紀に拡張された。ドナウ川と都市を望む高い丘の頂上に建ち、下には堂々たるソロモン塔が建設されている。

さらに南方のスロヴェニアでは**ブレッド城塞**が、ブレッド湖に臨んで建っている。この11世紀初頭の城塞はスロヴェニア最古のものであり、断崖からそびえたっている。歴史に初めて登場するのは、1011年に神聖ローマ皇帝ハインリヒ2世がブリクセン司教にブレッドを授与したときである。城塞には下ベイリーと上ベイリー、それにカーテン・ウォールが設けられている。下ベイリーの城壁には、断崖付近に建つゴシック様式の円形平面の城塔と城門塔が設けられており、城壁の方はロマネスク様式である。上ベイリーにはゴシック様式の礼拝堂と居館があった。

さらにスロヴェニアには**リュブリャナ城塞**のような城塞群もある。リュブリャナ城塞の大部分は再建されたものだが量感あふれる砦だ。**ツェリェ城塞**も岩がちな断崖の頂上に建設され、この地域最大級の城塞だが、1400年に放棄された。大規模な長方形平面のキープがあり、尾根の頂部に沿ってカーテン・ウォールが囲んでいる。他にもいくつかの城塔があり、一端には方形平面の石造城塔が、離れた位置の細長いベイリー内にあるモットの上に建っている。

ブダ城塞
この南西隅部城塔は第2次世界大戦後に再建されたものである。(サボー・クリストーフの御厚意により写真掲載)

ヴィシェグラード城塞：ハンガリー

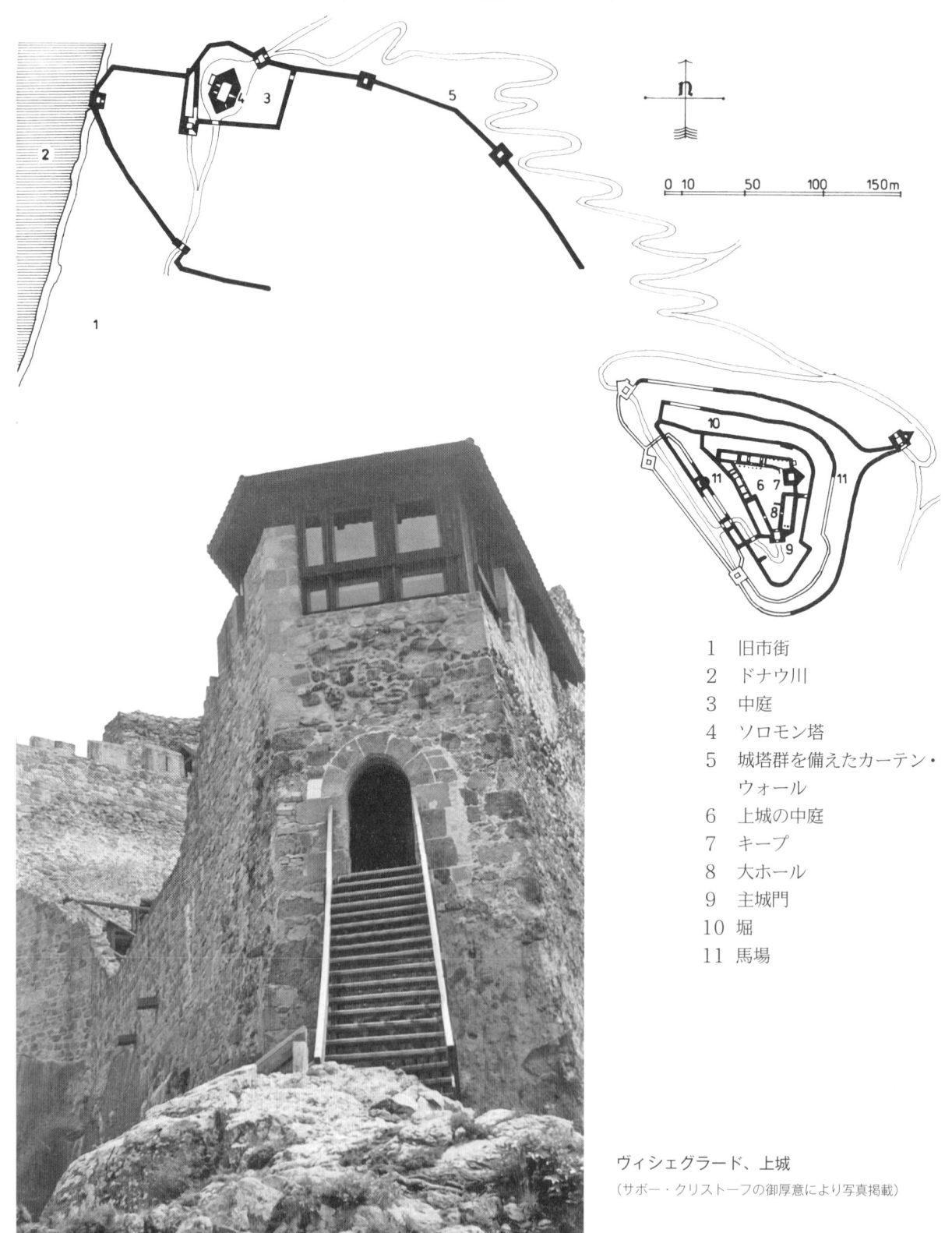

1　旧市街
2　ドナウ川
3　中庭
4　ソロモン塔
5　城塔群を備えたカーテン・ウォール
6　上城の中庭
7　キープ
8　大ホール
9　主城門
10　堀
11　馬場

ヴィシェグラード、上城
（サボー・クリストーフの御厚意により写真掲載）

中世の城塞と築城——中央ヨーロッパ　　　249

ブレッド城塞：スロヴェニア

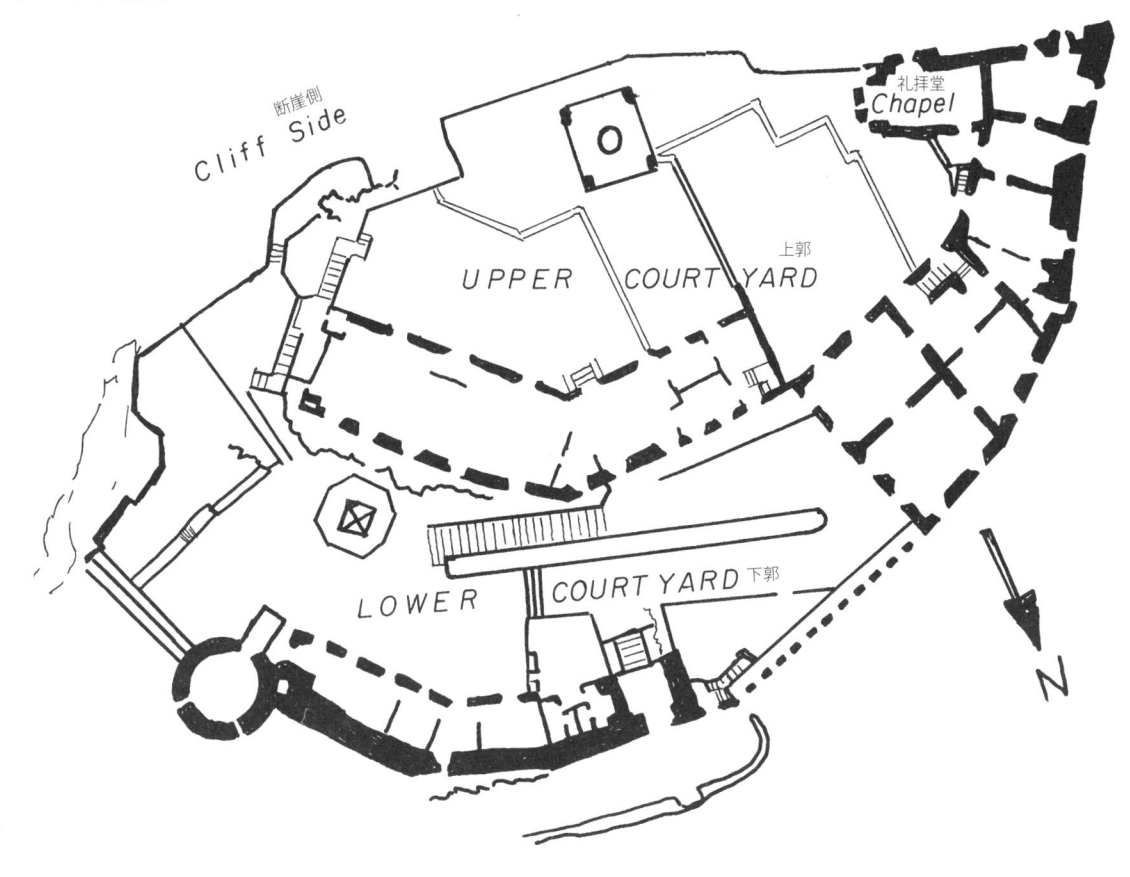

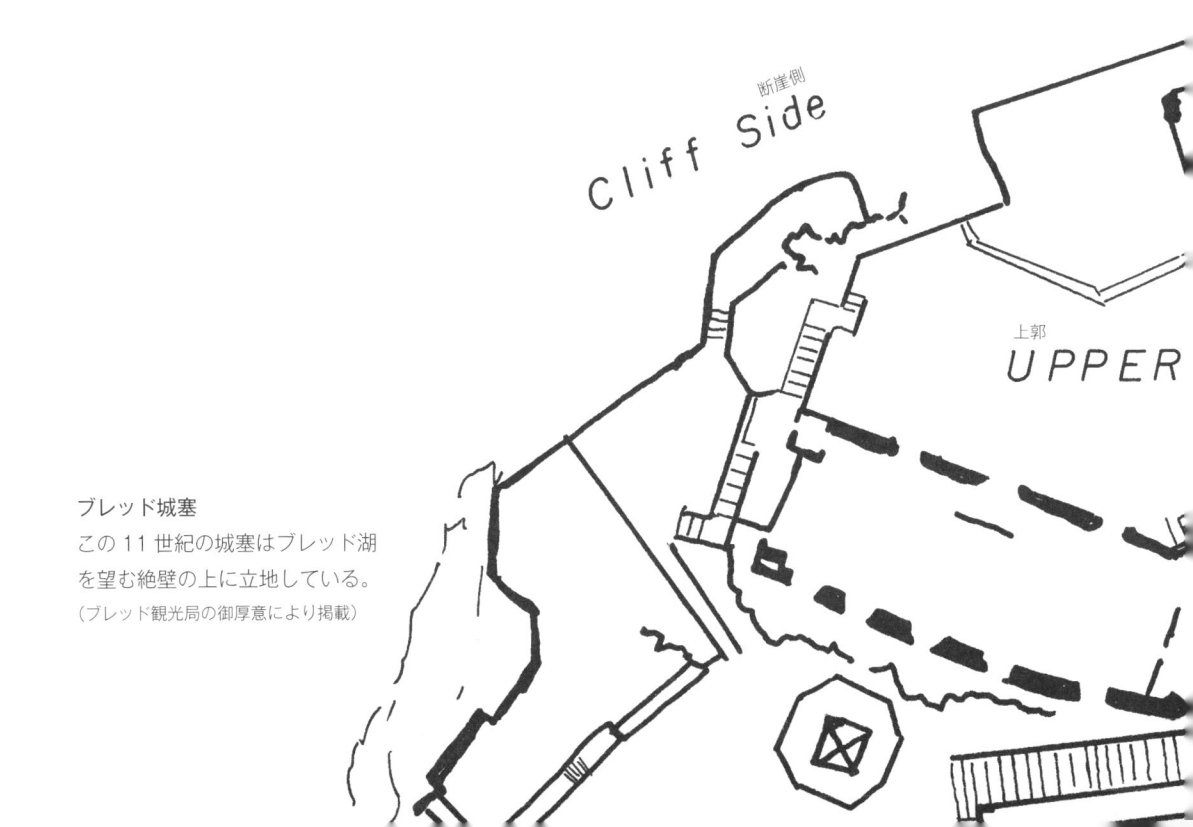

断崖側 Cliff Side
礼拝堂 Chapel
上郭 UPPER COURT YARD
下郭 LOWER COURT YARD
N

断崖側 Cliff Side
上郭 UPPER

ブレッド城塞
この11世紀の城塞はブレッド湖を望む絶壁の上に立地している。
（ブレッド観光局の御厚意により掲載）

ベンジン城塞：ポーランド（P256 参照）

ポーランド

ポーランドには保存状態が様々な、多くの城塞がある。この国の境界と政治状況が幾世紀にもわたって大きく変化したために、これらの城塞群の多くは国家の発展において重要だったのである。

ポーランドで最も堂々たる中世の拠点は**クラクフのヴァヴェル城塞**であり、ヴィスワ川を望む岩丘の上に建っている。1050年代から1500年代まで王宮として用いられ、10世紀のピアスト朝歴代の王はここから国を支配していた。この時代には石造でその居館を建設し、土と木材でできた築城によって周囲を囲んだ。陣地は「下城」と「上城」に分かれ、その間は堀によって隔てられていた。居館と司教座聖堂（現在は大司教座聖堂）は上城に配されている。幾世紀にもわたっていくつかの石材と煉瓦でできた陣地が増築されていったが、最大の変化がもたらされたのは1320年以降のことだった。このときに外部防御施設も含む城塞全体が、ゴシック様式による石造で再建されたのである。14世紀半ばにカジミェシュ大王がこの拠点を拡張し、新たな教会堂と2棟の最も高い防御城塔を増築した。中世の後にはフランス王のシャトーの多くに用いられた様式が採られ、ヴァヴェルは城塞というよりも宮殿といえるものになっていった。

ラジニ・ヘウミニスキ城塞は13世紀にドイツ騎士団によって建設された、木造および土造の城塞だった。14世紀には煉瓦造で建設され、騎士団の軍司令官の本拠地となった。17世紀の戦争でスウェーデン軍により甚大な損害を被っている。

オグロジェニェツ城塞はクラクフとチェンストホヴァの間の、石灰岩層のなかの小さな丘の上に建つ騎士の城塞である。ヴロデク・スリムチクによって建設された。彼の子孫が1470年までここに居住したが、クラクフ出身のある一族に売却している。次世紀に再建されてルネサンス様式の構築物に姿を変えたが、侵略してきたスウェーデン人たちによって17世紀と18世紀初頭の2回破壊された。丘上に位置する大規模な複合建造物群であり、背後から入る形に配置された城門棟といくつかの円形平面の城塔が設けられている。

ラジニ・ヘウミニスキ城塞：ポーランド

1 キープ
2 司令官の広間
3 教会堂
4 食堂
5 衛生塔
6 ギャラリー（歩廊）
7 中庭
8 門
9 跳ね橋
10 中庭
11 カーテン・ウォール
12 堀
13 外岸壁
14 下城

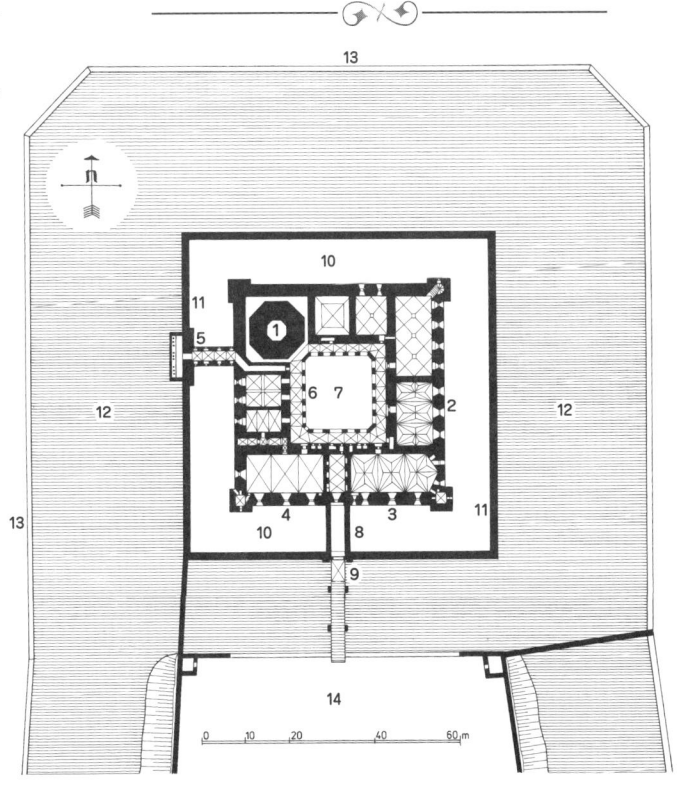

クラクフ市：ポーランド

各バスティヨンは、そこの防衛を担当する町の区域と住民集団に応じて命名されていた。

1～19　バスティヨン群（中世に着工し17世紀を通じて増築されていた）
20　城壁
21～26　バスティヨン群
27　工廠の入った「大工たちのバスティヨン」
28　フロランスカ門
29　バービカン
30～44　バスティヨン群
45～47　ロンデル群
48　グロズカ門
49　ヴァヴェル城塞

クラクフのヴァヴェル城塞

A　上城
B　下城
C　都市
1　聖ゲレオン教会堂（11～12世紀）
2　宮殿（11～12世紀）
3　城塔
4　キープ（11～12世紀）
5　礼拝堂
6　カーテン・ウォール
7　城門
8　王の司教座聖堂
9　城塔群とバスティヨン群を備えたカーテン・ウォール
10　上城のカーテン・ウォール
11　城塞と市壁をつなぐ城壁
12　カジミェシュ塔
13　衛生塔
14　「デンマーク人の塔」
15～22　バスティヨン群
23　下城門
24　鐘楼
25　城塞（14～15世紀）
26　厨房
27　廷臣たちのための建造物群
28　聖職者居住区
29　1850年からオーストリア人たちによって建設された部分
30～32　オーストリア人たちによって建設されたバスティヨン群

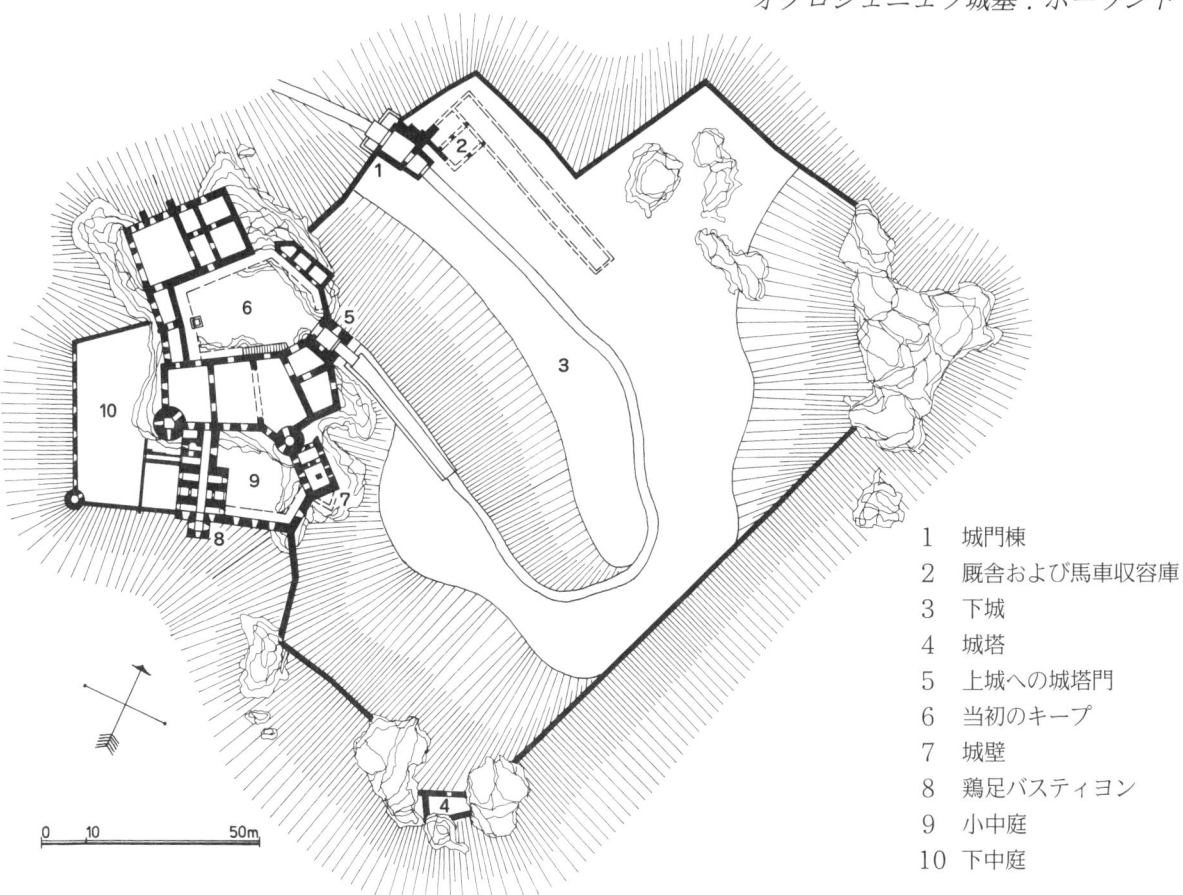

オグロジェニェツ城塞：ポーランド

1　城門棟
2　厩舎および馬車収容庫
3　下城
4　城塔
5　上城への城塔門
6　当初のキープ
7　城壁
8　鶏足バスティヨン
9　小中庭
10　下中庭

オグロジェニェツ城塞：ポーランド

（リズベス・ナウタ画）

オルシュティン城塞：ポーランド

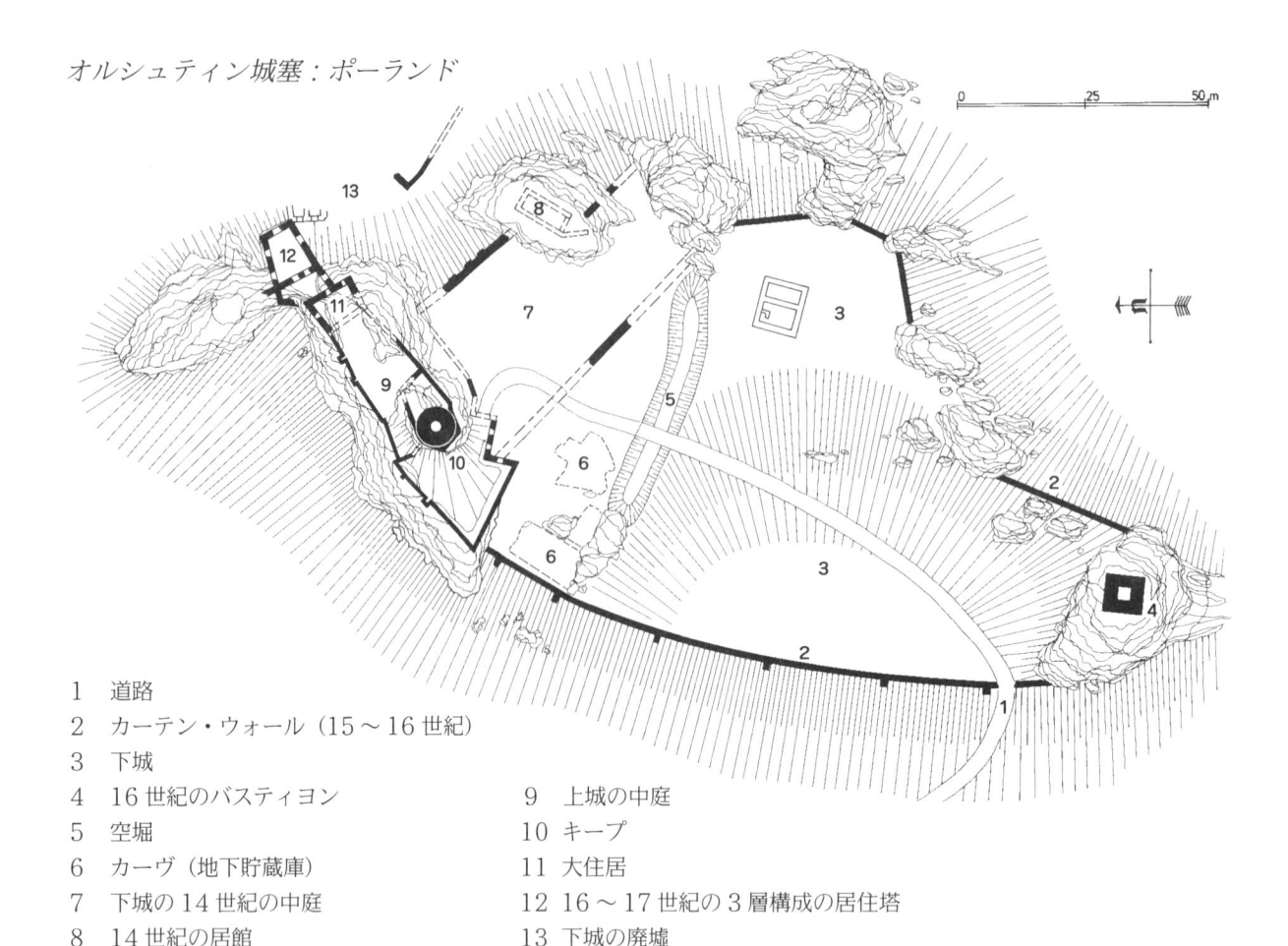

1 道路
2 カーテン・ウォール（15〜16世紀）
3 下城
4 16世紀のバスティヨン
5 空堀
6 カーヴ（地下貯蔵庫）
7 下城の14世紀の中庭
8 14世紀の居館
9 上城の中庭
10 キープ
11 大住居
12 16〜17世紀の3層構成の居住塔
13 下城の廃墟

オルシュティン城塞：ポーランド
この廃墟の写真の前面には居住塔（12）、その後方に大住居（11）、さらに後方にはキープ（10）がみえる。

15世紀半ばにスタニスワフ・シディオヴィエツキによって、騎士の城塞あるいはキープが、**シディウフ**の湖沼地帯の島の上に建設された。シディウフは城壁町であり、隅部に小さな城塞を備えている。町壁はシナゴーグ（ユダヤ教の会堂）と教会堂、そして町全体を囲っている。残存している城門棟の一つは、内部の防御上の工夫や2棟の観測用小塔とともに今もなお、極めて堂々たる佇まいである。

オルシュティン城塞は12、13世紀のグラードの敷地の石灰岩層の上に、カジミェシュ大王によって建設された王城である。クラクフの西方に位置し、境界地帯の城塞として機能した。2棟（3棟ともみなせる）の城塞群で構成され、正確には複合建造物群である。14世紀に建てられた城塞最古の「上城」が丘の頂上に建ち、円形平面の城塔や大規模な石造構築物がある。地元の石灰岩で長方形平面に建設された。南西隅の円形平面の城塔は高さ約20mで、付近の入口を守っている。城塔の入口は地上8mにあり、胸壁からは息をのむような周辺地域の眺望をほぼ望むことができる。この城塔からはさらに6mの15世紀の八角形平面形態の増築物がそびえていた。城塔の背後には石造建造物に囲まれた小さな中庭があり、方形平面の居館があったが、やがて2棟の大規模な3層構成の建造物に、さらに後には居住城塔に更新された。「下城」は上城の4倍の規模で形は不規則であり、カーテン・ウォールに囲われていた。15～16世紀に建設され、二つのベイリーで構成され、おそらくは南側に入口があった。それぞれ城壁と堀に囲われた外塁が2カ所増築されてバービカンとして使われた。1393～1396年の境界紛争の結果、ポーランド人とハンガリー人がオルシュティンを支配下に収めようとして戦っている。15世紀にこの拠点が大きく成長するとともに歴代シロンスク公が城塞に何度か攻撃をかけた。1488年に丘の麓に町が創設され、城塞は1550年代に拡張され再建された。1587年にマクシミリアン・フォン・ハプスブルクによって攻囲され、甚大な損害を被っている。17世紀にはスウェーデン人たちが、ポーランドの他の多くの築城拠点と同様に、この拠点を破壊しようとした。

シディウフ：ポーランド

シディウフ：ポーランド
17世紀にスウェーデン人たちによって破壊され、後に再建された精妙なる市門。

1　都市
2　市壁
3　城塞のカーテン・ウォール
4　城門棟
5　大ホール
6　16世紀に宝物庫に転用された城塔
7　中庭

ポーランドのもう一つの著名な城塞に、14世紀の半ばにカジミェシュ大王によって建設された**ベンジン王城**がある。この城塞の、クラクフとカトヴィツェの間のシロンスク方面への主要な十字路を望む位置に10世紀のグラードがあったが、12世紀に破壊された。1228年に石造基礎を備えた木造城塞と石造城塔がこの拠点に建てられたが、1241年にモンゴル軍の焼き討ちにあった。カジミェシュ王は1358年に木製城塞を石造にして、シロンスク方面からの攻撃に対する防衛を強化しようとしている。アンサント内側のこの拠点最古の構築物は大規模な円形平面のキープで、壁体の厚さは4m、高さは現在の2倍あった。大規模な方形平面の城塔には城塞の居館があり、壁体の厚さが4mの別の城塔がキープに付属していた。これら2棟の城塔は跳ね橋によってつながって内ベイリーを形成しており、高さ8〜12mのカーテン・ウォールで囲われていた。高さ約5mの第2のカーテン・ウォールが外ベイリーを形成していた。深い堀も設けられ、川側では第3の城壁が市壁と城塞のカーテン・ウォールをつなげている。ベンジンの市壁は1364年に初めて建設された。川側から2棟の城門を通って城塞に入ることができる構成で、城門はカーテン・ウォールの胸壁によって防御されていた。

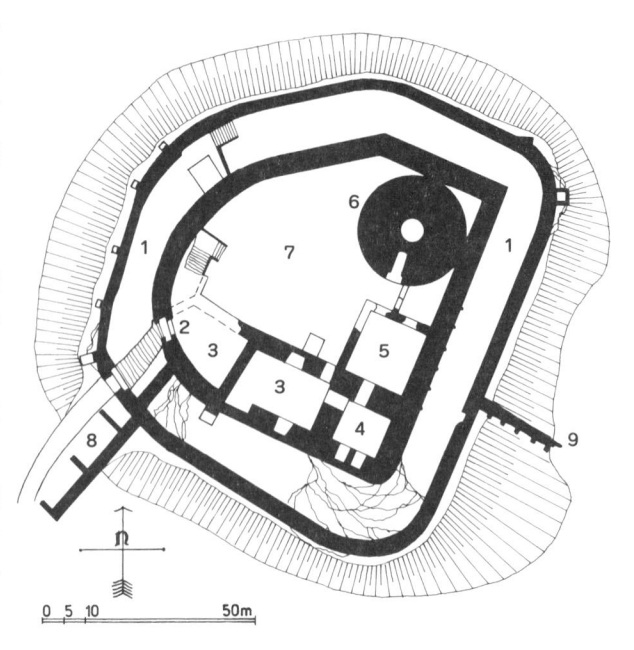

ベンジン城塞：ポーランド

1　外ベイリー
2　主城門
3　大ホール
4　方形平面の城塔
5　管理棟
6　キープ
7　内ベイリー
8　門前
9　カーテン・ウォール

ベンジン城塞：ポーランド

チェルスク城塞はワルシャワ南方のヴィスワ川を望む断崖の上に建設された。現在の城塞は人工の丘の上に建っている。この丘は橋でつながった上下ベイリーからなる従来のグラードの城壁を崩してできたものである。チェルスクはヴィスワ川の水運とそれをまたぐ陸路という2本の交易路が交わるところにできた、市場広場の場所に立地している。11世紀末にボレスワフ勇敢王は市場広場と村落の防備のためにグラードを増築した。この村落は6世紀以降この場所に断続的に存在していたのである。楕円形平面形態のグラードは三方を地形により、町へといたる側は土塁によって防備されていた。かつては川を望んでいたが現在は当時とは位置が変わっている。

14世紀末にはチェルスク城塞全体が再建され、この地域最初の煉瓦造築城となった。土と木材でできたグラードの城壁は取り壊され、新たな石造構築物の基礎として用いられている。それゆえ基礎に従来の築城のだいたいの輪郭をうかがうことができる。城壁の最長部分は西側の約50mであり、東側は40mで全体に台形を描いている。城壁の厚さは北東側で1.8mあり、石造基礎の上に設置されている。この石造基礎の方は従来のグラードの上に築かれている。城壁から突出した4層構成で方形平面の城門棟の高さは一時22mにも及び、壁体の厚さは3m以上ある。ポテルヌ（埋み門）と跳ね橋を備えた正規の入口が設けられているが、落とし扉はない。上階には警備隊長の居住区があった。胸壁には恒久的な木造櫓と高い切妻屋根が設けられていた。だが、これらの櫓が実際に軍事目的で使われたのか、それとも16世紀に装飾として増築されたのかについては議論が別れるところである。16世紀には屋上の床も増設されたものと思われる。カーテン・ウォールはおそらく高さ約10mで、南隅と西隅で城壁から突出した2棟の円形平面の城塔も同じ高さだったと思われる。アリュール（歩廊）へは階段を登って上がることができ、城塔群からも行くことができた。南城塔にはほとんど開口部がなく、防御陣地ではなかったと思われる。円形平面の城塔2棟は多層構成であり、その高さは14世紀以降に増強されたと思われる。どちらにも木造櫓のための支持材が設けられていた。チェルスク城塞は17世紀にスウェーデン軍によって破壊された。

チェルスク城塞：ポーランド
入城門からの眺望。堀にかかった橋を通って入る。

ヘンチニ城塞：ポーランド

ヘンチニ城塞は細長い丘上城塞であり、14世紀以来、同名の町を望む尾根の頂部に沿って建設されてきた。城塞最古の部分は1300年にポーランドおよびボヘミアの王ヴァーツラフ2世の命により、クラクフ司教によって建設されている。ポーランド最強の城塞となり、1318年にはポーランド王の王室宝物庫となった。14世紀にはドイツ騎士団との戦争による重要な捕虜がここに収容されていた。東側部分の上郭は城塞最古の部分であり、両端に設けられた2棟の入口から入るようになっていた。それぞれの入口は大規模な円形平面の城塔によって防護されていた。15世紀に下郭と方形平面の城塔が、拡張されたアンサントの西端付近に増築されている。井戸付近のトンネルは下郭から丘の下のヘンチン教会堂へと通じている。下郭への主要入口は城塞の東側に開いていて、跳ね橋によって防備されていた。下階に礼拝堂、上階に宝物庫がある建造物が南側城壁に寄せて建設されている。上郭東端にある円形平面の城塔付近である。この城塔は最終防御拠点でもあり、第2層の窓からしか入ることができない。ここには防御側の糧食庫も配されていた。ヘンチニ城塞は1607年に炎上したが、攻囲によって攻略されることは決してなかった。2棟の高い円形平面の城塔の上階は第1次世界大戦のときに損害を受けて再建されたもののようである。

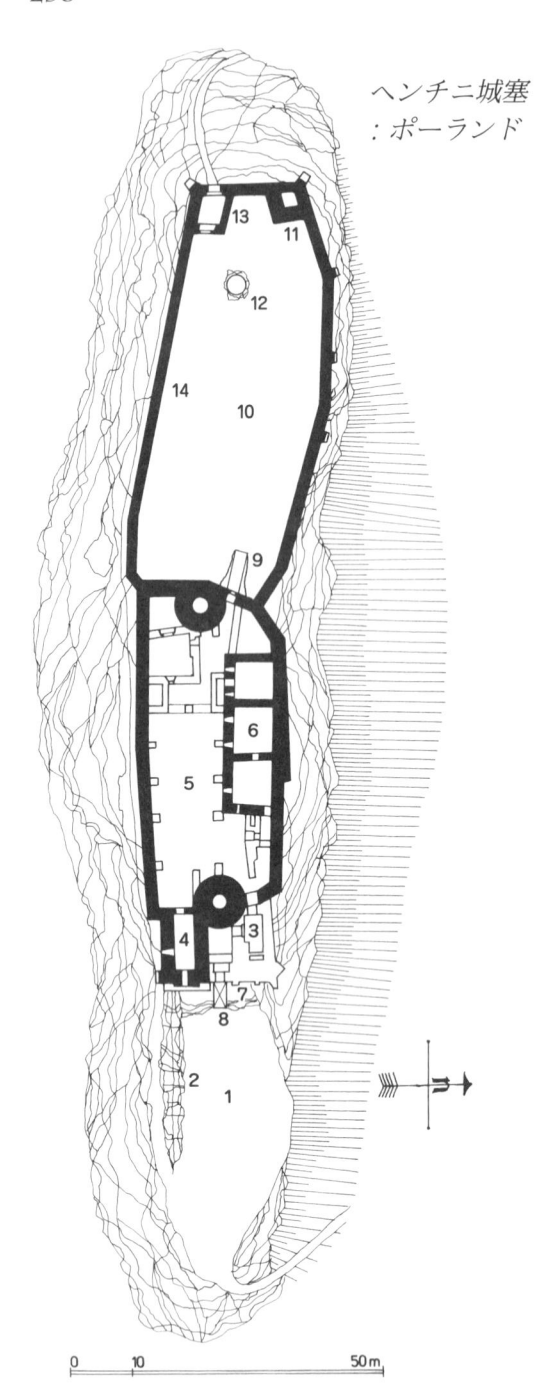

1　ベイリー
2　石造城壁
3　城門塔および礼拝堂
4　宝物庫
5　上城の中庭
6　大ホール
7　堀
8　跳ね橋
9　城門と斜路
10　下城の中庭
11　方形平面の基礎上に建つ円形平面の城塔。後年、牢獄として使用された
12　貯水槽
13　下城への入城門
14　カーテン・ウォール

ヘンチニ城塞：ポーランド
上城の東城塔からの眺望。後方の城塔は平面図上（11）にあたる。

リトアニア

トラカイ城塞はガルヴェ湖の島に立地し、当初は木造だったが 14、15、16 世紀に再建された。現在の構築物は 14 世紀末にリトアニア大公ゲディミナスが着工し、次世紀に竣工したものだ。この城塞は 1383 年にドイツ騎士団によって攻略され、1392 年に大公ヨガイラによって再攻略された。2 棟の 2 層構成の建造物が内アンサントの部分を形成している。城塞もまた、長方形平面を描く一連の多重環状城壁と、居館としても用いられた 5 層構成で方形平面の城門棟を備えており、後に増築された外ベイリーが島の残りの部分を占めていた。居住用構築物は 3 階建てで、大ホールは城塞最古の部分に建っていた。堀が城塞のこの部分を外ベイリーと隔てている。城塞は未加工の石材と赤煉瓦でできており、前者は下層でみることができる。外ベイリーのカーテン・ウォールには 3 棟の隅部城塔がある。これらの城塔の基部は方形平面、上部は円形平面で、大砲を収容できるように設計されていた。

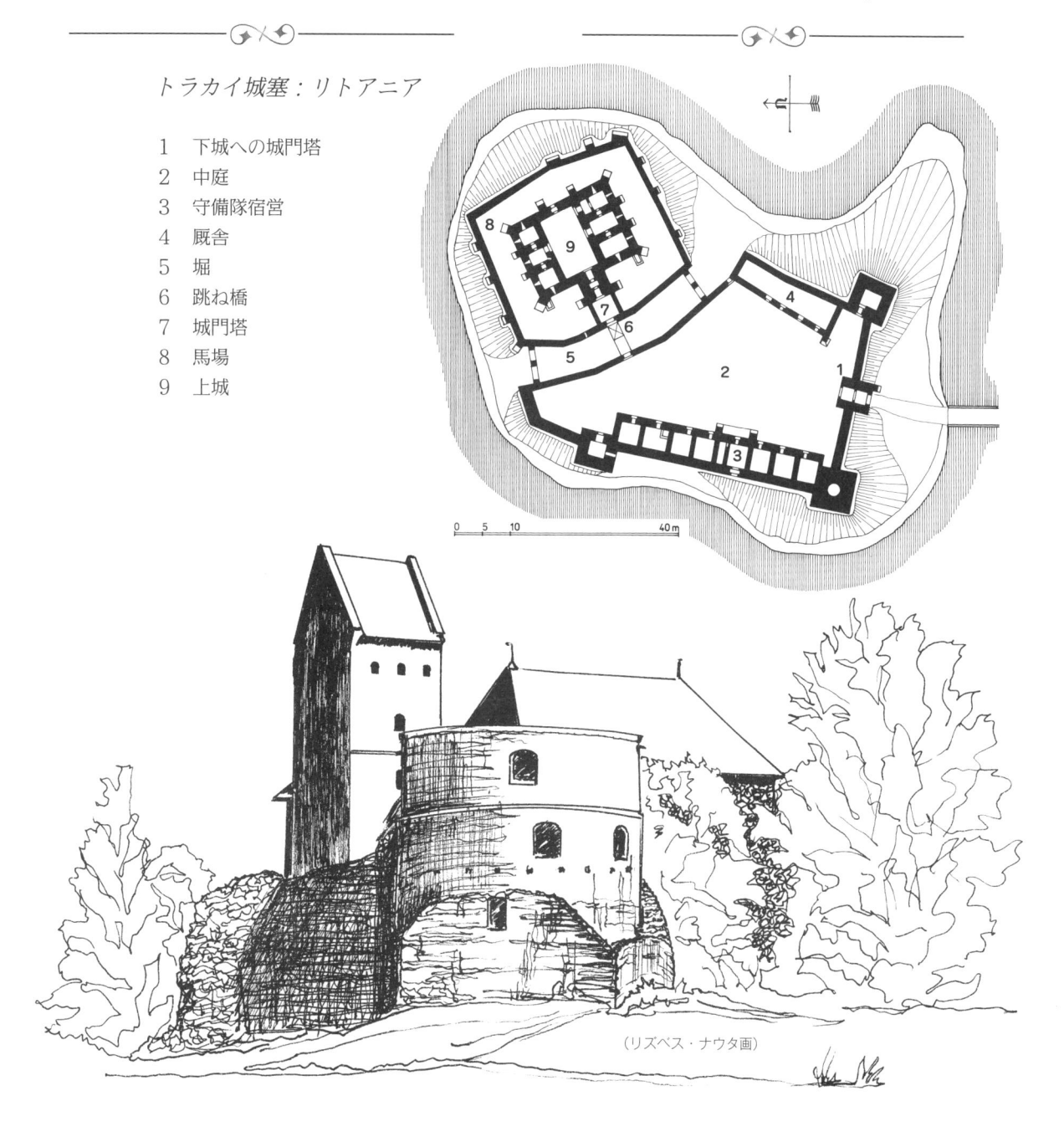

トラカイ城塞：リトアニア

1　下城への城門塔
2　中庭
3　守備隊宿営
4　厩舎
5　堀
6　跳ね橋
7　城門塔
8　馬場
9　上城

（リズベス・ナウタ画）

ウクライナ

ウクライナで最も威風堂々たる築城の一つはポーランドが造った**ホチム城塞**（ポーランド語表記。ウクライナ語ではホティン）であり、13世紀後半に建てられた城塔がある。だが、建設事業のほとんどは1457～1480年にモルドヴァ公シュテファン3世が行ったもので、公はトルコからの独立のために闘争していたのである。ホチム城塞はドニエストル川の河畔に立地しており、不正形な境界に沿って高い城壁が周囲にめぐらされていた。カーテン・ウォールは、大規模な隅部城塔と2棟の円形平面の城壁城塔、そして1棟の城門棟を含む6棟の城塔、によって強化されている。カーテン・ウォールの胸壁は城塔群の胸壁と同じ高さに達している。3層構成のキープが隅部に建ち、カーテン・ウォールから突出している。城塞の中庭は約8m嵩上げされていた。ホチム城塞は大規模な堀と川によって周囲を囲われていた。16世紀半ばにポーランド人たちが城塞を占拠して、城塔の一つ、城門棟、南方の城壁を再建し、堀と跳ね橋2カ所も加えている。この城塞は17世紀を通じて境界地帯の城塞として運用され続け、何度も持ち主が替わっている。

ホチム城塞：ウクライナ

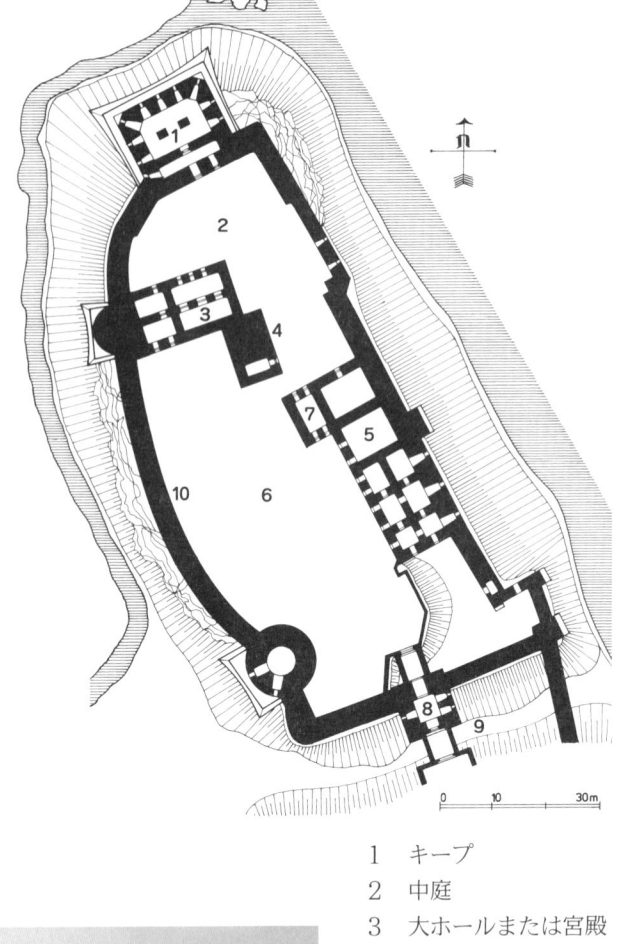

1 キープ
2 中庭
3 大ホールまたは宮殿
4 城塔
5 守備隊棟
6 中庭
7 礼拝堂
8 城門塔
9 堀
10 カーテン・ウォール

ホチム城塞：ウクライナ

（ジョン・スローンの御厚意により写真掲載）

ルーシ（ロシアの古名）

　モンゴル人がルーシの地を侵略する前、ノヴゴロドを除けば、この地はキエフ大公国のような独立した諸公国でほぼ構成されていた。この地域最古の中世築城の一つは**コポリイェ城塞**あるいは「岩石城」とよばれる城塞で、1240年以前に建設された。片側が30mの切り立った岩石の上に建ち、もう片方は深い堀で防備されている。1240年には、ルガ川とプリュッサ川の水運を支配下に収めていたドイツ騎士団によって木製城壁が建設された。この当初の築城はアレクサンドル・ネフスキーによって破壊された。公は1241年のドイツ騎士団によるプスコフ奪取の報復として、攻撃をかけたのである。1242年の氷上の決戦の後に騎士団は後退し、新たな陣地群に築城を施していった。

　1280年にノヴゴロドの人々はこの城郭の石造再建を決め、都市コポリイェの防備と境界地帯の安全保障を図った。この城塞の司令官を務める貴族は王国の樹立を図ったが、1282年に解任され城塞は解体された。1297年にスウェーデン人が侵犯してくると、ノヴゴロド人はまたもその築城の再建を余儀なくされたが、このときはその防御施設がさらに大規模で複雑なものへと変貌を遂げている。

　1338年、ドイツ騎士団が再び来攻したが、城塞の急襲を試みて撃破された。ドイツ人とスウェーデン人による相次ぐ侵略はいずれも失敗したのである。15世紀にリヴォニアとの境界付近のヤムに新たな城郭が建設されると、コポリイェの重要度は低下していった。1440年代にヤムが3度攻撃を受けると、ノヴゴロド人たちはコポリイェ城塞の強化を決めたが、城塞が火兵戦に向くよう再建設されたのは次世紀のことである。5層構成で高さ20mに及ぶコポリイェの円形平面の城塔群と、厚さが4～4.5mと不均一な城壁は、おそらく後に増築されたものだろう。門には城壁から突出した2棟の大規模な城塔が設けられていて、そこから城壁前面に沿って側射を加えることができる。コポリイェ城塞は17世紀を通じて運用され続けた。

　モンゴル人たちの侵略が始まったかなり後の1381年に、ドミトリー・ドンスコイがジョチ・ウルスの支配下より脱し、それ以降モスクワに徐々にルーシ人たちの国家が出現していった。モスクワは土と木材の城郭で防御されていたが、1367年に石造に更新された。1462年以降（おそらく1485年）にモスクワ大公イヴァン3世は煉瓦造城郭の建設を下命してローマやコンスタンティヌポリスに匹敵するものを造ろうとした。三角形平面形態の**クレムリン城塞**は4棟の城門から入る構成で、モスクワ川に沿った側にはポテルヌ（埋み門）もあった。城壁の総延長は2.5km、高さ20m、厚さ3.4m、3棟の円形平面の隅部城塔、1ダース以上の方形平面の城塔群、そしてアンサントに沿った城門棟には大砲陣地が設置されている。クレムリン城塞は幾世紀にもわたって更新され、ルーシの歴代支配者の公式な皇宮として運用され続けた。

コポリイェ：ロシア
（ヴォイチェフ・オストロフスキ画）

（ジョン・スローンの御厚意により写真掲載）

コポリイェ──城門を防護する大規模な円筒形城塔。

クレムリン：モスクワ

1　城壁
2、4、5　宗務院
3　ベルフリー
6　宮殿
7　ポテルヌ（埋み門）
8　「水の塔」
9　「森の門」
10　「三位一体の門」
11　バービカン
12　バスティヨン・ソバキナ
13　ニコライ門
14　スパシュスキー門
15、16　バスティヨン

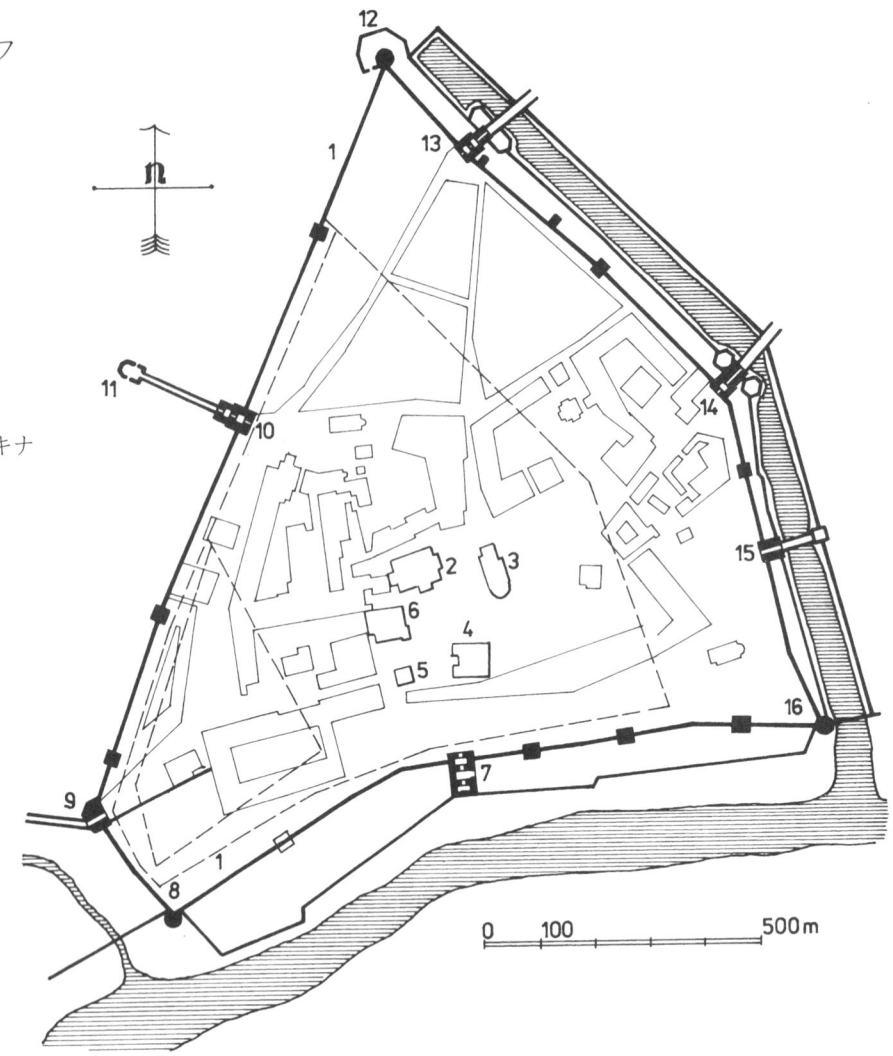

クレムリン：モスクワ

地中海東部沿岸地方

　アドリア海からコンスタンティヌポリス、バルカン半島から東方世界へといたる地中海東部沿岸地方には多くのビザンツ築城が遍在し、古代ローマ時代以来の古い築城拠点や再築城拠点もある。さらに十字軍やアラビア人が固有の様式で建てた城塞群もある。城壁都市エルサレムは聖書の時代から延々と運用され続け、中世を通じて繰り返し更新された。十字軍は多くの都市に再び築城を施し、数多くの城塞を建設した。この際、ビザンツやイスラム教徒の建築家たちの手法も取り入れ、独自の手法で組み合わせた。

　この地域の城塞の中でも**ベルヴォワール城塞**（美しき眺望の意）は革新的様式と威風堂々たる存在感によって卓越している。1168年に聖ヨハネ騎士団により、ガリラヤ海（ティベリアス湖）の南方の遠くない場所、ヨルダン川の渓谷の480m上方にある西側の高地に建造された。わかる限りでは最初の多重環状城壁を持つ城塞である。古代ローマのカストルムの様式と考えられ、方形平面ベイリーは12世紀にのみ一般的な形式だった。この巨大な事業は聖ヨハネ騎士団を破産させたといわれている。

　巨大な堀のなかに築かれたベルヴォワール城塞の防御施設は各辺約100mの方形平面で、内防衛線と外防衛線を構成していた。周囲を囲む堀の幅は約20mある。東側に沿って渓谷を望む大規模な城塔が建ち、その上階が堀の底部と同じ高さにあった。外城壁には7棟の方形平面の城塔と1棟の城門棟が設けられ、城門棟はヨルダン渓谷の険しい斜面を望む側に建っていた。カーテン・ウォールにはプリンスによって強化された3棟の城壁城塔が堀の方へ突出していた。これらの城塔のうちの2棟から堀の方へと通じていた。南東隅には「東城門」があり、ここから城塞の方に続く通路に射撃できた。この通路は大規模な東城塔につながった城壁でUターンし、南東の隅部城塔の方へと戻り、直角に曲がって内側の城門へと至る。接近路全体が通路に配された矢狭間から射撃可能になっていた。南側城壁内には厩舎と倉庫区域、外ベイリーにはヴォールトが架構された大規模な貯水槽と蒸気浴室があり、傭兵たちの兵舎の一部をなしていた。ジョナサン・ライリー＝スミスの『十字軍地図帳』※によると、方形平面の内ベイリーには修道院があり、主に宗教的な機能を果たすために設計されていた。一つのクロイスター（回廊を中心とした修道院）として機能し、独自の城門棟、修道騎士のための宿舎、大食堂、礼拝堂を備えていた。内城壁は方形平面を描き出し、各隅部からは城塔が突出している。城壁の中には矢狭間もあり、そこから外ベイリーを射撃できた。ベルヴォワール城塞は破壊されて基礎だけになってしまったが、力強いオーラをいまだに放っている。

　1187年にヒッティーンの戦いでキリスト教徒が敗れた後、サラーフッディーンはキリスト教徒のエルサレム王国を攻撃した。エルサレムの住民たちは2週間の攻囲後、降伏した。キリスト教徒の砦が一つずつ陥落するなか、ベルヴォワール城塞が1年以上も抗戦を続けてサラーフッディーンの攻勢を遅延させたことで、テュロス市は救われた。ベルヴォワール城塞は1241年にエジプトのスルタンによって十字軍に返還・修復され、1247年まで使われた。

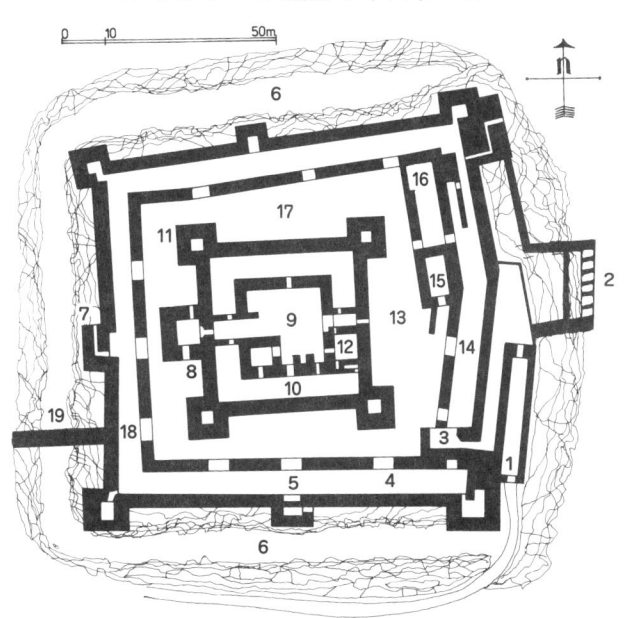

ベルヴォワール城塞：イスラエル

1　東外城門	11　隅部内城塔
2　東外城塔	12　厨房
3　東内城門	13　東中庭
4　倉庫および厩舎	14　倉庫および厩舎
5　ポテルヌ（埋み門）	15　貯水槽
6　堀	16　浴室
7　ポテルヌ	17　北中庭
8　西内城門	18　西外城門
9　内中庭	19　橋
10　食堂	

※原題『The Atlas of the Crusades』P318 参照

今日のシリアには十字軍時代に建設された最も堂々たる城塞の一つが建っている。**クラック・デ・シュヴァリエ**（フランス語で「騎士の城」の意）である。ベルヴォワール城塞と同じく聖ヨハネ騎士団の城塞であり、ホムス付近のオロンテス川西岸から約650m上の地点を占めている。当初はイスラムとビザンツの城塞だったが、トリポリ伯によってその境界地帯の防衛のために運用され、1144年に聖ヨハネ騎士団に譲渡された。騎士団はこの城塞に改良を加え、ロマネスク様式の城塞に変貌させている。

クラック・デ・シュヴァリエは片側からのみしか接近できないような場所に立地していた。内カーテン・ウォールには相互に連結された3棟の量感あふれる城塔があり、内カーテン・ウォールと外カーテン・ウォールの間には堀と貯水池の複合利水障害を望むことができる。外城壁が内アンサントの周囲をめぐっているが、これは内側の構築物群に改修が加えられた13世紀に増築されたものである。

クラック・デ・シュヴァリエには1142年と12世紀末の少なくとも2回、大規模に改修された時期があった。また、1157年、1170年、1201年に地震の被害を受け、上記の改修時期の前後に大規模な修復をせねばならなかった。第2期改修の際に、城塞に半円形平面の城塔群を備えた外城壁が設けられている。この時期とその後に聖ヨハネ騎士団は、正門から内ベイリーまでのすべての道を騎乗した装甲騎兵が武装を解かずに通行できるように、ヴォールトを架けた通路を建設した。この通路は内郭に至るまでに3度直角に曲がっており、矢狭間と落とし扉が設けられ、必要とあれば罠と化したのである。内アンサントと城塞の中央城塔もこの第2期改修の際に改良された。マシクーリが城塔群の頂部に施され、数多くのブレテーシュからカーテン・ウォールの基部を射撃できた。必要なら屋外トイレでさえブレテーシュに転用できたと言われている。

1188年にサラーフッディーンはクラック・デ・シュヴァリエを攻囲したが、攻略できなかった。13世紀初頭に城塞守備隊は約2千の兵で構成されていた。城塞は1207年、1218年、1229年、1252年、1267年に繰り返し攻囲されたが、かろうじて生き残っていった。1270年に

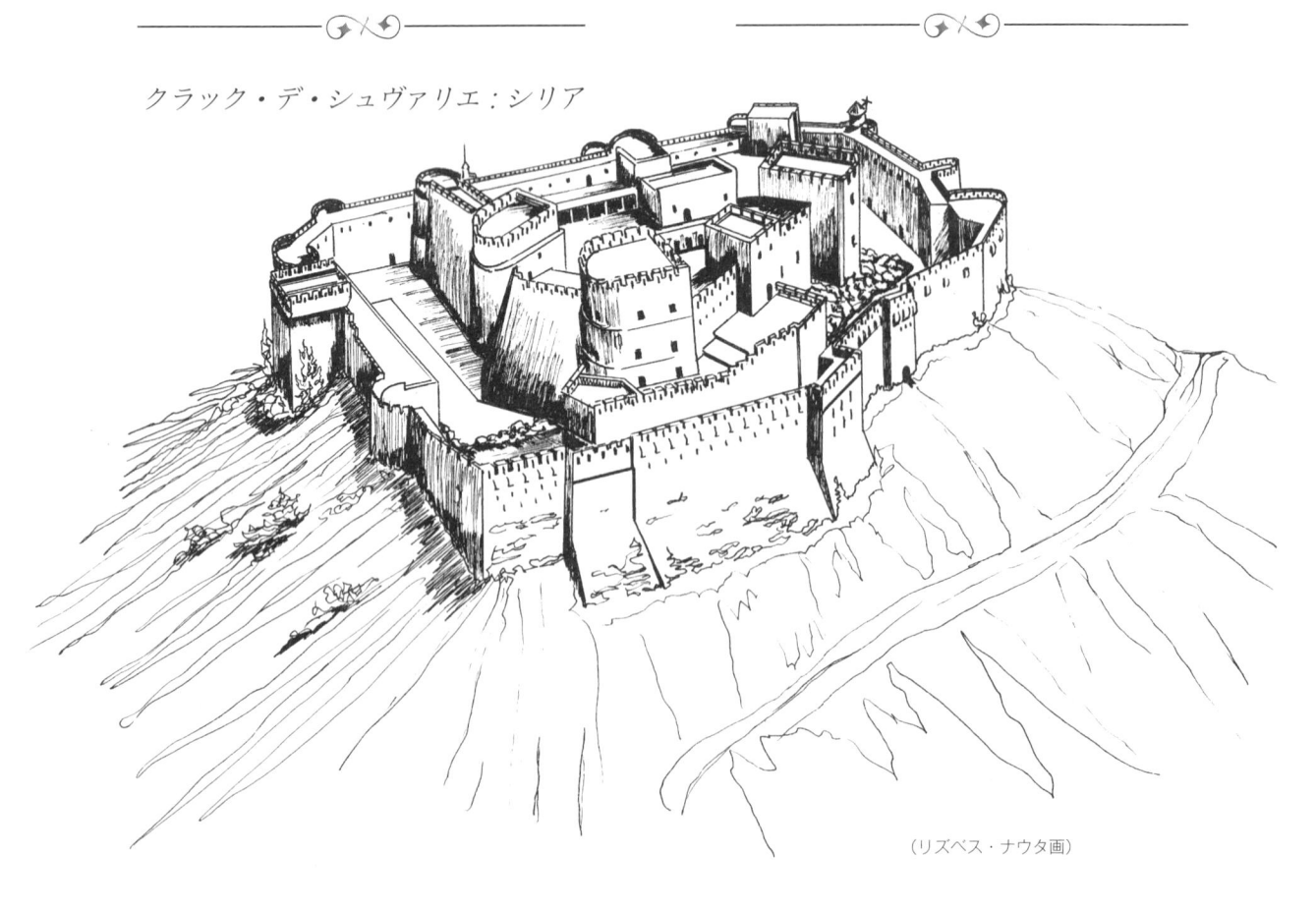

クラック・デ・シュヴァリエ：シリア

（リズベス・ナウタ画）

はマムルーク朝軍が城塞のみならず周辺地域にも急襲をしかけ、城塞守備隊の士気は衰えていった。この結果、城塞は1271年にスルタン・バイバルス率いるマムルーク軍の手に落ちている。攻囲戦は3月初頭に開始されて約6週間しか続かなかった。このとき、城塞守備隊はわずかに200騎を数えるのみだった。バイバルスの攻城装置群は外城壁とその城塔群に大きな損害を与えている。城門塔は短い射撃が続いた後に攻略され、兵員不足の守備隊は内カーテン・ウォールへ退却を余儀なくされた。ひとたび外城壁が陥落すると、坑道戦によって内カーテン・ウォールの城塔1棟が倒壊し、聖ヨハネ騎士団は最後の砦への退去を強いられている。バイバルスは費用のかかるさらなる攻撃を回避すべく、ついに騎士団に対しトリポリへの帰投を許し、好条件での降伏を勧告した。アラビア人たちは城塞を修復し、なお幾世紀にもわたって維持していった。

メトーニ：ギリシア

1572年、付随する島にトルコ人たちによって城塔が建設された。海門からはこのようにみえる。

（ピエール・エチェトの御厚意により掲載）

ビザンツ帝国の支配下にあるギリシアの島々や沿岸地域には数多くの築城拠点があり、その中でもコンスタンティヌポリスが最強最大のものだった。これらの拠点の一つがピュロス付近のペロポンネソス半島南西岸に位置する**メトーニ城塞**である。ここは古典期から築城陣地だった。メトーニ人たちは中世盛期初頭に海賊活動に携わっており、ヴェネツィア人たちの怒りを買って1124年に町を攻撃され古いシタデルは破壊された。そして翌年にビザンツ帝国がこの町を再び支配下に治めている。第4次十字軍の際にジョフレ・ドゥ・ヴィルアルドゥアンが古いシタデルの廃墟を攻略して1205年にヴェネツィアに譲渡した。ヴェネツィア人たちは一時的にジェノヴァ人たちにこの拠点を奪われるが、取り戻した後に13世紀を通じて再び築城を施していき、名をモドンと改めている。ヴェネツィア人たちによって建設された新たな市壁には背面に壁のない小規模な方形平面の城塔群、および、半島の周囲をめぐる低い城壁が設けられていた。城塞は半島の北端を封鎖している。新たなアンサントの内側には司教座聖堂、町と港があって、その繁栄は東方世界への交易路上に立地することに因っていた。1354年にジェノヴァ人がメトーニを再攻略したが、町を望む海域で勃発した海戦の後、1403年にヴェネツィア人に再び奪われている。15世紀を通じて岩がちな岬の周囲に沿って城壁が建造され、陸地側を横断して堀が掘られ、城壁前面にフォス・ブレが増築された。

これらの強力な防御施設があるにもかかわらず、トルコのスルタン軍は1500年にメトーニを侵略し、増築に着手している。レパント海戦での敗北の後ほどなくして、トルコ人はメトーニとその他の陣地群の強化を開始している。彼らは中世の様式で海門を建設し、ここからブルジ塔を建設した岩島へと行くことができた。この八角形平面の構築物も中世の様式で建てられており、港の海域へ射撃可能な火砲陣地が設けられている。

1531年に聖ヨハネ騎士団によって、レパント海戦後にドン・フアン・デ・アウストリアによってなされたメトーニ再攻略の試みはいずれも失敗した。次の3世紀間はこの陣地はキリスト教徒とトルコ人の間で幾度も持ち主を替え、改造や改修を施され続けている。

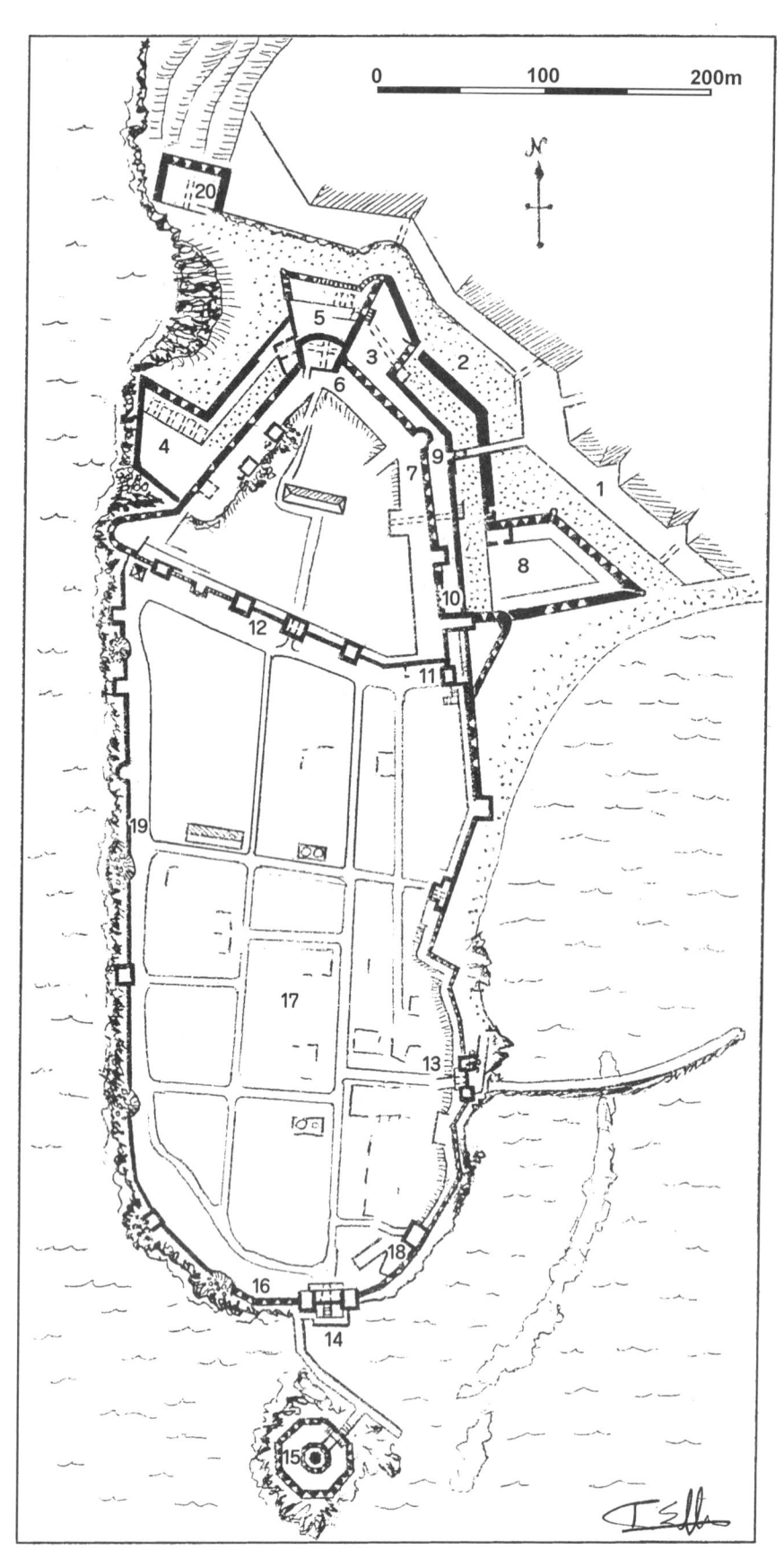

メトーニ：ギリシア

1 射撃範囲にある道
2 トゥナイユおよび壕
3 フォス・ブレ
4 「海のバスティヨン」
5 バスティヨン・ベンボ
6 カヴァリエ（射撃陣地を設ける土塁）
7 城塞の城壁
8 バスティヨン・ロレダン
9 陸門
10 第2城門
11 第3城門
12 城塞の後方城壁
13 港門
14 海門
15 ブルジ塔（トルコ人たちによる）
16 トルコ軍の砲台
17 都市の廃墟
18 フォスコロ塔
19 海側正面城壁
20 独立ルドゥート（ここでは方形塁だが円形平面もある）

（ピエール・エチェトの御厚意により図版掲載）

メトーニ、ギリシア
上：城塞の南側正面。13世紀のヴェネツィア人たちによる城壁がみえる。　下：海門。（ピエール・エチェトの御厚意により写真掲載）

フェッラーラ城塞：イタリア
14世紀末にイタリア北部で建設された典型的な城塞。方形平面の城塔群、マシクーリ、および周囲に堀を備えていた。

イタリア半島

イタリア半島は地中海世界のあらゆる沿岸地域を結びつける役割を果たすと同時に、ルネサンスのゆりかごの地でもあって、軍事建築における多くの革新の起源であった。半島中に数えきれないくらいの城塞と城壁都市があって、多くは独自の特徴を示している。イタリアの市壁と城塞のほとんどが千年の間に起きた技術の変遷を西ヨーロッパの他のどの築城よりも反映しているのである。

フリードリヒ2世帝はイタリアに多くの城塞を創建し、フォッジア付近の**ルチェーラ**に宮殿を建設したと言われている。だが、年代を考慮すると皇帝が手掛けたのは方形平面の大城塔だけだと思われる。上階は八角形平面形態で、下階はノルマン様式だった。城塔は一辺50mの巨大な基礎の上に建ち、全面にわたって弓箭兵のための射撃口が設けられたギャラリー（歩廊）があった。これは18世紀末に破壊されている。ナポリ王シャルル・ダンジューは1270年と1283年の間に配下の建築師ピエール・ダジャンクールに、八角形平面の敷地をめぐる当初のアンサントの三面を再建するよう要請している。新たなカーテン・ウォールは24棟の城塔を備え、そこには当時としては特異な五角形平面形態の中間城塔群も含まれていた。陣地全体は支脈の上に立地し、木が繁る険しい斜面に全体を囲われ、深い人工の堀が城塞と町とを隔てていた。ピエールは堀側に沿った城壁に2棟の大規模な円形平面の隅部城塔を増築している。ルチェーラ城塞は「プーリアへの鍵」とよばれた。

フリードリヒ2世はイスラム建築のいくつかの特徴を自身の建造物群に取り入れたとも言われている。いくつかの史料では、皇帝はイスラムの建設師たちをルチェーラに招聘したと言うが、別の史料群によると、これらの人員は反逆したイスラム教徒たちであり、シチリア島からプーリアへ移されたのだと言う。フリードリヒは八角形形態に魅了されていたようで一度ならず用いている。これはビザンツやイスラムの構築物に、より一般的にみられる特徴である。イタリア南部プーリアの**カステル・デル・モンテ**で八角形平面が再登場し、城塞平面の輪郭線だけでなく各隅部の8棟の城塔の配置においてもみられる。この城塞は防御陣地というよりは狩猟館として用いられ、後にはシャルル・ダンジューによって牢獄としても使用された。

ルチェーラ城塞：イタリア

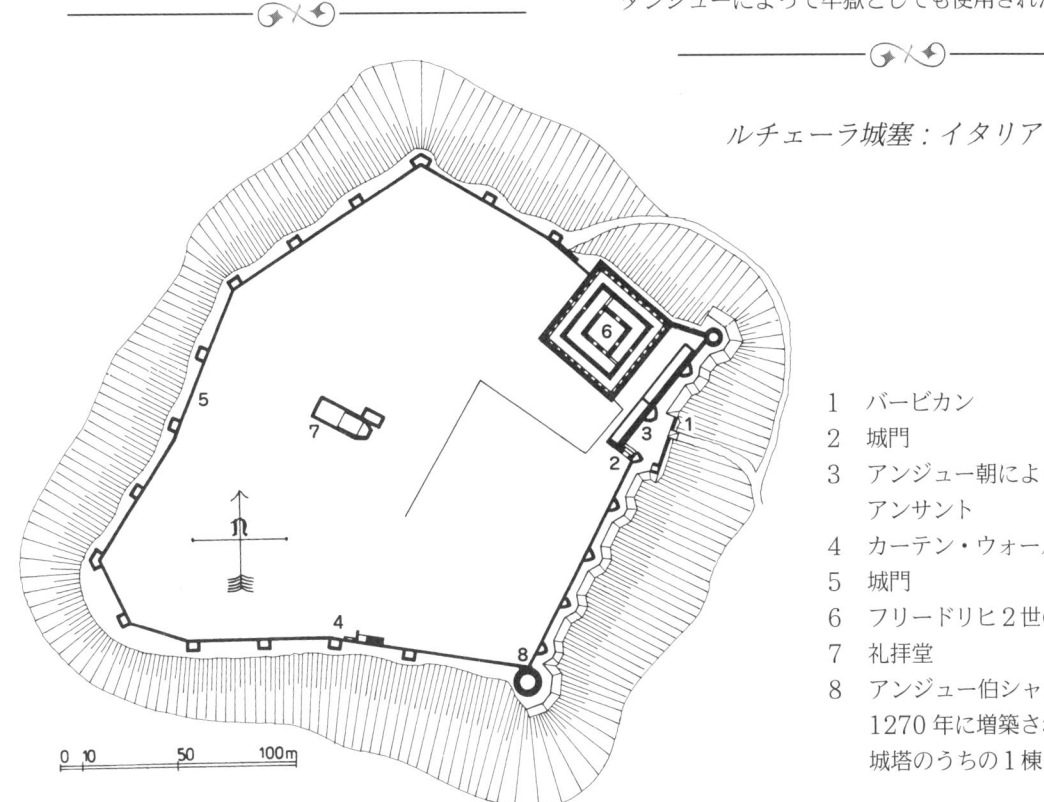

1 バービカン
2 城門
3 アンジュー朝によって建設されたアンサント
4 カーテン・ウォールの城塔
5 城門
6 フリードリヒ2世の宮殿
7 礼拝堂
8 アンジュー伯シャルルによって1270年に増築された2棟の隅部城塔のうちの1棟

カステル・ヌオーヴォ：イタリア、ナポリ

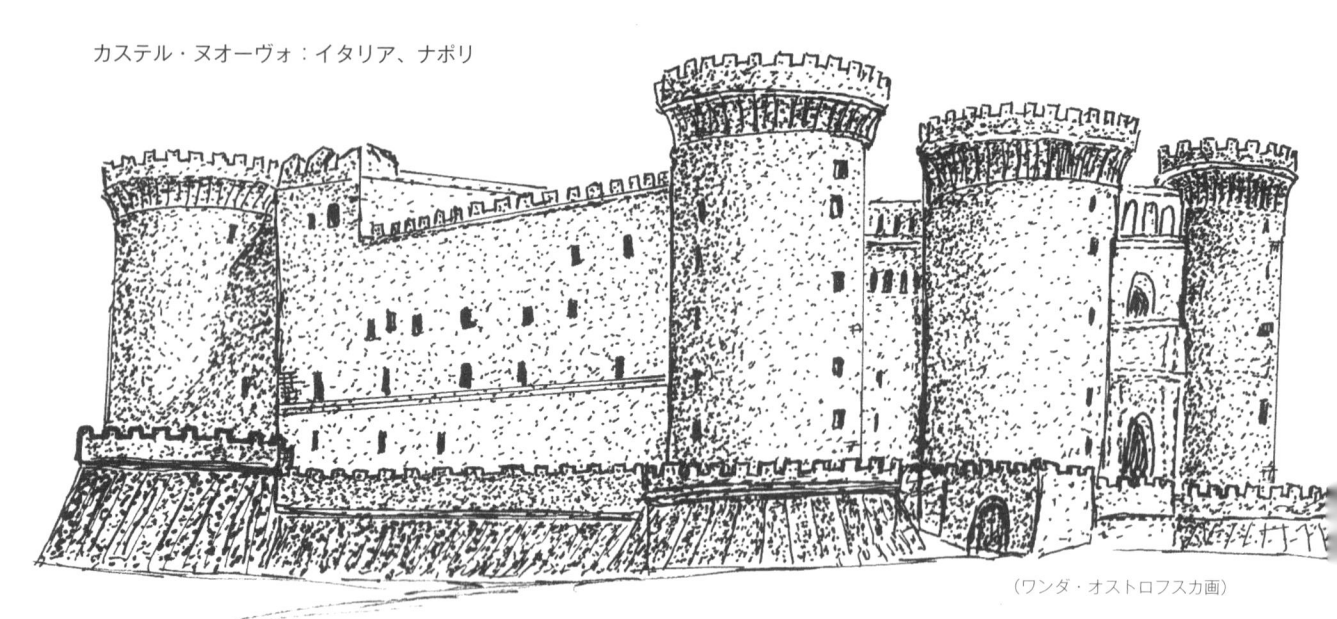

（ワンダ・オストロフスカ画）

カステル・ヌオーヴォ：イタリア

0 5 10　　　50 m

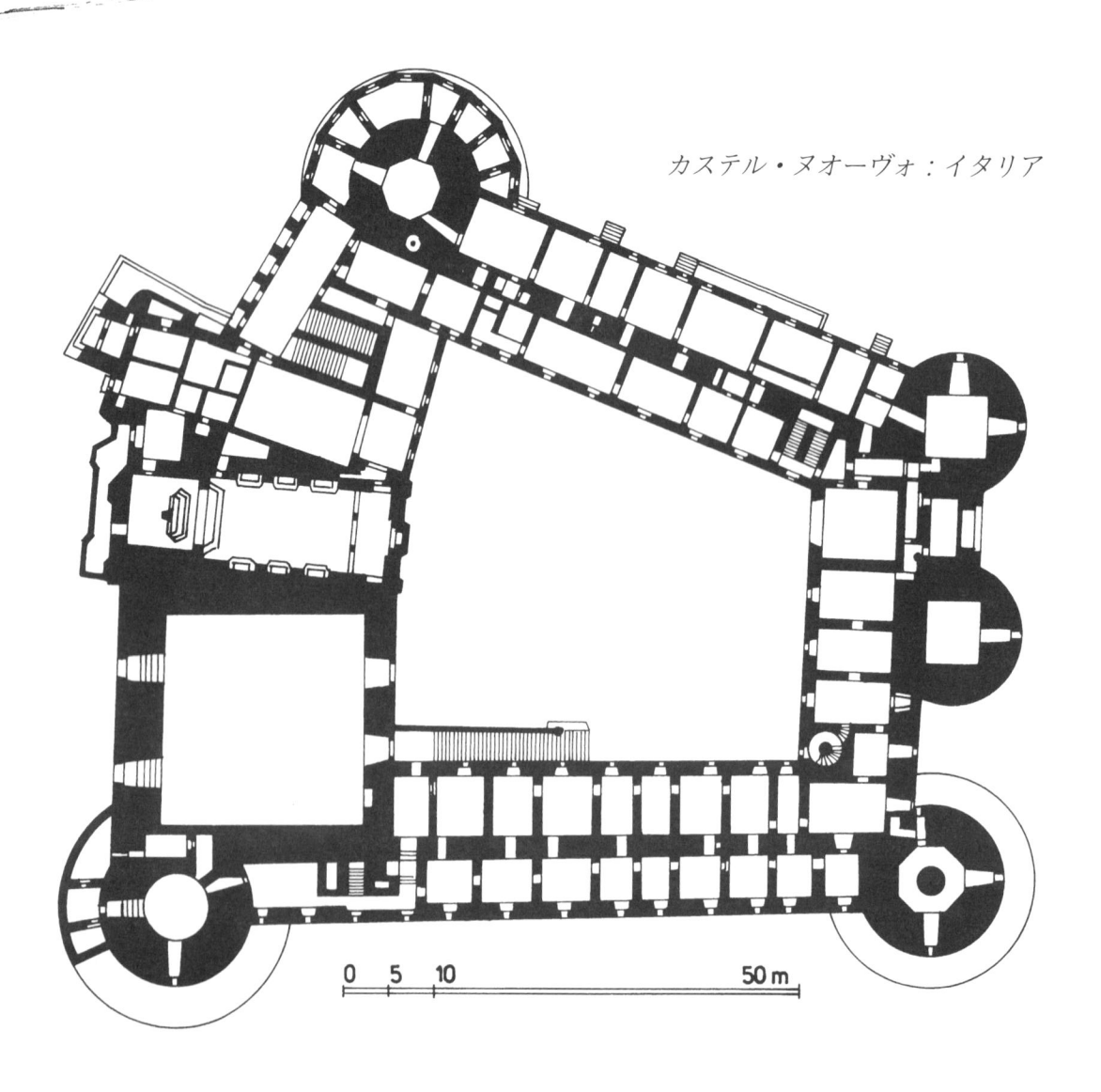

カステル・デッルオーヴォ（デッローヴォ）：イタリア、ナポリ
本土への土手が右方にある。

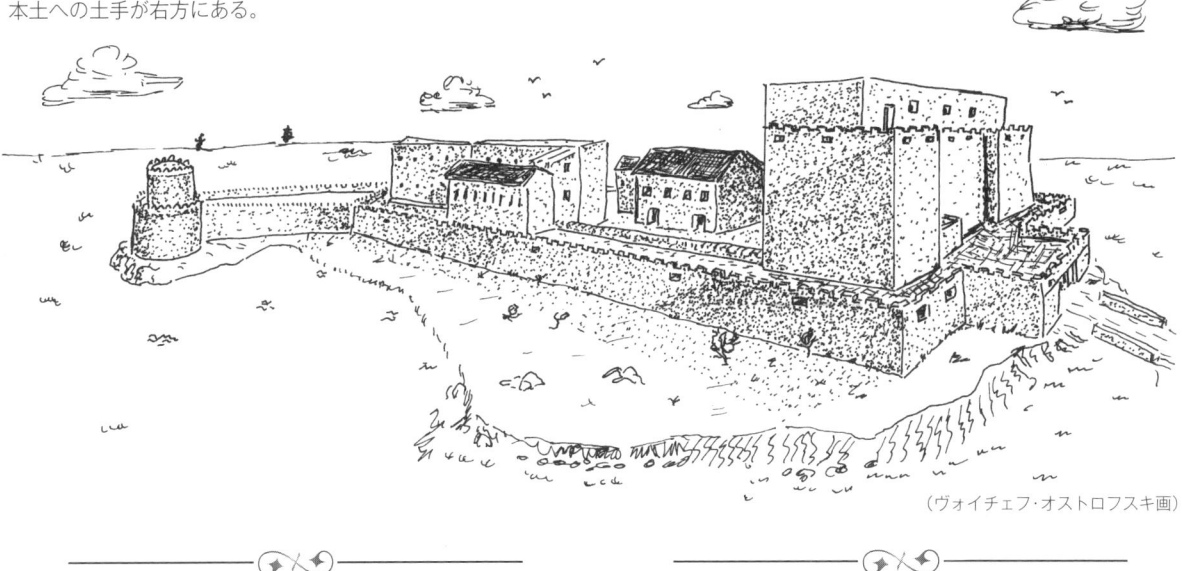

（ヴォイチェフ・オストロフスキ画）

ナポリの**カステル・ヌオーヴォ**は当初はシチリア王・シャルル・ダンジューのために、ピエール・ダジャンクールによって設計された。王は**カステル・デッルオーヴォ**（または**カステル・デッローヴォ**）の改修と同時期に、この新たな城塞を建てるよう下命している。カステル・デッルオーヴォは海岸線から約200〜300m離れた湾中の岩礁の上に建設された、高い城壁を持つシタデルである。そこに通じる土手に架かった橋は、容易に撤去することができた。当初の城塞はフリードリヒ2世によって1220年に建設され、1503年にスペイン人たちによって破壊されている。カステル・ヌオーヴォとカステル・デッルオーヴォを含むいくつかの城塞が他の城塞と連関しながらナポリの周囲に防備の環を形成していた。現在の構築物は17世紀のものである。

　カステル・ヌオーヴォではマシクーリを施された5棟の巨大な円筒形城塔が入口と城壁を見下ろしている。城塞の各隅部に1棟ずつ建ち、5棟目は城壁の中央で、入口と1棟の隅部城塔の間にある。高い内カーテン・ウォールの周囲にはもっと低い外城壁がめぐっており、堀の際で多重環状城壁の環を形成している。入口は中央の城壁城塔と1棟の隅部城塔によって防御されている。城塞を火砲に対応させるための工事も行われており、外城壁はおそらくこの努力の結果、フォス・ブレになったものと思われる。これらの増築物のほとんどは今日も残っている。これらの事業は1440年代と1450年代にアラゴン王アルフォンソ1世によって命じられ、イタリアとイベリア半島の建築師たちによって実行されたものである。

　スカリジェリ家が所有する城塞の一つが**シルミオーネ城塞**であり、ガルダ湖の南端の半島に位置する。この地域の戦略的支配を維持するために設計された。この湖を支配することで、ライン川流域の「泥棒男爵」たちと同様の力をこの一族が得たのである。煉瓦造城塞の建設は13世紀末に始まり、次世紀初頭に竣工した。城壁の内側に港を備えていることで、この城塞は傑出した存在となっている。南東隅に位置する方形平面の城塔の頂部にはマシクーリが施され、ここから港と城塞を望むことができる。3棟の方形平面の隅部城塔と2棟の城門棟が城壁を見下ろす位置にある。城塞は半島の狭い部分にあり、湖の水を引き入れた幅広い堀によって本土から隔てられている。城塞の城門棟に通じる跳ね橋と、城塞に隣接する都市へと通じる第2の城門だけが堀を渡る通路であり、堀によって築城を施した岬の先端が隔離されている。この堀は分岐して城塞の他の2面の前にもめぐっている。第2の城門棟は西側にある。この陣地は非常に堂々たるものであり、攻囲されることはまったくなかった。

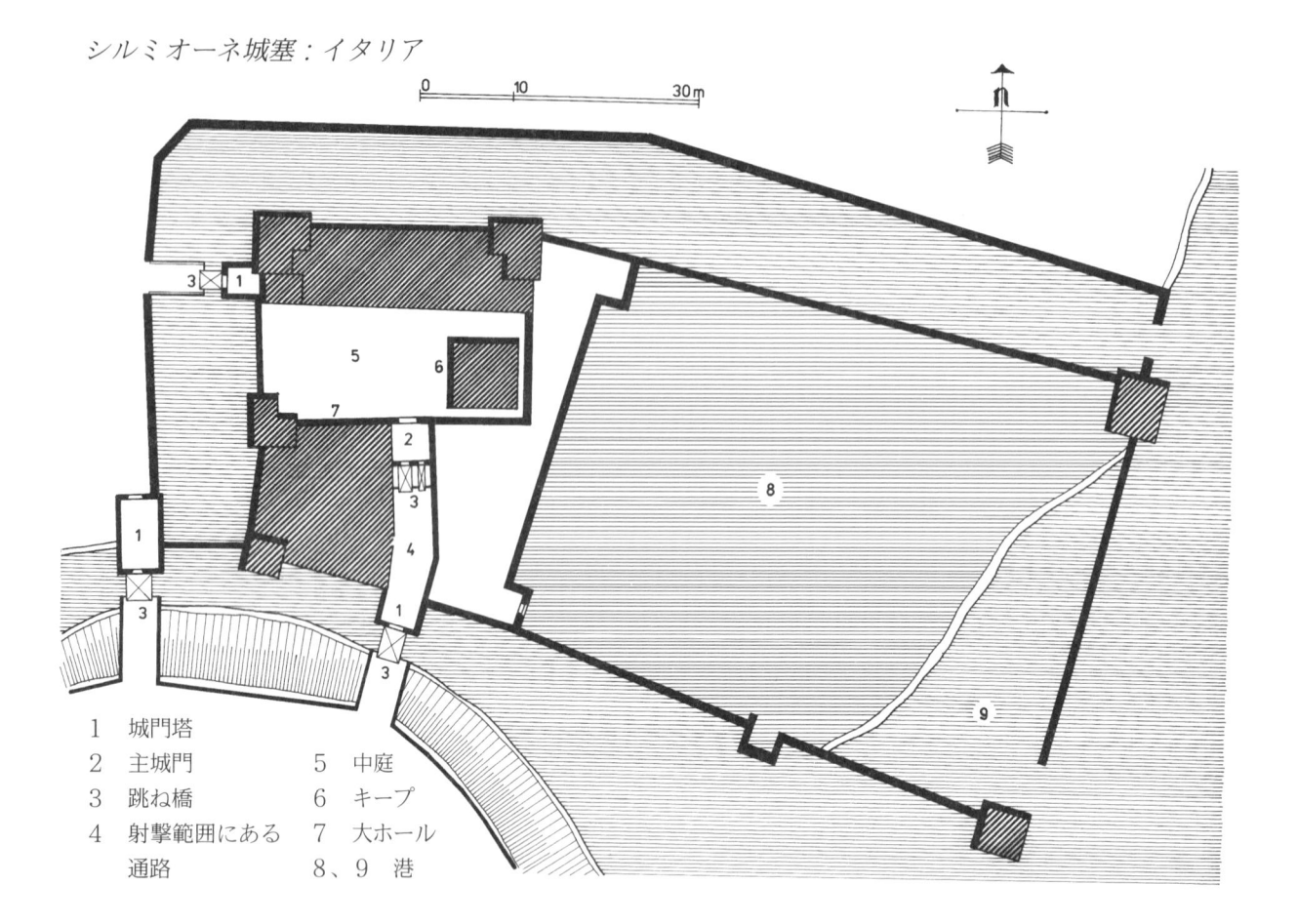

シルミオーネ城塞：イタリア

1　城門塔
2　主城門
3　跳ね橋
4　射撃範囲にある通路
5　中庭
6　キープ
7　大ホール
8、9　港

シルミオーネ城塞　ガルダ湖畔。

チェスタ城塞
イタリアに囲まれた小国サン・マリノの3棟の城塞のうちの1棟。3棟のうちの最古の城塞ロッカからの眺望。城塞群は尾根の高い頂に点在し、尾根に沿ってめぐらされた城壁でつながっている。

アルマンサ城塞：スペイン

中世の城塞と築城——イベリア半島

イベリア半島

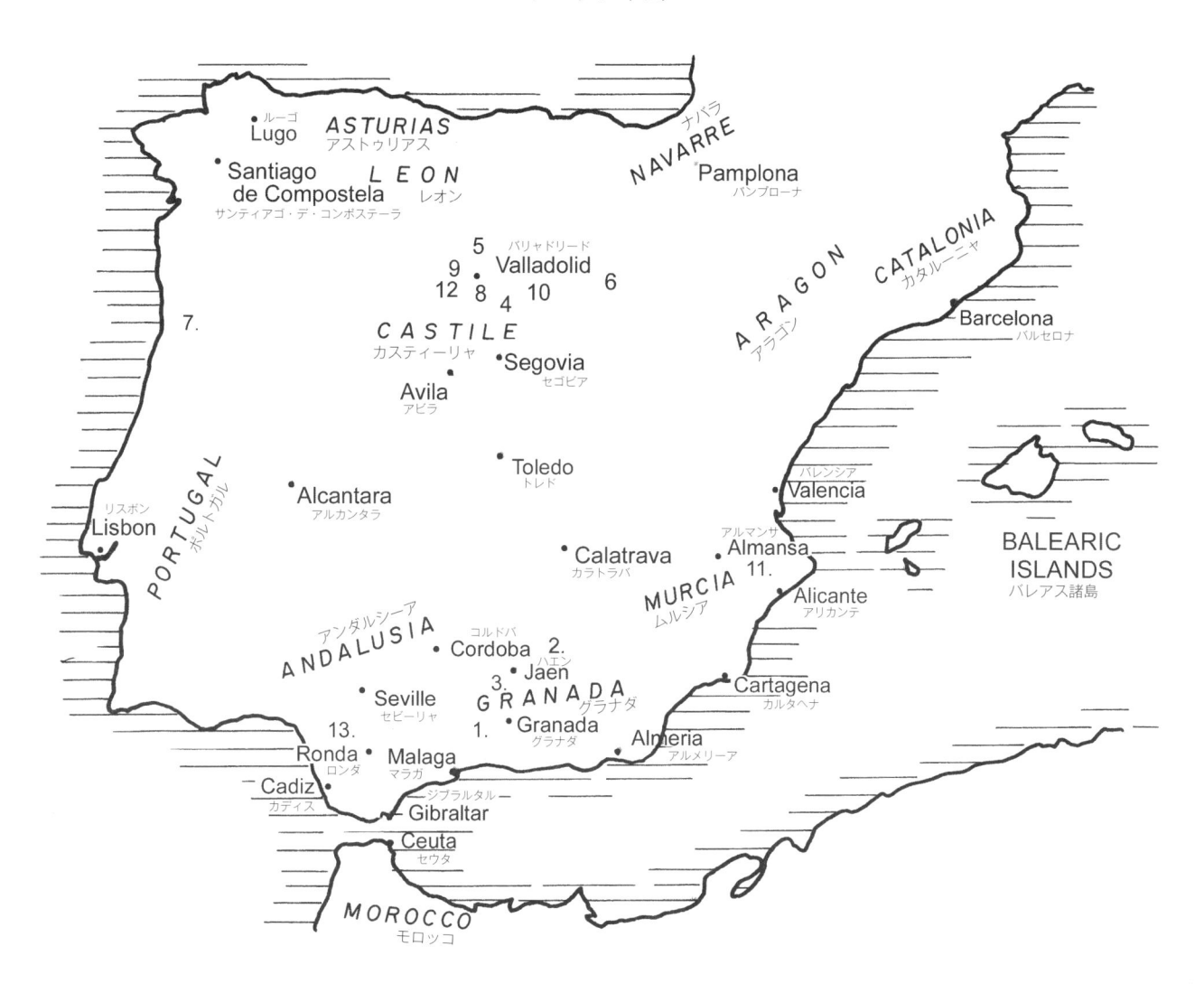

1　グラナダのアルハンブラ
2　バエサ
3　バニョス・デ・ラ・エンシナ
4　コカ
5　モンテアレグレ
6　ゴルマス
7　ギマランイス
8　メディナ・デル・カンポ
9　フエンサルダーニャ
10　ペニャフィエル
11　サヘ
12　トッレロバトーン
13　サハラ

アビラ：スペイン

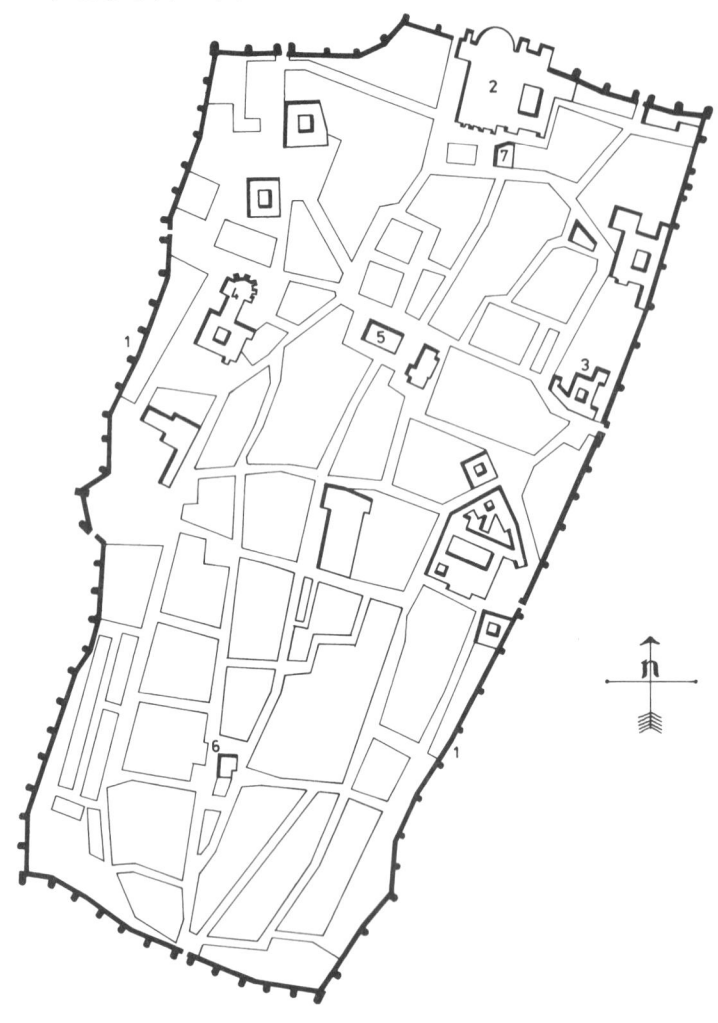

1 市壁
2 司教座聖堂
3 宮殿
4 神殿
5 市庁舎
6 サン・エステバン（教会堂）
7 宮殿

アビラ：スペイン

上：市壁に組み込まれて建設された教会堂の築城壁。

左：アビラのサン・ビセンテ門

イベリア半島

イベリア半島には8世紀から15世紀まで、すなわち、レコンキスタの全期間にわたって建設された中世築城群が遍在し、イベリア半島解放の鍵となる役割を果たした。城壁都市が国境地帯を確保していたのに加えて、城塞群と監視塔群がほぼ連続した線を描くように配置され、キリスト教圏とイスラム圏の国境地帯が半島を横断しながら移動するにつれて、その風景の中に広がっていったのである。

最古の城壁都市の一つが半島北西隅のガリシアに位置する**ルーゴ**である。270年以来の古代ローマ時代のほぼ円形平面を描く城壁が都市を囲む。城壁の総延長は2.14km、高さ12m、幅は4.5〜7mと様々だ。城壁は古代ローマの様式によってほとんどがセメントで造られ、粘板岩と花崗岩のブロックの化粧積みで表面が仕上げられている。古代ローマ人たちがここを占めていたころは全体がセメントでおおわれたため、白色だったと言われている。粘板岩は中世に加えられたのだろう。都市へは5棟の古代ローマ時代の城門と5棟の中世の城門を通って入る。城壁にはそこから突出した85棟の方形平面および半円形平面の城塔群があって、そのうちの72棟は現在も建っている。城塔群のほとんどは弓箭兵を収容するために2層構成だったと思われる。イベリア半島北部にあったため、これらの築城にはイスラム建築の特徴はみられない。

スペインで最もよく知られた城壁都市の一つは**アビラ市**であり、ドゥエロ川の一支流の右岸を望む高原の縁に立地している。町は現在も総延長2.5kmの中世のアンサントと80棟以上の城塔に囲われている。これらは既存の古代ローマの城壁を更新したものだと考えられている。アビラの城壁の厚さは3mに達し、高さは12mである。町には9棟の城門があり、その中で最も堂々たる城門はサン・ビセンテ門である。城壁から突出した2棟の大規模な城塔とアーチをいただいた入口を備えている。現状のサン・ビセンテ門はおそらく15世紀のものだろう。付近の城塔は一連の特異な二重胸壁を備えている。1090年、レオン王アルフォンソ6世は、その義兄弟であるブルゴーニュ公レモンにこの都市の城壁の再建を要請した。フランス人の石工たちが招聘されて、3千名のスペイン人、イスラム教徒、ユダヤ人とともにこの計画に従事したが、それにも関わらず建設は1090年代末まで続いた。だが、これについての記録は正確ではなく、いつ建設されたのかについて確かな事実は何もないことは指摘しておかねばなるまい。城壁上のメルロンはピラミッド状の様式でその頂部を飾っているが、これは典型的なイスラム建築の特徴である。半円形平面の城塔は当時にあっては特異なものである。この都市にはシタデルがなかったが、12世紀と14世紀の間に建設された司教座聖堂が都市壁の中に組み込まれている。司教座聖堂はスペイン・ロマネスクとゴシック様式の間の過渡期のすばらしき建築例である。

アビラ：スペイン
市壁の中で最も重厚に防御された城塔の一つ。

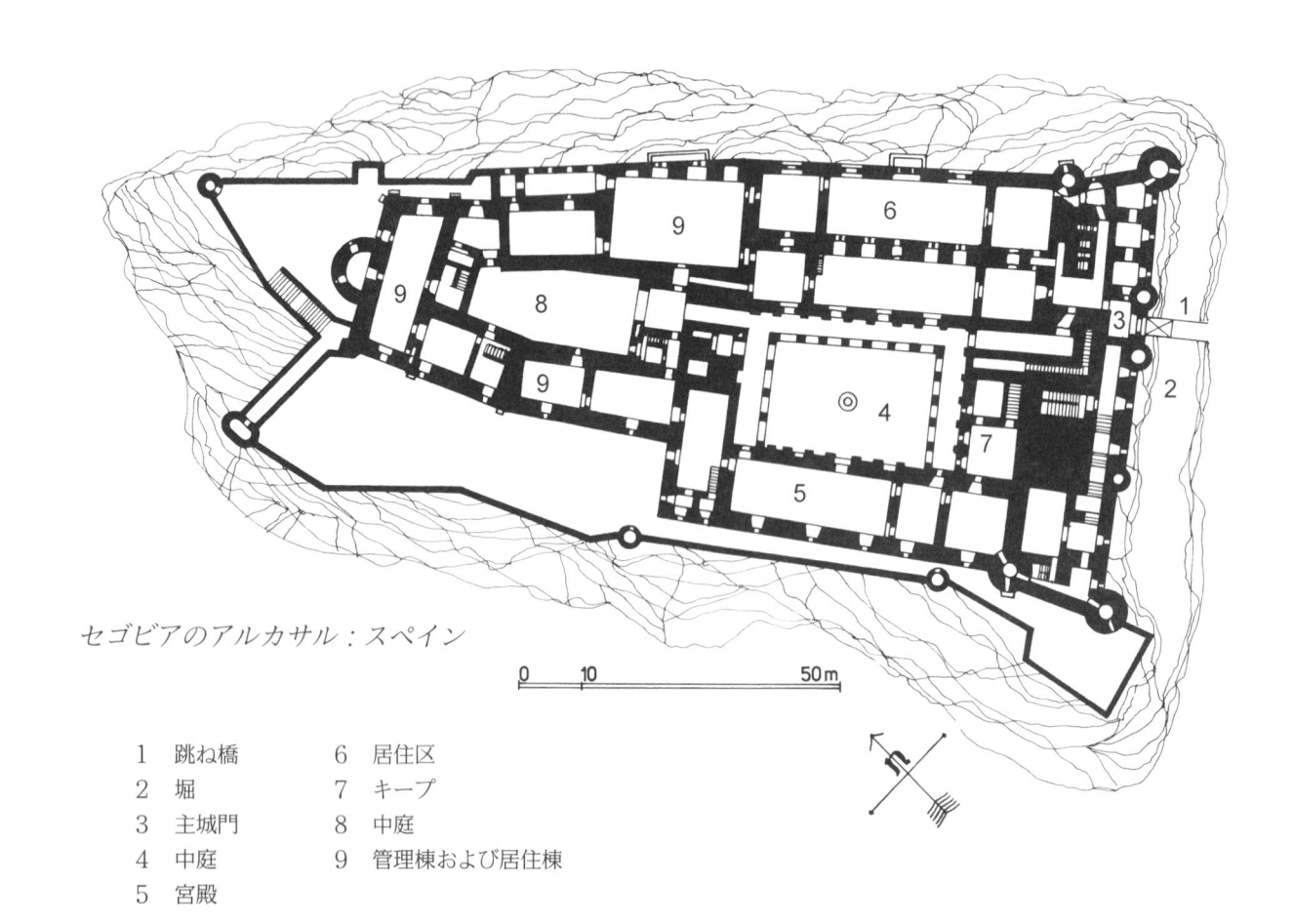

セゴビアのアルカサル：スペイン　（ワンダ・オストロフスカ画）

セゴビアのアルカサル：スペイン

1　跳ね橋
2　堀
3　主城門
4　中庭
5　宮殿
6　居住区
7　キープ
8　中庭
9　管理棟および居住棟

スペインにおける最初期のイスラム教徒のシタデルあるいはアルカサバの一つが、南部のハエン県**バニョス・デ・ラ・エンシナ**にある。10世紀のコルドバのカリフ、アル・ハカム2世の治世下に建設されたこの城塞は、カスティーリャとアンダルシーアを結ぶ街道を望む丘の上に建っている。保存状態が良く、ビザンツ築城の影響を明らかに受け、多くの特質を有している。総延長が約100 mしかない楕円形平面のアンサントには、そこから突出した14棟の方形平面の城塔と1棟の門があり、門にはイスラム建築に典型的な二重の馬蹄形アーチがみられる。1212年のラス・ナバス・デ・トロサの戦いの後、キリスト教徒たちがこの城塞を占拠した13世紀に、キープが増築された。

スペインのイスラム圏におけるもう一つの城塞の形式として、イスラム教徒がアルカサルとよんだ築城を施した王宮があった。アルカサバよりも広々としていて設備も豪華だった。スペインで最も有名なアルカサルは**グラナダのアルハンブラ**（アラビア語で赤い城塞の意）で、その名は赤い石材で建設されていることに由来する。この種の中で3番目に大規模なスペイン・イスラム建築のこの宝石は、シエラ・ネバダ山脈の冠雪した山々の間に抱かれ、非常に保存状態が良い。アルハンブラは9世紀以来の古い築城の敷地に建っている小規模なアルカサバから見下ろされる位置にある。現在のアルカサバとアルハンブラは13世紀と15世紀の間にナスル朝が建てたもので、24棟の城塔を備えた市壁の建設を手掛けたのもこの王朝だった。グラナダ市はスペインにおけるイスラム最後の砦だった。

やがて、アルカサルという用語はキリスト教徒にも使われ、築城を施した王宮や貴族の居館を指すようになった。このような居館の中で最も有名なものは間違いなく**セゴビアのアルカサル**で、その有名な住人は歴代カトリック王である。11世紀にレオン王アルフォンソ6世によってイスラム教徒たちの城塞の敷地に創建された。その建設と改修は16世紀を通じて続けられ、歴代国王の第1の王宮となっている。城塞は2本の小さな川の合流点を望む岩がちな支脈の上に位置し、これらの川が最も急峻な側に沿って堀を形成している。アーチ架構による橋が陸側拠点の方で深い堀をまたいでいる。城塞の一端は船首のような形で、大規模な方形平面の城塔に付属するいくつかの小塔と別の円形平面の城塔が設けられている。じつは方形平面の城塔はかつてのキープだった。城塞正面付近のまた別の大規模構築物は15世紀のもので、「トッレ・デ・フアン・ドス」（フアン2世の塔）とよばれている。各隅部に2棟の小塔が重ねられ、イスラムとゴシックを合わせたムデハル様式によって装飾されたマシクーリを備える。

グラナダのアルハンブラ：スペイン

1　カーテン・ウォール
2　城門
3　上城
4　キープ
5　宮殿
6　町
7　カール5世宮殿
8　ヘネラリフェ（別荘）
9　紅の城塔群
10　居館
11　教会堂

バリャドリード派

イスマエル・バルバ・ガルシア執筆

　城塞建設の様々な様式や一派が中世ヨーロッパの多くの地域で発展した。「バリャドリード派」は15世紀後半にスペインのドゥエロ川流域で発展したとりわけ特異な様式である。この様式はエンリケ4世王がメディナ・デル・カンポ、ポルティーリョ、セゴビアの「トッレ・ヌエーバ」（新塔の意）の王城建設のために発した特別な指示に従っていた。城塞の建設は王城と同じ配列に従っており、方形平面に大オメナヘ（敬意の意）やキープを備えていた。城壁の高さは方形平面の一辺の長さの半分と等しかった。大オメナヘは一辺の長さ、すなわち、周囲をめぐる城壁の2倍の高さでそびえていた。普通、中小の諸侯は経済力があまりなかったので、もっと小規模な城塞で満足せねばならなかったが、同じ比例を守っていた。じつはこのように、彼らの城塞は大領主たちの城塞を縮小したコピーだったのである。典型的な大領主の城塞の高さが40mだったのに対して中小領主の城塞の高さは25mにすぎなかった。

　地方の大諸侯の一族はすぐに彼らの王の先例に倣い、同じモデルに合わせて自身の城塞を建設した。トッレロバトーン、フエンテス・デ・バルデペロ、ペニャフィエル、フエンサルダーニャの各城塞がこれにあたる。興味深いことにバリャドリード派に属する城塞のほとんどが、新たに貴族になった中産階級のために建設された。ユダヤ人の家系の場合も多く、従来の貴族階級に受け入れられるべく闘っていたのである。

　これらの城塞のほとんどは同じ手順に従って建設され、通常は竣工するまでに2世代かかった。ドゥエロ川流域出身の影響力のある人々が行政機構の中で高い地位を獲得し、それによって王の宮廷と密接な関係を持つにいたった。これらの人々は次にフエンサルダーニャやビラフエルテのような付近の町を手に入れて、小さな領主権を得ようと努めている。そのために20年にも及ぶ時間を費やすのである。ひとたび貴族の称号を得て、王国内の知行を一族内で継承する権利を授けられると、社会的地位の象徴として城塞の建設に着手した。

　大オメナヘを備えたこれらの城塞は、火砲の登場によってわずかな年月で時代遅れとなり、その建設者たちの単なるひけらかしの象徴にすぎない存在と化したのである。

フエンサルダーニャ城塞：スペイン

バリャドリード地方は数多くの城塞があることで有名だ。例として、モンテアレグレ、フエンサルダーニャ、トッレロバトーン、メディナ・デル・カンポがあげられる。

モンテアレグレ城塞はこの地方で最も堂々たる最強の城塞の一つで、高いカーテン・ウォールと特異な五角形平面の城塔を備えている。この城塔は「トッレ・デル・オメナヘ」すなわち「敬意の塔」とよばれ、これがキープを表すスペインの用語である。この3層構成のキープ上部はほとんどが破壊された。モンテアレグレ城塞の一隅からは平原を眼下に望むことができる。城壁の厚さは4m、高さは約20mある。方形平面の隅部城塔群とその間の円形平面の城塔群を含む現在の構築物は14世紀初頭のものである。今は水堀となっている堀をまたぐ跳ね橋が入口前にある。

トッレロバトーン城塞は14世紀に建設され、その設計はバリャドリード近隣の城塞と同じ派の建築に基づく。トッレロバトーン城塞のキープは3層構成で、階によってはさらに細かく仕切られていたと思われる。キープは14世紀初頭に建設されアンサントの一隅に建っている。城塞には3棟の円形平面の隅部城塔もあって、頂部にはマシクーリが施されている。後に城塞は大きく改修された。

フエンサルダーニャ城塞はモハメッドというイスラム教徒の石工棟梁によって設計され、1430年代に着工した。キープを除けばトッレロバトーン城塞とよく似ている。ヴォールトを架けられた4層構成のキープは1453年に着工しており、大規模な上階はさらに2層に細分された。この大規模な長方形平面の構築物の大きさは20×15mで、

モンテアレグレ城塞：スペイン

トッレロバトーン城塞：スペイン

長辺は城塞の一辺と一体化している。4棟の円形平面の城塔がカーテン・ウォールの隅部にそびえ、長い方の城壁の中央と城塔群の上にバルティザンが建っている。

メディナ・デル・カンポのラ・モタ城塞は12世紀に建てられたが、当初のまま残っているのは城壁の下部のみである。ラ・モタ城塞は13世紀のアルフォンソ8世の時代から15世紀まで繰り返し改造されてきた。現在の煉瓦造構築物は1460年代のもので、胸壁は20世紀に修復されている。城塞の一隅には大規模な方形平面のキープが建ち、その高さは約30mに及ぶ。キープは3層構成で、最下層はさらに3層に細分されていて、そこから城塞の地下ギャラリー群に入ることができる。キープの各隅部には特異な二重小塔や二重バルティザンがあって、その存在により傑出した存在となっている。これはセゴビアのアルカサルに似ている。マシクーリはバルティザンの間に建設された。内城壁には5棟の長方形平面の城塔群が設けられ、防御陣地群が内蔵された深くて幅の広い堀で囲われている。城塞全体を囲う外城壁は15世紀に増築され、4棟の円形平面の隅部城塔、跳ね橋を備えた入口に2棟の円形平面の城塔、そして円形平面の城塔群の間には半円形平面の城塔群が設けられている。城壁はプリンスによって強化され、火兵に対応するようになった。

ラ・モタ：スペイン、メディナ・デル・カンポ

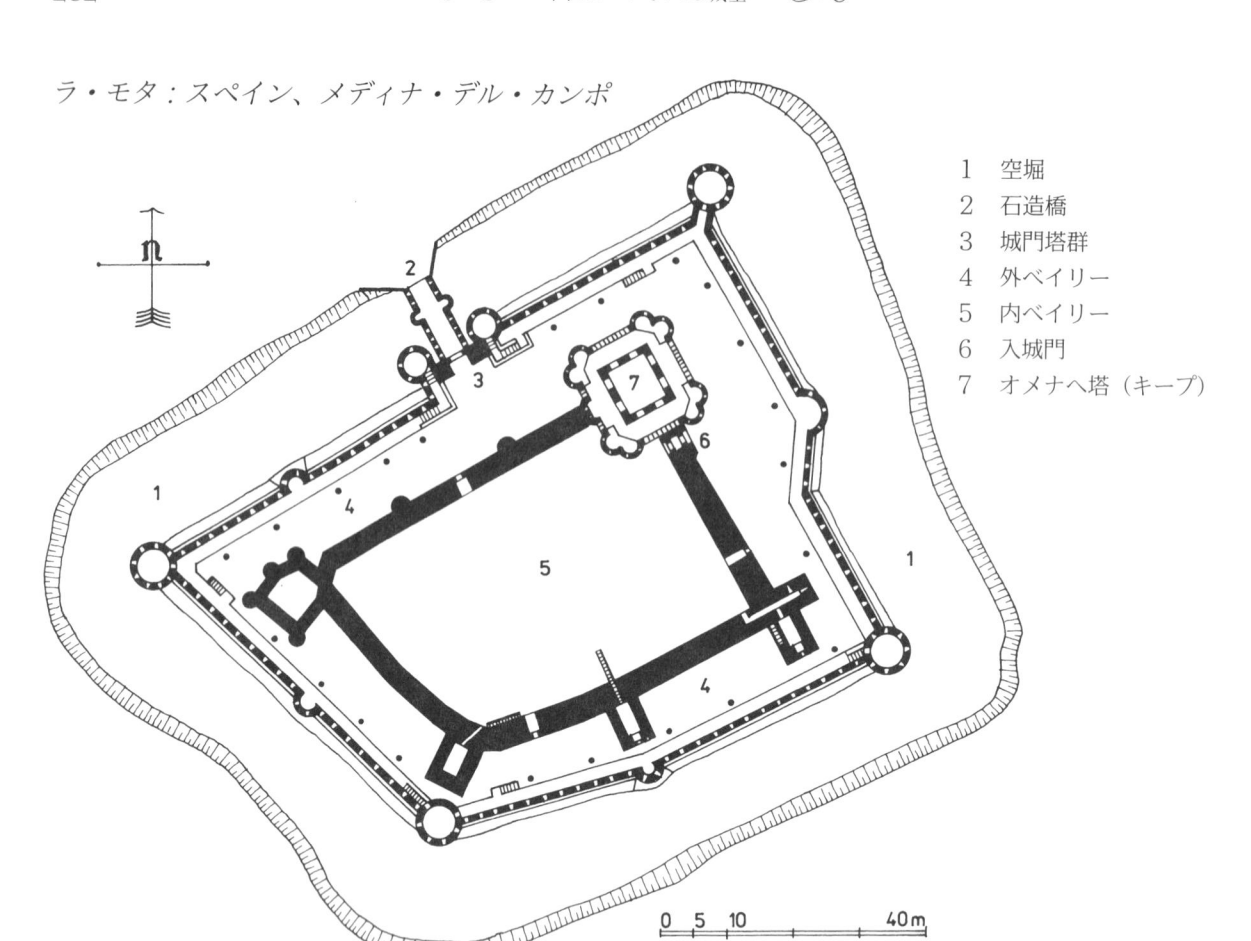

1　空堀
2　石造橋
3　城門塔群
4　外ベイリー
5　内ベイリー
6　入城門
7　オメナヘ塔（キープ）

ラ・モタ：スペイン、メディナ・デル・カンポ

城壁と城塔群。大砲に適応するための改修を外城塔群にみることができる。

中世の城塞と築城――イベリア半島　　283

ペニャフィエル城塞

（ワンダ・オストロフスカ画）

　ペニャフィエル城塞はバリャドリード東方にあって「カスティーリャの信仰篤き岩石」と称され、ドゥエロ川の流れる周囲の平原からそびえ立つ船のような外観を呈している。城塞は丘の頂に沿って150 m以上も展開している。中庭を形成する上城壁の間の空間は幅10 mもない。大規模なキープが中央に建ち、城塞を北郭と南郭に二分している。長方形平面のキープは3層構成で、それぞれの層は分割されて中2階のような層があったと思われる。高さは20 m以上に及ぶ。外アンサントは11世紀までさかのぼり、長さ約210 m、幅約20 mの城塞最古の城壁によって構成されている。

　ペニャフィエル城塞は元々イスラム教徒の築城だったが、カスティーリャ伯サンチョ・ガルシアがアルマンソルから攻略して11世紀に改修していた。ここは一時期エル・シドの代理官の一人によって統制されていた。上城壁または内城壁は14世紀の間に増築され8棟の城塔群と21棟の小塔群が設けられていた。小塔群はコーベル（持ち送り）の上に載っていて、これは当時のスペインの城塞に典型的な特徴である。2棟の隅部城塔だけが中空で、内部空間がある。上城壁、キープ、城塔群がマシクーリと一直線上に並んでいる。内城壁の方を向いた側の外城壁の城門には壁体がなく、接近路をキープと内城壁から防護することができるようになっていた。15世紀に、カラトラバ騎士団長ドン・ペドロ・ヒローンが城塞に最後の改修を施した。ペニャフィエル城塞の有名な住人にアルフォンソ10世賢王の甥ドン・フアン・マヌエルがおり、13世紀から14世紀にかけてその城壁の内側で有名な手引書『コンデ・ルカノル』（Conde Lucanor/ルカノル伯の意）を執筆した。

ペニャフィエル城塞：スペイン

オメナヘ塔（キープ）は城塞中央にある。

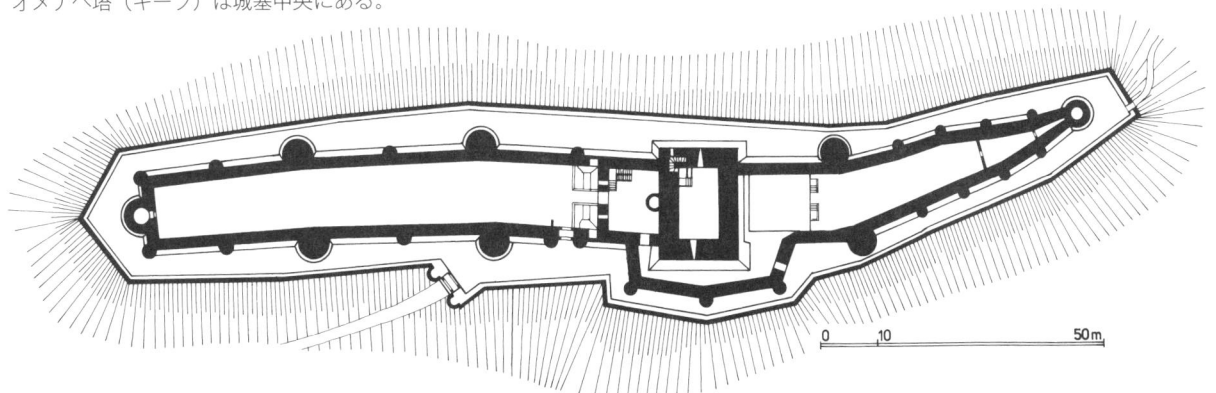

アルマンサ城塞
町の上方に立地する３層構成の城塞の上に
そびえる、オメナヘ塔（キープ）がみえる。

（ヴォイチェフ・オストロフスキ画）

アルマンサ城塞はペニャフィエル城塞と似ているがそれよりもかなり大規模で、ペニャフィエル城塞の東方（バレンシアの南東）に位置している。9世紀のアラビア人の築城の敷地に建造され、10世紀にイスラム教徒によって拡張された。12世紀にはキリスト教徒に接収され、新たな城壁が増築された。1255年にアラゴン王がアルマンサ城塞を改修してテンプル騎士団に授け、騎士団がここの守備隊として駐留した。この堂々たる城塞は平原を望む岩石層の上に建っている。その最高点に建つ大規模なキープは15世紀になって初めて増築された。断崖を望む城塞の北側に建ち、南側の長い階段を登って近づく形になっている。城塞を防備している城壁と城塔群は岩石層の様々な高さに沿って連なり、断崖の麓に密集する町の方へと急降下していく。

アルマンサ城塞から遠くないところにイスラム教徒のアルカサバだった**サヘ城塞**があり、町を望む尾根の頂上に建っている。大規模な方形平面のキープとイスラム教徒たちが東端に建てた隅部城塔のようなものがあり、これらは城壁によって相互につながっている。キープと西端の円形平面の城塔2棟の廃墟は、キリスト教徒によって建てられたと思われる。北側の町から遠く離れながらも、町に面した側からのみ接近することができる。多くの点でサヘ城塞はスペインの田園地帯に遍在する数多くのイスラム教徒たちとキリスト教徒たちの砦の典型例である。

（ヴォイチェフ・オストロフスキ画）

サヘのアルカサバ

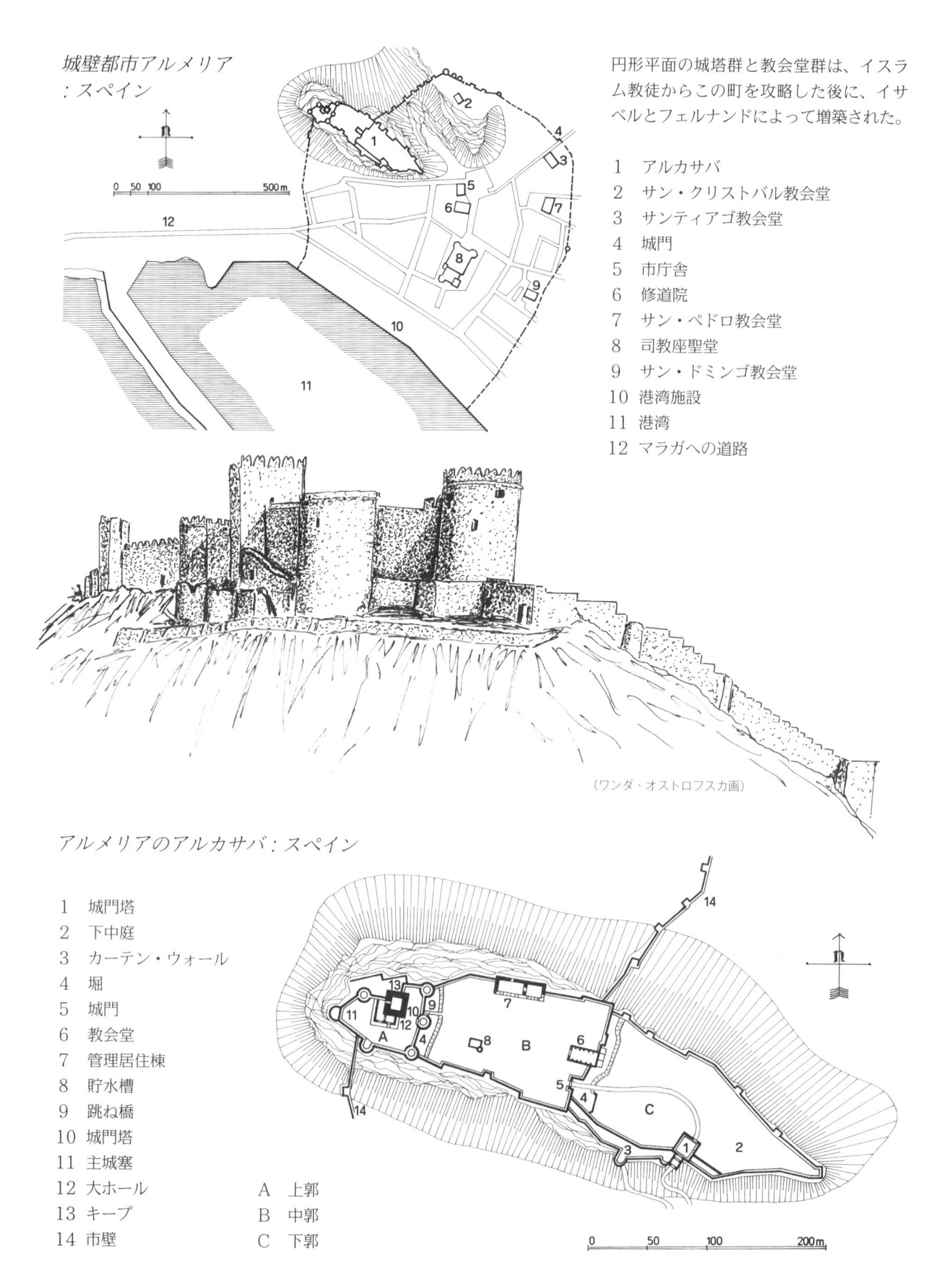

城壁都市アルメリア：スペイン

円形平面の城塔群と教会堂群は、イスラム教徒からこの町を攻略した後に、イサベルとフェルナンドによって増築された。

1. アルカサバ
2. サン・クリストバル教会堂
3. サンティアゴ教会堂
4. 城門
5. 市庁舎
6. 修道院
7. サン・ペドロ教会堂
8. 司教座聖堂
9. サン・ドミンゴ教会堂
10. 港湾施設
11. 港湾
12. マラガへの道路

（ワンダ・オストロフスカ画）

アルメリアのアルカサバ：スペイン

1. 城門塔
2. 下中庭
3. カーテン・ウォール
4. 堀
5. 城門
6. 教会堂
7. 管理居住棟
8. 貯水槽
9. 跳ね橋
10. 城門塔
11. 主城塞
12. 大ホール
13. キープ
14. 市壁

A 上郭
B 中郭
C 下郭

スペインで最も壮観なイスラム教徒たちの城壁都市の一つは**アルメリア**であり「海の鏡」と称されている。そのアルカサバは町を望む高さ65mの尾根の上に建っていて、南からのみ接近できる。アルメリアのアルカサバは8世紀にイスラム教徒によって建設され、フェニキア人の建てたシタデルの廃墟の上に建っている。この城塞は三つの郭からなり、カーテン・ウォールには側防城塔群が配されている。貯水槽は下郭の北側に位置していた。中郭にはモスク、浴場および地下牢獄の諸房があった。上郭は堀で他の部分と隔てられており、イサベル女王とフェルナンド王が15世紀にアルメリアを攻略した後に加えた、ゴシック様式のオジーヴ・アーチを頂く開口部を備えたキープが今でも建っている。上郭にも地下ギャラリー（歩廊）があり、その他に3棟の大規模な城塔が建っていて、そのうちの1棟はトンネルによって内岸壁とつながっていた。別の城塔はハレム区域（婦人の居室）として用いられていた。3棟の城塔のうち最後の1棟は、城塞の入口へと通ずる城壁および城門を見下ろす位置にあった。城塞の両側とつながっている城壁は町を囲っていた。

カスティーリャ王アルフォンソ7世はジェノヴァ人たちの助力を得て1147年にアルメリアを攻略したが、10年後にイスラム教徒によって再び奪還された。アブ・シディは都市築城を改良してアルメリアを「グラナダへの鍵」の一つとしている。ハイメ2世（アラゴン王）は城塞を再攻略して、金と引き換えにグラナダ王に返還した。アルメリアは最終的に1489年にイサベルとフェルナンドの手に落ちている。

アルメリア：スペイン
城塞から町を囲む城壁の眺望2枚。

ポルトガル王国も城塞と築城が欠けることはなかった。1147年に十字軍の手に落ちるまで、**リスボン**はイスラム教徒が占拠して築城を施していた。それゆえ、ポルトガル築城の多くにイスラム的特徴が強く現れたのである。例外の一つが北部の**ギマランイス城塞**であり、その特徴はアラビアよりもヨーロッパに近い。当初は10世紀にキリスト教徒の様式により1棟の城塔として建設され、11世紀末にカスティーリャ王に占拠された際にアンサントが設けられた。今日の構築物の配置は15世紀の改修以来のものである。全体は不等辺四角形であり、方形平面の隅部城塔群と大規模なキープがある。キープはカーテン・ウォールと一体化せずにアンサントの内側に建っている。

　カステロ・ドス・モウロスはシントラに立地している。城壁と城塔群が岩盤に沿って延び、地形を乗り越え断崖に沿って曲がりくねっている。1147年、カステロ・ドス・モウロスはリスボンが十字軍によって攻略された後に、抗戦することなく初代ポルトガル王に降伏した。これがポルトガル王の初勝利だった。カステロ・ドス・モウロスの建築はムデハル様式の特徴を示している。これはアンダルシーア様式ともよばれ、8世紀のアル・アンダルスの地に源を発していた。ムデハル様式は土、砂利、石灰および藁でできたコンクリートを使用するという特徴があり、10世紀に発展している。主力城壁と橋でつながった城塔群やアルメリア城塞でみられるような巨大な地下貯水槽といった工夫もなされていた。ムデハル様式は10世紀から13世紀にかけて、少し変更が加わりながらイベリア半島のイスラム圏やマグレブのモロッコで根強く続いていった。

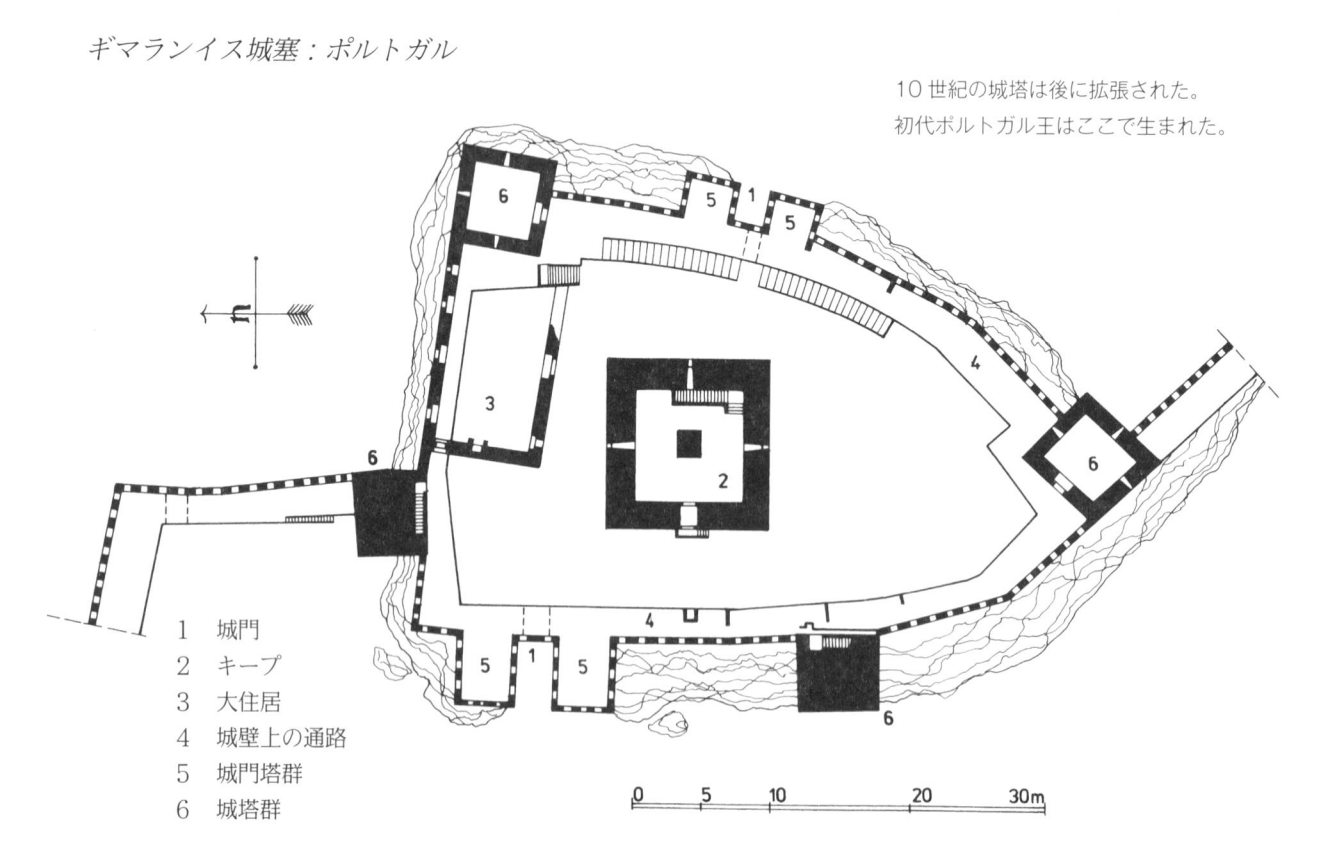

ギマランイス城塞：ポルトガル

10世紀の城塔は後に拡張された。
初代ポルトガル王はここで生まれた。

1　城門
2　キープ
3　大住居
4　城壁上の通路
5　城門塔群
6　城塔群

北アフリカ

モロッコでは市壁、アルカサバ（カスバ）やアルカサルが時代を超えて当初の姿のまま残っている。**マラケシュ**の城壁にはモロッコ最古のものもあり、ムラービト朝軍がこの町を攻略した11世紀までさかのぼるものと思われる。北アフリカのもう一方の端にはカイロ付近の**アル・カーヒラー**の町がある（アル・カーヒラーの英語読みがカイロ）。969年にファーティマ朝によって創建され、イスラム様式による王のアクロポリスの壮麗な例である。1087年にワズィール（イスラム諸国における高官）が石造城壁、方形平面の城塔群および築城を施した城門群で町の周囲を囲んだ。**カイロ**はサラーフッディーンが1176年から1183年にかけてアル・カーヒラーのちょうど南東に建設した大シタデルを誇っている。サラーフッディーンの城壁は1,200 mもの長さで、100 mごとに小規模な半円形平面の城塔が設けられ、いくつかの堂々たる築城を施した城門があった。1207年にアル・カーミルが城塔群と城門群を強化して5棟の巨大な方形平面のキープを増築している。マムルーク朝は南西側にさらに二重の城壁を建造して、宮殿、兵舎、倉庫区域の防備を固めた。16世紀にはトルコ人たちがシタデルを統制するために大規模な円形平面の城塔を2棟建設している。このようにカイロの築城は中世盛期全時期にわたって運用され続けた。

▲カイロ
シタデルの城壁の一部。（ピエール・エチェトの御厚意により写真掲載）

◀ラバト：モロッコ
14世紀の城壁を貫通する城門。

▲アレクサンドリア
世界の七不思議の一つに数えられた古の灯台の跡地に建設されたカーイト・ベイ城塞。

カイロのシタデル：エジプト

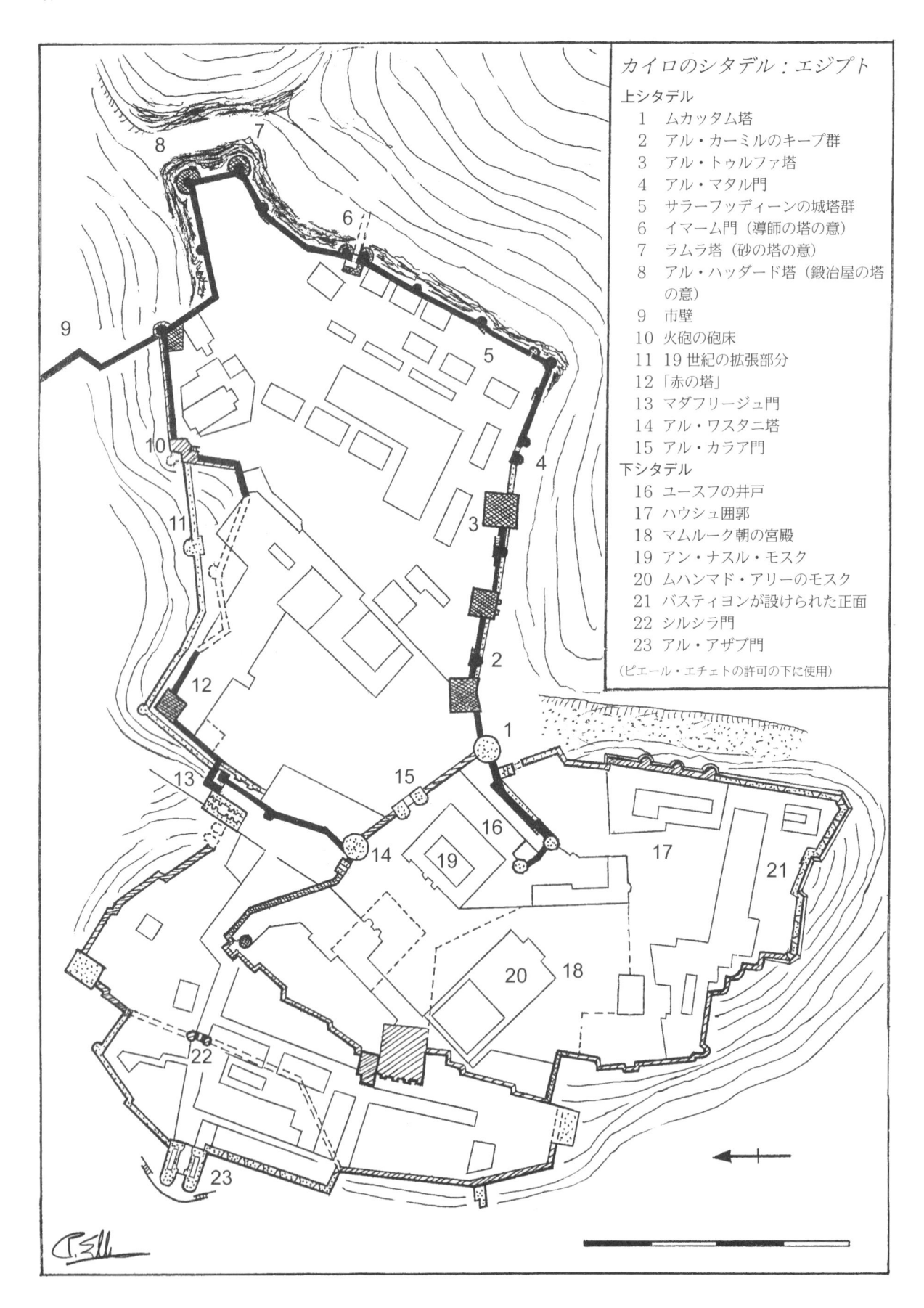

上シタデル
1 ムカッタム塔
2 アル・カーミルのキープ群
3 アル・トゥルファ塔
4 アル・マタル門
5 サラーフッディーンの城塔群
6 イマーム門（導師の塔の意）
7 ラムラ塔（砂の塔の意）
8 アル・ハッダード塔（鍛冶屋の塔の意）
9 市壁
10 火砲の砲床
11 19世紀の拡張部分
12 「赤の塔」
13 マダフリージュ門
14 アル・ワスタニ塔
15 アル・カラア門

下シタデル
16 ユースフの井戸
17 ハウシュ囲郭
18 マムルーク朝の宮殿
19 アン・ナスル・モスク
20 ムハンマド・アリーのモスク
21 バスティヨンが設けられた正面
22 シルシラ門
23 アル・アザブ門

（ピエール・エチェトの許可の下に使用）

付録 1

Builders and Architects of Medieval Fortresses
―中世城郭の建設師と建築師―

　中世の城塞や築城の設計・建設を手掛けた人々の名前はほとんど残っていない。時の歴史家たちは実際に設計と建設を行った人々よりも、むしろ事業の施主の方に焦点を当てる傾向があった。通常、事業を任されたのは石工棟梁と大工であり、長年の経験を経て高い地位に達し、同業者から高く評価され讃えられていた人々だった。彼らの多くは教会堂や橋梁のような築城以外の大規模事業にも従事していた。彼らの呼称は地方によって様々であり、一般的に歴史史料にはその呼称が残り、彼らの名は忘れ去られたのである。しかし、いくつかの名前は今に伝わっている。下に輝かしき名声を得た人物の名前を列挙しておく。

ラングレ：フランス、10世紀末；イヴリー城塞を設計

ベックのガンデュルフ：ノルマンディーとイングランド、11世紀；ギョーム（ウィリアム）征服王の助言者

オスナブリュック司教ベンノ2世：神聖ローマ帝国、11世紀；ハインリヒ4世の助言者。ハルツブルク城塞を設計

ロベール・ドゥ・ベレーム：ノルマンディーとイングランド、11世紀末から12世紀初頭；アランデル城塞とジゾール城塞を建設

ロストフ・スーズダリ公ユーリー・ドルゴルーキー：ルーシ、12世紀；1156年、モスクワ最初のシタデル（クレムリン）の設計を助けてその建設を命じた

イングランド王リチャード1世：12世紀；フランスのガイヤール城塞を設計

オーセール司教ユーグ・ドゥ・ノワイエ：フランス、12世紀末；ヴァルジーおよびノワイエの司教城塞を改良

神聖ローマ皇帝フリードリヒ2世：イタリア、13世紀；カステル・デル・モンテおよびその他の構築物群を設計

イングランド王エドワード1世：13世紀；とりわけウェールズの城塞群の設計に関与

イングランド王エドワード2世：13世紀；とりわけウェールズの城塞群の設計に関与

セント・ジョージのマスター・ジェイムズ：サヴォイア、13世紀；30年以上にわたってエドワード1世のために、ウェールズにハルレフ城塞を含む当時最新鋭の城塞10棟を設計し、建設を監理。エドワード王のためにスコットランドでも城塞建設に従事

ウード・ドゥ・モンルイユ：フランス、13世紀；ルイ9世およびフィリップ3世のために、エグ・モルトなどの築城を設計し、事業を監理

フィリップ・シナール：フランス、13世紀；フリードリヒ2世のためにカステル・デル・モンテ建設に従事した石工棟梁

ピエール・ダジャンクール：フランス、13世紀；イタリアのルチェーラの城壁を建設

レモン・デュ・タンプル：フランス、14世紀；ヴァンセンヌ城塞建設に従事

ギョーム・ダロンデル：フランス、14世紀；ヴァンセンヌ城塞建設に従事

ジャン・ルノワール：フランス、14世紀；ピエルフォン城塞を設計

モスクワ大公ドミトリー・ドンスコイ：ルーシ、14世紀；1367年にモスクワの白煉瓦造のクレムリンの設計を助け、建設を命じた

ジョン・ルーウィン：イングランド、14世紀；イングランド・ヨークシャーのボルトン城塞建設に従事した石工棟梁

ミコラウス・フェレンシュタイン：14世紀；ドイツ騎士団で最も著名な城塞設計者

フアン・グァス：カスティーリャ、15世紀；モンベルトラン、ベルモンテ、マンサナレスの各城塞、トレド大司教座聖堂の建設に従事

アリ・カロ（キリスト教徒名はアロンソ・フォンセカ）：カスティーリャ、15世紀；コカ城塞建設に従事

フアン・カレラ：カスティーリャ、15世紀；コリア城塞およびサン・フェリセス・デ・ロス・ガレゴス城塞の建設に従事

フェルナン・ゴメス・デ・マラノン：カスティーリャ、15世紀；アルメリア、フエンテラビア、ペニャフィエルの各城塞、またフエンテス・デ・バルデパロ城塞の城塔の建設に従事

ロレンソ・バスケス：カスティーリャ、15世紀；カラホラ城塞とシフエラ城塞の建設に従事

ルイス・ファハルド（改宗したイスラム教徒）：カスティーリャ、

15世紀；ベラス・ブランコ城塞、ムラ城塞、ムルシアのアルカサルの建設に従事

アリスティオテル・フィオラヴェンティ（イタリア出自の家系）：ルーシ、15世紀末；モスクワ大公イヴァン1世カリター（金袋の意）からモスクワのクレムリンの赤煉瓦造城壁の建造を命ぜられた

ジュリアーノ・ダ・サンガッロとアントニオ・ダ・サンガッロ：イタリアの諸都市国家；フィレンツェ出身のこの兄弟はいくつかの重要な過渡期の築城建設に従事。ローマのカステル・サンタンジェロの近代化改修（1493年）、チヴィタカステッラーナ（1494-1499年）が例としてあげられる。彼らの甥である小アントニオは教皇の建築家となり、16世紀の数多くの築城建設に従事

ロレンソ・デ・ドンセ：カスティーリャ、16世紀初頭；グラハル・デ・カンポス城塞建設（1519年）、および、シマンカス城塞修復に従事

フョードル・サヴェリェヴィチ・コーヌィ：ロシア、16世紀末；モスクワの「白の町」の城壁、スモレンスクの城壁（1595-1602年）、および、その他のルーシ諸都市の城壁の建設に従事

建設師および建築師の呼称

【フランス】
　大工棟梁＝メートル・シャルパンティエ
　現場監督＝メートル・ドゥ・シャンティエ
　石工棟梁＝メートル・マソン
　石材裁断師＝タイユール・ドゥ・ピエール
　採石師＝カリエ
　建築師＝アルシテクト
　工兵（17世紀）＝アンジェニウール

【ポルトガル】
　大工棟梁＝メシュトレ・カルピンテイロ
　現場監督＝メシュトレ・ダシュ・オブラシュ
　建築師＝アハキテクト
　工兵（17世紀）＝エンジェネイロ

【スペイン】
石造城塞関連
　工兵隊長＝マエストロ・マヨール＊
　　（他のすべての分野を担当し、建築師としても従事）
　石材裁断棟梁＝マエストロ・カンテロ＊
　　（建築師としても従事）
　現場監督＝マエストロ・ダス・オブラス＊
　石材裁断師＝カンテロ
　　（石材を裁断し研磨する）
　採石師＝ペドレロ
　　（カンテロよりも技術で劣り、通常は粗石を担当したり採石場で働いたりした）

＊マエストロ・マヨール、マエストロ・カンテロ、および、マエストロ・ダス・オブラスはただ一人の人物が務めることもあった。彼らはほとんどがユダヤ人かイスラム教徒であったが、施主がキリスト教徒であってもイスラム教徒であっても、変わらぬ技能を発揮した。

煉瓦造あるいはアドビ造城塞関連
　建設棟梁＝マエストロ・アラリフェ＊
　煉瓦積み師＝アルバニル

＊アラリフェという用語はアラビア語に由来する。通常、マエストロ・アラリフェはイスラム教徒かその子孫だった。

15世紀末の築城建設師関連の用語
　工兵（建築師）＝カピターン
　建設工兵＝マエストロ

【オランダ】
　石工棟梁＝ボウメースター
　　（これらの人々の素性や正確な呼称についてはほとんど情報がない）

【スウェーデン】
　石工棟梁＝ビュッグメスターレ
　　（これらの人々の素性や正確な呼称についてはほとんど情報がない）

16世紀半ば
　石工棟梁または棟梁＝ビュッグメスターレまたはメスターレ
　　（これらの人々の素性や正確な呼称についてはほとんど情報がない）

【ルーシ】
　工芸師・建築師＝ゾドチィ
　　（築城と教会堂の建設師）

付録2

Chronology of Sieges
―攻囲戦年表―

　中世の大小の攻囲戦の数を正確に数えることは決してできないが、築城の数が我々に手がかりを与えてくれるだろう。ヨーロッパと地中海の中世築城の数は優に5万を超えており、その10分1だけが戦争に巻き込まれたとしても、その数はなおきわめて大きいだろう。多くの中世の攻囲戦は少数の兵のみが参加するものだったので、これはありえない数字ではない。それゆえ、ここではある程度重要な攻囲戦を抜粋した。

673－678年　コンスタンティヌポリス攻囲戦
　アラビア人たちによって5年間攻囲され、攻囲軍が甚大な喪失を被って終結した。

717－718年　コンスタンティヌポリス攻撃
　アラビア人たちはこの攻囲戦で、さらに4万の兵を喪失した。この攻囲戦と7世紀の攻囲戦によって、バルカン半島は数世紀におよぶイスラムの脅威から守られた。

885－886年　パリ攻囲戦
　ヴァイキングによる総力をあげた攻撃にも関わらず、パリは降伏しなかった。この大攻囲戦はフランク人たち、およびヴァイキングたちにも強い印象を残している。

955年　アウグスブルク攻囲戦（8月8日～9日）
　オットー1世がザクセン軍の先頭に立って到来すると攻囲は破られ、翌日にレヒフェルトの戦いが行われるとマジャール人たちの脅威に終止符が打たれた。

1016年　ロンドン攻囲戦
　4月にエドマンド剛勇王（エドマンド2世）がイングランド王に推戴されると、ヴァイキングのクヌーズ大王はロンドンを攻囲したものの、包囲を続けることはできず、エドマンド王はなんとか攻囲を破っている。しかし、エドマンド王はその直後に崩御し、クヌーズにイングランド王位を奪取する機会が訪れた。

1049年と1054年　ドンフロン攻囲戦
　ギョーム征服王はノルマンディー領の拡張に着手した。アンジュー領のドンフロンの石造城塞はきわめて強力な城塞だったので、この城塞に対する長期間の攻囲戦は、1049年には失敗した。しかし1054年、ドンフロンが攻囲されていたときに、ギョームがアランソン攻略後にその籠城軍をいかに容赦なく取り扱ったかを守備隊が耳にし、その後、攻略に成功した。ギョームはさらなる攻囲戦をしかけ、その力を伸長させ続けていった。

1071年　マラーズギルド攻囲戦
　小アジアのアルメニアのこの町の攻囲戦は、ビザンツ皇帝に救援軍を派兵させるにいたったが、野戦で破れた。その後、ビザンツ帝国の力は中東で急速に衰えていった。

1081年　デュッラキウム攻囲戦（アルバニアのドゥラス付近）
　ノルマン人ロベール・ギスカールが7月に攻囲した。10月にビザンツの救援軍ははるかに少数のノルマン軍に粉砕されている。ノルマン人たちは2月に首尾よく町を攻撃した。ビザンツ帝国はノルマン人によってすでにイタリア南部から駆逐されていたが、こうしてヨーロッパ側の新たな正面でも脅威にさらされることとなった。

1083－1084年　ローマ攻囲戦
　教皇グレゴリウス7世はカステル・サンタンジェロにおいて、神聖ローマ皇帝ハインリヒ4世に攻囲されたが、1084年5月、南方から攻めてきたノルマン・ロンバルディア連合軍によって攻囲は破られた。

1093－1094年　バレンシア陥落
　9ヶ月の攻囲の後、この都市は飢餓によってエル・シド（カスティーリャ王国の貴族）への降伏を余儀なくされた。

1097年　小アジアのニカイア攻囲戦（5月から6月まで）
　十字軍はあらゆる形式の攻城装置を建造して使用した。トルコの救援軍を撃破した後に、死者の首をこの都市に向けてカタパルトで投射している。ビザンツ皇帝はその艦船に命じて湖側から十字軍の攻撃の援護に向かわせた。坑道戦によって外城壁の城塔1棟が倒壊し、カタパルト群によって外城壁の一部が粉砕された後に、トルコ

軍は降伏した。これが第1次十字軍の最初の大攻囲戦であり、初勝利だったのである。

1097年10月－1098年6月　アンティオキア攻囲戦

これは史上最大の攻囲戦の一つと考えられている。十字軍は10月にこの都市を攻囲したが、飢餓が双方に大きな損害を与えた。十字軍は3棟の城塔を建設して3棟の市門を封鎖しようとした。12月29日に守備隊のソルティ（突撃）は失敗し、12月31日にはトルコの救援軍が撃破されている。2月9日にはさらに大規模な救援軍も撃破された。3月になると守備隊はさらにソルティを敢行したが成功しなかった。十字軍は再びトルコ人たちの首をカタパルトで都市の方へ投射している。ケルボガ（テュルク系の武将）が新たな救援軍を率いて来攻したが、彼が到着した6月には、すでに十字軍はこの都市を攻略していた。裏切り者が城門を開いたのである。トルコ軍はケルボガの到着までシタデルを確保した。ケルボガはシタデルから町に攻撃をかけたが撃退されている。今度は彼がこの都市のキリスト教徒たちを攻囲した。キリスト関連の聖遺物とおぼしきものが発見されたことが十字軍の心を燃え上がらせてこの都市から出撃し、ターラント公ボエモンの指揮の下で野戦にてトルコ軍を粉砕した。エルサレムへの道が開けたのである。

1099年　エルサレム攻囲戦

6月、1万に満たない十字軍が到着して2万の籠城軍と住民たちを攻囲した。アンティオキアが陥落したため、救援軍の当てはなかった。十字軍は6月半ばに3基の大規模なベルフリーを建造して堀を埋め立てはじめた。城壁の異なる3ヵ所に進出できるようにするためである。城壁上のトルコ軍のカタパルト群が応射し、城壁保護のための詰め物が城壁に掛けわたされた。トゥールーズ伯レモン4世による南側からの攻撃は一時城壁を確保した。下ロタリンギア公ゴドフロワ・ドゥ・ブイヨンによる北側からの攻撃は、麾下の兵たちが城門を開けた後に成功している。十字軍の行く手にある者はことごとく虐殺され、防御側の残存兵たちはダヴィデの塔へ退却して降伏した。第1次十字軍は十字軍兵士たちにとって成功裏に終結した。

1109年　グウォグフ攻囲戦

神聖ローマ皇帝ハインリヒ5世は人質を楯として使うことで、このポーランドのグラードの攻略を試みた。だが、ポーランド王ボレスワフが救援軍とともにかけつけ皇帝の攻囲は失敗している。この戦いはポーランド国を奪取しようというドイツ人たちの試みを打ち砕くのに決定的な役割を果たしている。

1111－1112年　テュロス攻囲戦

エルサレム王ボードワン1世は数年間、いくつかの沿岸都市を攻略しようと試みたが、その成功には限界があった。11月、王はファーティマ朝の支配下にあった最強の沿岸都市の一つテュロスに攻勢をかけた。防御側は巨大なベルフリー群（衝角〈破城槌〉を装備したものもあった）に焼き討ちをかけて破壊し、鉄製引っ掛けかぎや縄も用いてそれらを打破しようとした。4月にイスラム教徒軍がこの都市の救援に駆けつけて、土塁で構築されたボードワンの野営地を攻囲した。ボードワンは攻囲を破って退却している。

1124年　テュロス攻囲戦

2月、ボードワンはヴェネツィア海軍の助力を得てこの島上の都市を新たに攻囲した。王はこの都市唯一の新鮮な水源からの水道を用いた給水を切断している。唯一の接近路ははるか何世紀も前にアレクサンドロス大王によって創建された人工の地峡に沿って設けられていた。投射兵器群の射撃の応酬が数ヶ月続き、防御側がギリシア火を用いたりボードワン軍の攻撃が失敗したりしながらも、守備隊はついに7月に降伏している。

1144年　エデッサ攻囲戦

トルコのザンギー（モースル総督とアター・ベクの称号をセルジューク朝から授けられた武将）は、11月にこの城壁町に攻勢をかけた。クリスマス・イヴに麾下の工兵が城壁にむけてトンネルを掘削するための坑道を用いて突破口を開き、この都市を攻略した。さらに2日後にシタデルが降伏している。これが第2次十字軍のきっかけとなった。

1147－1148年　リスボン攻囲戦

ポルトガル、アングロ＝ノルマン、フランドル、ドイツの十字軍兵士3万の軍が、5千の兵でこの都市を確保していたイスラム教徒に対して進撃した。アングロ＝ノルマン人は高さ28ｍのベルフリーを組み立てたが、イスラム教徒は火矢やカタパルトから投射した発射体によってこれを破壊した。別のベルフリーも建設されたが同じ運命をたどっている。9月には坑道掘削を行うが、イスラム教徒の対抗坑道掘削によって阻止された。だが、イスラム教徒軍は地下の小競り合いで敗れ、10月には地雷が城壁の大部分を破壊している。十字軍は突破口を急襲しようと試みて阻止された。城壁正面の別の部分に沿って高さ24ｍの新たなベルフリーを建設し、城壁の方へ進めたことにより、イスラム教徒たちは降伏することになる。こうして、ポルトガルの新王が首都を持つにいたった。

1153－1154年　アシュケロン攻囲戦

1月、エルサレム王ボードワンは全軍をもってこの都市を攻囲し、海から港を封鎖した。数ヶ月後、ファーティマ朝はエジプトから海軍を派遣して防御側に再補給を行っている。ボードワン軍は高い攻城塔群のうちの1基から城壁越しに直接道路に向けて射撃することができた。ソルティによってこの塔に火が放たれ、この火が城壁に突破口を開くに至った。テンプル騎士団はそこから急襲をかけることができたのである。防御側は攻城軍を排除して城壁を修復した。8月になると投射兵器群による重厚な射撃が行われ、守備隊は降伏やむなしと悟るにいたった。これが歴代エルサレム王による最後の重要な征服となった。

1158年　ミラノ攻囲戦

フリードリヒ・バルバロッサは1154年以来、北イタリアに対する帝国支配の再確立を試みており、1158年にミラノを攻囲した。1ヶ月にわたる攻囲戦の後、9月にミラノ人たちは降伏している。

1159－1160年　クレマ攻囲戦

ミラノ側の抵抗が続いた結果、7月にこの攻囲戦が開始された。欲求不満がたまっていたフリードリヒ・バルバロッサは、人質を括りつけたベルフリーをこの都市の城壁の方へと進めている。クレマ市民はひるまずにさらに6ヶ月抗戦を続けたが、飢餓により降伏を余儀なくされた。皇帝は城壁と都市の完全破壊を下命している。

1161－1162年　ミラノ攻囲戦

フリードリヒ・バルバロッサとミラノの紛争は続いていた。皇帝は5月に再びこの都市を攻囲している。ほぼ1年後の1162年3月にこの都市は降伏した。市民は追放され、皇帝によってその拠点は更地にされている。

1174－1175年　アレッサンドリア攻囲戦

イタリア北部の諸国からなるロンバルディア同盟は1167年に神聖ローマ皇帝に対して反旗を揚げた。この同盟の諸都市の一つアレッサンドリアは、1168年にはタナロ川に面した二つの町からなっており、それぞれ土と木材でできた防御施設を備えていた。その名は教皇アレクサンデル3世にちなんでいる。攻囲戦は、市民たちが自らの都市を破壊して、元いた町に帰ることを拒否した9月に開始された。秘密のトンネルと深い坑道を掘削したにもかかわらず、この都市を攻略しようというフリードリヒ・バルバロッサのあらゆる試みは失敗し、4月に攻囲は解かれている。

1187年　エルサレム攻囲戦

ヒッティーンの戦いで勝利を収めた後、サラーフッディーンはエルサレムに向かって前進し、9月に攻囲した。防衛戦遂行のための絶望的な努力が重ねられる中で、司令官バリアン・ディベランは少年を含むすべての戦闘可能な男性を騎乗させている。サラーフッディーンの坑道兵たちは、9日間で城壁に突破口を開いたが防御側により阻止された。バリアンは結局、人員不足により降伏している。

1188年　ソーヌ攻囲戦

サラーフッディーンとその息子アル・マリク・アル・ザーヒルはソーヌを攻囲し、サラーフッディーンは深い堀越しに4基のカタパルトで東側城壁を攻撃して北東隅に損害を与え、アル・ザーヒル軍は2基の攻城装置を用いて北側城壁に陣地を築いた。アル・ザーヒル部隊は突破口を開き、殺到して町を荒し回っている。数で大きく勝る防御側は大城塔に退避し、降伏交渉をすることになった。

1189－1192年　アッカー攻囲戦

エルサレム王国滅亡後、モンフェラート侯コンラート（コンラート1世）がテュロス救援のために、ちょうどよく到着した。1189年8月に彼とギー王は、半島上の強力な陣地に立地する都市アッカーの守備隊に攻撃をかけている。一時、サラーフッディーンが攻囲軍を攻囲した。1年以上にわたって攻囲戦が続き、双方とも疫病と飢餓によって甚大な喪失を被っている。5月のベルフリーによる攻撃は失敗した。1190年7月にボーフォール城塞が陥落して後、サラーフッディーンはフリードリヒ・バルバロッサ率いる十字軍と会戦すべく小アジアへ部隊を派兵した。リチャード獅子心王とフィリップ尊厳王は1191年に第3次十字軍の一部として攻囲戦に合流している。フィリップ王は新たな攻城塔群によって町の攻略を試みたが1191年4月に失敗した。対抗坑道戦によって王の地下における努力も阻止されている。リチャードは巨大な4層構成の攻城塔を建設したが城壁にほぼ達したところで破壊された。籠城軍は7月についに降伏している。ようやく手に入れた勝利だったにもかかわらず、第3次十字軍は分裂しはじめていた。

1203－1204年　シャトー・ガイヤール攻囲戦

1203年9月、フィリップ尊厳王がこの城塞を攻囲し、ジョン王が派遣した司令官ロジェ・ドゥ・ラシーはフランス軍の攻撃が成功した後の3月にこの城塞をあけわたした。この勝利によってフランス人たちがセーヌ川を航行できるようになり、やがてはノルマンディーからイングランド人たちを駆逐することができたのである。

1204年　コンスタンティノポリス攻撃

第4次十字軍の兵員がヴェネツィア艦船によってこの都市に輸送され、退位させられた皇帝の権力復帰を援助し

た。皇帝は彼らに退去を命じたので十字軍はこの都市を攻撃し、侵略軍に対して初めての陥落を喫している。この攻囲戦の後、ビザンツ帝国の力は深刻に損なわれ、その領土は一時的にラテン帝国の支配下に置かれた。

1209年　カルカソンヌ攻囲戦
この攻囲戦はアルビジョワ十字軍の一環として行われた。郊外での2週間の戦闘の後、副伯レモン・ロジェは十字軍と交渉しようとしたが、和平交渉中に捕虜としてとらえられ、直後にこの都市は降伏せざるを得なくなった。攻囲戦の後にこの都市は、ラングドック全土に対する王の十字軍において王の砦となっている。

1211年　トゥールーズ攻囲戦
アルビジョワ派に対する十字軍の指揮官シモン・ドゥ・モンフォールは、この都市を完全包囲できなかった。城壁の総延長が6km以上に及んでいたからである。都市には補給がある一方で、糧食が欠乏したのはシモンの十字軍の方だった。攻城装置群による攻撃も失敗している。

1215年　ロチェスター城塞への攻撃
反乱領主たちがジョン王に対抗するための砦の確保を試みた。カーテン・ウォールとキープの隅部が成功裏に地雷で爆破され、城塞は攻略された。

1216年　オディハム攻囲戦
ジョン王の小規模で重要でないオディハムの城塞は、騎兵3騎と従者10名の守備隊によって守られていたが、フランス王太子ルイが率いる140名の戦闘員に対して2週間持ちこたえた。イングランドで領主たちが反乱を起こしたときのことである。これは中世盛期初頭の典型的な軍に比べ、明らかに砦の方が強力だったことを示している。この時代は過渡期であり、攻囲戦に対して軍がもっと有効に動けるよう組織化されはじめたばかりだったのである。

1216年　ドーヴァー攻囲戦
フランス王太子ルイは1216年にイングランドに上陸し、ジョン王と闘っていた反乱軍と合流した。サンク・ポール（5カ所の港の意）すべてが陥落したにもかかわらず、王の守備隊は降伏を拒否している。1217年にドーヴァー城塞司令官は増援を乗せて到来しつつあったフランス艦隊を阻止し、海上で撃破した。リンカーンの戦いでのイングランドの勝利の後に攻囲は解かれている。

1217年　トゥールーズ攻撃
トゥールーズ伯レモンは9月にシモン・ドゥ・モンフォールに対して都市を防衛した。この都市は実質上築城が施されていなかったが、シモン軍は激しい市街戦に巻き込まれた。シモンはカタパルトから投射された石弾によって戦死し、攻囲は解かれている。王自身がカタリ派に対する次なる十字軍を親率して、1219年にトゥールーズに攻撃をかけた。

1218－1219年　ダミエッタ攻囲戦
第5次十字軍はナイル川の三角洲に上陸し、16ヶ月も続くことになる攻囲を開始した。1219年11月、十字軍はついに攻撃をしかけ成功している。十字軍は疫病によって弱体化していた守備隊が兵員を配置していなかった城壁を見つけ出して速やかに蹂躙し、内城壁をよじ登ってこの都市を攻略した。

1220年　ブハーラーとサマルカンドの陥落
この2カ所の堅く築城を施され重厚に防御された中央アジアの都市は、あっという間にモンゴル人たちの手に落ちた。モンゴル軍と防御側の軍の規模はヨーロッパ諸国が動員できるいかなる軍もはるかに凌駕していた。

1220－1221年　ヘラート陥落
この都市は速やかにモンゴル人たちに降伏したが、後に反乱を起こした。続く6ヶ月の攻囲の後にこの都市は降伏を余儀なくされ、東方からの騎馬民族に敵対する者たちへの見せしめとして住民は処刑された。

1224年　ベッドフォード城塞攻囲戦
反抗した傭兵たちによって確保されたこの城塞は、王軍の攻撃を受けた。攻囲軍はカタパルトを搭載するための塔を建設し、城壁への射撃を続けようとした。イングランド王ヘンリー3世は当時の常套戦術として、守備隊の兵たちにあけわたさなければ全員処刑すると警告した。麾下の坑道兵たちは内城壁とキープに大きな損害を与えることに成功し、防御側は降伏して絞首刑に処せられた。

1226年　アヴィニョン攻撃
カタリ派に対する十字軍遠征の際に、フランス王ルイ8世はトゥールーズ伯レモンの支配下にあったアヴィニョンに攻撃をかけた。防御側はトレビュシェを用いて迫力ある防衛戦を遂行したが、アヴィニョンは陥落し、王はその築城を破壊した。後に城壁は再建され、教皇宮殿も加えられている。

1236年　コルドバ攻撃
カスティーリャ王フェルナンド3世の部隊がこの都市を急襲した後に、南方でイスラム教徒たちに対する勝利がさらに続き、イベリア半島におけるイスラム教徒たちの足場をグラナダ王国へと押し込んでいった。

1238年7月－9月　ブレシア攻囲戦
ロンバルディア同盟を撃破した1年後、神聖ローマ皇帝

フリードリヒ２世はブレシアを攻囲した。攻囲戦遂行に十分な大兵力を動員するのに１年かかっている。帝国軍にはドイツ人以外の多くの兵、すなわち、イングランド人、スペイン人、サラセン人（イスラム教徒）、クレモナ人、ギリシア人の兵たちが加わっていた。皇帝の混成軍は守備隊による突撃を阻止することができなかった。皇帝は９月に攻撃のための巨大なベルフリーを建設したが、悪天候により攻囲を解かざるを得なくなっている。１２４１年にフリードリヒは小都市ファエンツァを攻囲した。ファエンツァは半年間持ちこたえ、皇帝によるボローニャ攻略を阻止している。これら二つの攻囲戦は当時の帝国軍には都市攻囲の遂行能力がないことを示した。都市の防御施設は城塞の防御施設よりも複雑だったのである。

1240年　キエフ攻撃

１２月５日、モンゴル軍はカタパルト群による重厚な射撃の後、防御が弱いこの都市を急襲した。甚大な損耗人員を出しながらもモンゴル軍はこの都市を奪取している。翌日、ウラジーミル・グラード（シタデル）がソフィア門とともに攻撃された。ここで防御側は最後の抗戦を行っていたのである。住民は虐殺されて都市は焼失させられた。ルーシは１世紀以上もモンゴルの支配下に置かれ続けることになる。

1241年　クラクフ陥落

モンゴル軍は、ポーランド軍を都市の外側の野戦で撃破し、速やかにこのポーランドの首都を攻略した。

1244年　モンセギュール攻囲戦

このカタリ派の城塞の陥落は、十字軍遠征を締めくくる決定的な出来事だった。この攻囲戦の興味深いところは攻城軍が用いた手法である。王の兵たちはカタパルトを山上に輸送し、城塞の反対側の位置に組み立てたのだ。これは、射撃にさらに大きな効果を発揮させるためであった。

1258年　バグダッド攻撃

モンゴル軍はバグダッドに向かって前進し、１月に攻囲した。２月には重厚な射撃によって東側城壁の一部が倒壊し、２月中にカリフは降伏した。カリフは処刑され、バグダッドは破壊された。

1266年7月－12月　ケニルワース城塞攻囲戦

ヘンリー３世はこの城塞に対して大攻囲戦を遂行した。城塞を防衛する反乱軍が千名以上を数えたからである。さらに城塞のほぼ全体が人工の湖や池を含む、大規模な利水障害によって防備されていた。この拠点は強力さにおいてドーヴァー城塞と肩を並べていただろう。防御側は王国軍による量感あふれるカタパルト射撃に対して、自らの投射兵器による対抗射撃で応え、２棟の大ベルフリーといくらかの投射兵器をも破壊することに成功した。攻囲軍はカタパルトを船に搭載して湖から外城壁に対して射撃を加えようとしている。防御側は攻囲軍に襲撃をかけたが、最終的には飢餓によって降伏交渉を余儀なくされた。

1268年　アンティオキア攻囲戦

エジプトのスルタン・バイバルスは、１２６５年にカエサレアとアルスフ、１２６８年にヤッファを攻略した後に、アンティオキアに向けて前進した。５月にアンティオキアに対して攻撃を敢行し、数で勝る防御側を撃破した。彼はこのときに破壊された築城を有することになった。バイバルスの成功は聖地における十字軍の足場が崩壊したことを知らせることになった。

1271年　クラック・デ・シュヴァリエ攻囲戦

バイバルスは激減した守備隊に対して、トレビュシェと坑道戦により全面攻撃をしかけた。攻城塔群も建設し、そのうちの１基は南側城壁を見下ろすものだった。これらすべての努力が勝利に結びついている。

1291年　アッカー攻囲戦

スルタン・アル・アシュラーフは自らの領土から大量の攻城装置群を動員し、１００基の新たな装置群の建設を命じた。そのうちの２基はおそらく巨大なトレビュシェだっただろう。２２万以上の兵員が参戦した攻囲戦は４月に開始されている。アッカーの住民は４万人にも届かず、そのうちの１万５千が騎兵と戦闘員だった。２千の増援が５月に到着している。スルタンは爆発する発射体を運用し、千名の坑道兵に半島を封鎖していた二重城壁の各城塔に向けて、トンネル掘削の任務に就かせた。５月に坑道兵たちは城塔群と外城壁の一部を倒壊させた。防御側はマムルークたちの攻撃に直面して内城壁へと退却した。ほどなく内城壁になおも突破口が開かれ、キリスト教徒たちは海への逃亡を図った。内城壁付近の城塞はさらに長く持ちこたえたが、坑道戦によって倒された。このようにして、聖地における十字軍最後の大砦は失われたのである。

1300年　カーラヴァロック城塞攻囲戦

エドワード１世王はスコットランド人たちと戦争状態に入り、この城塞を攻囲した。重厚な射撃が行われた後、６０の兵からなる守備隊は降伏を受け入れた。

1304年　スターリング攻囲戦

エドワード１世王が計画していた巨大なトレビュシェが使用可能となる前に、この都市は降伏した。スコットラ

ンドの築城のほとんどがこの遠征を通じて、エドワード王の巨大な攻城装置群に対抗できないことが明らかとなったのである。

1305年　シュフィエチェ城塞攻囲戦
この城塞は実際にはヴィスワ川付近の戦略拠点を望むグラードであり、10週間の攻囲に耐えた。裏切り者がカタパルトと弩（おおゆみ）に損害を与えたため、守備隊はドイツ騎士団による攻囲軍からの降伏勧告を受け入れざるを得なくなったのである。以後150年間、ポーランドはバルト海への入口を持たなかった。

1308年　グダニスク（ダンツィヒ）陥落
ドイツ騎士団は、市民たちがブランデンブルク騎兵に対する防備を要請したのに乗じて、この都市を攻略した。城塞を攻略した後にドイツ騎士団は市民を虐殺している。このようにしてポーランド人とドイツ騎士団の1世紀にわたる最初の戦争が始まったのである。

1344年　アルヘシラス攻囲戦
アルフォンソ11世はこの海港を攻囲し、降伏後に都市を破壊した。アルヘシラス陥落後は、イベリアに残ったイスラム勢力はグラナダ王国だけとなった。

1346-1347年　カレ
百年戦争におけるクレシーの戦いでの勝利の後に、エドワード3世はカレを攻囲した。おそらくこの攻囲戦の間に射石砲が用いられたものと思われる。救援軍がこの都市に到達することに失敗したとき、守備隊は降伏した。次世紀に、カレはフランスにおけるイングランドの主力作戦基地となっている。

1372年　ラ・ロシェル陥落
ラ・ロシェル守備隊の無学なイングランド人司令官がフランス人市長によって罠にかけられ、「王からの書簡が、城塞守備隊に町を行進させるよう彼に要請している」と信じこまされた。彼は最終的には報酬を払ってもらえると信じるにいたったのである（カスティーリャ艦隊が給与を輸送していた船団の到着を阻止していた）。司令官は全守備隊を出動させ、フランス人の罠へと歩を進めていき降伏するにいたった。市長は都市とその防御施設をベルトラン・デュ・ゲクラン（フランスの軍人）に譲渡している。

1390年　ヴィリニュス城塞攻囲戦
ドイツ騎士団は将来のイングランド王ヘンリー4世を伴ってこの城塞を攻略しようとしたが失敗した。ポーランド部隊が攻囲を解き、リトアニアの守備隊を救援したのである。

1396年　ニコポリス攻囲戦
ハンガリー王ジギスムント・フォン・ルクセンブルクは6万におよぶ多国籍軍を率いて、トルコに対する十字軍遠征を行った。ブルガリア駐屯のトルコ軍守備隊に勝利した後に、ドナウ川沿いのニコポリスに対する攻囲戦が行われている。幾度かの直接攻撃が失敗すると、十字軍は坑道戦を開始し、エスカラードによる攻撃準備も始めた。攻城装置を欠いていたからである。攻囲戦が始まって約2週間後にスルタンが救援軍の先頭に立って到来し、十字軍を野戦に誘って撃破した。

1415年　アルフルール攻囲戦
百年戦争を再開すべくノルマンディーに上陸したヘンリー5世は、この地方の主要港アルフルールを攻囲した。王は火砲を使用してある程度の成功を収めている。この攻囲戦は王の遠征の端緒となり、アジャンクールの決戦へと結実した。

1417年　カン攻囲戦
ヘンリー5世は9月にノルマンディーに帰還し、カン市への攻撃に着手した。カンはセーヌ川西方のノルマンディーへの鍵となる拠点だった。カンが攻撃によって制圧されると、翌年の間に他のフランスの諸都市も一つまた一つと陥落していった。この遠征はファレーズおよびシェルブールの降伏で頂点に達した。

1418年　ルーアン攻囲戦
ヘンリー5世はルーアンへ転進した。ノルマンディーの残りの地域への鍵であり、パリへの途上にある都市である。1419年1月にこの都市は降伏した。さらなる攻囲戦が1422年まで続行され、フランス王の敗北へとつながっている。

1428年　オルレアン攻囲戦
ジャンヌ・ダルクがフランス軍をなんとか鼓舞してオルレアン攻囲を破ったときには、イングランドの攻囲は完成していなかった。オルレアンでのイングランド軍の敗北は百年戦争の転機となっている。

1449-1450年　ビュロー兄弟による60の攻囲戦
ビュロー兄弟はシャルル7世によって召し抱えられ、百年戦争中の攻囲戦において、大砲の効果的な運用法を発展させた。このような軍事行動が中世の形式の築城の退場を予告している。

1450年　クルーイェ攻囲戦（アルバニアの城郭）
5ヶ月もむなしい攻撃を続けて、2万の損耗人員を出しながら、トルコのスルタンは攻囲を解いた。ジョルジ・カストリオティ・スケンデルベウはアルバニア人たちの

国民的英雄となり、多年にわたってトルコ軍の進撃を遅延させ続けた。

1453年　カスティヨン攻囲戦
ボルドー付近のこの町のフランス軍による攻囲はジョン・タルボット指揮下のイングランド軍を動かし、救援に赴かせた。イングランド軍はこの百年戦争最後の戦いで敗れている。

1453年　コンスタンティヌポリス攻囲戦
トルコのスルタンは大砲を含むあらゆる形式の攻城兵器を運用したことにより、ビザンツの籠城軍を圧倒した。コンスタンティヌポリス陥落はビザンツ帝国に致命傷を与え、ときに中世の終わりを画する出来事として取り上げられる。その後、トルコ軍は阻止されることがほぼないままバルカン半島へと前進していった。

1454年　マルボルク（マリエンブルク）攻囲戦
ドイツ騎士団の主要拠点であり、1450年頃に新たなアンサントによって改良されていた。3月にこの拠点はポーランド軍によって攻囲されている。防御側と攻囲側の双方とも火砲を運用した。ポーランド人たちは9月に攻囲を解いて退却している。

1456年　ベオグラード攻囲戦
ハンガリー人フニャディ・ヤーノシュは3ヶ月の間、メフメット2世の軍から首尾よくこの町を防衛した。これが一時的にトルコ軍の前進を阻んでいる。

1472年　ボーヴェ攻囲戦
ブルゴーニュ公シャルル豪胆公はピカルディのボーヴェに進撃した。フランス王ルイ11世が所定の諸都市を返還するという協定を守らなかったからである。ボーヴェには約80の兵、いくらかの補助要員、および、2、3門の火砲からなる守備隊がいた。7月には防御側兵力は約1万5千にのぼっている。攻囲軍の方は6月末におそらく兵力4万以上を数えたと思われる。ほぼ2週間にわたって途切れなく重厚な射撃を続けて、ようやくいくらかの防御施設を崩壊させたが、ブルゴーニュ軍はこの都市の攻略に失敗して、シャルルは敗れた。

1480年　ロードス攻囲戦
トルコ軍は火砲を運用したにもかかわらず、この都市の攻略に失敗した。これは地中海世界東部におけるトルコ軍の容赦なき前進が阻止された数少ない例の一つである。

1492年　グラナダ攻囲戦
グラナダ攻囲戦は多くの点で大軍事行動の終幕としてはほぼ肩すかしと言ってよいものだった。だが、これがイベリア半島最後のイスラム教国家に終止符を打ち、レコンキスタを完成させたのである。イスラム教徒とユダヤ人は追放され異端審問の時代が始まった。

1495年　ヴィープリ攻撃
1495年9月にフィンランドを侵略したルーシ人たちはフィンランドの都市ヴィープリを攻囲した。フィン人たちはスウェーデンの援軍を待っていたが来ることはなく、それでも11月11日まで持ちこたえた。この日のヴィープリン・パマウス、すなわち、「ヴィープリ大爆発」で攻囲戦は最高潮に達した。通俗的な歴史語りによるとルーシ人たちはすでに城塞の火薬塔を攻略していて、城塞司令官クヌート・ポセが中にいるルーシ人もろとも城塔を爆破した際、ルーシ人の方が優勢だったにもかかわらず破れたのだという。迷信深いルーシ人たちはこれを不吉な予兆とみなし、城塞をそのままにしておいた。彼らはオラヴィンリンナ城塞攻略にも失敗したが、フィンランド南部のトゥルクとヘーメの近隣に対して襲撃を続けた。だが、これらの戦略的な築城拠点を攻略し確保することはできなかったのである。

1522年　ロードス攻囲戦
第2次ロードス攻囲戦で、トルコ軍は新たに近代化改修された築城に対して重砲撃を加え、急襲によってこれを攻略した。東方における十字軍最後の足場が陥落したのである。

1521年　ベオグラード攻囲戦
トルコ軍の地雷が城壁の一部を破壊し、猛攻撃によって勝利した後、1456年よりも精彩に欠ける統率の下で、ハンガリー人たちは屈服した。

1529年　ヴィーン攻囲戦
兵力10万のトルコ軍は、2万の兵が確保する市壁に突破口を開けることができなかった。3週間後にトルコ軍は撤退している。ヴィーン攻囲戦によってトルコ軍のヨーロッパへの進撃の勢いがとどめられたのである。

付録 3

History of Medieval Artillery
—中世の投射兵器の歴史—

　大砲の出現前、攻囲軍は幅広い様々な種類の兵器群を運用していた。カタパルト（投石機）と衝角（破城槌）がおそらく最も古くて、古代までさかのぼる。衝角は単なる丸太で、城門や城壁を打ち崩すのに使われた。カタパルトは大小様々で、都市や城塞の城壁の向こう側に石弾や焼夷弾を発射するのに用いられる。発射体が城壁に当たっても、弱い石造物、木造パリサード、木製櫓を除けば、通常、ほとんど損害を与えることはなかった。高射角射撃になるのと精度に限界があるため、直撃弾が生じる機会は多くはなかった。さらにほとんどのカタパルトの射程は約 200 m で、防御側が城塔や城壁の上にカタパルトを設置した場合は、射程が攻囲側のものよりも長くなったため、攻城側のカタパルトは防御側からの射撃に弱かった。だが、カタパルトは心理戦においては絶大な効果を発揮することが多かった。たとえば、死んだ動物の骸や体を城壁の向こう側へ投射するのに用いられている。敵の間にペストを蔓延させ住民に恐怖を与えるためである。

　12 世紀のある時点でさらに致命傷を与える精密な攻城兵器が姿を現した。トレビュシェである。カタパルトのようなねじり力を用いた兵器群は更新されていき、トレビュシェが主力重投射兵器として発射体投射装置群と連携していった。重量のあるものを発射するために、ねじり力ではなく錘を使った。いくつかの形式のトレビュシェについて年代記作家が触れているが、正確な記述はどの中世史料にもない。非常に大規模なものが 1291 年にアッカーで運用され、解体して運搬するのに 100 台の輜重車（輸送車両）が必要だったことが知られている。1428 年のオルレアン攻囲戦で運用されたトレビュシェは輜重車 26 台をいっぱいにして運んだ。中世のある年代記作家によると、トレビュシェのなかには、錘容器を満たすのに 50 トンもの砂が必要な特殊なものや、射程 500 m に達し 200〜300 ポンド（約 91〜136 kg）の重量の発射体を投射できるものもあったという。

　1999 年、復元された兵器群を使った実験が、ヴァージニア軍事大学のウェイン・ニール教授と専門家集団、および、フランスの城塞修復家ルノー・ベフェイエットによって、公共放送サーヴィスの連続番組「NOVA」のために行われた。場所はロホネス（ネス湖）を望むアーカート城塞付近である。これによってトレビュシェは 250 ポンド（約 113 kg）の発射体を驚くべき正確さで投射可能であることが確認されたが、年代記作家たちが記したような長射程ではなかった。

　高い城壁は発射体を遮りアンサントの内側の区域を防備するために、どんどん高くなっていったという説が唱えられてきた。だが、そうとは思えない。なぜならば城壁は高くなるほど弱くなるからである。さらに、高い城壁は大きな攻撃目標ともなり得た。トレビュシェの発射体は高い弾道を描いて落下することで、城壁に大きな損害を与えるに十分な勢いをつけることができただろう。

　最初の火器は 14 世紀に出現し、15 世紀にはいくつかの形式の火砲が運用されるようになっていた。携行砲や軽砲はここでは取り上げない。防御側がそれらを運用するための様々な形式の射撃口は創られたが、中世城に大きく影響を与えることはなかったからである。中砲と重砲は防御施設群に対して、連続した弾幕射撃ができるという点で重要だった。数個のトレビュシェ群を創設するよりも、数個の砲兵隊を攻囲戦に出動させる方が実践的で効果的だったように思われる。これらの 15 世紀の銃砲には、その轟音の衝撃と最初に与えた損害の効果が薄れる前に、ただちに籠城軍を降伏させるのに十分な効果があったように思われる。百年戦争中、これらの銃砲が最初に大々的に運用されるようになったときは、銃砲の衝撃によって時期尚早な

降伏をすることが多かった。

15世紀の大砲は、14世紀の効果の薄い大砲から大きく変貌した。14世紀のものは鉄製の輪で強化したほとんど未加工の錬鉄の管であり、一般的に射石砲とされるものである。これらの初期の射石砲の多く、とりわけ後装砲は射撃目標にとって危険なものであると同時に、砲手にとっても危険なものだった。これらが使われ始めた最初の数世紀間は、非戦闘員によって製造・操作され、これは17世紀くらいまで変わらなかった。ほとんどの兵器は可動砲架に搭載されておらず、分解して運ばねばならなかったため、輸送は容易ではなかった。標準の大きさというものはなく、これはすなわち、石、鉛あるいは鉄でできた発射体が、攻囲戦や野戦で使う大砲のすべてに合うわけではないことを意味していた。様々な形式の火砲が運用されるようになり、最小のものは人に対する殺傷能力のみしかなかったが、なかには土と木材でできたランパール（防塁）に損害を与えられるものもあった。1360年から次世紀末までにフランスでみられる中規模兵器は「クールトー」（ずんぐりした人の意）とよばれ、千ポンド（約454 kg）以上の重量で、18ポンド（約8.2 kg）以上の弾丸を発射した。さらに重量があり一般的だったのは先込め式の射石砲であり、臼砲に似た大口径射石砲とは異なって直接照準射撃を行うものである。様々な形式の築城に対して最も有効な兵器だった。数多くのものが現存しており、多くは100ポンド（約45 kg）以上の石弾を発射した。なかには280ポンド（約127 kg）に及ぶ砲弾を発射できるものもあった。

大砲の砲弾の弾速はトレビュシェよりも速いが、小さな損害しか与えないこともあった。これらの砲弾は城壁をまっすぐに大きな力で打撃するので、城壁を破壊するのではなく城壁の中にめり込んでしまうのである。大砲の長所は、通常、射程が長く、敵の火力の射程外に置くことができ、対砲射撃に対して脆弱ではないところである。しかし、火薬を使用する形式の敵投射兵器にはこの長所は通用しなかった。また、大砲を遠くに配置するほど城壁に対する砲弾の有効性は低くなる。そうでなかったら、後の世紀の攻囲工兵たちがその銃砲の前進を援護するために、平行あるいはジグザグの塹壕を掘ったりはしなかっただろう。これらの銃砲を輸送し射撃するためには、大規模な段列（補給部隊の隊列）が必要だった。臼砲形式の射石砲は敵の城壁の向こう側へ、あるいは重量のある砲弾を曲射するのに運用された。15世紀にランで建造されたものは重量千ポンド（約454 kg）以上であり、約60ポンド（約27 kg）の石弾を発射した。

フランスは射石砲の大きさの標準化を試みた最初の国である。ビュロー兄弟の指導の下で行われた。彼らは15世紀中に2〜64ポンド（約0.9〜29 kg）にわたる7種類の形式を創出している。

15世紀から16世紀にかけてのほとんどの兵器は、次のような名称で分類されるだろう。発射体の重量はいくつかの史料によるものである。

*兵器名と射撃する発射体の重量
ファルコン、チェルボッターナ：1〜2.5ポンド
　　　　　　　　　　　　　（約0.45〜1.1 kg）
セルパンティーヌ：6ポンド（約2.7 kg）
セイカー：5ポンド（約2.3 kg）
ドゥミ＝キュルヴラン、ミニョン：8ポンド（約3.6 kg）
バジリスク：20ポンド（約9 kg）
キュルヴラン：20〜24ポンド（約9〜11 kg）
クールトー：60〜100ポンド（約27.2〜45.4 kg）
カノン（大砲）または射石砲：普通は50〜300ポンド
　　　　　　　　　　　　　（約23〜136 kg）
臼砲：300ポンド（約136 kg）

巨大兵器は特殊な大攻囲戦にのみ登場した。コンスタンティヌポリスに対して運用されたオルバンの大規模銃砲のような怪物兵器の中には、ヘントで製造された重量3万ポンド（13.6トン）で、約800ポンド（約363 kg）の弾丸を射程千mで射撃できるものもあった。ブルゴーニュのモンス・メグは重量1万2千ポンド（約5.4トン）で、約550ポンド（約249 kg）の重量の弾丸を射撃し、100ポンド（約45.4 kg）の火薬を使用した。6分に1発射撃することができ、当時としては速射といってよかった。最大の大砲は1502年に製造されたルーシの「大砲の王」であり、2千ポンド（（約907 kg）の石弾を射撃できた。

Glossary
—用語一覧—

あ

アシュラー（切石 /Ashlar）：ブロックになるよう裁断された石材で、表面は滑らかに仕上げられ角は直角。粗く裁断された石材とはまったく異なる。

アリュール（歩廊 /Allure）：カーテン・ウォールの頂部に沿って設けられた城壁上の通路。フランス語では「シュマン・ドゥ・ロンド」という。

アルカサバ（Alcazaba）：都市か町の高地を占める城塞またはシタデルを意味するスペイン語（アラビア語に由来）。カスバから派生したと思われる。北アフリカで領主や族長の築城拠点のことを意味した。

アルカサル（Alcázar）：築城を施した宮殿を意味するスペイン語（アラビア語に由来）。多くの場合、居館として用いられた城塞と大きく異なるところはない。

アンサント（周壁 /Enceinte）：城塞を取り囲む城壁のこと。

ウイエ（Oillet）：城壁に設けられた小さな円形開口部、あるいは観測のための矢狭間の一部。

ヴォールト（Vault）：石や煉瓦で築かれた立体的な天井。

エルス（Herse）：落とし扉を指すフランス語。

落とし扉（Portcullis）：格子状の門。通常、木材で作られ先端には鉄材がかぶせられていた。鉛直方向に落ちてくる扉で、フランス語では「エルス」と呼ばれる。

か

カースル（城塞 /Castle）：ラテン語の「カステッルム」から派生した用語。他の言語の城塞を指す一般的な用語としては次のものがある。すなわち、フランス語で「シャトー・フォール」、ドイツ語で「ブルク」、「シュロス」、イタリア語で「カステッロ」、ポーランド語で「ザメク」、スペイン語で「アルカサル」、「カスティーリョ」、ロシア語で「ザモク」という。

カーテン・ウォール（Curtain）：城塔の間の城壁のこと。

ガルドローブ（Garderobe）：トイレのこと。

環状構築物（Ringwork）：通常は土と木材でできた構築物で形成された円形平面の防御施設で、古代から運用されてきたものである。環状構築物と環状要塞の間には大きな違いはないが、通常、前者は囲われた区域よりも大きく広がる土塁とフォセ（堀）を備えていたという点だけが異なる。多くの環状構築物が中世を通じて運用されていた。東ヨーロッパのグラードの方が環状要塞以上のものとみなされていたかもしれないけれども、環状構築物はグラードと類似している。イングランドでは11世紀まで、アイルランドではさらに後まで盛んに運用された。

キープ（Keep）：城塞の中で最も築城が施された陣地。通常は12世紀末まで方形平面だった。キープは城主の居館としても機能した。当時はフランス語で「ドンジョン」とよばれており、「キープ」という言葉が用いられるようになったのは中世後のことである。

丘上要塞（Hill-top fort）：ケルト人の居住地と結びつけられた鉄器時代の築城。通常は築城を施されて防御された丘上陣地。多くの丘上要塞がヨーロッパ北西部とりわけブリテン諸島にみられる。そこでは丘上要塞が暗黒時代にもまだ運用され続けていた。

ギリシア火（Greek fire）：ビザンツ帝国で発展した秘密の製法に基づく焼夷性兵器。おそらく硫黄、生石灰、瀝青（れき）、その他の成分を調合したものだった。

グルード（Gród）、グラード（Grad）、ゴロド（Gorod）、グロディ（Grody）、グラディ（Grady）、ゴロディ（Gorody）：築城拠点を指すスラヴ語で、小規模陣地から城壁町まで様々なものがあり、土と木材でできた城壁によって防御されていた。

郭（くるわ）（Ward）：中庭、ベイリーのこと。

攻囲要塞（Siege-fort）：対抗城塞を参照。

コーベル（持ち送り/Corbel）：櫓やマシクーリのためにパラペット（胸壁）上で用いられた石造あるいは木造の支持材のこと。

ゴシック時代（Gothic Era）：12世紀に始まり15世紀を通じて支配的だった建築様式の時代。その特徴の多くは教会堂にみられ、フライング・バットレス、高い壁体、ピナクル、そしてゴシック様式のヴォールト（リブ・ヴォールト）などがある。これらの特徴の中には同時代の築城にもみられるものもある。

古典期（Classical Era）：古代ギリシアに始まり古代ローマで終わる古代史の後の方を指す用語。古代ローマ時代の築城にみられる多くの重要な発展が、中世の軍事建築に深く影響していた。

さ

殺人孔（Murder hole）：ムールトリエールを参照。

ザメク（Zamek）：石造城塞を指すポーランド語。

シェル・キープ（Shell keep）：中央に露天の中庭を持つ、円形平面となっているキープ。

シェル・キープ

シャトレ（Châtelet）：城門棟陣地の一形式を指すフランス語。普通は2棟の城塔と典型的に配置された防御施設を備えている。市壁に接続されていたが市壁からは独立して機能させることができた。英語には「ゲートハウス」（城門棟）の他にこれに相当する用語はないように思われる。シャトレはバービカンと混同されることもあるかもしれない。このフランス語には別の意味もあり（バスティーユの項目を参照）、これが混乱を招くこともある。

シュマン・ドゥ・ロンド（Chemin de Ronde）：アリュール（歩廊）あるいは城壁上の通路を指すフランス語。

シュミーズ（Chemise）：12世紀に用いられたモット頂上のドンジョンあるいはキープの周囲を囲む城壁のこと。キープがこれにくっつけられたかもしれないが、通常はこの城壁がシェル・キープを生み出したのである。後に16世紀の火砲要塞において、少し異なる特徴が目立つようになった。

城壁城塔（Mural Tower）：城壁と接続した城塔。

城門棟（ゲートハウス/Gatehouse）：通常は1棟か複数の城塔からなる防御陣地のこと。城塔のところにアンサントまたは一連の城壁を貫通する入口が設けられた。

戦列（Battles）：一司令官隷下にある戦闘員の集団のことを指す中世の整列隊形。多くの軍は3個戦列に分割され、通常、作戦行動中には戦列ごとに相前後して行進した。戦闘では多くの場合、右翼、左翼、そして中央に分かれて布陣した。

ソーラー（Solar）：城塞の中の私的な広間だが、通常は光がよく入る部屋のことを指す。

た

対抗城塞（Counter-castle）：対抗要塞や攻囲城塞と同義の用語で、モット・アンド・ベイリーに類似することも多かった強力な築城のことをいう。籠城軍が使おうとするはずの脱出路や、救援が可能な経路を封鎖するために、攻囲軍によって建設された。通常、この形式の築城は仮設であり、ほとんどは今日まで残っていない。

対抗要塞（Counter-fort）：攻囲線防備のために攻囲軍によって建設された築城陣地で、石造の場合もあった。

トゥナイユ（Tenaille）：カーテン・ウォール正面の、通常は中世後の築城におけるバスティヨンの間に配置された築城陣地。これはアンサントの防備をさらに増強するものだった。

突撃口（サリー・ポート/Sally port）：築城陣地からの脱出口として、あるいは攻囲軍に対して襲撃を敢行するために使用された小さな門のこと。

ドラム・タワー（円筒形城塔/Drum tower）：円形平面の城塔。

ドンジョン（Donjon）：英語のキープを指すフランス語。

は

バービカン（Barbican）：城門棟を防備するためにその前面に配置された築城。

バスティード（Bastide）：元々はフランスで築城居住地として発展した町。

バスティーユ（Bastilles）：当初は自陣を防備するために攻囲軍が守備隊として詰めて運用した小規模な木製要塞。フランス人たちはこれらを「シャトレ」と称した。彼らは後に「バスティーユ」と「シャトレ」という用語を、通行路を封鎖するために用いた1棟あるいは複数の城塔からなる石造築城に対して使うようになっている。

バスティヨン（Bastion）：側面援護を繰り出すために城壁から突出した突角部。

バッター（Batter）：城壁正面のタルス（足首を意味するラテン語で、刳型の一種）のような斜面。これが城壁の厚みを増して強化している。プリンスと同じもので、フランスでは「タリュス」とよばれる。

バットレス（Buttress）：壁体を支持する突出部。フランスでは「コントルフォール」とよばれる。

パラペット（胸壁/Parapet）：アリュール（歩廊）に隣接した、メルロン（小壁体）とアンブラジュール（開口部）を伴った防備壁のことをいう場合もある。

バルティザン（Bartizan）：通常は中世盛期末に城塔や城壁の隅部に建設された監視哨となる小塔。特徴としてはコーベル（持ち送り）によって支持されている。これらはルネサンス築城においてはかなり一般的な存在だった。中世築城ではコーベルは総じて城壁頂部から離れており、城壁および隅部の真ん中の高さあたりに造られた。

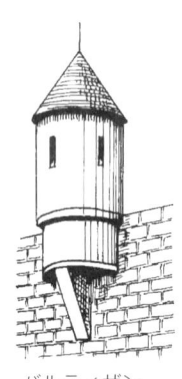

バルティザン

ブールヴァール（Boulevard）：城門や城壁部分の正面に大砲を搭載するために設置された低い土塁を指すフランス語。また、ランパール（防塁）背後のテールプランすなわち平坦な区域のこともいう。通常は中世後の石造築城に火砲を設置するためのもの。

フォス・ブレ（補助壁/Fausse Braie）：通常は外岸壁正面の低い壁体のことであり、特に大砲が発達した後は、フォセ（堀）と主力城壁の防備を補助するものだった。通常、この形式の壁体は、アンサントの主力城壁基部を防備するために、低いアンサントとして設計されていた。

不貞の城塞（Adulterine castle）：許可を得ていない城塞

フラド（Hrad）：グラードや城塞を指すチェコ語。

プリンス（Plinth）：バッターを参照。

ブレテーシュ（Bretèche）：石造マシクーリの一形式を指すフランス語。窓や扉の直上にその開口部が設けられた。

ベイリー（Bailey）：郭。

ベルクフリート（Bergfried）：高い城塔を意味するドイツ語。多くの点でキープに似ているが起源は異なる。すなわち、ベルクフリートはモット・アンド・ベイリーと関係がなく、形式を問わず、通常は居館が存在しなかったからである。だが、大規模なベルクフリートの中には、西方の小規模なキープと変わらないようにみえるものもある。ベルクフリートは総じて西方のキープよりもかなり狭い空間に造られる。

ブレテーシュ

ベルフリー（Belfry）：木造の可動攻城塔。

ボサージュ（Bossage）/ボス積み（Bossed masonry）：加工していない表面やこぶのように湾曲させた表面を持つ、切石による壁体の外装仕上げを意味するフランス語。その目的はおそらく装飾と防御の双方だと思われる。

クレノー（Crenel）：メルロンの間の開口部のこと。

ポテルヌ（埋み門/Postern）：小さな扉あるいは門の形態の突撃口。

ま

マシクーリ（Machicoulis）：マチコレーションを指すフランス語。門、扉や窓の直上にだけ設けられたブレテーシュとは異なり、城壁あるいは城塔の胸壁全体にわたって突き出ている。

マシクーリ・シュル・アルシュ（Machicoulis sur

マシクーリ

arche）：アーチの内側に設けられたマシクーリを指すフランス語。城壁上や入口上方にみられる。

マチコレーション（Machicolation）：胸壁に加えられた城壁の上に突き出ている構築物で、防御側が城壁上のその開口部から城壁前面に射撃できるようになっていた。

マシクーリ・シュル・アルシュ

マントレ（Mantlet）：攻撃部隊や破壊工作員を防備する大規模な木造の楯。

ミュラル（Mural）：城壁のこと。

ムールトリエール（Meurtrière）：「殺人孔」にあたるフランス語。通常は入念に作られた門の天井にみられ、強行突入する者は誰であれ、頭上からの射撃の的となった。

メルロン（Merlon）：二つのクレノーの間の胸壁の部分。

モット（Motte）：モット・アンド・ベイリー形式の城塞で用いられた人工の丘を指すフランス語。

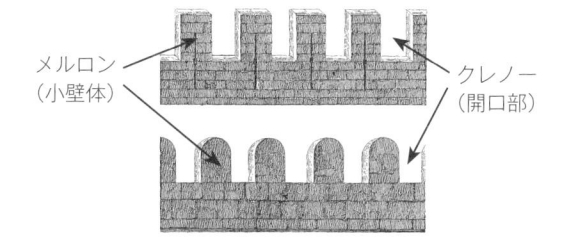

メルロン（小壁体）
クレノー（開口部）

や

櫓（Hoarding）：石造城壁の上に突き出ている木造構築物で、防御側が城壁前面に対して射撃可能なように開口部が設けられていた。これは城壁前面区域に対して射撃できるようにクレノーを補助するものだった。

ら

ラース（Rath）：環状要塞と言及されることもある円形平面の囲郭（エンクロージャー）。土造ランパール（防塁）と壕を備えていたはずで、丘上に形成されていたかもしれないが、今は平地にならされているものが多い。アイルランドでは一般的に一家族のためだけに用いられた環状要塞の一形式を指す。

ループ（Loops）：城壁に設けられた採光のための狭間。十分な空間をとって設計された場合には、弓や弩などをここから射ることもあった。

ロマネスク時代（Romanesque Era）：11世紀と12世紀に支配的だった建築様式の時代。だが、始まりは2、3世紀前だった。通常、教会堂に代表的な例が多く、様々な特徴の中でも厚い壁体と重厚なバットレスが目を引く。ロマネスクの特徴の中には同時代の築城にみられるものもあった。

Index
―索引―

あ

アーヒェン［ドイツ］ 79
アイルランド：城塞，要塞，城壁都市 73, 82, 202-205
アヴァール人 73
アヴィニョン 39, 50-51, 130-131, 217
アウレリアヌスの市壁 65-66
悪魔の城壁 69
アッカー［イスラエル］ 53, 127
アビラ 110, 276-277
アフリカ：城塞，要塞，城壁都市 179, 289-290
アラビア人 11, 77, 100, 120
アリュール 33, 35
　→城壁通路も参照
アル・カーヒラー［カイロ］ 289
アルハマ［スペイ］ 163
アルハンブラ宮殿［グラナダ］ 162
アルビジョワ十字軍 217
アルフルール［ノルマンディ］ 147-149, 153
アルフレッド大王 82-83, 99
アルマンサ城塞 274, 284-285
アルメリア［スペイン］ 166, 286, 287
アルメリアのアルカサバ 286-287
アルモウロル城塞 125
アレクサンドル・ネフスキー 137, 145
アンジェ 31, 62-63
アンジュー［フランス］ 100
アンティオキア［トルコ］ 127-128

アンブラジュール 33, 35, 37-39, 109, 124
イシュトヴァーン1世［ハンガリー］ 119
イスラエル：城塞，要塞，城壁都市 114, 126-127, 263
イスラム教徒 11, 99, 125, 163, 165-166
イスラム勢力 11, 77-78, 99-100
イタリア：城塞，要塞，城壁都市 29-30, 50, 65-67, 91, 93, 111, 119-120, 132, 172-175, 268-272
イタリア半島 77, 110-111, 120, 132, 268-272
イベリア半島 77, 99-101, 109-110, 125, 132
イングランド：城塞，要塞，城壁都市 8, 17, 20, 57, 60, 69, 70-71, 74, 80, 83, 93, 101, 106-107, 132, 169, 177-179, 186-191
イングランドの内乱 172, 194, 197
ヴァイキング 11, 73, 78-79, 81-83, 87, 99, 105, 119, 181
ヴァヴェル城塞［クラクフ］ 251-252
ヴァンセンヌ城塞 208, 216-217
ヴィアンデン城塞 228-229
ヴィープリ城塞→ヴィボリ城塞参照
ヴィシェグラード城塞 247-248
ヴィドゥキント［コルファイ］ 90, 119

ヴィボリ城塞 241-243
ウィリアム1世征服王 103, 106, 187
ヴィルヌーヴ＝レザヴィニョン 20, 50
ウーダン［フランス］ 106
ウェールズ：城塞，要塞，城壁都市 21, 27, 33, 42, 44, 80, 107-109, 172, 184, 193-201
ウェゲティウス（フラウィウス・レナトゥス） 67-69
ヴェネツィア 120
ヴェルラ城塞 90
ヴェローナ［イタリア］ 50
ヴェンド人 87, 122, 140
ウォルマー城塞 177
ヴリント城塞 193, 197
エーランド島［スウェーデン］ 81
エケトルプ 81
エジプト：城塞，要塞，城壁都市 289-290
エスカラード 53
エステルゴム城塞 90, 247
エディンバラ城塞 193
エドワード1世［イングランド］ 107-109
エドワード1世の城塞 193
　→各城塞の名前も参照
エルサレム 110, 114, 127, 263
オー・クニクスブール城塞 146
オーセール［フランス］ 69
オータン［フランス］ 69, 78
オグロジェニッツ城塞 251, 253
オシュ［ポーランド］ 123

オスティア城塞　173
オツベルク城塞　19, 41, 235
落とし扉　26-28
オファ（マーシア王）　74
オファ・ダイク　74
オラヴィンリンナ　243
オランダ：城塞，要塞，城壁都市　224-225
オリテ　77
オルシュティン城塞　254
オルデンブルク　87
オルレアン　82, 101, 151
オローフ城塞　243

か
カーイト・ベイ城塞［エジプト、アレクサンドリア］　289
カーシェル［アイルランド］　82
カーディフ城塞　201
カーテン・ウォール　30
カーナーヴォン（カイルナルヴォン）城塞　33, 193, 197-199
カーフィリー城塞→カイルフィリー城塞参照
カーラヴァロック城塞　192-193
カール大帝（シャルルマーニュ／カルロス大帝）　77-79, 81-82
カール・マルテル→カロルス・マルテッル参照
カイルナルヴォン（カーナーヴォン）城塞　33, 193, 197-199
カイルフィリー（カーフィリー）城塞　21, 193-195, 197
カイロ　127, 289-290
カエサルの塔　61
カエサレア（カイサレイア）［カオール］　51, 69, 78
カジミェシュ大王［ポーランド］　256

カステル・サンタンジェロ　65, 67, 91, 119-120, 173
カステル・デッルオーヴォ（デッローヴォ）　271
カステル・デル・モンテ　269
カステル・ヌオーヴォ　270-271
カステルノー［フランス］　133
カステロ・ドス・モウロス　288
カタパルト　55-58, 171, 191
カタリ派の城塞　217-222
カバレ城塞　217-218
火砲陣地　179
搦め手　29
カルカソンヌ［フランス］　16, 21, 27, 29-30, 37, 51, 67, 78, 110-113, 131, 217
ガルドローブ　25, 39, 43, 45-47
カルマル城塞　240-242
カルルシュテイン城塞（ボヘミア）　244-245
カルロス大帝（シャルルマーニュ／カール大帝）　77-79, 81-82
カロルス・マルテッルス（カール・マルテル）　77-78
カン［フランス］　149, 150, 153
環状構築物　203
環状要塞　82
キープ　18-20, 24-25, 30-31, 105-107, 132, 142, 215
キエフ［ウクライナ］　92-93, 115, 136-137, 143, 145
キエフの金門　92, 115
騎士の塔　122
ギマランイス城塞　288
キャドバリー城塞　80
教皇宮殿［アヴィニョン］　39, 130-131
ギリシア：城塞，要塞，城壁都市　131, 167-169, 265-267

ギリシア火　57, 77
クーシー＝ル＝シャトー（クーシー城塞）　31, 214-215, 217
グーテンフェルス城塞　232-233
グニェズノ　105
クフィジン　46
グラード　19, 21, 59, 84-89, 106, 115-116, 122, 143, 256-257
フラーフェンステーン→フラーヴェンステーン参照
クラクフ［ポーランド］　105, 117, 251-252
クラック・デ・シュヴァリエ　127, 264-265, 297
グラナダ［スペイン］　147, 163, 165-166, 171
グラナダのアルハンブラ　162-163, 275, 279
クララ・アッパー　205
グランソン城塞　231
クレノー　33, 35
クレムリン　117, 261-262
軍事（中世）　102-103, 129, 131-132, 138-141
ケアル城塞　204
ケリビュス城塞　217, 221-222
ケルタヌー城塞　217-219
　→ラストゥール城塞も参照
ケルト人　73-74, 80
ゲルマニア　69, 74
ゲルマン民族　81, 119
ケルン［ドイツ］　93
攻囲戦の技術　53-57, 129, 148, 171, 181, 219
攻城塔　53
坑道戦（城塞に対する）　21, 56-57, 149, 171
コカ城塞　98, 124

古代ローマの築城　65-73, 78, 82-83, 90, 100-101
コヒェム城塞　206
コポリィエ　261
ゴルマス　125
コンウィ城塞　193, 196-197, 199
コンスタンティヌポリス　75-79, 81, 93, 97, 101, 110, 127, 131, 135, 145, 147, 159-161, 163, 165, 167, 171, 199, 265, 293, 295, 299
コンスタンティヌポリスの城壁　75
ゴンダール，エチオピア　179
コントルフォール　30

さ

ザクセン人　79, 81, 91, 140, 143
　→サクソン人も参照
サクソン人　74, 79-80, 83-84
　→ザクセン人も参照
サクソンの沿岸（海岸）要塞　69, 74, 80
サッソコルヴァーロ城塞　172-173
サハラ［スペイン］　163
サヘ（アルカサバ）　170, 275
狭間（ループホール／開口部）　25, 32-37, 39-40
サマルカンド［ウズベキスタン］　134-135
ザムキ　122
サラディン［シリア］→ソーヌ参照
サリー・ポート　29
サルス［フランス］43, 173, 176-177
サルツァネッロ城塞　173-175, 179
サンガッロ　173
サン・ジミニャーノ，イタリア　132
三十年戦争　233
サンダウン城塞　177
サン・ドゥニ修道院　82

サン・マリノ：城塞，要塞，城壁都市　273
ジェノヴァ［イタリア］　93, 120
ジェンビツェ［ポーランド］　122
ジゾール城塞　153, 209
シディウフ［ポーランド］　255
シャトー・ガイヤール　18-19, 24, 39, 127, 191, 207, 209-211, 295
シャルルマーニュ（カール大帝／カルロス大帝）　77-79, 81-82
十字軍　11, 21, 53, 97, 126-129
十字軍遠征
　アビシュ騎士団　129
　アルカンタラ騎士団　129
　カラトラバ騎士団　129, 283
　聖ヨハネ騎士団　129, 167, 263-265
　テンプル騎士団　129
　ドイツ騎士団　97, 117, 129, 137, 143, 145, 237, 251, 258-259, 261
　リヴォニア帯剣騎士団　129
シュチェチン（シュテッティン），ポーランド　87
シュトラスブルク，フランス　78
盾壁　40
城塞
　井戸　45, 48
　内側　45
　衛生状態　47
　階段　41
　下水・汚物処理　45-46
　建築材料　9, 11, 30-31, 85, 106-107, 122, 187
　城塞の数　183
　城門　26
　諸要素　12-15
　暖炉　45
　地位の象徴　11
　定義　17
　塔状住居（タワー・ハウス）　205

　始まり　100, 105
　防御　58-59
　窓　39
　水の供給　45
　礼拝堂　45
　牢獄　45
　ロマン　101
城塔　21-24, 69, 105, 115, 122, 132, 173
城壁・市壁（中世）　65-66, 78-79, 82-83, 85, 87-89, 107, 110, 129, 171
　→要塞も参照
城壁通路　33
　→アリュールも参照
城壁都市　67, 90, 110-114, 119-120, 127, 132
城門　26-28, 107, 116, 132
食料　49
ション城塞　207, 230-231
シリア：城塞，要塞，城壁都市　42-43, 128, 264-265
シルミオーネ城塞　29, 271-272
人口　11, 138-139
神聖ローマ帝国　99, 115, 119, 132, 225, 233-239
スイス：城塞，要塞，城壁都市　41, 230-231
スウェーデン：城塞，要塞，城壁都市　81, 240-242
スカンディナヴィア　81, 122, 241-242
スコットランド：城塞，要塞，城壁都市　73, 80, 82, 192-193
スタラヤ・ラードガ［ロシア］　87
ストックホルム城塞　241
ストラスブール［フランス］　78
スピシュスキー・フラド　245-246

索引

スペイン：城塞，要塞，城壁都市 39, 77, 93, 98, 100, 110, 124-125, 162-166, 170-171, 182, 274-287
スペイン辺境 77-78
ズミーイェヴィ・ヴァルィー，ウクライナ 87
スラヴ人 73, 85-87, 90, 122
スラヴの築城 85-87
スロヴァキア：城塞，要塞，城壁都市 121, 245-246
スロヴェニア：城塞，要塞，城壁都市 247, 249
聖ニコラオス 167-169
セウタ 177, 179
セゴビア（アルカサル） 182, 278-289
セルジューク朝トルコ 100
ソーヌ［シリア］ 43, 128-129
ソーミュール［フランス］ 101-102, 105

た

ダーネヴィルケ 81
ダイク 74
対抗坑道 56-57
対抗城塞 50-51
大蛇の長城［ウクライナ］ 87
大砲 11, 39, 54, 57, 147-149, 151, 153, 159, 163, 166-167, 171-172, 176, 181, 215, 243, 300-301
戦いと攻囲
　アジャンクールの戦い 9, 97, 147
　アッカー 53
　アルフルール 147-149, 153
　ヴィープリ 243
　ヴェルヌイユの戦い 149
　オルレアン 151
　カタラウヌムの戦い 69, 73

グラナダ 162-163, 165-166
攻囲戦年表 293-299
コンスタンティヌポリス（673年） 75
コンスタンティヌポリス（717年） 77
コンスタンティヌポリス（1453年） 9, 147, 159-161, 166
シャロン→カタラウヌム参照
中世盛期の戦い 97
パリ（885-886年） 83
ヒッティーンの戦い 263
フォルミニーの戦い 153
ヘイスティングズの戦い 138, 187
ポワティエの戦い（732年） 77
マラーズキルドの戦い 141
ラス・ナバス・デ・トロサの戦い 141
レグニツァの戦い 137
レパント海戦 265
ロードス攻囲戦（1480年） 167-169
ロードス攻囲戦（1522年） 169
ダナマス城塞 204
ダビデの塔 110, 114
ダブリン［アイルランド］ 82
タラスコン城塞 154
タワー・ハウス（塔状住居） 17, 205
ダンダーン要塞［スコットランド］ 73
チェコ共和国：城塞，要塞，城壁都市 244-245
チェスター［イングランド］ 83
チェスタ城塞 273
チェルスク城塞 31, 257
築城住居・宮殿 51, 115, 131
築城橋 50-51, 82-83
中世 9, 147, 171
　戦い 97
　出来事 95
中東 21, 56, 75, 100, 127, 129
チンギス・ハーン 134-137
ツェリェ城塞 247

ディール城塞 169, 173, 177-178
ディフリス［グルジア］ 136
ティンタジェル城塞 80
デーンロウ（デーン人） 83
テオドシウスの城壁［コンスタンティヌポリス］ 75, 79
デューングラ城塞 205
テルム城塞 221
デンマーク：城塞，要塞，城壁都市 81, 105, 122
ドイツ：城塞，要塞，城壁都市 19, 41, 93, 118-119, 206, 232-236
トゥール［フランス］ 82, 102, 105
トゥーレル 151
ドゥエ＝ラ＝フォンテーヌ［フランス］ 105
塔状住居（タワー・ハウス） 17, 205
トゥルネ［ベルギー］ 51
ドーヴァー［イングランド］ 74, 107, 185, 188-189
ドーヴァー城塞 107, 187-189
トッレロバトーン城塞 280-281
トティラ，東ゴート王 65, 67, 74
トラカイ城塞 259
トリム城塞 203
トルコ：城塞，要塞，城壁都市→ビザンツ帝国参照
トルコ軍 159-161, 167
トルン［ポーランド］ 117, 131
トレド［スペイン］ 93
トレビュシェ 55-56, 171
トレレボー［デンマーク］ 105
トレンチーン［スロヴァキア］ 121
ドンジョン 19-20, 30, 45

な

ナジャック城塞 155
ナルボンヌ門 112
ナント［フランス］ 102

ニカイ［トルコ］ 77
西ゴート族 77-78
ニジツァ城塞［ポーランド］ 123
西ローマ帝国 9, 65, 74, 79-80
「猫」 53
年表 95, 97, 293-299
ノヴゴロド 137, 145
ノルウェー 81-82

は

バーグヘッド（要塞）［スコットランド］ 73
バービカン 12-15, 27, 29, 60, 111-112, 133, 147-149, 189, 194, 196, 210, 252, 262, 269, 303
ハインリヒ1世鳥狩人王（ザクセン公） 90, 99, 119
ハインリヒ4世［神聖ローマ帝国］119
パヴィア［イタリア］ 77
バエサ［スペイン］ 171
バスティード 51
バスティーユ城塞［パリ］ 151
バッリスタ 54-55, 57
バニョス・デ・ラ・エンシナ 279
跳ね橋 12-13, 26-28, 109
ハプスブルク城塞 231
バラ 74, 83
バラ・カースル 74
パリ［フランス］ 82-83, 93, 111, 149, 151
バリャドリード派の築城 280-283
バルティザン 40
ハルーレフ→ハルレフ城塞参照
ハルレフ城塞 27, 107-109, 172, 193, 197, 199
ハンガリー：城塞, 要塞, 城壁都市 120, 247-248
ハンブルク［ドイツ］ 93

ビウマレス城塞 42, 193, 197, 199-201
ピエルフォン城塞 156-157
ピクト人 73
ピサ［イタリア］ 93, 120
ビザンツ帝国（首都はコンスタンティヌポリス／現在のトルコ） 9, 30, 57, 65, 67, 73, 75, 77, 99-101, 103, 120, 125, 129, 141, 159, 166-167, 169, 183, 263-265, 269, 279
：城塞, 要塞, 城壁都市 75-79, 81, 93, 101, 127-128, 131, 147, 159-161
ビスクピン［ポーランド］ 64-65, 85-86
百年戦争 51, 138, 147-153, 209, 217
ピュイヴェール城塞 221
ピュイローラン城塞 217, 219-221
ビュディンゲン城塞 118
ファレーズ城塞 20, 103
ブイヨン城塞 33, 229
フィレンツェ［イタリア］ 30, 93
フィンランド：城塞, 要塞, 城壁都市 241-243
フージェール城塞 47, 152-153
フェッラーラ城塞 268
フエンサルダーニャ城塞 280-281
プスコフ城塞 144
ブダ城塞 120, 247
プティタンドリ［フランス］ 209
ブハーラー［ウズベキスタン］134-136
プファルツ城塞 232-233
フラーヴェンステーン 225-226
フラウィウス・ウェゲティウス・レナトゥス 67-69
ブラケルナイ［コンスタンティヌポリス］ 75, 77, 159-161

フランク人 77-79, 99
フランス：城塞, 要塞, 城壁都市 16, 18-21, 27, 29-31, 37, 39, 47, 50-51, 61-63, 67, 69, 78, 82-83, 93, 100-106, 109-113, 130-133, 146-157, 172-173, 176-177, 180, 208-223
フランチェスコ・ディ・ジョルジョ・マルティーニ 173
フランドル 83
フリードリヒ2世（バルバロッサ） 269
ブリュージュ［ベルギー］ 82, 93
プリンス 21-22, 31, 109
フルール＝エスピーヌ 217-218
ブルガール人 73
ブルクシュヴァルバハ城塞 118
フルク・ネッラ, アンジュー伯 100-102, 104-106
ブルターニュ公コナン 102
ブレッド城塞 247, 249
ブレテーシュ 12-13, 25, 28, 37, 39-41
ブロイベルク城塞 235-236
プロヴァン城塞 31, 61
ブローチ 73
ブロツラフ［ポーランド］ 105
フロムボルク城塞 34
フン族 69
ヘースビュー 81
ヘーメ城塞 242
ベールセル城塞 225, 227
ペールペルテューズ城塞 217, 219-221
ペニャフィエル城塞 100, 280, 283
ペリエ 56
ベリサリウス 65, 67, 75
ベルヴォワール 127, 263-264
ベルギー：城塞, 要塞, 城壁都市 33, 51, 93, 225-227, 229

索引

ベルクフリート 19, 41, 105, 115, 118-119, 132, 231, 233-236, 304
ベルフリー 53-54, 106, 147, 166, 181, 211, 262, 304
ベンジン城塞 142, 250, 256
ヘンチニ城塞 258
ヘント（ガン）［ベルギー］ 93
ヘンリー1世［イングランド］ 209
ヘンリー5世［イングランド］ 147-149, 153, 217
封建制 9, 11, 138
砲兵隊 147, 149, 151, 153, 159, 160-161, 165, 167, 177
ポートチェスター［イングランド］ 20, 69-71, 74
ポーランド
　：城塞，要塞，城壁都市 27, 34, 46, 64-65, 85-87, 105, 115, 117, 122-123, 131, 142, 237-238, 250-258
　：中世の歴史 143
ポワティエ 69, 77
ホチム城塞 260
ボディアム城塞 9, 17, 57, 60
ポテルヌ（埋み門） 29
ボナギル城塞 180
堀 42-43, 53
ボリホルム城塞 241
捕虜の塔（ジゾール城塞） 209
ボルドー［フランス］ 30, 69, 83, 151, 153
ポルトガル：城塞，要塞，城壁都市 99, 125, 179, 288
ホワイト・タワー（ロンドン塔） 107
ポン・ヴァラントレ 51
ポン・デ・トルー 51

ま

マーシア王オファ 74
マーダー・ホール 27
マイデルスロート 224-225
マイデン城塞 224-225
マインツ［ドイツ］ 93
マウス城塞 232-233
マシクーリ 31, 37-39, 209
マシクーリ・シュール・アルシュ 37, 39
マジャール人 90, 99, 119-120
マスター・ジェイムズ 107, 109, 193
マラガ［スペイン］ 163-166, 171
マラケシュ［モロッコ］ 289
マリエンブルク 237-238
マリエンブルク城塞 27, 237-238
マルクスブルク城塞 233-234
マルボルク→マリエンブルク参照
マントレ 55
ミネルヴ［フランス］ 217, 219
ミラノ［イタリア］ 93
ムラン［フランス］ 149
メイラー・フィスアンリ 204
メス（メッツ） 93
メディナ・デル・カンポ 39, 275, 280-282
メトーニ［ギリシア］ 265-267
メルロン 33
モスクワ［ロシア］ 93, 117
モット・アンド・ベリー 11, 19, 21, 27, 30, 100, 102, 105-107, 201, 203
モロッコ：城塞，要塞，城壁都市 289
モンゴル人 11, 135-137, 141, 181
モン・サン・ミシェル 149, 207, 212-213
モンセギュール城塞 217, 221
モンタニャーニャ［イタリア］ 111
モンテアレグレ城塞 281

モンバサ［ケニヤ］ 179

や

櫓（やぐら） 30-31, 33, 36-37, 53
矢狭間（やざま） 33, 35, 109, 150, 152, 199, 225, 263-264
　→狭間も参照
要塞 17, 69, 73-74, 77, 81, 83, 87, 90, 119, 172-174, 176-179
要塞化された教会 17

ら

ラース 82, 203
ライン川沿いの城塞 233
ラインシュタイン城塞 233
ラジニ・ヘウミニスキ 251
ラストゥール城塞 217-219
ラバト［モロッコ］ 289
ラミロ・ロペス 177
ラ・モタ 39, 281-282
ラング［フランス］ 69
ランジェ城塞 102, 104-105, 208
リカルヴァー（サクソン地方の沿岸要塞） 74
リスボン［ポルトガル］ 288, 294
リチャード1世 19, 53, 126-127, 138, 209
リッチバラ（サクソン地方の沿岸要塞） 74
リトアニア：城塞，要塞，城壁都市 259
リメス（ローマの境界の要塞） 69, 72, 74
リューベック［ドイツ］ 93
リュブリャナ城塞 247
リンプン（アングロ・サクソンの要塞） 74
ルーアン［フランス］ 148-149, 153
ルーゴ［スペイン］ 277
ルーシ→ロシア参照
ループホール→狭間（はざま）参照

ルクセンブルク：城塞，要塞，城壁都市 228-229
ルチェーラ城塞 269
ルメリ・ヒサル 158-159
レコンキスタ 11, 99-100, 125, 163, 165-166
レジーヌ塔 218-219
　→ラストゥール城塞も参照
ローセボリ城塞 242

ロードス 127, 167-169, 171-172
ローマ［イタリア］ 65-67, 93
ロシア（ルーシ）
　：城塞，要塞，城壁都市 87, 92-93, 115, 117, 122, 137, 144,-145, 260-262
　：中世の歴史 145
ロチェスター［イングランド］ 83, 185, 190-191

ロチェスター城塞 190-191
ロッカ城塞 273
ロンダ［スペイン］ 163, 171
ロンドン［イングランド］ 83, 93, 107, 111, 186, 187
ロンドン塔 109, 186-187
ロンドン橋 51

Bibliography

― 参考文献 (順不同) ―

『Guía de La muralla romana de Lugo』Adolfo de Abel Vilela 著／スペイン、ルーゴ：Grafic-Lugo

『Suisse depuis 500 ans』スイス、エーグル：Imprimerie A. Boinnard, 1976 年

『Was This Camelot? Excavations at Cadbury Castle 1966-70』Leslie Alcock 著／アメリカ、ニューヨーク：Stein and Day, 1972 年

『Druzjiny drevney Rusy』V.V. Amelchenko 著／ロシア、モスクワ：軍用版, 1992 年

『Castles of Europe』William Anderson 著／イギリス、ロンドン, 1980 年　◆P90, 106, 119 参照

『The Mediaeval Builder and His Methods』Francis B. Andrews 著／アメリカ、ニューヨーク：Dorset Press, 1992 年

『Budownictwo warowne zakonu krzyzackiego w Prusach (1230-1454)』Marian Arxznski 著／ポーランド、トルン：University Mikolaja Kopernika, 1995 年

"Des chateaux forts en Palestine." 『L'Histoire』 47：P94 -101, Jean Balard 執筆

『An Illustrated History of Poland』Banaszak, Dariusz, Tomasz Biber 著／Richard Brzezinski 訳／ポーランド、ポズナン：Podsiecllik-Raniowski & Co. Ltd., 1998 年

『A World Atlas of Military History』Arthur Banks 著／アメリカ、ニューヨーク：Hippocrene Books, Inc., 1973 年

『Hrady, zámky a tvrze v Cechách, na Morave a ve Slezsku, Západni Cechy』Miroslav Belohlávek 著／チェコ、プラハ、1985 年

『Agincourt 1415』Matthew. Bennett 著／イギリス、ロンドン：Osprey, 1996 年

『The Crusades: Five Centuries of Holy Wars』Malcolm Billings 著／アメリカ、ニューヨーク：Sterling Publishing Co., Inc., 1996 年

"The Spanish and Portugese Reconques 1095-1492."
『A History of the Crusades 第3版』P396-456 より，
Charles J. Bishko 執筆，Harry W. Hazard 編／
アメリカ、ウィスコンシン州マディソン：University of
Wisconson Press, 1975 年

"Collision of Faiths."『Military History』より，
Donald S. Blackburn 執筆, 1994 年6月

『Sztuka obronna』Janusz Bogdanowski 著，ポーラ
ンド、クラクフ：Zarzad Zespolu Jurajskich Praków
Krajobrazowych, 1993 年

『Architektura obronna w krajobrazie Polski』ポーラ
ンド、ワルシャワ：Wydawnictwo Naukowe PWN,
1996 年

『Barbakan Krakowski』Maria Borowiejska-
Birkenmajerowa 著／ポーランド、クラクフ：
Wydawnictwo Literackie, 1979 年

『The Castle Explorer's Guide』Frank Bottomely 著／
アメリカ、ニューヨーク：Avenel Books, 1979 年

『The Domestic World』Charles Boyle 編／アメリカ、バー
ジニア州アレクサンドリア：Time-Life Books, 1991 年

『The Domestic World』アメリカ、バージニア州アレクサ
ンドリア：Time-Life Books, 1991 年

『The Medieval Siege』Jim Bradbury 著／アメリカ、
ニューヨーク州ローチェスター：The Boydell Press,
1992 年 ◆ P77, 90, 103 参照

『Froissart Chronicles』Goefrey Brereton 訳・編／イギ
リス、バンギー, Penguin Books, 1978 年

『The Two Sieges of Rhodes: The Knights of St. John
at War 1480-1522』Eric Brockman 著／アメリカ、
ニューヨーク：Barnes and Noble Books, 1969 年
◆ P167 参照

『Castles: A History and Guide.』R. Allen Brown,
Michael Prestwich, Charles Coulson 著／イギリス、
プール：Blandford Press, 1980 年

『Le Languedoc et le Roussillon』Roger Brune 著／フ
ランス、パリ：Libraairie Larousse, 1977 年

『Zamki i palace Polski poludniowowschodniej』
Tadeusz Budzinski 著／ポーランド、ジェジェフ：Libri
Ressovienses, 1998 年

『Zmiewy waly-letopis' zemli Rusko』A.S. Bugay 著

『Zamki i zamczyska』Adam Bujak 著／ポーランド、ワ
ルシャワ：Editions Spotkania

『Zabytki i muzea województwa Jeleniogórskiego』
Violetta Bujlo, Wojciech Kapalczynski 著／ポーラン
ド、イェレニャグーラ：COlT, 1992 年

『The Crecy War. Novato, CA』Alfred H. Burne 著／
Presidio Press, 1990 年

『Turku Castle』C. J. Cardberg, Knut Drake 著／
Christopher Grapes 訳／フィンランド、トゥルク：
Turku Provincial Museum, 1998 年

『Aimer les châteaux de la Loire』Cecile Catherine 著
／フランス：版不明, 1986 年

『Découvrir la France cathare』Andre Cauvin 著／ベル
ギー、リンブルク：Nouvelles Editions Marabout, 1978 年

『The Devil's Horsemen』James Chambers 著／イギリス、
ロンドン：Caswell, 1979 年

『Dolny SLask-przewodnik』Ryszard Chanas, Janusz
Czerwinski 著／ポーランド、ワルシャワ：
Wydawnioctwo Sport i turystyka, 1977 年

『Architecture militaire medievale』A. Châtelain 著／
フランス、パリ：L' Union R.E.M.P.ART., 1972 年

『Châteaux forts: images de pierre des guerres
médiévales』André Chatelain 著／フランス、カオール：
Imprimerie Tardy Quercy, 1983 年 ◆ P30, 105 参照

『Malbork』Antoni Romuald Chodynski 著／ポーランド、
ワルシャワ：Arkady,1982 年

『Zamek malborski w obrazach i kartografi』ポーランド、
ワルシャワ：Panstwowe Wydawnictwo Naukowe,
1988 年

『The Northern Crusades: The Baltic and the Catholic
Frontier 1100-1525』Eric Christiansen 著／アメリカ、
ミネソタ州ミネアポリス：University of Minnesota Press,
1980 年

『Before the Industrial Revolution: European Society
and Economy 1000-1700』Carlo M. Cipolla 著／
Norton, 1994 年

『War in the Middle Ages』Philippe Contarnine 著／Michael Jones 訳／アメリカ、ニューヨーク：Basil Blackwell Inc., 1984 年

『The Medieval City Under Siege』Ivy A. Corfis, Michael Wolfe 編／イギリス、ウッドブリッジ：Boydell Press, 1995 年

『Fabulous Feasts』Madeleine P. Cosman 著／Anthea Bell 訳／アメリカ、ニューヨーク：George Braziller, 1996 年

『Arms, Armies and Fortifications in the Hundred Years War』Anne Curry, Michael Hughes 編／アメリカ、ニューヨーク州ロチェスター：Boydell & Brewer Inc., 1994 年

『Zamki Wannii i Mazur』Lucjan Czubiel 著／ポーランド、オルシュティン：Pojezierze, 1986 年

『Provins: Guide touristique』M. Dagnan 著／フランス

『Military Considerations in City Planning: Fortifications』Horst de la Croix 著／アメリカ、ニューヨーク：George Brazillier, 1972 年

『The Barbarian Invasions（The History of the Art of War Vol. II）』Hans Delbruck 著／Walter J. Renfroe 訳／アメリカ、ネブラスカ州リンカーン：University of Nebraska Press, 1980 年

『Medieval Warfare（History of the Art of Warfare Vol. III）』Walter J. Renfroe 編／アメリカ、ネブラスカ州リンカーン：University of Nebraska Press, 1990 年

『The City of Carcassonne』Lily Deveze 著／フランス：Imprimerie J. Bardou

『Joan of Arc: A Military Leader』Kelly Devries 著／イギリス、フェニックスミル：Sutton Publishing 刊, 1999 年

『Siege: Castles at War』Mark Donnelly, Daniel Diehl 著／アメリカ、ダラス：Taylor Pulbishing Company, 1998 年

『Siege Warfare: The Fortress in the Early Modern World 1494-1660』Christopher Duffy 著／イギリス、ロンドン：Routledge & Kegan Paul Ltd., 1979 年

『The Encyclopedia of Military History From 3500 b.c. to the Present』Ernest R. Dupuy, Trevor N. Dupuy 著／アメリカ、ニューヨーク：Harper and Row, Publishers, 1970 年

『Der Wehrbau Europas 1m Mittelalter』Bodo Ebhard 著／ドイツ、ヴュルツブルク：Stütz Verlag GmbH, 1998 年

『A Dictionary of Battles From 1479 b.c. to the Present』David Eggenberger 著／アメリカ、ニューヨーク：Thomas Crowell Company, 1967 年

『Warfare in Roman Europe AD 350-425』Hugh Elton 著／イギリス、オックスフォード：Clarendon Press, 1997 年

『The Chateau of Vincennes』Francois Enaud 著／John Seabourne 訳／フランス：Caisse Natinale des Monuments Historiques, 1965 年

『Cathedrals and Castles: Building in the Middle Ages』Alain Erlande-Brandenburg 著／Rosemary Stonehewer 訳／アメリカ、ニューヨーク：Harry N. Abrahms, Inc., 1995 年

『Historia sztuki w zarysie』Karol Estreicher 著／ポーランド、ワルシャワ：Panstwowe Wydawnictwo Naukowe, 1988 年

『Le Caire: citadelle de Saladin』Pierre Etcheto 著／フランス、トゥールーズ, 1999 年, 未出版

『Methoni: forteresse venitienne de Grece』フランス、トゥールーズ, 1999 年, 未出版

『The Sacred Halls of Karlstejn Castle』Jiri Fajt, Jan Royt, Libor Gottfried 著／ベルギー：Central Bohemia Cultural Heritage Institute, 1998 年

『Historical Atlas of Britain』Malcolm Falkus, John Gillingham 著／アメリカ、ニューヨーク：Crescent Books, 1987 年

『The Military Orders: From the Twelfth to the Early Fourteenth Centuries』Alan Forey 著／カナダ、トロント：University of Toronto Press, 1992 年

『Forteresse de Largoet』フランス、レンヌ：Imp. Simon

『Byzantine Fortifications: An Introduction』Clive Foss, David Winfield 著／南アフリカ、プレトリア：University of South Africa, 1986 年　◆P100 参照

『Western Warfare in the Age of the Crusades 1000-1300』John France 著／アメリカ、ニューヨーク州イサカ：Cornell University Press, 1999 年　◆ P129 参照

『Burgen Am Rhein』Kurt Frein, Jan Miessner 著／ドイツ、ノルダーシュテット：Harksheider Verlagsgesellschaft, 1983 年

『Mont Saint-Michel from the Strand to the Spire』Yves Marie Froidevaux, Marie Genevieve 著／Jean-Marie Clarke 訳／フランス、パリ：Le Temps Apprivoisie, 1988 年

ポーランド、フロムボーク：ポーランド、ポズナンの市街地図

『Szlakiem Zamkow Piastowskich w Sudetach』Zbigniew Garbaczewski 著／ポーランド、ワルシャワ：Wydawnictwo PTTK Kraj, 1988 年

『Le château féodal dans l'histoire médiévale』Jacques Gardelles 著／イタリア、ミラノ：Publitotal, 1988 年

『A Nation Under Siege: The Civil War in Wales 1642-48』Peter Gaunt 著／イギリス、ロンドン：HMSO Publications, 1991 年　◆ P172 参照

『Life in a Medieval Castle』joseph & Frances Gies 著／アメリカ、ニューヨーク：Harper Colophon Books, 1979 年

『Revue historique du Chablais vaudois』F. Gillard 著／スイス、エーグル：Imprimerie de la Plaine du Rhone, 1979 年

『Poland Through the Ages』M. Golawski 著／Paul Stevenson 訳／イギリス、ロンドン：Orbis Limited, 1971 年

『The Illustrated Encyclopedia of Medieval Civilization』Aryeh Grabois 著／アメリカ、ニューヨーク：Mayflower Books, 1980 年

『Medieval Siege Warfare』Christopher Gravett 著／イギリス、ロンドン：Osprey, 1996 年

『The Viking Art of War』Paddy Griffith 著／イギリス、ロンドン：Greenhill, 1995 年　◆ P81 参照

『Zamki w Polsce』Bohdan Guerquin 著／ポーランド、ワルシャワ：Arkady, 1984 年

『Guide to The Castle of the Counts of Flanders』ベルギー、ヘント：Snoeck-Ducaju in Zoon, 1980 年

『Malbork: Castle of the Teutonic Order』Mieczyslaw Haftka, Mariusz Mierzinski 著／Eliza Lewandowska 訳／イタリア、ミラノ：Master Fotolito, 1996 年

『Hochkönigsburg. Die Geschichte einer Wiedererstehung』Bernard Hamann 著／フランス、ミュルーズ：L'Alsace, 1990 年.

『Food and Feast in Medieval England』P.W. Hammond 著／イギリス、ストラウド：Sutton Publishing, 1998 年

『Waffen Enzyklopädie』David Harding 著／ドイツ、シュトゥットガルト：Motorbuch Verlag, 1993 年

『Hame Castle』Elias Haro 著／フィンランド、ヘルシンキ：National Board of Antiquities 刊, 1980 年

"The Fortified Village of Ushguli in the Georgian Caucasus."『FORT 25』1997 年：P 3-36 より Peter Harrison 執筆, The Fortress Study Group

『Atlas of Ancient Archaeology』Jacquetta Hawkes 編／アメリカ、ニューヨーク：McGraw, 1974 年

『Armies of Feudal Europe 1066-1300』Ian Heath 著／イギリス、ワーシング：Wargames Research Group, 1978 年

『Byzantine Armies 1118-1461 AD』イギリス、ロンドン：Osprey, 1995 年

『Byzantine and Medieval Greece』Paul Hetherington 著／イギリス、ロンドン：John Murray, 1991 年

『Agincourt』Christopher Hibbert 著／アメリカ、ニューヨーク：Dorset, 1979 年

『Timber Castles』Robert Higham, Philip Barker 著／アメリカ、ペンシルバニア州メカニクスバーグ：Stackpole Books, 1995 年

『The Defence of Wessex: The Burghal Hidage and Anglo-Saxon Fortifications』David Hill, Alexander Rumble 編／イギリス、マンチェスター：Manchester University Press, 1996 年

『History of Gradara』イタリア、リミニ：Foto Edizioni PAMA.

『The History of Fortification』Ian Hogg 著／アメリカ、ニューヨーク：St. Martin's Press Inc., 1981 年

『Clubs to Cannon』O.F.G. Hogg 著／アメリカ、ニューヨーク：Barnes & Noble, Inc., 1968 年

『Cambridge Illustrated Atlas of Warfare: The Middle Ages 768-1487』Nicholas Hooper, Matthew Bennett 著／イギリス、ロンドン：Cambridge University Press, 1996 年

『Military Architecture』Quentin Hughes 著／イギリス、ロンドン：Hugh Evelyn, 1974 年

『Häme Castle Guide』Elias Härö 著／ Helsinki The English Centre 訳／フィンランド、ヘルシンキ：National Board of Antiquities, 1980 年

『Le château d'Harcourt』Armand Jardillier 著／フランス、パリ：L'Academie d'Agriculture de France, 1984 年

『Medieval Warfare: A History』Maurice Keen 編／イギリス、オックスフォード：Oxford University Press, 1999 年

『Castles in Color』Anthony Kemp 著／アメリカ、ニューヨーク：Arco Publishing Co., 1978 年

『Style w architekturze』Wilfried Koch 著／ポーランド、ワルシャワ：Bertelsmann Publishing, 1996 年

『Dictionary of Wars』George Childs Kohn 著／アメリカ、ニューヨーク：Facts on File, Inc., 1999 年

『Brassey's Dicitionary of Battles』John Laffin 著／アメリカ、ニューヨーク：Barnes, 1995 年

『The World of the Middle Ages』John L. LaMonte 著／アメリカ、ニューヨーク：Appelton-Century-Crofts, 1949 年

『Cities and Planning in the Ancient Near East』Paul Lampl 著／アメリカ、ニューヨーク：George Braziller, Inc., 1968 年

『Crusader Castles』T.E. Lawrence 著／イギリス、ロンドン：Michael Haag Ltd., 1986 年

『Le château du Grandson: guide du visiteur』フランス、コルマール：S.A.E.P. Ingersheim, 1980 年

『Comprendre la tragédie des Cathares』Claude Lebedel 著／フランス、トゥール：西フランス版, 1998 年

『Précis de la fortification』Guy Le Halle 著／フランス、パリ：PCV Editions, 1983 年

『L'Éthiopie: archéologie et culture』Jules Leroy 著／フランス、ブリュージュ：Desclee De Brouwer, 1973 年

『Bouillon et son château dans l'histoire』Marcel Leroy 著／ベルギー

『Nomads and Crusaders 1000-1368』Archibald R. Lewis 著／ Indiana University Press, 1988 年

『Castle of Britain and Europe』Dobroslav Libal 著／チェコ、プラハ：Blitz Editions, 1999 年

『Borgar Och Befästningar i Det Medeltida Sverige』Christian Loven 著／スウェーデン、ストックホルム：Uppsala University, 1996 年

『Feeding Wars』John A. Lynn 編／アメリカ、サンフランシスコ：Westview, 1993 年

『Contrahistoria gótica』Francisco F. Maestra 編／スペイン、バルセロナ：Okios-Tau, 1997 年

『Vikings!』Magnus Magnusson 著／アメリカ、ニューヨーク：E.P. Dutton, 1980 年

『Lipowiec: dawny zamek biskupow krakowskih』Teresa Malkowska-Holcerowa 著／ポーランド、ワルシャワ：Muzeum W Chrzanowie Wydawnictwo PTK "Kraj", 1989 年

『Walfare in the Latin East 1192-1291』Christopher Marshall 著／イギリス、ロンドン：Cambridge University Press, 1994 年

『Storm from the East』Robert Marshall 著／アメリカ、ロサンジェルス：University of California Press, 1993 年

『The Republic of San Marino: Historical and Artisitic Guide』Nevio Matteini 著／サンマリノ：Azienda Tipografica Editoriale, 1981 年

『The New Penguin Atlas of Medieval History』Colin McEvedy 著／イギリス、ロンドン：Penguin, 1992 年

『Atlas of World Population History』Colin McEvedy, Richard Jones 著／イギリス、ハーモンドワース：Penguin Books Ltd., 1978 年

『The Wars of the Bruces: Scotland, England and Ireland 1306-1328』Colm McNamee 著／スコットランド、イースト・ロージアン：Tuckwell Press, 1997 年

『Castles in Ireland: Feudal Power in a Gaelic World』 Tom McNeill 著／アメリカ、ニューヨーク：Routledge, 1997 年

『The Great Military Sieges』 Vezio Melegari 著／アメリカ、ニューヨーク：Thomas Crowell Company, 1972 年

『Le château féodal de Beersel et ses seigneurs』 Charles Mertens 著／ベルギー、ブリュッセル：Editions Historia.

『Châteaux forts et fortifications en France』 Jean Mesqui 著／フランス、パリ：Flammarion, 1997 年

『Les châteaux forts: de la guerre à la paix』 イタリア：Gallimard, 1997 年

『Malbork: The Castle in Close Up』 Mariusz Mierzwinski 著／Enid Mayberry, Michael Senter 訳／ポーランド、ワルシャワ：Terra Nostra S.C., 1996 年

"Rhodes: The Knights' Battleground."『FORT 18』 1990 年：P 5-28 より, Athanassios Migos 執筆, The Fortress Study Group ◆P169 参照

『Medieval Castles of Spain』 Luis Momealy Tejada 著／ドイツ、ケルン：Konemann 刊, 1999 年

『Montrottier Castle and Leon Mare's Collections』 フランス：Imprimerie Typo-Offset Gardet Annecy-Seynod, 1987 年

『The Welsh Wars of Edward Ⅰ』 John E. Morris 著／ペンシルベニア州コンショホッケン：Combined Books, 1996 年

『Bodiam Castle』 Catherine Morton 著／イギリス、プレイトー：The Curwen Press, 1975 年

『Polska technika wojskowa do 1500 roku』 Andrzej Nadolski 著／ポーランド、ワルシャワ：Oficyna Naukowa, 1994 年 ◆P122 参照

『Medieval Warfare』 Timothy Newark 著／イギリス、ロンドン：Jupiter Books Ltd., 1979 年

『Italian Medieval Armies 1300-1500』 David Nicolle 著／イギリス、ロンドン：Osprey Publishing Ltd., 1983 年

『The Age of Charlemagne』 イギリス、ロンドン：Osprey Publishing, 1985 年

『Armies of the Ottoman Turks 1300-1774』 イギリス、ロンドン：Osprey Publishing Ltd., 1986 年

『The Armies of Islam 7th-11th Centuries』 イギリス、ロンドン：Osprey Publishing Ltd., 1987 年

『The Mongol Warlords』 イギリス、ロンドン：Brockhampton Press, 1990 年

『A New Guide to Bracciano: The Odescalchi Castle and Its History』 Marco Nobile 著／イタリア：Plurigraf, 1990 年

『English Weapons & Walfare 449-1660』 A.VB. Norman, Don Pottinger 著／ニュージャージー州イングルウッド：Prentice Hall, Inc., 1979 年

『Notice sur Ie château de Fougères』 フランス、フジェール：Le Syndicat D' Initiative Fougeres

『A History of the Art of War in the Middle Ages. Vol. 1＆2』 Charles Oman 著／ペンシルバニア州メカニクスバーグ：Stackpole Publishing, 1998 年 ◆P148, 159 参照

『Castles』 Charles W.C. Oman 著／アメリカ、ニューヨーク：Berkman House, 1978 年

『Castles on the Rhine』 Walther Ottendorff-Sirnrock 著／Barry Jones 訳／ドイツ、ヴュルツブルク：STV

『Deal Castle』 B.H. St. J. O' Neil, G.C. Dunning 著／イギリス、ロンドン：政府刊行物, 1966 年

『The Castle of Robert the Devi』 Roger Parment 著／フランス、ルーアン：Imp. A. Vallee

『Chinon, son château, ses églises』 Eugéne Pépin 著／フランス、パリ：Successeur Henri Laurens

『Firearms and Fortifications: Military Architecture and Siege Warfare in Sixteenth-Century Siena』 Simon Pepper, Nicholas Adams 著／アメリカ、シカゴ：University of Chicago Press, 1986 年

『The Battle Book:Crucial Conflicts in History from 1469 BC to the Present』 Bryan Perrett 著／イギリス、ロンドン：Arms and Armour, 1992 年

『The Castle in Medieval England & Wales』 Colin Platt 著／アメリカ、ニューヨーク：Barnes, 1981 年

『Zamki na kresach: Bialorus, Litwa, Ukraina』Tadeusz Polak 著／ポーランド、ワルシャワ：Pagina, 1997 年

『The Atlas of Medieval Man』Colin Pratt 著／アメリカ、ニューヨーク：St. Martin's Press, 1979 年

『The Art of War in Spain: The Conquest of Granada 1481-1492』William H. Prescott, Albert D. McJoynt 編／イギリス、ロンドン：Greenhill Books, 1995 年 ◆ P163 参照

『Armies and Warfare in the Middle Ages: The English Experience』Michael Prestwich 著／アメリカ、コネチカット州ニューヘイブン：Yale University Press, 1996 年

『Peyrepertuse et San-Jordy』René Quehen 著／フランス、トゥールーズ：La PHIM, 1979 年

『San Gimignano: The Town with Beautiful Towers』Enzo Raffa 著／イタリア、サン・ジミニャーノ：Brunello Granelli's Edition, 1980 年

『Medieval Archaeology』Charles L. Redman 編／アメリカ、ニューヨーク州ビンガムトン：State University of New York, 1989 年

『Caerphilly Castle and Its Place in the Annals of Glamorgan』William Rees 著／イギリス、ウェールズ、ケーフェリー：D. Brown and Sons, Ltd., 1974 年

『Fiefs and Vassals』Susan Reynolds 著／アメリカ、ニューヨーク：Oxford University Press, 1994 年

『Temple Manor, Strood』S.E. Rigold 著／イギリス、ロンドン：Her Majesty's Stationery Office, 1962 年

『The Atlas of the Crusades』Jonathan Riley-Smith 編／アメリカ、ニューヨーク：Facts on File, Inc., 1991 年 ◆ P263 参照

『The Medieval Knight at War』Brooks Robards 著／アメリカ、ニューヨーク：Barnes, 1997 年

『Great Castles』Peter Roberts 著／アメリカ、ニューヨーク：Crescent Books, 1981 年

『The Walled Kingdom: A History of China from Antiquity to the Present』Witold Rodzinski 著／アメリカ、ニューヨーク：Free, 1984 年

『Citadelles du vertige』Michel Roquebert, Christian Soula 著／ Edouard Privat, 1972 年

『Dinan』Jean-Yves Ruaux 著／フランス、レンヌ：Imprimerie Raynard, 1983 年

『The Fall of Constantinople 1453』Steven Runciman 著／イギリス、ロンドン：Cambridge University Press, 1969 年 ◆ P160 参照

"Population in Europe."『The Fontana Economic History of Europe』1972 年：P25-71 より, Josiah C. Russell 執筆／イギリス、グラスゴー：Collins/Fontana

『Medieval Cities』Howard Saalman, アメリカ、ニューヨーク：George Braziller, 1968 年

『La fortification: histoire et dictionnaire』Pierre Sailhan 著／フランス、パリ：Tallandier, 1991 年 ◆ P30 参照

『Castillos en España』Federico Carlos Sainz de Robles 著／スペイン、マドリード：Aguilar S.A. de Ediciones, 1952 年

『The Castle Story』Sheila Sancha 著／アメリカ、ニューヨーク：Penguin, 1981 年

『The Hundred Years War: The English in France, 1337-1453』Desmond Seward 著／アメリカ、ニューヨーク：Atheneum, 1978 年 ◆ P149 参照

『The Monks of War』イギリス、ロンドン：Penguin Books, 1995 年

『Battles in Britain 1066-1746』William Seymour 著／イギリス、ロンドン：Sidgwick & Jackson 刊, 1975 年

『Great Sieges of History』イギリス、ロンドン：Brassey's, 1991 年

『Olavinlinna Castle』Antero Sinisalo 著／ Sonja Tirkkonen, Stephen Condit 訳／フィンランド、パイノリナ：The Gild of St. Olof, 1997 年

『Crusading Warfare 1097-1193』RC. Smail 著／イギリス、ロンドン：Cambridge University Press, 1972 年

『Château-palais de Vianden』Alfred Steinmetzer, Jean Milmiester 著／ Roland Gaul 訳／ルクセンブルク、ディーキルヒ：Imprimerie du Nord

『Gradovina Slovenkem』Ivan Stopar 著／スロベニア、リュブリャナ：1987 年

『The Medieval Castles of Ireland』David Sweetman 著／イギリス、ウッドブリッジ：Boydell Press, 2000 年

『Zamki i obiekty warowne jury krakowsko-czestochowskiej』Robert Sypek 著／ポーランド、ワルシャワ：Agencja Wydawincza.

『The Fortress of Gradara』イタリア：Litografia Marchia.

『The Towns of Ancient Rus』M. Tikhomirov 著／D. Skvirsky 編／ Y. Sdobnikov 訳／ロシア、モスクワ：Foreign Languages Publishing House, 1959 年

『"Early Medieval Florence Between History and Archaeology." Medieval Archaeology』Franklin K. Toker 著／ Charles L. Redman 編／アメリカ、ニューヨーク州ビンガムトン：State University of New York, 1989 年

『The History of Food』Maguelonne Toussaint-Samat 著／ Anthea Bell 訳／アメリカ、ニューヨーク：Barnes & Noble, 1992 年

『Castles: Their Construction and History』Sidney Toy 著／アメリカ、ニューヨーク：Dover, 1984 年 ◆ P75 参照

『The Castle of Santa Barbara in Alicante』Miguel Castello Villena 著／スペイン、アリカンテ：Sucesor de Such Serra y Compania, 1963 年

『Military Architecture』E.E. Viollet-le-Duc 著／カリフォルニア州ノヴァト：Presidio Press, 1990 年 ◆ P67 参照

『Castillos Y Fortalezas de Cartagena』Aureliano Gómez Vizcaino 著／スペイン、カルタヘナ：Aforca, 1998 年

『Burg Breuberg 1m Odenwald』Winfried Wackerfuss 著／ドイツ、ブロイベルク：Selbstverlag des Breuberg-Bundes, 1996 年

『Sieges of the Middle Ages』Philip Warner 著／イギリス、ロンドン：G. Bell and Sons, Ltd., 1968 年

『The Medieval Castle』アメリカ、ニューヨーク：Barnes, 1993 年

『Sieges: A Comparative Study』Bruce A. Watson 著／コネチカット州ウェストポート：Praeger, 1979 年

『Randonnees Autour Des Chateaux Forts D'Alsace』Daniel Wenger, Jean-Marie Nick 著／フランス、ミュルーズ：Editions Du Rhin, 1996 年

『Architecture du château fort』Claude Wenzler 著／フランス、レンヌ：西フランス版, 1997 年 ◆ P30 参照

『Olsztyn, historie i legendy』Wladislawa Wezgowsl 著／ポーランド

『The Warrior Kings of Saxon England』Ralph Whitlock 著／ニュージャージー州アトランティック ハイランズ：Humanities Press, 1977 年

『The Northern World: The History and Heritage of Northern Europe 400-1100』David M. Wilson 編／アメリカ、ニューヨーク：Abrams, 1980 年 ◆ P87 参照

『Medieval Warfare』Terence Wise 著／アメリカ、ニューヨーク：Hastings House, 1976 年

『In Search of the Dark Ages』Michael Wood 著／アメリカ、ニューヨーク：Facts on File Publications, 1987 年

『Czersk: zamek i miasto historyczne』Tadeusz Zagrodzki 著／ポーランド、ワルシャワ：Biblioteka Towarzystwa Opieki Nad Zabytkami, 1996 年

訳者紹介

中島智章（NAKASHIMA Tomoaki）

1970年、福岡市生まれ。
東京大学大学院工学系研究科建築学専攻博士課程修了。博士（工学）。
日本学術振興会特別研究員（PD）などを経て、2012年3月現在、工学院大学建築学部
建築デザイン学科准教授、早稲田大学大学院文学学術院非常勤講師。
2005年、日本建築学会奨励賞受賞。

著書：
『図説 ヴェルサイユ宮殿 太陽王ルイ14世とブルボン王朝の建築遺産』（2008年）
『図説 パリ 名建築でめぐる旅』（2008年）
『図説 バロック 華麗なる建築・音楽・美術の世界』（2010年）
以上、河出書房新社刊。

訳書：
『VILLAS（ヴィラ）西洋の邸宅 19世紀フランスの住居デザインと間取り』（2014年）
『図説 イングランドの教会堂』（2015年）
『図解 アメリカの住居 イラストでわかる北米の住宅様式の変遷と間取り』（2021年）
以上、マール社刊。

中世ヨーロッパの城塞
攻防戦の舞台となった中世の城塞、要塞、および城壁都市

2012年3月20日　第1刷発行
2022年7月20日　第6刷発行

著　者　　J・E・カウフマン／H・W・カウフマン
作　画　　ロバート・M・ジャーガ
訳　者　　中島 智章
　　　　　　なかしま　ともあき
発 行 者　田上 妙子
印刷・製本　シナノ印刷株式会社
発 行 所　株式会社マール社
　　　　　〒113-0033
　　　　　東京都文京区本郷1-20-9
　　　　　TEL 03-3812-5437
　　　　　FAX 03-3814-8872
　　　　　URL https://www.maar.com

ISBN978-4-8373-0631-3　　Printed in Japan
©Maar-sha Publishing Company LTD., 2012

乱丁・落丁の場合はお取り替えいたします。

THE MEDIEVAL FORTRESS
by J. E. Kaufmann, H. W. Kaufmann,
Robert M. Jurga

Copyright© 2001 J. E. Kaufmann,
H. W. Kaufmann, Robert M. Jurga.
First published in the United States by Da Capo
Press, a member of Perseus Books Group.
Japanese translation rights arranged with
Perseus Books, Inc., Cambridge, Massachusetts
through Tuttle-Mori Agency, Inc., Tokyo.

カバーデザイン：角倉一枝